无穷维哈密顿系统及其算法应用教育部重点实验室
内蒙古自治区应用数学中心

高等数学

上 册

主　编　阿拉坦仓　毕力格图
副主编　乌日柴胡　梁胡义乐　玉　林
　　　　　秀　峰　陶格斯

陕西师范大学出版总社　西安

图书代号　JC24N0165

图书在版编目(CIP)数据

高等数学：上、下册/阿拉坦仓,毕力格图主编. —西安：陕西师范大学出版总社有限公司,2024.3

ISBN 978-7-5695-4006-2

Ⅰ.①高… Ⅱ.①阿… ②毕… Ⅲ.①高等数学—高等学校—教材　Ⅳ.①O13

中国国家版本馆 CIP 数据核字(2023)第 241919 号

高等数学(上、下册)
GAODENG SHUXUE(SHANG XIA CE)
阿拉坦仓　毕力格图　主编

责任编辑	刘金茹
责任校对	古　洁
封面设计	鼎新设计
出版发行	陕西师范大学出版总社
	(西安市长安南路199号　邮编710062)
网　　址	http://www.snupg.com
印　　刷	西安报业传媒集团
开　　本	787 mm×1092 mm　1/16
印　　张	38.75
字　　数	737 千
版　　次	2024 年 3 月第 1 版
印　　次	2024 年 3 月第 1 次印刷
书　　号	ISBN 978-7-5695-4006-2
定　　价	98.00 元

读者购书、书店添货或发现印装质量问题,请与本社高等教育出版中心联系。
电话:(029)85303622(传真)　85307864

前　言

为了深入贯彻落实党的二十大精神,我们以"无穷维哈密顿系统及其算法应用教育部重点实验室"和"内蒙古自治区应用数学中心"为坚实的平台,积极贯彻立德树人的根本任务,与课程思政理念深度融合,致力于打造独具特色的高等数学课程教材,充分发挥编写团队在一流课程建设中的凝聚力、创造力和战斗力。

高等数学作为高等教育课程体系中的核心课程,不仅是普通高等学校本科生的必修课程,更是现代科学技术和人工智能开发中最为重要的学科之一。系统地学习高等数学,对于提升学生的数学核心素养、基本技能,以及培养他们发现问题、提出问题、分析问题、解决问题的能力,具有重要的价值。

高等数学的基本思想与方法,从简单到复杂,层层递进,主要体现在对有限与无限、离散与连续、微分与积分等复杂关系的科学化处理上。高度的抽象性、严密的逻辑性和广泛的应用性,使得高等数学成为培养学生逻辑思维能力和自主解决问题能力的重要途径。

在本书的编写过程中,编写组成员秉持严谨的态度,多次开展深入的研讨活动。我们依据教育部制定的高等学校教育专业人才培养目标及数学课程教学基本要求,紧密结合高等学校培养人才的发展趋势和各专业实际需求,参照国家级精品视频公开课"行星运动与常微分方程"(阿拉坦仓主讲)课程架构经验与教材编写思路进行体例设计和内容编排。我们力求在知识脉络和各章节内容设计上做到结构合理、条理清楚、层次分明、通俗易懂。此外,我们还特别注重习题的难易程度,确保能够帮助学生巩固所学知识,提升解题能力。

本书涵盖了高等数学的主要内容,包括数学基础知识、数列极限与函数极限、一元函数导数与微分、一元函数微分中值定理与导数的应用、不定积分、定积分、微分方程、空间解析几何初步、多元函数微分学、重积分、曲线积分与曲面积分、无穷级数等。这些内容不仅涵盖了高等数学的基础知识，也体现了高等数学在现代科学技术和人工智能开发中的应用价值。

  在编写分工上，我们充分发挥了各编写成员的专业特长和优势。毕力格图、梁胡义乐、玉林、秀峰负责《高等数学》（上册）的编写工作；毕力格图、乌日柴胡、秀峰、陶格斯负责《高等数学》（下册）的编写工作。统稿与审核工作由阿拉坦仓和毕力格图共同负责，以确保教材内容的准确性和完整性。

  尽管我们尽力做到最好，但由于编者水平有限，教材中难免存在不足之处。恳请各位读者在使用过程中，能够提出宝贵的批评和建议，以便我们在后续修订中不断完善和提高教材质量。

阿拉坦仓

2024 年 2 月 21 日于呼和浩特市

目 录

第1章 数学基础知识 1

  1.1 集合 1

    1.1.1 集合概念 1

    1.1.2 集合的表示方法 1

    1.1.3 集合与集合的关系 2

    1.1.4 集合的运算 3

  习题 1-1 3

  1.2 映射 4

    1.2.1 映射概念 4

    1.2.2 逆映射与复合映射 5

  习题 1-2 6

  1.3 函数与初等函数 7

    1.3.1 函数概念 7

    1.3.2 函数的表示方法 8

    1.3.3 常见的几种函数 9

    1.3.4 函数的基本性质 10

    1.3.5 反函数与初等函数 11

    1.3.6 函数模型 12

  习题 1-3 13

  1.4 三角函数与解三角形 14

    1.4.1 角的有关概念 14

    1.4.2 任意角的三角函数 15

    1.4.3 同角三角函数间的关系 17

1.4.4 三角函数的诱导公式($k \in \mathbf{Z}$) ……………………………………… 17
　　　1.4.5 三角函数的恒等变换 ………………………………………………… 18
　　　1.4.6 三角形的边角关系 …………………………………………………… 19
　　　1.4.7 反三角函数 …………………………………………………………… 20
　　　1.4.8 解三角形 ……………………………………………………………… 21
　习题 1-4 ……………………………………………………………………………… 22
　总复习题 1　A 组 …………………………………………………………………… 23
　总复习题 1　B 组 …………………………………………………………………… 23

第 2 章　**数列极限与函数极限** …………………………………………………………… 25
　2.1 数列与数列极限 ………………………………………………………………… 25
　　　2.1.1 数列与数列运算 ……………………………………………………… 25
　　　2.1.2 数列极限 ……………………………………………………………… 26
　习题 2-1 ……………………………………………………………………………… 31
　2.2 函数极限 ………………………………………………………………………… 31
　　　2.2.1 函数极限的定义 ……………………………………………………… 31
　　　2.2.2 函数极限的定理 ……………………………………………………… 36
　　　2.2.3 函数极限与数列极限的关系 ………………………………………… 39
　习题 2-2 ……………………………………………………………………………… 40
　2.3 无穷小与无穷大 ………………………………………………………………… 40
　　　2.3.1 无穷小 ………………………………………………………………… 40
　　　2.3.2 无穷大 ………………………………………………………………… 42
　习题 2-3 ……………………………………………………………………………… 45
　2.4 极限存在准则　两个重要极限 ………………………………………………… 45
　　　2.4.1 极限存在准则 ………………………………………………………… 45
　　　2.4.2 两个重要极限 ………………………………………………………… 47
　习题 2-4 ……………………………………………………………………………… 51
　2.5 无穷小的比较与等价运算 ……………………………………………………… 52
　　　2.5.1 无穷小的比较 ………………………………………………………… 52
　　　2.5.2 无穷小的等价运算 …………………………………………………… 54
　习题 2-5 ……………………………………………………………………………… 55
　2.6 函数的连续性与间断点 ………………………………………………………… 55

  2.6.1　函数的连续性 ······ 55
  2.6.2　函数的间断点 ······ 57
  2.6.3　连续函数的运算与性质 ······ 59
  2.6.4　零点定理与介值定理 ······ 62
 习题 2-6 ······ 63
 总复习题 2　A 组 ······ 64
 总复习题 2　B 组 ······ 65

第 3 章　一元函数导数与微分 ······ 68

 3.1　一元函数导数的概念 ······ 68
  3.1.1　一元函数导数的定义与几何意义 ······ 68
  3.1.2　一元函数的可导性与连续性 ······ 71
 习题 3-1 ······ 72
 3.2　一元函数的和、差、积、商的求导 ······ 73
 习题 3-2 ······ 75
 3.3　反函数与复合函数的求导 ······ 75
  3.3.1　反函数的求导 ······ 75
  3.3.2　复合函数的求导 ······ 77
 习题 3-3 ······ 78
 3.4　初等函数求导公式及其应用 ······ 79
  3.4.1　初等函数求导公式 ······ 79
  3.4.2　初等函数的求导问题 ······ 79
 习题 3-4 ······ 80
 3.5　一元函数高阶导数 ······ 80
  3.5.1　一元函数高阶导数公式 ······ 80
  3.5.2　高阶导数举例 ······ 81
 习题 3-5 ······ 83
 3.6　隐函数与参数方程形式的函数求导及其应用 ······ 84
  3.6.1　隐函数求导及其应用 ······ 84
  3.6.2　参数方程形式的函数求导及其应用 ······ 85
  3.6.3　相关变化率 ······ 88
 习题 3-6 ······ 89

3.7 一元函数的微分 ·· 90
    3.7.1 一元函数微分的定义与几何意义 ························· 90
    3.7.2 一元函数的微分公式与运算法则 ························· 93
    3.7.3 一元函数微分的应用 ·· 95
习题 3-7 ·· 99
总复习题 3 A组 ·· 99
总复习题 3 B组 ·· 101

第4章 一元函数微分中值定理与导数的应用 ······················ 103

4.1 一元函数微分中值定理 ·· 103
    4.1.1 罗尔中值定理 ·· 103
    4.1.2 拉格朗日中值定理 ··· 105
    4.1.3 柯西中值定理 ·· 107
习题 4-1 ·· 109
4.2 洛必达法则及其应用 ·· 110
    4.2.1 $\dfrac{0}{0}$ 型 ·· 110
    4.2.2 $\dfrac{\infty}{\infty}$ 型 ·· 113
    4.2.3 其他待定型 ··· 114
习题 4-2 ·· 117
4.3 泰勒公式与麦克劳林公式 ·· 118
    4.3.1 泰勒公式 ··· 118
    4.3.2 麦克劳林公式 ·· 121
习题 4-3 ·· 125
4.4 导数在研究函数性质上的应用 ·· 126
    4.4.1 函数单调性的判定 ··· 126
    4.4.2 利用函数的单调性证明不等式 ························· 130
    4.4.3 函数极值与最值问题 ·· 131
    4.4.4 函数图象的凹凸性与拐点 ·································· 138
    4.4.5 函数图象的渐近线及其求法 ······························ 143
    4.4.6 函数图象的绘制 ·· 145
习题 4-4 ·· 153

  4.5 曲率与曲率计算 ·· 155
    4.5.1 曲率 ··· 155
    4.5.2 弧微分 ··· 156
    4.5.3 曲率的计算 ·· 157
  习题 4-5 ··· 158
  总复习题 4　A 组 ·· 159
  总复习题 4　B 组 ·· 160

第 5 章　不定积分 ·· 162
  5.1 不定积分的概念与性质 ······································ 162
    5.1.1 原函数与不定积分的概念 ······················ 162
    5.1.2 基本积分表 ·· 166
    5.1.3 不定积分的性质 ··································· 167
  习题 5-1 ··· 169
  5.2 换元积分法 ·· 171
    5.2.1 第一类换元法 ······································· 171
    5.2.2 第二类换元法 ······································· 177
  习题 5-2 ··· 183
  5.3 分部积分法 ·· 184
  习题 5-3 ··· 188
  5.4 有理函数的积分 ··· 189
  习题 5-4 ··· 192
  总复习题 5　A 组 ·· 192
  总复习题 5　B 组 ·· 193

第 6 章　定积分 ··· 194
  6.1 定积分的概念 ··· 194
    6.1.1 定积分的起源与定义 ····························· 194
    6.1.2 定积分的近似计算 ································ 199
  习题 6-1 ··· 202
  6.2 定积分的性质 ··· 203
  习题 6-2 ··· 206
  6.3 定积分基本公式 ··· 207

  习题 6 - 3 213
 6.4 定积分的计算 214
   6.4.1 定积分的换元法 214
   6.4.2 定积分的分部积分法 220
  习题 6 - 4 222
 6.5 反常积分 224
   6.5.1 反常积分的定义 224
   6.5.2 反常积分的收敛性 230
   6.5.3 Γ 函数 235
  习题 6 - 5 237
 6.6 定积分的应用 238
   6.6.1 定积分的元素法 238
   6.6.2 平面图形的面积 240
   6.6.3 旋转体的体积 244
   6.6.4 平面曲线的弧长 248
   6.6.5 定积分在物理学上的应用 250
  习题 6 - 6 254
  总复习题 6 A 组 256
  总复习题 6 B 组 257

第 7 章 微分方程 259
 7.1 微分方程的基本概念 259
  习题 7 - 1 263
 7.2 可分离变量的微分方程 264
  习题 7 - 2 266
 7.3 齐次方程 267
   7.3.1 齐次方程 267
   *7.3.2 可化为齐次的方程 271
  习题 7 - 3 272
 7.4 一阶线性微分方程 273
   7.4.1 线性方程 273
   *7.4.2 伯努利方程 277

习题 7-4 278
7.5 可降阶的高阶微分方程 278
　　7.5.1 $y^{(n)} = f(x)$ 型 278
　　7.5.2 $y'' = f(x, y')$ 型 280
　　7.5.3 $y'' = f(y, y')$ 型 281
习题 7-5 282
7.6 高阶线性微分方程 283
　　7.6.1 二阶线性微分方程 283
　　7.6.2 线性微分方程的解的结构 284
　　*7.6.3 常数变易法 286
习题 7-6 289
7.7 常系数齐次线性微分方程 290
习题 7-7 295
7.8 常系数非齐次线性微分方程 297
　　7.8.1 $f(x) = e^{\lambda x} P_m(x)$ 型 297
　　7.8.2 $f(x) = e^{\lambda x}[P_l(x)\cos \omega x + Q_n(x)\sin \omega x]$ 型 300
习题 7-8 303
*7.9 欧拉方程 304
习题 7-9 305
*7.10 常系数线性微分方程组解法举例 305
习题 7-10 308
总复习题 7　A 组 309
总复习题 7　B 组 310

第1章 数学基础知识

1.1 集合

1.1.1 集合概念

我们把具有某种属性的确定对象的整体(或总体)称为集合,把研究对象统称为元素,通常用小写字母 $a,b,c,\cdots$ 表示元素,用大写字母 $A,B,C,\cdots$ 表示集合. 没有特殊说明的情况下,约定:用 **N**、**Z**、**Q**、**R**、**C** 分别表示自然数集、整数集、有理数集、实数集、复数集,并用标注上标或下标的方式表示正负数集(如正整数集 $\mathbf{Z}^+$、负整数集 $\mathbf{Z}^-$,正有理数集 $\mathbf{Q}^+$、负有理数集 $\mathbf{Q}^-$,正实数集 $\mathbf{R}^+$、负实数集 $\mathbf{R}^-$). 为了简洁、准确表述数学研究对象,希望学习者学会使用集合语言和集合思想.

集合中元素特征:确定性、互异性、无序性.

集合的分类:

(1)按元素个数分:有限集、无限集.

(2)按元素特征分:数集、点集等,例如数集 $\{y \mid y=x^2\}$,点集 $\{(x,y) \mid y=x^2\}$.

1.1.2 集合的表示方法

1. 列举法

把集合元素一一列举出来,并用大括号"{ }"括起来表示集合的方法,可用来表示有限集或具有显著规律的无限集,如 $\mathbf{N}=\{0,1,2,3,\cdots\}$.

2. 描述法

在大括号里把集合中的元素共有的特征、性质或规律用符号或文字描述出来表示集合的方法,例如 $\{x \mid -1 < x < 3\}$、$[-2,5]$、$(-\infty, +\infty)$ 及 $\{分数\}$、$\{三角形\}$ 等.

为了便于表述,引入了一类数集概念,即区间.设 a 与 b 为实数,且 $a < b$,则:

闭区间:$[a,b] = \{x \mid a \leq x \leq b, x \in \mathbf{R}\}$;

开区间:$(a,b) = \{x \mid a < x < b, x \in \mathbf{R}\}$;

半开半闭区间:$(a,b] = \{x \mid a < x \leq b, x \in \mathbf{R}\}$;

半闭半开区间:$[a,b) = \{x \mid a \leq x < b, x \in \mathbf{R}\}$.

上述区间都是有限区间,a 点称为左端点,b 点称为右端点,统称为区间端点,它们的距离 $b - a$ 称为区间长度.

根据实数集与数轴上的点一一对应关系,这些有限区间在数轴上的几何表示为有限线段.

除以上谈到的有限区间外,还有无限区间:

$(-\infty, b) = \{x \mid x < b, x \in \mathbf{R}\}$,$(-\infty, b] = \{x \mid x \leq b, x \in \mathbf{R}\}$;

$(a, +\infty) = \{x \mid x > a, x \in \mathbf{R}\}$,$[a, +\infty) = \{x \mid x \geq a, x \in \mathbf{R}\}$;

$(-\infty, +\infty) = \{x \mid x \in \mathbf{R}\}$.

其中 $\mathbf{R}$ 表示实数集,符号 ∞ 读作"无穷大",$+\infty$ 读作"正无穷大",$-\infty$ 读作"负无穷大".

3. 图示法

用一条封闭的曲线的内部或内部所写的元素表示某个集合的方法.另外,用数轴表示不等式的解集也是集合的图示法.

1.1.3 集合与集合的关系

元素与集合的关系,用 $\in$ 或 $\notin$ 表示.

集合与集合的关系,用 $\subseteq$,$\subsetneq$,$=$ 表示,当 $A \subseteq B$ 时,称 A 是 B 的子集;当 $A \subsetneq B$ 时,称 A 是 B 的真子集.它们的具体关系见表 1-1.空集是一切集合的子集,是一切非空集合的真子集.

表 1-1 集合与集合的关系

关系	自然语言	符号语言	图形语言
子集	集合 A 中所有元素都在集合 B 中(即若 $x \in A$,则 $x \in B$)	$A \subseteq B$(或 $B \supseteq A$)	或 $A(B)$

续表

关系	自然语言	符号语言	图形语言
真子集	集合 A 是集合 B 的子集,且集合 B 中至少有一个元素不在集合 A 中	$A \subsetneqq B$ (或 $B \supsetneqq A$)	
集合相等	集合 A、B 中元素相同或集合 A、B 互为子集	$A = B$	

1.1.4 集合的运算

假设 U 表示全集,A、B、C 都是 U 的子集,则

交集:$A \cap B = \{x \mid x \in A \text{ 且 } x \in B\}$.

并集:$A \cup B = \{x \mid x \in A \text{ 或 } x \in B\}$.

补集:$\complement_U A = \{x \mid x \in U \text{ 且 } x \notin A\}$.

差集 $A - B = \{x \mid x \in A \text{ 且 } x \notin B\} = A \cap \complement_U B$.

且有如下运算规律:

交换律:$A \cap B = B \cap A, A \cup B = B \cup A$;

结合律:$(A \cap B) \cap C = A \cap (B \cap C), (A \cup B) \cup C = A \cup (B \cup C)$;

分配律:$A \cap (B \cup C) = (A \cap B) \cup (A \cap C), A \cup (B \cap C) = (A \cup B) \cap (A \cup C)$;

德·摩根定律:$\complement_U (A \cap B) = (\complement_U A) \cup (\complement_U B), \complement_U (A \cup B) = (\complement_U A) \cap (\complement_U B)$.

习题 1-1

1. 已知全集 $U = \mathbf{R}$,且 $A = \{x \mid |x-1| > 2\}, B = \{x \mid x^2 - 6x + 8 < 0\}$,则 $B \cap (\complement_U A) = ($).

   A. $[-1, 4]$ B. $[2, 3]$ C. $(2, 3)$ D. $(-1, 4)$

2. 已知集合 $M = \{x \mid x < 3\}, N = \{x \mid \log_2 x > 1\}$,则 $M \cap N = ($).

   A. $\varnothing$ B. $\{x \mid 0 < x < 3\}$ C. $\{x \mid 1 < x < 3\}$ D. $\{x \mid 2 < x < 3\}$

3. 已知全集 $U = \mathbf{R}$,集合 $A = \{x \mid -2 \leqslant x \leqslant 3\}, B = \{x \mid x < -1 \text{ 或 } x > 4\}$,那么集合 $A \cap (\complement_U B) = ($).

   A. $\{x \mid -2 \leqslant x < 4\}$ B. $\{x \mid x \leqslant 3 \text{ 或 } x \geqslant 4\}$

   C. $\{x \mid -2 \leqslant x < -1\}$ D. $\{x \mid -1 \leqslant x \leqslant 3\}$

4. 已知集合 $U = \{1,2,3,4,5,6,7\}, A = \{2,4,5,7\}, B = \{3,4,5\}$，则 $(\complement_U A) \cup (\complement_U B) = ($).

A. $\{1,6\}$ B. $\{4,5\}$ C. $\{1,2,3,4,5,7\}$ D. $\{1,2,3,6,7\}$

5. 定义集合运算：$A*B = \{z | z = xy, x \in A, y \in B\}$. 设 $A = \{1,2\}, B = \{0,2\}$，则集合 $A*B$ 的所有元素之和为( ).

A. 0   B. 2   C. 3   D. 6

6. 已知 $U = \mathbf{R}, A = \{x | x > 0\}, B = \{x | x \leq -1\}$，则 $(A \cap \complement_U B) \cup (B \cap \complement_U A) = ($).

A. $\varnothing$ B. $\{x | x \leq 0\}$ C. $\{x | x > -1\}$ D. $\{x | x > 0$ 或 $x \leq -1\}$

7. 已知集合 $A = \{-1, 3, 2m-1\}$，集合 $B = \{3, m^2\}$. 若 $B \subseteq A$，则实数 $m =$ _____.

8. 设 $a \in \mathbf{R}$，函数 $f(x) = ax^2 - 2x - 2a$，若 $f(x) > 0$ 的解集为 $A, B = \{x | 1 < x < 3\}$，$A \cap B \neq \varnothing$，求实数 a 的取值范围.

9. 设 P 是一个数集，且至少含有两个数，若对任意 $a, b \in P$，都有 $a+b, a-b, ab, \dfrac{a}{b} \in P$（除数 $b \neq 0$），则称 P 是一个数域. 例如有理数集 $\mathbf{Q}$ 是数域，有下列命题：

① 数域必含有 0,1 两个数；② 整数集是数域；③ 若有理数集 $\mathbf{Q} \subseteq M$，则数集 M 必为数域；④ 数域必为无限域.

其中正确命题的序号是_____（把你认为正确的命题序号都写上）.

1.2 映射

1.2.1 映射概念

定义 1 设 X、Y 是两个非空集合，若存在一个对应关系 f，使得对 X 中每个元素 x，通过对应关系 f，在 Y 中存在唯一确定的元素 y 与之对应，则称 f 为从 X 到 Y 的映射，记作

$$f: X \to Y \text{ 或 } f: x \mapsto y, x \in X, y \in Y.$$

其中 y 称为元素 x 的像，并记作 $f(x)$，即 $y = f(x)$；而元素 x 称为像 y 的一个原像，集合 X 称为映射 f 的定义域，记作 D_f，即 $D_f = X$；X 中所有元素的像组成的集合称为映射 f 的值域，记作 R_f 或 $f(X)$，即

$$R_f = f(X) = \{f(x) | x \in X\}.$$

例 1 设 $f: \mathbf{R} \to \mathbf{R}$，对每个 $x \in \mathbf{R}, f(x) = x^2$，则 f 是一个映射，f 的定义域为 $D_f = (-\infty, +\infty)$，值域为 $R_f = [0, +\infty)$.

例2 已知 $X = \{(x,y)|x^2 + y^2 = 1\}$, $Y = \{(x,0)||x| \le 1\}$. 假设 $f: X \to Y$, 且对每个 $(x,y) \in X$, 通过对应关系 f 存在唯一确定的 $(x,0) \in Y$ 与之对应, 则 f 是一个映射, f 的定义域 $D_f = X$, 值域 $R_f = Y$.

1.2.2 逆映射与复合映射

定义2 设 f 是从集合 X 到集合 Y 的映射, 若对 X 中任意两个不同元素 $x_1 \ne x_2$, 都有 $f(x_1) \ne f(x_2)$, 则称 f 为 X 到 Y 上的单射; 若 $R_f = Y$, 即 Y 中任一元素 y 都是 X 中某元素的像, 则称 f 为 X 到 Y 上的满射. 若映射 f 既是单射, 又是满射, 则称 f 为一一映射(或双射).

例3 已知 $X = \{x|x \in \mathbf{R}, x \ge 0\}$, $Y = \{y|y \in \mathbf{R}, 0 \le y < 1\}$. 证明: 假设 $f: x \to y$, 且对每个 $x \in X$ 通过对应关系 f 存在唯一确定的 $y = \dfrac{x}{1+x} \in Y$, 则 f 为一一映射(或双射), f 的定义域 $D_f = X$, 值域 $R_f = Y$.

证明 由已知, 显然 $f: x \to y$ 为一一映射. 设 $A, B \in X$, 且 $A \ne B$. 由于

$$f(x) = \frac{x}{1+x} = \frac{x+1-1}{x+1} = 1 - \frac{1}{x+1},$$

于是有 $f(A) = 1 - \dfrac{1}{A+1}$, $f(B) = 1 - \dfrac{1}{B+1}$, $f(A) \ne f(B)$, 即 f 为单射.

又因为, 对任意 $C \in Y$, 都存在 $\dfrac{1}{1-C} - 1 = x_0 \in X$, 使得 $f: x_0 \to C$, 即 f 是满射.

综上所述, f 是从 X 到 Y 的一一映射.

定义3 设 f 是 X 到 Y 的一一映射, 即对任意 $y \in R_f$, 存在唯一的 $x \in X$, 使得 $f(x) = y$, 则 y 为 x 的原像, x 为 y 的像从 R_f 到 X 的新映射 f^{-1}, 即

$$f^{-1}: R_f \to X,$$

称之为映射 f 的逆映射, 其定义域为 $D_{f^{-1}} = R_f$, 值域为 $R_{f^{-1}} = X$.

定义4 设 g 是 X 到 Y 的映射, f 是 D 到 Z 的映射 ($Y \subsetneq D$), 即

$$g: X \to Y, \quad f: D \to Z.$$

若对任意 $x \in X$, 有 $g(x) = y(y \in Y)$ 且 $f(y) = z(z \in Z)$, 则我们可以定义一个 X 到 Z 的新映射, 使任意 $x \in X$ 都有 $f[g(x)] = z$, 这个映射称为映射 g 和 f 构成的复合映射, 记作 $f \circ g$, 即

$$f \circ g: X \to Z \text{ 或 } z = (f \circ g)(x) = f[g(x)], x \in X.$$

注意: $z = f[g(x)]$ 与 $z = g[f(x)]$ 不一定相同.

例4 若有映射 $g: \mathbf{R} \to [-1,1]$, 对每个 $x \in \mathbf{R}$, $g(x) = \cos x$; 映射 $f: [-1,1] \to [0,1]$, 对每个 $u \in [-1,1]$, $f(u) = \sqrt{1-u^2}$, 则映射 g 和 f 构成复合映射 $f \circ g: \mathbf{R} \to [0,$

1],对每个 $x \in \mathbf{R}$,有
$$(f \circ g)(x) = f[g(x)] = f(\cos x) = \sqrt{1-\cos^2 x} = |\sin x|.$$

习题 1-2

1. 设集合 $A = \{x \mid 0 \leqslant x \leqslant 6\}$,$B = \{y \mid 0 \leqslant y \leqslant 2\}$,从 A 到 B 的对应法则 f 不是映射的是(　　).

　　A. $f: x \to y = \dfrac{1}{2}x$ 　　　　　　B. $f: x \to y = \dfrac{1}{3}x$

　　C. $f: x \to y = \dfrac{1}{4}x$ 　　　　　　D. $f: x \to y = \dfrac{1}{6}x$

2. 设 $f: A \to B$ 是集合 A 到集合 B 的映射,则下列说法正确的是(　　).

　　A. A 中每一元素在 B 中必有像

　　B. B 中每一元素在 A 中必有原像

　　C. B 中每一元素在 A 中的原像是唯一的

　　D. A 中不同元素的像必不同

3. 已知集合 $A = \{1, 2, 3, k\}$,$B = \{4, 7, a^4, a^2 + 3a\}$,且 $a, k \in \mathbf{N}$,$x \in A$,$y \in B$. $f: x \to y = 3x + 1$ 是由 A 到 B 的一一映射,求 a、k 的值.

4. 下列集合 A 到集合 B 的对应中,判断哪些是 A 到 B 的映射？哪些是 A 到 B 的一一映射？

　　(1) $A = \mathbf{N}$,$B = \mathbf{Z}$,对应法则 $f: x \to y = -x$,$x \in A$,$y \in B$.

　　(2) $A = \mathbf{R}^+$,$B = \mathbf{R}^+$,$f: x \to y = \dfrac{1}{x}$,$x \in A$,$y \in B$.

　　(3) $A = \{$平面内边长不同的等边三角形$\}$,$B = \{$平面内半径不同的圆$\}$,对应法则 $f:$ 作等边三角形的内切圆.

5. 设 $A = \{1, 2, 3\}$,$B = \{4, 5, 6\}$,则 $f: A \to B$,$x \to y = x + 3$ 是否存在逆映射？若存在,求它的逆映射.

6. 设 $f: \left[-\dfrac{\pi}{2}, \dfrac{\pi}{2}\right] \to [0, 2]$,对每个 $x \in \left[-\dfrac{\pi}{2}, \dfrac{\pi}{2}\right]$,$f(x) = \sin x + 1$,试判断此映射是否存在逆映射,若存在,求它的逆映射.

7. 现有两个映射 $f: [-1, 1] \to [0, 1]$,$f(t) = \sqrt{1-t^2}$ 和 $g: \mathbf{R} \to [-1, 1]$,$g(x) = \cos x$,分别写出 $f \circ g$ 和 $g \circ f$.

8. 设 $f: \mathbf{R} \to \mathbf{R}$,$f(a) = \begin{cases} a^2, & a \geqslant 3, \\ -2, & a < 3; \end{cases}$ $g: \mathbf{R} \to \mathbf{R}$,$g(a) = a + 2$,求 $g \circ f$,$f \circ g$. 如果 f 和 g

存在逆映射,求它们的逆映射.

9. 设 $f:A\to B, g:B\to C$,试证明:

(1) 若 $f\circ g$ 是单射,则 f 是单射.

(2) 若 $f\circ g$ 是满射,则 g 是满射.

(3) 若 $f\circ g$ 是双射,则 f 是单射且 g 是满射.

1.3 函数与初等函数

初等数学研究的对象基本上是常量或有限个变量之间的关系,而高等数学的研究对象则是变量或无限多个变量之间的关系. 两个(或多个)变量之间若存在依赖关系,即某个量的变化引起其他量的变化,则称变量之间具有函数关系. 运算本质上就是"二对一"的关系,由于引入了无穷思想,使数学内容与研究范围越来越广泛. 本章将介绍集合、映射、函数、极限和数学基本运算以及相关性质.

1.3.1 函数概念

1. 常量与变量

在某种特定条件下,客观事物在某个运动或相互作用过程之中,有些量始终保持一定的数值而不发生变化,这种量称之为常量;有些量会发生变化,这种量称之为变量. 例如,在自由落体运动过程中,物体的质量保持不变,即物体的质量是常量;可是物体下落的速度和距离都随着时间的变化而发生变化,即物体的速度和距离都是变量.

注意:常量与变量是相对概念,都是"在某种条件下的常量或变量". 通常用字母 $a,b,c,\cdots$ 表示常量,字母 $x,y,z,\cdots$ 表示变量.

2. 函数的定义

定义 设两个非空数集 A、B,如果对于任意数 $x\in A$,都按照对应关系 f 存在唯一一个 $y(y\in B)$ 与它对应,则称对应关系 f 是确定在数集 A 上的函数,记作 $y=f(x)$. 其中数集 A 称为函数的定义域,x 称为函数的自变量,y 称为函数的因变量(或函数值). 全体函数值的集合

$$f(A)=\{y\mid y=f(x), x\in A\}\subseteq B$$

称为函数的值域. 例如,函数 $y=\dfrac{\sqrt{4-x^2}}{x-1}$ 的定义域是 $[-2,1)\cup(1,2]$.

关于函数概念,需要作如下几点说明:

(1)函数定义之中有三个条件:对应关系 $f:A \to B$ 是映射;集合 A 和 B 都是数集;集合 A 和 B 都不是空集.

(2)判断两个函数是否相同时,要判断对应关系和定义域是否都相同.

(3)当 $x = x_0$ 时,若对应的函数值为 y_0,则通常记作 $y_0 = y|_{x=x_0} = f(x_0)$,称函数 $y = f(x)$ 在 $x = x_0$ 处有定义.

例 1 函数 $u(x) = \ln x^2$ 和函数 $v(x) = 2\ln x$ 是否是相同的函数?

解 函数 $u(x) = \ln x^2$ 和函数 $v(x) = 2\ln x$ 是不相同的函数,因为两者定义域不相同. $u(x)$ 的定义域为 $(-\infty, 0) \cup (0, +\infty)$,而 $v(x)$ 的定义域为 $(0, +\infty)$.

1.3.2 函数的表示方法

函数的表示方法主要有以下三种:

1. 解析法

由数学式子给出函数的对应关系的方法称之为解析法. 例如:

(1) $y = x^2 - 1$;

(2) $y = \ln x + x$.

都是用解析法表示的函数. 但是,有些函数在其定义域的不同子区间内对应不同的解析式,例如:

$$f(x) = \begin{cases} x^2, & x \in (0, +\infty), \\ \dfrac{1}{2}, & x = 0, \\ -x+1, & x \in (-\infty, 0). \end{cases}$$

这种形式的函数,通常称之为分段函数.

2. 列表法

若函数可用一张含有自变量 x 的取值和与每一个 x 所对应的值 y 的表格来表示(见表 1-2),则称之为列表法.

表 1-2 函数列表法

x	x_1	x_2	x_3	x_4	x_5	x_6	$\cdots$
y	y_1	y_2	y_3	y_4	y_5	y_6	$\cdots$

3. 图象法

设函数 $y = f(x)$ 的定义域为 D. 对于任意取值 $x \in D$,对应的函数值为 $y = f(x)$. 于是函数可看作一个有序数对的集合 C:

$$C = \{(x, y) \mid y = f(x), x \in D\}.$$

该集合的每一元素在坐标平面上表示一个点,这个点集 C 称之为函数 $y=f(x)$ 的图象.

还有一些函数,用解析法、列表法或图象法表示时形式较为复杂,此时选用语言表述更为合适. 如下面的函数

$$D(x)=\begin{cases}1, & x\in\mathbf{Q},\\ 0, & x\in C_R\mathbf{Q}.\end{cases}$$

这个函数称为狄利克雷(Dirichlet)函数.

1.3.3　常见的几种函数

1. 常函数

$$y=C(C\text{ 为常数}),$$

定义域为 $D=(-\infty,+\infty)$,值域为 $M=\{C\}$,它的图象为一条平行于 x 轴的直线. 它是没有最小正周期的周期函数.

2. 绝对值函数

$$y=|x|=\begin{cases}x, & x\geqslant 0,\\ -x, & x<0,\end{cases}$$

定义域为 $D=(-\infty,+\infty)$,值域为 $M=[0,+\infty)$. 其图象如图 1-1 所示.

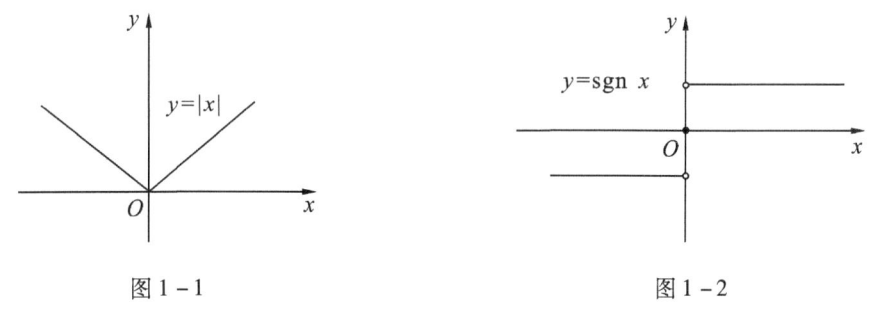

图 1-1

图 1-2

3. 符号函数

$$y=\text{sgn}\,x=\begin{cases}1, & x>0,\\ 0, & x=0,\\ -1, & x<0,\end{cases}$$

定义域为 $D=(-\infty,+\infty)$,值域为 $M=\{-1,0,1\}$. 其图象如图 1-2 所示. 对于任何实数 x,下列关系恒成立

$$x=\text{sgn}\,x\cdot|x|.$$

4. 取整函数

$$x=[x],$$

其中 $[x]$ 表示不超过实数 x 的最大整数,例如:$\left[\dfrac{5}{7}\right]=0,[\pi]=3,[\sqrt{2}]=1,[-3.5]=$

-4,其定义域为 $D=(-\infty,+\infty)$,值域为全体整数. 它的图象如图 1-3 所示.

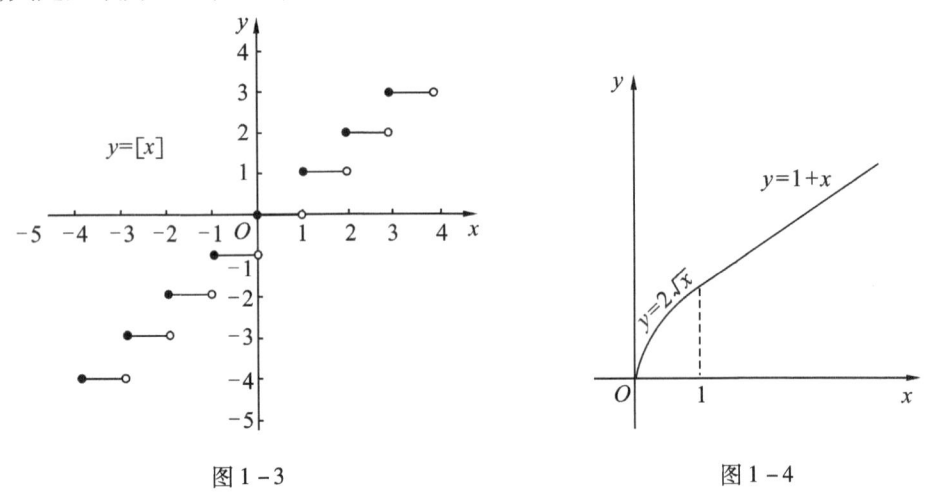

图 1-3

图 1-4

5. 分段函数

例如：

$$y = \begin{cases} 2\sqrt{x}, & 0 \leq x \leq 1, \\ 1+x, & x > 1 \end{cases}$$

就是一个分段函数,它的定义域为 $D=[0,1]\cup(1,+\infty)$. 当 $0\leq x\leq 1$ 时,$y=2\sqrt{x}$;当 $x>1$ 时,$y=1+x$. 它的图象如图 1-4 所示.

6. 狄利克雷函数

$$D(x) = \begin{cases} 1, & x \in \mathbf{Q}, \\ 0, & x \in \complement_R \mathbf{Q}. \end{cases}$$

需要注意,分段函数是用几个式子合起来表示一个函数,而不是多个函数.

1.3.4 函数的基本性质

1. 函数的单调性

设函数 $y=f(x)$ 在区间 I 内有定义,对于任意 $x_1,x_2\in I$,当 $x_1<x_2$ 时：

(1)若恒有 $f(x_1)<f(x_2)$,则称函数 $y=f(x)$ 在区间 I 内是单调增加的；

(2)若恒有 $f(x_1)>f(x_2)$,则称函数 $y=f(x)$ 在区间 I 内是单调减少的.

单调增加或单调减少的函数统称为单调函数.

需要注意,函数的单调性也是一个局部性质. 例如,函数 $y=x^2$ 在区间 $[0,+\infty)$ 上是单调递增的,在区间 $(-\infty,0]$ 上是单调递减的,而在区间 $(-\infty,+\infty)$ 内不是单调函数. 它的图象如图 1-5 所示.

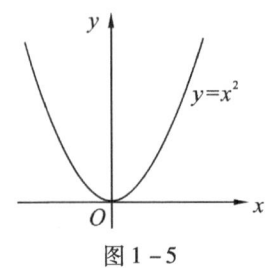

图 1-5

2. 奇偶性

设函数 $f(x)$ 的定义域 D 关于原点对称(如果 $x \in D$,则 $-x \in D$),如果对于任意 $x \in D$,恒有 $f(-x) = -f(x)$,则称 $f(x)$ 为奇函数;如果对于任意 $x \in D$,恒有 $f(-x) = f(x)$,则称 $f(x)$ 为偶函数;如果函数既不是奇函数也不是偶函数,称其为非奇非偶函数.

奇函数的图象关于原点对称;偶函数的图象关于 y 轴对称.

例如,函数 $y = \sin x$ 是奇函数;函数 $y = \cos x$ 是偶函数;函数 $y = \sin x + \cos x$ 是非奇非偶函数;函数 $y = 0$ 既是奇函数又是偶函数.

3. 有界性

设函数 $f(x)$ 在区间 I 内有定义,如果存在一个正数 M,使得对于任意 $x \in I$,都有 $|f(x)| \leq M$ 成立,则称函数 $f(x)$ 在区间 I 内有界. 如果这样的 M 不存在,就称 $f(x)$ 在区间 I 内无界.

例如,函数 $f(x) = \sin x$ 在区间 $(-\infty, +\infty)$ 内是有界的. 因为无论 x 取任何实数,都存在正数 $M = 1$,使 $|\sin x| \leq 1$ 恒成立. 又如函数 $f(x) = \dfrac{1}{x}$ 在开区间 $(0,1)$ 内是无界的,因为不存在这样的正数 M,使 $|f(x)| = \left|\dfrac{1}{x}\right| \leq M$ 对于 $(0,1)$ 内的一切 x 都成立.

需要注意,函数的有界性是一个局部性质. 如果函数在区间 (a,b) 内有界,则在此区间内函数的图象必落在平行于 x 轴的两直线 $y = \pm M$ 之间.

4. 周期性

设函数 $f(x)$ 的定义域为 D,如果存在非零常数 T,使得对于任意 $x \in D$,都有 $f(x+T) = f(x)$ 成立,则称函数 $f(x)$ 为周期函数,常数 T 称为 $f(x)$ 的周期. 其中满足等式 $f(x+T) = f(x)$ 的最小正数 T 称为函数 $f(x)$ 的最小正周期. 通常把函数的最小正周期称作函数的周期.

例如,函数 $\sin x$、$\cos x$ 都是以 2π 为周期的周期函数;函数 $\tan x$ 是以 π 为周期的周期函数.

然而并非每一个周期函数都有最小正周期. 例如,狄利克雷函数是周期函数,任何正有理数 r 都是它的周期. 因为不存在最小的正有理数,所以它没有最小正周期.

1.3.5 反函数与初等函数

1. 反函数

设已知函数 $y = f(x)$ 的定义域是数集 D,值域是数集 M. 设 f 是 D 到 M 的一一映射,如果把 y 看成自变量,把 x 看成因变量,那么就得到一个新的函数,这个新的函数称为 $y=f(x)$ 的反函数,记作 $x=f^{-1}(y)$. 这个函数的定义域为 M,值域为 D.

由反函数的定义可以看出:

(1)反函数的自变量 y 是原函数的因变量,反函数的因变量 x 是原函数的自变量;

(2)习惯上,我们用 x 表示自变量,用 y 表示因变量,这样 $y=f(x)$ 的反函数可以写成 $y=f^{-1}(x)$;

(3)原函数与反函数是相对概念,即函数 $y=f(x)$ 与 $y=f^{-1}(x)$ 互为反函数,其图象关于直线 $y=x$ 对称.

例2 求函数 $y=\ln(x-1)$ 的反函数.

解 已知函数 $y=\ln(x-1)$ 的定义域为 $(1,+\infty)$,值域为 $(-\infty,+\infty)$. 由 $y=\ln(x-1)$ 可得 $x=e^y+1$,习惯上把 $x=e^y+1$ 写成 $y=e^x+1$. 故函数 $y=\ln(x-1)$ 的反函数为 $y=e^x+1$,其定义域为全体实数 $(-\infty,+\infty)$.

关于反函数的存在性,有如下定理:

定理 如果函数 $y=f(x)$ 在某个区间上有定义,且在该区间上是单调函数(或具有一一对应关系),那么它的反函数必定存在.

例3 函数 $y=\sin x$ 的定义域为 $(-\infty,+\infty)$,它在定义域上不单调. 但是 $y=\sin x$ 在其定义域内的一个区间 $\left[-\dfrac{\pi}{2},\dfrac{\pi}{2}\right]$ 上单调递增. 由上述定理得知,$y=\sin x$ 存在反函数,记作 $y=\arcsin x$.

2. 基本初等函数

最简单最常用的六个函数,即常数函数、幂函数、指数函数、对数函数、三角函数和反三角函数统称为基本初等函数.

3. 初等函数

由基本初等函数经过有限次的四则运算以及有限次的复合运算所生成的函数称之为初等函数.

例如,$y=\sin^2 x$、$y=\sqrt{x^2+3x-10}$ 都是初等函数,而符号函数、取整函数、分段函数、狄利克雷函数则都不是初等函数.

1.3.6 函数模型

1. 常见的八种函数模型

(1)一次函数模型:$f(x)=kx+b$(k、b 为常数,$k\neq 0$);

(2)反比例函数模型:$f(x)=\dfrac{k}{x}+b$(k、b 为常数,$k\neq 0$);

(3)二次函数模型:$f(x)=ax^2+bx+c$(a、b、c为常数,$a\neq 0$);

(4)指数函数模型:$f(x)=ab^x+c$(a、b、c为常数,$a\neq 0$,$b>0$,$b\neq 1$);

(5)对数函数模型:$f(x)=m\log_a x+n$(m、n、a为常数,$a>0$,$a\neq 1$,$m\neq 0$);

(6)幂函数模型:$f(x)=ax^n+b$(a、b、n为常数,$a\neq 0$);

(7)"对勾"函数模型:$f(x)=x+\dfrac{k}{x}$(k为常数,且$k>0$);

(8)分段函数模型.

2. 函数模型的应用

用函数模型解决实际问题的基本步骤如下:

(1)审题:深刻理解题意,分清条件和结论,理顺其中的数量关系,把握其中的数学本质;

(2)建模:将自然语言转化为数学语言,将文字语言转化为符号语言,利用数学知识,建立相应的数学模型;

(3)解模:用数学知识和方法解决转化出的数学问题;

(4)还原:回到题目本身,检验结果的实际意义,给出结论.

习题 1-3

1. 指出下列函数在指定区间的反函数及其定义域:

(1)$y=\sqrt{1-x}$,$x\in[-1,0]$.

(2)$y=\ln(2x+1)$,$x\in\left(-\dfrac{1}{2},+\infty\right)$.

(3)$y=\dfrac{ax+b}{cx+d}$,其中a、b、c、d是常数,且$ad-bc\neq 0$.

(4)$y=\begin{cases} x, & x\in(-\infty,1), \\ x^2, & x\in[1,4], \\ 2^x, & x\in(4,+\infty). \end{cases}$

2. 证明:若函数$y=f(x)$在数集A上单调递减,则函数$y=f(x)$存在反函数$x=f^{-1}(y)$,且反函数在$\varphi(A)$上也单调递减.

3. 求下列函数生成的复合函数$f[g(x)]$:

(1)$f(x)=x^3$,$g(x)=\tan x$.

(2)$f(x)=\sqrt{x^2+1}$,$g(x)=\tan x$.

(3)$f(x)=\begin{cases} 2, & x\leq 0, \\ x^2 & x>0, \end{cases}$ $g(x)=\begin{cases} -x^3, & x\leq 0, \\ x^3, & x>0. \end{cases}$

4. 设 $f(x) = \dfrac{1}{1+x}, g(x) = 1+x^2$，求 $f[f(x)]$、$g[g(x)]$、$f[g(x)]$、$g[f(x)]$.

5. 设 $f\left(x+\dfrac{1}{x}\right) = x^2 + \dfrac{1}{x^2}$，求函数 $y = f(x)$.

6. 设 $2f(x) - 3f\left(\dfrac{1}{x}\right) = 2x$，求函数 $y = f(x)$.

7. 证明：若 $f(x)$ 与 $g(x)$ 都是奇函数，则 $g[f(x)]$ 与 $f[g(x)]$ 都是奇函数.

1.4 三角函数与解三角形

1.4.1 角的有关概念

1. 正角、负角和零角

角可以看作是由一条射线绕着它的端点在平面内旋转而成的. 射线的端点称为角的顶点，旋转开始时的射线称为角的始边，终止时的射线称为角的终边.

角的形成带有方向性. 按逆时针方向旋转形成的角称为正角，按顺时针方向旋转形成的角称为负角. 特别地，当射线没有做任何旋转时，所形成的角称为零角.

2. 象限角

顶点与原点重合、始边与 x 轴正方向重合的角称之为置于标准位置上的角，简称标准位置角.

今后没有特殊说明的情况下，默认为角都是标准位置角.

若角的终边落在第一、二、三、四象限内，则称这个角分别为第一、二、三、四象限角，统称为象限角；若角的终边落在坐标轴上，则称这个角为轴线角.

3. 终边相同的角

所有与角 α 终边相同的角，连同角 α 在内，有无限多个，可以用
$$k \cdot 360° + \alpha, \; k \in z,$$
表示.

4. 角的度量

(1) 角度制：我们把某一个圆 360 等分，用每一份圆弧所对应的圆心角作量角单位，称之为 1 度角，记作 1°.

(2) 弧度制：我们把与某一个圆的半径等长圆弧所对应的圆心角作量角单位，称之为 1 弧度角，记作 1 rad.

一般规定，正角的弧度数为正数，负角的弧度数为负数，零角的弧度数为零，并

且有
$$|\alpha| = \frac{l}{r}.$$

其中 α 为已知角的弧度数,l 为角 α 作为圆心角所对的圆弧长,r 为圆的半径. 由上式,我们可得到计算弧长的公式
$$l = |\alpha|r.$$

(3) 角度与弧度之间的换算关系:
$$360° = 2\pi,$$
$$180° = \pi,$$
$$1° = \frac{\pi}{180} \text{弧度} \approx 0.017453 \text{ 弧度(角度化弧度)},$$
$$1 \text{ 弧度} = \left(\frac{180}{\pi}\right)° \approx 57.30° = 57°18'(\text{弧度化角度}).$$

(4) 弧长公式和面积公式:

已知 R 是半径,l 是弧长,$\alpha(0 < \alpha < 2\pi)$ 为圆心角,S 是扇形面积,则
$$l = \alpha R, \quad S = \frac{1}{2}\alpha R^2 = \frac{1}{2}lR.$$

(5) 某些特殊角的角度与弧度之间的对应关系见表 1-3.

表 1-3 特殊角度与弧度的对应关系

角度	0°	30°	45°	60°	90°	180°	270°	360°
弧度	0	$\frac{\pi}{6}$	$\frac{\pi}{4}$	$\frac{\pi}{3}$	$\frac{\pi}{2}$	π	$\frac{3\pi}{2}$	2π

注:单位弧度常常省略不写.

1.4.2 任意角的三角函数

1. 角 α 的三角函数的定义

设 α 是一个任意角,角 α 的终边上任一点 P(不与原点重合)的坐标为 (x,y),它与原点 O 的距离为 r(如图 1-6 所示),那么:

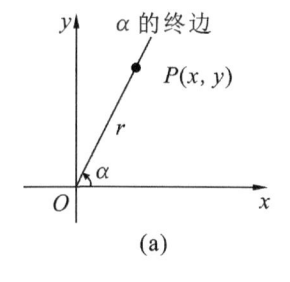

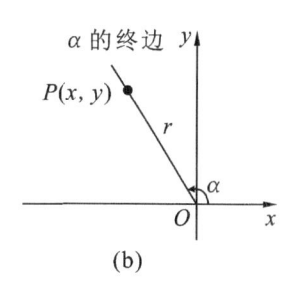

(a)   (b)

(c)   (d)

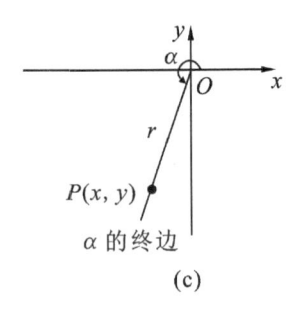

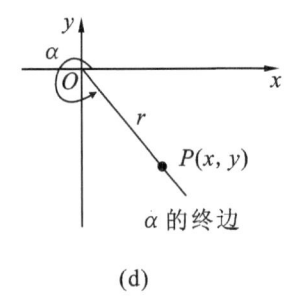

图 1-6

(1) 比值 $\dfrac{y}{r}$ 叫作 α 的正弦, 记作 $\sin \alpha$, 即 $\sin \alpha = \dfrac{y}{r}$;

(2) 比值 $\dfrac{x}{r}$ 叫作 α 的余弦, 记作 $\cos \alpha$, 即 $\cos \alpha = \dfrac{x}{r}$;

(3) 比值 $\dfrac{y}{x}$ 叫作 α 的正切, 记作 $\tan \alpha$, 即 $\tan \alpha = \dfrac{y}{x}$;

(4) 比值 $\dfrac{x}{y}$ 叫作 α 的余切, 记作 $\cot \alpha$, 即 $\cot \alpha = \dfrac{x}{y}$;

(5) 比值 $\dfrac{r}{x}$ 叫作 α 的正割, 记作 $\sec \alpha$, 即 $\sec \alpha = \dfrac{r}{x}$;

(6) 比值 $\dfrac{r}{y}$ 叫作 α 的余割, 记作 $\csc \alpha$, 即 $\csc \alpha = \dfrac{r}{y}$.

说明:由 x、y、r 得到的六个比值(存在的话)与 P 所在的位置无关, 只与角 α 的终边所在位置有关.

形如 $y = \sin x$、$y = \cos x$、$y = \tan x (x \neq \dfrac{\pi}{2} + k\pi, k \in \mathbf{Z})$、$y = \cot x (x \neq k\pi, k \in \mathbf{Z})$、$\sec x (x \neq \dfrac{\pi}{2} + k\pi, k \in \mathbf{Z})$、$y = \csc x (x \neq k\pi, k \in \mathbf{Z})$ 的六个函数分别称之为正弦函数、余弦函数、正切函数、余切函数、正割函数、余割函数, 统称为三角函数.

2. 三角函数的符号

由定义可得六种三角函数的象限符号:

(1) $\sin \alpha$ 和 $\csc \alpha$: 当角 α 在第一、二象限时, 函数值是正的; 当角 α 在第三、四象限时, 函数值是负的;

(2) $\cos \alpha$ 和 $\sec \alpha$: 当角 α 在第一、四象限时, 函数值是正的; 当角 α 在第二、三象限时, 函数值是负的;

(3) $\tan \alpha$ 和 $\cot \alpha$: 当角 α 在第一、三象限时, 函数值是正的; 当角 α 在第二、四象限时, 函数值是负的.

3. 特殊角的三角函数值(表1-4)

表1-4 特殊角的三角函数值

α	0	$\dfrac{\pi}{6}$	$\dfrac{\pi}{4}$	$\dfrac{\pi}{3}$	$\dfrac{\pi}{2}$
$\sin \alpha$	0	$\dfrac{1}{2}$	$\dfrac{\sqrt{2}}{2}$	$\dfrac{\sqrt{3}}{2}$	1
$\cos \alpha$	1	$\dfrac{\sqrt{3}}{2}$	$\dfrac{\sqrt{2}}{2}$	$\dfrac{1}{2}$	0
$\tan \alpha$	0	$\dfrac{\sqrt{3}}{3}$	1	$\sqrt{3}$	不存在
$\cot \alpha$	不存在	$\sqrt{3}$	1	$\dfrac{\sqrt{3}}{3}$	0

1.4.3 同角三角函数间的关系

1. 平方关系

$$\sin^2\alpha + \cos^2\alpha = 1; 1 + \tan^2\alpha = \sec^2\alpha; 1 + \cot^2\alpha = \csc^2\alpha.$$

2. 商的关系

$$\tan \alpha = \frac{\sin \alpha}{\cos \alpha}; \cot \alpha = \frac{\cos \alpha}{\sin \alpha}.$$

3. 倒数关系

$$\tan \alpha \cot \alpha = 1; \cos \alpha \sec \alpha = 1; \sin \alpha \csc \alpha = 1.$$

1.4.4 三角函数的诱导公式($k \in \mathbf{Z}$)

(1) $\sin(2k\pi + \alpha) = \sin \alpha$; $\cos(2k\pi + \alpha) = \cos \alpha$; $\tan(2k\pi + \alpha) = \tan \alpha$;
$\cot(2k\pi + \alpha) = \cot \alpha$; $\sec(2k\pi + \alpha) = \sec \alpha$; $\csc(2k\pi + \alpha) = \csc \alpha$.

(2) $\sin(\pi - \alpha) = \sin \alpha$; $\cos(\pi - \alpha) = -\cos \alpha$; $\tan(\pi - \alpha) = -\tan \alpha$;
$\cot(\pi - \alpha) = -\cot \alpha$; $\sec(\pi - \alpha) = -\sec \alpha$; $\csc(\pi - \alpha) = \csc \alpha$.

(3) $\sin(\pi + \alpha) = -\sin \alpha$; $\cos(\pi + \alpha) = -\cos \alpha$; $\tan(\pi + \alpha) = \tan \alpha$;
$\cot(\pi + \alpha) = \cot \alpha$; $\sec(\pi + \alpha) = -\sec \alpha$; $\csc(\pi + \alpha) = -\csc \alpha$.

(4) $\sin(-\alpha) = -\sin \alpha$; $\cos(-\alpha) = \cos \alpha$; $\tan(-\alpha) = -\tan \alpha$;
$\cot(-\alpha) = -\cot \alpha$; $\sec(-\alpha) = \sec \alpha$; $\csc(-\alpha) = -\csc \alpha$.

(5) $\sin\left(\dfrac{\pi}{2} - \alpha\right) = \cos \alpha$; $\cos\left(\dfrac{\pi}{2} - \alpha\right) = \sin \alpha$; $\tan\left(\dfrac{\pi}{2} - \alpha\right) = \cot \alpha$;

$$\cot\left(\frac{\pi}{2}-\alpha\right)=\tan\alpha;\ \sec\left(\frac{\pi}{2}-\alpha\right)=\csc\alpha;\ \csc\left(\frac{\pi}{2}-\alpha\right)=\sec\alpha.$$

(6) $\sin\left(\frac{\pi}{2}+\alpha\right)=\cos\alpha;\ \cos\left(\frac{\pi}{2}+\alpha\right)=-\sin\alpha;\ \tan\left(\frac{\pi}{2}+\alpha\right)=-\cot\alpha;$

$$\cot\left(\frac{\pi}{2}+\alpha\right)=-\tan\alpha;\ \sec\left(\frac{\pi}{2}+\alpha\right)=-\csc\alpha;\ \csc\left(\frac{\pi}{2}+\alpha\right)=\sec\alpha.$$

(7) $\sin\left(\frac{3\pi}{2}-\alpha\right)=-\cos\alpha;\ \cos\left(\frac{3\pi}{2}-\alpha\right)=-\sin\alpha;\ \tan\left(\frac{3\pi}{2}-\alpha\right)=\cot\alpha;$

$$\cot\left(\frac{3\pi}{2}-\alpha\right)=\tan\alpha;\ \sec\left(\frac{3\pi}{2}-\alpha\right)=-\csc\alpha;\ \csc\left(\frac{3\pi}{2}-\alpha\right)=-\sec\alpha.$$

(8) $\sin\left(\frac{3\pi}{2}+\alpha\right)=-\cos\alpha;\ \cos\left(\frac{3\pi}{2}+\alpha\right)=\sin\alpha;\ \tan\left(\frac{3\pi}{2}+\alpha\right)=-\cot\alpha;$

$$\cot\left(\frac{3\pi}{2}+\alpha\right)=-\tan\alpha;\ \sec\left(\frac{3\pi}{2}+\alpha\right)=\csc\alpha;\ \csc\left(\frac{3\pi}{2}+\alpha\right)=-\sec\alpha.$$

1.4.5 三角函数的恒等变换

1. 两角和差公式

$$\sin(\alpha\pm\beta)=\sin\alpha\cos\beta\pm\cos\alpha\sin\beta;$$
$$\cos(\alpha\pm\beta)=\cos\alpha\cos\beta\mp\sin\alpha\sin\beta;$$
$$\tan(\alpha\pm\beta)=\frac{\tan\alpha\pm\tan\beta}{1\mp\tan\alpha\tan\beta}.$$

2. 二倍角公式

$$\sin 2\alpha=2\sin\alpha\cos\alpha;$$
$$\cos 2\alpha=\cos^2\alpha-\sin^2\alpha=1-2\sin^2\alpha=2\cos^2\alpha-1;$$
$$\tan 2\alpha=\frac{2\tan\alpha}{1-\tan^2\alpha}.$$

3. 半角公式

$$\sin\frac{\alpha}{2}=\pm\sqrt{\frac{1-\cos\alpha}{2}};\ \cos\frac{\alpha}{2}=\pm\sqrt{\frac{1+\cos\alpha}{2}};$$
$$\tan\frac{\alpha}{2}=\pm\sqrt{\frac{1-\cos\alpha}{1+\cos\alpha}}=\frac{\sin\alpha}{1+\cos\alpha}=\frac{1-\cos\alpha}{\sin\alpha}.$$

注意：

$$1-\cos\alpha=2\sin^2\frac{\alpha}{2};\ 1+\cos\alpha=2\cos^2\frac{\alpha}{2};$$
$$1+\sin\alpha=\left(\sin\frac{\alpha}{2}+\cos\frac{\alpha}{2}\right)^2;\ 1-\sin\alpha=\left(\sin\frac{\alpha}{2}-\cos\frac{\alpha}{2}\right)^2.$$

4. 和差化积公式

$$\sin\alpha + \sin\beta = 2\sin\frac{\alpha+\beta}{2}\cdot\cos\frac{\alpha-\beta}{2};$$

$$\sin\alpha - \sin\beta = 2\cos\frac{\alpha+\beta}{2}\cdot\sin\frac{\alpha-\beta}{2};$$

$$\cos\alpha + \cos\beta = 2\cos\frac{\alpha+\beta}{2}\cdot\cos\frac{\alpha-\beta}{2};$$

$$\cos\alpha - \cos\beta = -2\sin\frac{\alpha+\beta}{2}\cdot\sin\frac{\alpha-\beta}{2}.$$

5. 积化和差公式

$$\sin\alpha\cos\beta = \frac{1}{2}[\sin(\alpha+\beta) + \sin(\alpha-\beta)];$$

$$\cos\alpha\sin\beta = \frac{1}{2}[\sin(\alpha+\beta) - \sin(\alpha-\beta)];$$

$$\cos\alpha\cos\beta = \frac{1}{2}[\cos(\alpha+\beta) + \cos(\alpha-\beta)];$$

$$\sin\alpha\sin\beta = -\frac{1}{2}[\cos(\alpha+\beta) - \cos(\alpha-\beta)].$$

6. 万能公式

$$\sin\alpha = \frac{2\tan\frac{\alpha}{2}}{1+\tan^2\frac{\alpha}{2}}; \quad \cos\alpha = \frac{1-\tan^2\frac{\alpha}{2}}{1+\tan^2\frac{\alpha}{2}}; \quad \tan\alpha = \frac{2\tan\frac{\alpha}{2}}{1-\tan^2\frac{\alpha}{2}}.$$

7. 辅助角公式

$$a\sin\alpha + b\cos\alpha = \sqrt{a^2+b^2}\sin(\alpha+\phi)\ (ab\neq 0),$$

其中 ϕ 满足 $\tan\phi = \frac{b}{a}$,$\cos\phi = \frac{a}{\sqrt{a^2+b^2}}$,$\sin\phi = \frac{b}{\sqrt{a^2+b^2}}$.

1.4.6 三角形的边角关系

1. 直角三角形

设 $\triangle ABC$ 中,$C = 90°$,三边分别为 a、b、c,面积为 S,则其边角之间有如下关系:

(1) $A + B = 90°$;

(2) $a^2 + b^2 = c^2$(勾股定理);

(3) $\sin A = \frac{a}{c}$,$\cos A = \frac{b}{c}$,$\tan A = \frac{a}{b}$;

(4) $S = \frac{1}{2}ab$.

2. 斜三角形

设 △ABC 中，三边分别为 a、b、c，内切圆半径为 r，外切圆半径为 R，面积为 S，则其边角之间有如下关系：

（1）$A + B + C = 180°$；

（2）$\dfrac{a}{\sin A} = \dfrac{b}{\sin B} = \dfrac{c}{\sin C} = 2R$（正弦定理）；

（3）$a^2 = b^2 + c^2 - 2bc\cos A$；$b^2 = a^2 + c^2 - 2ac\cos B$；$c^2 = a^2 + b^2 - 2ab\cos C$（余弦定理）；

（4）$S = \dfrac{1}{2}ab\sin C = \sqrt{p(p-a)(p-b)(p-c)} = rp = \dfrac{abc}{4R}\left(p = \dfrac{a+b+c}{2}\right)$.

1.4.7 反三角函数

1. 反正弦函数

正弦函数 $y = \sin x$ 在区间 $\left[-\dfrac{\pi}{2}, \dfrac{\pi}{2}\right]$ 上的反函数称之为反正弦函数，记作 $y = \arcsin x$（或 $y = \sin^{-1} x$），$x \in [-1, 1]$，$y \in \left[-\dfrac{\pi}{2}, \dfrac{\pi}{2}\right]$. 其中，$y$（即 $\arcsin x$）表示角，x 为这个角的正弦值.

一般地，根据反正弦函数的定义有

$$\sin(\arcsin x) = x, x \in [-1, 1],$$
$$\arcsin(-x) = -\arcsin x, x \in [-1, 1].$$

2. 反余弦函数

余弦函数 $y = \cos x$ 在区间 $[0, \pi]$ 上的反函数称之为反余弦函数，记作 $y = \arccos x$（或 $y = \cos^{-1} x$），$x \in [-1, 1]$，$y \in [0, \pi]$. 其中，y（即 $\arccos x$）表示角，x 为这个角的余弦值.

一般地，根据反余弦函数的定义有

$$\cos(\arccos x) = x, x \in [-1, 1],$$
$$\arccos(-x) = \pi - \arccos x, x \in [-1, 1].$$

3. 反正切函数

正切函数 $y = \tan x$ 在区间 $\left(-\dfrac{\pi}{2}, \dfrac{\pi}{2}\right)$ 上的反函数称之为反正切函数，记为 $y = \arctan x$（或 $y = \tan^{-1} x$），$x \in (-\infty, +\infty)$，$y \in \left(-\dfrac{\pi}{2}, \dfrac{\pi}{2}\right)$. 其中，$y$（即 $\arctan x$）表示角，x 为这个角的正切值.

一般地，根据反正切函数的定义有

$$\tan(\arctan x) = x, x \in (-\infty, +\infty),$$
$$\arctan(-x) = -\arctan x, x \in (-\infty, +\infty).$$

4. 反余切函数

余切函数 $y = \cot x$ 在区间 $(0, \pi)$ 上的反函数称之为反余切函数,记为 $y = \text{arccot } x$ (或 $y = \cot^{-1} x$), $x \in (-\infty, +\infty)$, $y \in (0, \pi)$. 其中, y (即 arccot x) 表示角, x 为这个角的余切值.

一般地,根据反余切函数的定义有
$$\cot(\text{arccot } x) = x, x \in (-\infty, +\infty),$$
$$\text{arccot}(-x) = \pi - \text{arccot } x, x \in (-\infty, +\infty).$$

1.4.8 解三角形

把三角形的三个角 A、B、C 和它们的对边 a、b、c 称为三角形的元素. 已知三角形的几个元素求其他元素的过程称为解三角形.

1. 正弦定理

在一个三角形中,各边和它所对角的正弦的比相等,即
$$\frac{a}{\sin A} = \frac{b}{\sin B} = \frac{c}{\sin C}.$$

正弦定理的变形:

(1) $\dfrac{a}{b} = \dfrac{\sin A}{\sin B}$, $\dfrac{b}{c} = \dfrac{\sin B}{\sin C}$, $\dfrac{a}{c} = \dfrac{\sin A}{\sin C}$;

(2) $a : b : c = \sin A : \sin B : \sin C$;

(3) $\dfrac{a}{\sin A} = \dfrac{b}{\sin B} = \dfrac{c}{\sin C} = 2R$ (其中 R 为 $\triangle ABC$ 外接圆的半径), 即 $a = 2R\sin A$, $b = 2R\sin B$, $c = 2R\sin C$.

2. 余弦定理

三角形中任何一边的平方等于其他两边的平方的和减去这两边与它们的夹角的余弦的积的两倍,即
$$a^2 = b^2 + c^2 - 2bc\cos A, b^2 = a^2 + c^2 - 2ac\cos B, c^2 = a^2 + b^2 - 2ab\cos C.$$

余弦定理的推论:
$$\cos A = \frac{b^2 + c^2 - a^2}{2bc}, \cos B = \frac{a^2 + c^2 - b^2}{2ac}, \cos C = \frac{a^2 + b^2 - c^2}{2ab}.$$

余弦定理的推广:

$a^2 = b^2 + c^2 \Leftrightarrow A$ 是直角, $a^2 > b^2 + c^2 \Leftrightarrow A$ 是钝角, $a^2 < b^2 + c^2 \Leftrightarrow A$ 是锐角.

3. 三角形面积公式

（1）$S_{\triangle ABC} = \dfrac{1}{2}bc\sin A = \dfrac{1}{2}ac\sin B = \dfrac{1}{2}ab\sin C$（$A$、$B$、$C$ 是 $\triangle ABC$ 的三条边 a、b、c 所对应的内角）．

（2）$S_{\triangle ABC} = \dfrac{1}{2}ah_1 = \dfrac{1}{2}bh_2 = \dfrac{1}{2}ch_3$（$h_1$、$h_2$、$h_3$ 分别为三角形的边 a、b、c 上的高）．

（3）$S_{\triangle ABC} = \sqrt{p(p-a)(p-b)(p-c)}\left(p = \dfrac{a+b+c}{2}\right)$．

（4）$S_{\triangle ABC} = \dfrac{1}{2}r(a+b+c)$（$r$ 为三角形内切圆半径）．

习题 1-4

1. $\tan 15° - \cot 15° = (\quad)$．

　　A. 2　　　　　B. $2+\sqrt{3}$　　　　　C. 4　　　　　D. $-2\sqrt{3}$

2. 若 $f(\tan x) = \sin 2x$，则 $f(-1)$ 的值为（　　）．

　　A. $-\sin 2$　　　B. -1　　　C. $\dfrac{1}{2}$　　　D. 1

3. 已知 $\tan(\alpha + \beta) = \dfrac{2}{5}$，$\tan\left(\alpha + \dfrac{\pi}{4}\right) = \dfrac{3}{22}$，那么 $\tan\left(\beta - \dfrac{\pi}{4}\right) = (\quad)$．

　　A. $\dfrac{1}{5}$　　　B. $\dfrac{13}{18}$　　　C. $\dfrac{1}{4}$　　　D. $\dfrac{13}{22}$

4. 若 α、β 均是锐角，且 $\sin^2\alpha = \cos(\alpha - \beta)$，则 α 与 β 的关系是（　　）．

　　A. $\alpha > \beta$　　B. $\alpha < \beta$　　C. $\alpha = \beta$　　D. $\alpha + \beta > \dfrac{\pi}{2}$

5. 化简：$\dfrac{\sqrt{1 - 2\sin 10° \cos 10°}}{\cos(-10°) - \sqrt{1 - \cos^2 170°}} = \underline{\qquad}$．

　　A. 0　　　　B. -1　　　　C. ± 1　　　　D. 1

6. 已知 $\sin\left(\alpha - \dfrac{\pi}{4}\right) = \dfrac{7\sqrt{2}}{10}$，且 $\dfrac{\pi}{2} < \alpha < \dfrac{3\pi}{4}$，则 $\tan\left(2\alpha + \dfrac{\pi}{4}\right)$ 的值为（　　）．

　　A. $\dfrac{17}{32}$　　　B. $\dfrac{31}{17}$　　　C. $-\dfrac{31}{17}$　　　D. $-\dfrac{17}{31}$

7. 若 $\sin\left(\dfrac{\pi}{6} - \alpha\right) = \dfrac{1}{3}$，则 $\cos\left(\dfrac{2\pi}{3} + 2\alpha\right) = \underline{\qquad}$．

8. 设 α 为第四象限的角，若 $\dfrac{\sin 3\alpha}{\sin \alpha} = \dfrac{13}{5}$，则 $\tan 2\alpha = \underline{\qquad}$．

9. 已知 α、β 均为锐角,且 $\cos(\alpha+\beta) = \sin(\alpha-\beta)$,则 $\tan\alpha = $ _____.

10. 当 $0 < x < \dfrac{\pi}{2}$ 时,函数 $f(x) = \dfrac{1+\cos 2x + 8\sin^2 x}{\sin 2x}$ 的最小值为 _____.

总复习题 1　A 组

1. 设 $f(x)$ 是连续函数,$F(x)$ 是 $f(x)$ 的原函数,则(　　).
   A. 当 $f(x)$ 是奇函数时,$F(x)$ 必是偶函数
   B. 当 $f(x)$ 是偶函数时,$F(x)$ 必是奇函数
   C. 当 $f(x)$ 是周期函数时,$F(x)$ 必是周期函数
   D. 当 $f(x)$ 是单调增函数时,$F(x)$ 必是单调增函数

2. 设函数 $g(x) = \begin{cases} 2-x, & x \leq 0, \\ x+2, & x > 0, \end{cases}$ $f(x) = \begin{cases} x^2, & x < 0, \\ -x, & x \geq 0, \end{cases}$ 则 $g[f(x)] = $(　　).

   A. $\begin{cases} 2+x^2, & x < 0, \\ 2-x, & x \geq 0 \end{cases}$
   B. $\begin{cases} 2-x^2, & x < 0, \\ 2+x, & x \geq 0 \end{cases}$

   C. $\begin{cases} 2-x^2, & x < 0, \\ 2-x, & x \geq 0 \end{cases}$
   D. $\begin{cases} 2+x^2, & x < 0, \\ 2+x, & x \geq 0 \end{cases}$

3. 设函数 $f(x) = \begin{cases} 1, & |x| \leq 1, \\ 0, & |x| > 1, \end{cases}$ 则函数 $f[f(x)] = $ _____.

总复习题 1　B 组

1. 设函数 $f(x) = \begin{cases} -1, & x < 0, \\ 1, & x \geq 0, \end{cases}$ $g(x) = \begin{cases} 2-ax, & x \leq -1, \\ x, & -1 < x < 0, \\ x-b, & x \geq 0, \end{cases}$ 若 $f(x) + g(x)$ 在 **R** 上连续,则(　　).
   A. $a=3, b=1$ 　　　　　　　　B. $a=3, b=2$
   C. $a=-3, b=1$ 　　　　　　　D. $a=-3, b=2$

2. 已知函数 $f(x) = \begin{cases} (\cos x)^{x-2}, & x \neq 0, \\ a, & x = 0 \end{cases}$ 在 $x=0$ 处连续,则 $a = $ _____.

3. 已知 α 为第二象限的角,$\sin\alpha = \dfrac{3}{5}$,$\beta$ 为第一象限的角,$\cos\beta = \dfrac{5}{13}$,求 $\tan(2\alpha - \beta)$ 的值.

4. 化简 $\dfrac{2\cos^2\alpha-1}{2\tan\left(\dfrac{\pi}{4}-\alpha\right)\cdot\sin^2\left(\dfrac{\pi}{4}+\alpha\right)}$.

5. 已知 $-\dfrac{\pi}{2}<x<0,\sin x+\cos x=\dfrac{1}{5}$:

(1) 求 $\sin x-\cos x$ 的值.

(2) 求 $\dfrac{3\sin^2\dfrac{x}{2}-2\sin\dfrac{x}{2}\cos\dfrac{x}{2}+\cos^2\dfrac{x}{2}}{\tan x+\cot x}$ 的值.

第 2 章　数列极限与函数极限

数列是一种特殊的函数,即从正整数集 $\mathbf{N}^+$ 到实数集 $\mathbf{R}$ 的一个函数 $f:\mathbf{N}^+\to\mathbf{R}$. 而极限概念是在利用"有限去解决无限,离散去解决连续,近似去解决精确"过程中产生的,是构筑微积分学坚实理论体系之基石. 要想很好地掌握微积分及其应用方法,必须准确理解极限概念的本质与来源,同时还要熟练掌握极限运算技能. 本章将介绍极限、极限存在准则和函数的连续性等基本概念以及它们的一些性质.

2.1　数列与数列极限

2.1.1　数列与数列运算

1. 数列的定义及通项公式

按照一定次序排列的一列数称为数列,数列中的每一个数叫作这个数列的项,各项依次叫作这个数列的第 1 项,第 2 项,第 3 项,$\cdots$,第 n 项,$\cdots$,第一项也叫作首项. 通常用带数字下标的字母表示数列项,于是数列的一般形式可以写成

$$a_1=f(1),a_2=f(2),a_3=f(3),\cdots,a_n=f(n),\cdots$$

其中 a_n 是数列的第 n 项. 有时也可以把数列简单记作 $\{a_n\}$.

一个数列 $\{a_n\}$ 的第 n 项与项数 n 的关系,若可以用一个式子 $f(n)$ 来表示,则 $a_n=f(n)$ 称之为此数列的通项公式.

例如,数列

$$\frac{1}{2},\frac{1}{4},\frac{1}{8},\cdots,\frac{1}{2^n},\cdots$$

的通项公式是 $a_n = \dfrac{1}{2^n}$.

2. 等差数列与等比数列

等差数列与等比数列的相关内容对比见表 2-1. 表中, d 为公差, q 为公比.

表 2-1 等差数列与等比数列

	等差数列	等比数列
定义	从第 2 项起,每一项与它的前一项的差都等于同一常数 d	从第 2 项起,每一项与它的前一项的比都等于同一常数 q
一般形式	$a_1, a_1 + d, a_1 + 2d, \cdots$	$a_1, a_1 q, a_1 q^2, \cdots$
通项公式	$a_n = a_1 + (n-1)d,\ a_n = a_m + (n-m)d$	$a_n = a_1 q^{n-1},\ a_n = a_m q^{n-m}$
前 n 项和公式	$S_n = \dfrac{n(a_1 + a_n)}{2} = na_1 + \dfrac{n(n-1)}{2}d$	$S_n = \dfrac{a_1(1-q^n)}{1-q}(q \neq 1)$, $S_n = na_1(q = 1)$
中项	a 与 b 的等差中项 $A = \dfrac{a+b}{2}$	a 与 b 的等比中项 $G = \pm\sqrt{ab}(ab > 0)$

2.1.2 数列极限

1. 数列极限的定义

对于数列 $\{a_n\}$, 若存在常数 a, 对任意给定的正数 ε(不论它多么小), 总存在正整数 N, 当 $n > N$ 时

$$|a_n - a| < \varepsilon$$

都成立, 那么就称常数 a 是数列 $\{a_n\}$ 的极限, 或者称数列 $\{a_n\}$ 收敛于 a, 记为

$$\lim_{n \to \infty} a_n = a,$$

或

$$a_n \to a\ (n \to \infty).$$

若不存在这样的常数 a, 就说数列 $\{a_n\}$ 没有极限, 或者称数列 $\{a_n\}$ 是发散的, 习惯上也说 $\lim_{n \to \infty} a_n$ 不存在.

对于数列极限的定义, 应该注意以下几点:

(1) ε 的任意性. ε 是用来衡量 a_n 和 a 的接近程度的, 可以取任意小的正数, 是先要任意给定的, 但一经给出, 就应该暂时看作是固定不变的, 以便根据它来求 N.

(2) N 的相应性. 正整数 N 依赖于 ε, 即 $N = N(\varepsilon)$, 通常 N 是随着 ε 的变小而变大的, 我们关心的是它的存在性. 若我们找到了正整数 N, 则大于 N 的任意一个自然

数都可以代替 N.

(3)定义中"当 $n>N$ 时,$|a_n-a|<\varepsilon$ 都成立"是指:第 N 项 a_N 以后的所有项 $a_{N+1},a_{N+2},a_{N+3},\cdots$ 都满足 $|a_n-a|<\varepsilon$,即第 N 项 a_N 以后的所有项 $a_{N+1},a_{N+2},a_{N+3},\cdots$ 都落在 a 的 ε 邻域内,而在此邻域之外,至多有 N(有限)项.

邻域:所谓 a 的 δ 邻域是指 $\{x\mid a-\delta<x<a+\delta\}$,记作 $U(a,\delta)$.

去心邻域:所谓 a 的 δ 去心邻域是指 $\{x\mid a-\delta<x<a+\delta,x\neq a\}$,记作 $\mathring{U}(a,\delta)$.

注意:记号"$\forall$"表示"对于任意给定的"或"对于每一个",记号"$\exists$"表示"存在". 于是,数列极限 $\lim_{n\to\infty}a_n=a$ 的定义可表示为:

$$\lim_{n\to\infty}a_n=a \Leftrightarrow \forall \varepsilon,\exists \text{正整数 }N=N(\varepsilon)>0,\text{当 }n>N\text{ 时},\text{有 }|a_n-a|<\varepsilon.$$

例 1 证明:$\lim_{n\to\infty}\dfrac{n+1}{2n-1}=\dfrac{1}{2}$.

证明 $\forall \varepsilon>0$,要使不等式

$$\left|\frac{n+1}{2n-1}-\frac{1}{2}\right|=\frac{3}{2(2n-1)}<\varepsilon$$

成立,解得 $n>\dfrac{3+2\varepsilon}{4\varepsilon}$,取 $N=\left[\dfrac{3+2\varepsilon}{4\varepsilon}\right]$. 于是,$\forall \varepsilon>0$,$\exists N=\left[\dfrac{3+2\varepsilon}{4\varepsilon}\right]$(正整数),$\forall n>N$,都有 $\left|\dfrac{n+1}{2n-1}-\dfrac{1}{2}\right|<\varepsilon$,即 $\lim_{n\to\infty}\dfrac{n+1}{2n-1}=\dfrac{1}{2}$.

例 2 已知 $x_n=\dfrac{(-1)^n}{(n+1)^2}$,证明数列 $\{x_n\}$ 的极限为 0.

证明 $\forall \varepsilon>0$,要使不等式

$$|x_n-a|=\left|\frac{(-1)^n}{(n+1)^2}-0\right|=\frac{1}{(n+1)^2}<\varepsilon$$

成立,解得 $n>\sqrt{\dfrac{1}{\varepsilon}}-1$,取 $N=\left[\sqrt{\dfrac{1}{\varepsilon}}-1\right]$.

于是,$\forall \varepsilon>0$,$\exists N=\left[\sqrt{\dfrac{1}{\varepsilon}}-1\right]$(正整数),$\forall n>N$,都有 $\left|\dfrac{(-1)^n}{(n+1)^2}-0\right|<\varepsilon$,即 $x_n=\dfrac{(-1)^n}{(n+1)^2}$ 的极限为 0.

例 3 证明:$\lim_{n\to\infty}\dfrac{3n^3+n-2}{2n^3-n+1}=\dfrac{3}{2}$.

证明 我们不妨假设 $n>7$,则 $5n+7<6n$,$n^3-n+1>0$. 于是,$\forall \varepsilon>0$,要使不等式

$$\left|\frac{3n^3+n-2}{2n^3-n+1}-\frac{3}{2}\right|=\left|\frac{5n-7}{2(2n^3-n+1)}\right|=\left|\frac{5n-7}{2[n^3+(n^3-n+1)]}\right|<$$

$$\frac{5n+7}{|2[n^3+(n^3-n+1)]|} < \frac{5n+7}{|2n^3|} < \frac{6n}{2n^3} = \frac{3}{n^2} < \varepsilon$$

成立,解得 $n > \sqrt{\frac{3}{\varepsilon}}$,取 $N = \max\left[7, \sqrt{\frac{3}{\varepsilon}}\right]$.

于是,$\forall \varepsilon > 0, \exists N = \max\left[7, \sqrt{\frac{3}{\varepsilon}}\right]$(正整数),$\forall n > N$,都有 $\left|\frac{3n^3+n-2}{2n^3-n+1} - \frac{3}{2}\right| < \varepsilon$,

即 $\lim\limits_{n\to\infty}\frac{3n^3+n-2}{2n^3-n+1} = \frac{3}{2}$.

显然,正整数 N 的选取依赖于 ε,具体方法就是求不等式 $|x_n - a| < \varepsilon$ 后整理得到. 若求解不等式比较麻烦时,则可采用放缩的技巧找出一个符合极限定义要求的正整数 N.

例 4 证明:$\lim\limits_{n\to\infty} q^n = 0, |q| < 1$.

证明 当 $q = 0$ 时,对任意正整数 n,$q^n = 0$,即 $\lim\limits_{n\to\infty} q^n = 0$.

当 $0 < |q| < 1$ 时,$\forall \varepsilon > 0$(限定 $0 < \varepsilon < |q|$),要使不等式 $|q^n - 0| = |q|^n < \varepsilon$ 成立,解得 $n > \frac{\ln \varepsilon}{\ln |q|}$($\ln \varepsilon < 0, \ln |q| < 0$),取 $N = \left[\frac{\ln \varepsilon}{\ln |q|}\right]$. 于是,$\forall \varepsilon > 0, \exists N = \left[\frac{\ln \varepsilon}{\ln |q|}\right]$(正整数),$\forall n > N$,都有 $|q^n - 0| < \varepsilon$,即 $\lim\limits_{n\to\infty}\frac{1}{q^n} = 0, 0 < |q| < 1$.

例 5 证明:$\lim\limits_{n\to\infty}\frac{1}{n^\alpha} = 0, \alpha > 0$.

证明 $\forall \varepsilon > 0$,要使不等式

$$\left|\frac{1}{n^\alpha} - 0\right| = \frac{1}{n^\alpha} < \varepsilon$$

成立,解得 $n > \left(\frac{1}{\varepsilon}\right)^{\frac{1}{\alpha}}$,取 $N = \left[\left(\frac{1}{\varepsilon}\right)^{\frac{1}{\alpha}}\right]$. 于是,$\forall \varepsilon > 0, \exists N = \left[\left(\frac{1}{\varepsilon}\right)^{\frac{1}{\alpha}}\right]$(正整数),$\forall n > N$,都有 $\left|\frac{1}{n^\alpha} - 0\right| < \varepsilon$,即 $\lim\limits_{n\to\infty}\frac{1}{n^\alpha} = 0, \alpha > 0$.

综上 $\lim\limits_{n\to\infty}\frac{1}{n^\alpha} = 0, \alpha > 0$.

例 6 证明:$\lim\limits_{n\to\infty} a^{\frac{1}{n}} = 1, a > 0$.

证明 (1) 当 $a > 1$ 时,对任意正整数 n,有 $a^{\frac{1}{n}} > 1$.

$\forall \varepsilon > 0$(限定 $0 < \varepsilon < a - 1$),要使不等式

$$\left|a^{\frac{1}{n}} - 1\right| = a^{\frac{1}{n}} - 1 < \varepsilon$$

成立,解得 $n > \frac{\ln a}{\ln(1+\varepsilon)}$,取 $N = \left[\frac{\ln a}{\ln(1+\varepsilon)}\right]$. 于是,$\forall \varepsilon > 0, \exists N = \left[\frac{\ln a}{\ln(1+\varepsilon)}\right]$(正整

数),$\forall n > N$,都有$|a^{\frac{1}{n}} - 1| < \varepsilon$,即$\lim_{n\to\infty} a^{\frac{1}{n}} = 1, a > 1$.

(2)当$a = 1$时,对任意正整数n,有$a^{\frac{1}{n}} = 1$. 显然$\lim_{n\to\infty} a^{\frac{1}{n}} = 1, a = 1$成立.

(3)当$0 < a < 1$时,令$a = \dfrac{1}{b}$,从而$b > 1$,有

$$\left|a^{\frac{1}{n}} - 1\right| = \left|\dfrac{1}{b^{\frac{1}{n}}} - 1\right| = \left|\dfrac{1 - b^{\frac{1}{n}}}{b^{\frac{1}{n}}}\right| < \left|b^{\frac{1}{n}} - 1\right|.$$

由(1)可知,$\forall \varepsilon > 0$, $\exists N = \left[\dfrac{\ln b}{\ln(1+\varepsilon)}\right] = \left[\dfrac{-\ln a}{\ln(1+\varepsilon)}\right]$(正整数), $\forall n > N$,都有$|b^{\frac{1}{n}} - 1| < |b^{\frac{1}{n}} - 1| < \varepsilon$,即$\lim_{n\to\infty} a^{\frac{1}{n}} = 1, 0 < a < 1$.

综上,$\lim_{n\to\infty} a^{\frac{1}{n}} = 1, a > 0$.

例7 证明:数列$\{(-1)^n\}$发散.

证明 $\exists \varepsilon_0 = 1$,当$a \geq 0$时,对任意正整数$N$,$\exists n_0 = 2k + 1 > N(k \in \mathbf{N}^+)$(奇数),

$$|(-1)^{n_0} - a| = |-1 - a| = 1 + a \geq \varepsilon_0,$$

当$a < 0$时,对任意正整数N,$\exists n_0 = 2k > N(k \in \mathbf{N}^+)$(偶数),

$$|(-1)^{n_0} - a| = |1 - a| = 1 + (-a) > \varepsilon_0,$$

即数列$\{(-1)^n\}$发散.

2. 收敛数列的性质

性质1(极限的唯一性) 如果数列$\{x_n\}$收敛,那么它的极限唯一.

证明 反证法. 假设同时有$\lim_{n\to\infty} x_n = a$及$\lim_{n\to\infty} x_n = b$,且$a < b$. 取$\varepsilon = \dfrac{b-a}{2} > 0$. 因为$\lim_{n\to\infty} x_n = a$,根据数列极限的定义,故存在正整数$N_1$,当$n > N_1$时,不等式

$$|x_n - a| < \varepsilon = \dfrac{b-a}{2},$$

即

$$x_n < \dfrac{b+a}{2} \tag{1}$$

成立. 同理,因为$\lim_{n\to\infty} x_n = b$,故存在正整数$N_2$,当$n > N_2$时,不等式

$$|x_n - b| < \dfrac{b-a}{2}$$

即

$$x_n > \dfrac{b+a}{2} \tag{2}$$

成立. 取$N = \max\{N_1, N_2\}$,则当$n > N$时,(1)和(2)式同时成立,这是不可能的. 所以

只能有 $a=b$，即极限唯一.

对于数列 $\{x_n\}$，如果存在正数 M，使得对任意 $\{x_n\}$ 都满足不等式 $|x_n|\leq M$，则称数列 $\{x_n\}$ 是有界的；如果这样的 M 不存在，就说数列 $\{x_n\}$ 是无界的.

例如，数列 $x_n=\dfrac{n}{n+1}$ 是有界的. 因为，当取 $M=1$ 时，对任意正整数 n，都有 $\left|\dfrac{n}{n+1}\right|<1$.

性质 2（收敛数列的有界性） 如果数列 $\{x_n\}$ 收敛，那么数列 $\{x_n\}$ 一定有界.

证明 因为数列 $\{x_n\}$ 收敛，设 $\lim\limits_{n\to\infty}x_n=a$. 由数列极限的定义，对于 $\varepsilon=1$，存在正整数 N，当 $n>N$ 时，不等式

$$|x_n-a|<\varepsilon=1$$

都成立. 于是，当 $n>N$ 时，

$$|x_n|=|(x_n-a)+a|\leq|x_n-a|+|a|<1+|a|.$$

取 $M=\max\{|x_1|,|x_2|,\cdots,|x_N|,1+|a|\}$，则不等式

$$|x_n|\leq M$$

对一切 n 都成立. 因此，数列 $\{x_n\}$ 是有界的.

注意：如果数列 $\{x_n\}$ 无界，那么数列 $\{x_n\}$ 一定发散；但是，如果数列 $\{x_n\}$ 有界，却不能断定数列 $\{x_n\}$ 一定收敛. 也就是说，数列有界是数列收敛的必要条件，非充分条件.

性质 3（收敛数列的保号性） 如果数列 $\{x_n\}$ 收敛于 a，且 $a>0$（或 $a<0$），那么存在正整数 N，当 $n>N$ 时，都有 $x_n>0$（或 $x_n<0$）.

证明 设 $a>0$，由数列极限定义可知，对 $\varepsilon=\dfrac{a}{2}>0$，$\exists$ 正整数 N，当 $n>N$ 时，有

$$|x_n-a|<\varepsilon=\dfrac{a}{2},$$

从而

$$x_n>a-\dfrac{a}{2}=\dfrac{a}{2}>0.$$

推论 如果数列 $\{x_n\}$ 从某项起有 $x_n\geq 0$（或 $x_n\leq 0$），且 $\lim\limits_{n\to\infty}x_n=a$，那么 $a\geq 0$（或 $a\leq 0$）.

在数列 $\{x_n\}$ 中任意抽取无限多项并保持这些项在原数列 $\{x_n\}$ 中的先后排序，这样得到的一个新数列称为原数列 $\{x_n\}$ 的子数列（或子列）.

性质 4（收敛数列与其子数列间的关系） 如果数列 $\{x_n\}$ 收敛于 a，那么它的任一子数列也收敛，且极限也是 a；如果数列 $\{x_n\}$ 的两个子数列极限存在但不相等，那么数列 $\{x_n\}$ 是发散的.

证明 设数列 $\{x_{n_k}\}$ 是数列 $\{x_n\}$ 的任一子数列. 因为 $\lim\limits_{n\to\infty}x_n=a$，由数列极限的定义可知，对于 $\forall\varepsilon>0$，$\exists$ 正整数 N，当 $n>N$ 时，都有 $|x_n-a|<\varepsilon$.

取 $K=N$，则当 $k>K$ 时，$n_k>n_K=n_N\geqslant N$. 故 $|x_{n_k}-a|<\varepsilon$，即 $\lim\limits_{n\to\infty}x_{n_k}=a$.

以数列 $1,-1,1,\cdots,(-1)^{n-1},\cdots$ 为例，其子数列 $\{x_{2k-1}\}$ 收敛于 1，而子数列 $\{x_{2k}\}$ 收敛于 -1，故数列 $x_n=(-1)^{n+1}(n=1,2,\cdots)$ 是发散的. 从此例可知，一个发散的数列也可能有收敛的子数列.

习题 2-1

1. 求下列极限：

   (1) $\lim\limits_{n\to\infty}\dfrac{3n}{2n+1}$;

   (2) $\lim\limits_{n\to\infty}\dfrac{4n^2-5n-1}{7+2n-8n^2}$;

   (3) $\lim\limits_{n\to\infty}\dfrac{\sqrt{n}-9}{n+3}$;

   (4) $\lim\limits_{n\to\infty}\dfrac{7n^2+2n-1}{n^3+n^2+2}$;

   (5) $\lim\limits_{n\to\infty}\left(\dfrac{1}{1\cdot 2}+\dfrac{1}{2\cdot 3}+\cdots+\dfrac{1}{n(n+1)}\right)$ $\left(\text{提示}:\dfrac{1}{n(n+1)}=\dfrac{1}{n}-\dfrac{1}{n+1}\right)$;

   (6) $\lim\limits_{n\to\infty}\left(\dfrac{1}{2}+\dfrac{3}{2^2}+\cdots+\dfrac{2n-1}{2^n}\right)$.

2. 证明：$\lim\limits_{n\to\infty}\left(\dfrac{1}{n^2}+\dfrac{1}{n^2+1}+\cdots+\dfrac{1}{n^2+n}\right)=0$.

3. 证明：若 $a_1=\sqrt{2},a_{n+1}=\sqrt{2a_n},n=1,2,\cdots$，则数列 $\{a_n\}$ 收敛，并求其极限.

4. 证明：若数列 $\{x_n\}$ 有界，且 $\lim\limits_{n\to\infty}y_n=0$，则 $\lim\limits_{n\to\infty}x_ny_n=0$.

5. 用极限定义证明：若 $\lim\limits_{n\to\infty}a_n=a<0$，则 $\exists N\in\mathbf{N}^+,\forall n>N$，有 $a_n<0$.

6. 证明：若 $a_n>0$，且 $\lim\limits_{n\to\infty}\dfrac{a_{n+1}}{a_n}=r<1$，则 $\lim\limits_{n\to\infty}a_n=0$.

7. 证明：若数列 $\{a_n\}$ 单调增加，且有一个子数列 $\{a_{n_k}\}$ 收敛，则数列 $\{a_n\}$ 也收敛，且收敛于同一个极限.

8. 证明：若存在常数 $c,\forall n\in\mathbf{N}^+$，有 $|x_2-x_1|+|x_3-x_2|+\cdots+|x_n-x_{n-1}|<c$，则数列 $\{x_n\}$ 收敛.

9. 证明：若 $\lim\limits_{n\to\infty}a_n=a$，则 $\lim\limits_{n\to\infty}\dfrac{1}{n}(a_1+a_2+\cdots+a_n)=a$.

2.2 函数极限

2.2.1 函数极限的定义

数列作为定义在 $\mathbf{N}^+$ 中的一类特殊的函数，其极限反映了在自变量（只有一种变化状态)趋于无穷大的变化过程中函数值的变化趋势. 而在函数极限中的自变量却有多种变化状态,由此产生各种不同形式的函数极限定义. 为了方便起见,本节我们主要研究两种情形的函数极限.

(1) 自变量 x 任意接近有限值 x_0 或者说趋于有限值 x_0(记作 $x\to x_0$)时,对应的函数值 $f(x)$ 的变化情形;

(2) 自变量 x 的绝对值 $|x|$ 无限增大即趋于无穷大(记作 $x\to\infty$)时,对应的函数值 $f(x)$ 的变化情形.

1. 当 $x\to x_0$ 时,函数 $f(x)$ 的极限

若函数 $f(x)$ 在点 x_0 的某去心邻域内有定义,在 x 充分接近于 $x_0(x\to x_0)$ 的过程中,对应的函数值 $f(x)$ 无限接近于确定的数值 A,即对任意给定 $\varepsilon>0$ 总有 $|f(x)-A|<\varepsilon$,则 A 就是函数 $f(x)$ 的极限. 充分接近于 x_0 的 x 可以表达为 $0<|x-x_0|<\delta$,其中 δ 是由给定的 ε 确定的某个正数. 总而言之,当 $x\to x_0$ 时函数极限的定义如下:

定义 1 设函数 $y=f(x)$ 在点 x_0 的某一去心邻域内有定义,若存在常数 A,对任意给定 $\varepsilon>0$(无论多小),总存在正数 $\delta=\delta(\varepsilon)$,当 x 满足 $0<|x-x_0|<\delta$ 时,对应的函数值 $f(x)$ 都满足

$$|f(x)-A|<\varepsilon,$$

则称常数 A 为函数 $f(x)$ 当 $x\to x_0$ 时的极限,记作

$$\lim_{x\to x_0}f(x)=A \text{ 或 } f(x)\to A(x\to x_0).$$

可简单地表述为:

$$\lim_{x\to x_0}f(x)=A \Leftrightarrow \forall\varepsilon>0, \exists\delta=\delta(\varepsilon)>0, \text{当} 0<|x-x_0|<\delta \text{时,有} |f(x)-A|<\varepsilon.$$

注意:(1)自变量无限趋近一个常数 $x_0(x\to x_0)$ 指既从 x_0 的左侧又从 x_0 的右侧趋于 x_0;(2)定义中 $0<|x-x_0|$ 表示 $x\ne x_0$,所以 $x\to x_0$ 时 $f(x)$ 有没有极限,与 $f(x)$ 在点 x_0 是否有定义并无关系;(3)定义中"当 x 满足 $0<|x-x_0|<\delta$ 时,对应的函数值 $f(x)$ 都满足 $|f(x)-A|<\varepsilon$"的几何意义是,函数图形上的点 $P(x,y)$,当其横坐标取 $\overset{\circ}{U}(x_0,\delta)$ 内的值时,其纵坐标 $y=f(x)$ 就必然在 $U(A,\varepsilon)$ 内取值,即点 P 全部落入图 2-1 中的阴影区域内.

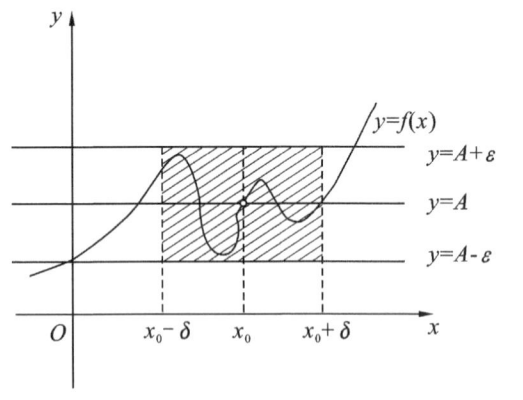

图 2-1

定义 2 设函数 $y=f(x)$ 在 (x_0,x_0+h)[或(x_0-h,x_0)]($h>0$)内有定义,若存在

常数 A，对任意给定 $\varepsilon>0$（无论多小），总存在正数 $\delta=\delta(\varepsilon)(\delta<h)$，当 x 满足 $x_0<x<x_0+\delta$（或 $x_0-\delta<x<x_0$）时，对应的函数值 $f(x)$ 都满足

$$|f(x)-A|<\varepsilon,$$

则称常数 A 为函数 $f(x)$ 当 $x\to x_0$ 时的**右极限（或左极限）**，记作

$$\lim_{x\to x_0^+}f(x)=A \text{ 或 } f(x_0^+)=A\left[\lim_{x\to x_0^-}f(x)=A \text{ 或 } f(x_0^-)=A\right].$$

可简单地表述为：

$\lim\limits_{x\to x_0^+}f(x)=A\Leftrightarrow \forall \varepsilon>0,\exists \delta=\delta(\varepsilon)>0$，当 $x_0<x<x_0+\delta$ 时，有 $|f(x)-A|<\varepsilon$.

$\lim\limits_{x\to x_0^-}f(x)=A\Leftrightarrow \forall \varepsilon>0,\exists \delta=\delta(\varepsilon)>0$，当 $x_0-\delta<x<x_0$ 时，有 $|f(x)-A|<\varepsilon$.

注意：左极限与右极限统称为单侧极限. 根据 $x\to x_0$ 时函数 $f(x)$ 的极限的定义以及左极限和右极限的定义，容易证明 $\lim\limits_{x\to x_0}f(x)=A$ 的充分必要条件是 $f(x_0^-)$、$f(x_0^+)$ 都存在且 $f(x_0^-)=f(x_0^+)=A$. 因此，即使 $f(x_0^-)$ 和 $f(x_0^+)$ 都存在，但若不相等，则 $\lim\limits_{x\to x_0}f(x)$ 也不存在.

例 1 证明：$\lim\limits_{x\to x_0}c=c$，此处 c 为一常数.

证明 这里 $|f(x)-A|=|c-c|=0$，因此 $\forall \varepsilon>0$，可任取 $\delta>0$，当 $0<|x-x_0|<\delta$ 时，能使不等式

$$|f(x)-A|=|c-c|=0<\varepsilon$$

成立，所以 $\lim\limits_{x\to x_0}c=c$.

从上述例子可以看出，常函数的极限就是它本身.

例 2 证明：$\lim\limits_{x\to x_0}x=x_0$.

证明 这里 $|f(x)-A|=|x-x_0|$，若使 $|f(x)-A|$ 小于任意给定的正数 ε，只要 $|x-x_0|<\varepsilon$. 所以 $\forall \varepsilon>0$，取 $\delta=\varepsilon$，当 $0<|x-x_0|<\delta$ 时，就有不等式

$$|f(x)-A|=|x-x_0|<\varepsilon$$

成立. 所以 $\lim\limits_{x\to x_0}x=x_0$.

例 3 证明：$\lim\limits_{x\to x_0}(ax+b)=ax_0+b(a\neq 0)$.

证明 由于

$$|f(x)-A|=|(ax+b)-(ax_0+b)|=a|x-x_0|,$$

为了使 $|f(x)-A|<\varepsilon$，只要

$$|x-x_0|<\frac{\varepsilon}{a}.$$

所以，$\forall \varepsilon>0$，可取 $\delta=\frac{\varepsilon}{a}(a\neq 0)$，则当 x 适合不等式 $0<|x-x_0|<\delta$ 时，对应的函数值 $f(x)$ 就满足不等式

$$|f(x) - A| = |(ax+b) - (ax_0+b)| < \varepsilon.$$

从而 $\lim\limits_{x \to x_0}(ax+b) = ax_0 + b (a \neq 0)$.

推论 多项式函数的极限等于其函数值,即

$$\lim\limits_{x \to x_0}(a_0 x^n + a_1 x^{n-1} + a_2 x^{n-2} + \cdots + a_{n-1} x + a_n) = a_0 x_0^n + a_1 x_0^{n-1} + a_2 x_0^{n-2} + \cdots +$$

$a_{n-1} x_0 + a_n (a_0 \neq 0)$.

例 4 证明: $\lim\limits_{x \to a} \sqrt{x} = \sqrt{a} (x > 0, a > 0)$.

证明 $\forall \varepsilon > 0$, 要使不等式因为

$$\left|\sqrt{x} - \sqrt{a}\right| = \left|\frac{(\sqrt{x}-\sqrt{a})(\sqrt{x}+\sqrt{a})}{\sqrt{x}+\sqrt{a}}\right| = \frac{|x-a|}{\sqrt{x}+\sqrt{a}} < \frac{|x-a|}{\sqrt{a}} < \varepsilon$$

成立,解得 $|x - a| < \sqrt{a}\varepsilon$, 取 $\delta = \sqrt{a}\varepsilon$. 于是,

$\forall \varepsilon > 0, \exists \delta = \sqrt{a}\varepsilon$ (正数), 当 $0 < |x - a| < \delta$ 时, 都有 $\left|\sqrt{x} - \sqrt{a}\right| < \varepsilon$, 即

$$\lim\limits_{x \to a} \sqrt{x} = \sqrt{a}.$$

例 5 证明: $\lim\limits_{x \to 5} \dfrac{x-5}{x^2-25} = \dfrac{1}{10}$.

分析 $x \neq 5$ 时, $\forall \varepsilon > 0$, 解不等式

$$\left|\frac{x-5}{x^2-25} - \frac{1}{10}\right| = \frac{1}{10}\left|\frac{x-5}{x+5}\right| < \varepsilon,$$

找 δ 有些困难. 依据 $x \to 5$ 的含义, $\dfrac{x-5}{x^2-25}$ 的极限只与 5 的某个邻域内 x 有关, 故可限定 x 的变化范围. 不妨假设 $|x-5| < 1$, 即 $4 < x < 6$, 这就确定了一个 $\delta = 1$. 然后在 $\left|\dfrac{x-5}{x^2-25} - \dfrac{1}{10}\right| = \dfrac{1}{10}\left|\dfrac{x-5}{x+5}\right|$ 当中保留因式 $|x-5|$ 的情况下, 放大求解.

证明 限定 $|x-5| < 1$, 即 $4 < x < 6$, 且 $x \neq 5$.

$\forall \varepsilon > 0$, 要使不等式

$$\left|\frac{x-5}{x^2-25} - \frac{1}{10}\right| = \frac{1}{10}\left|\frac{x-5}{x+5}\right| < \frac{1}{10}\left|\frac{x-5}{4+5}\right| = \frac{1}{90}|x-5| < \varepsilon$$

成立,解得 $|x-5| < 90\varepsilon$, 取 $\delta = \min\{1, 90\varepsilon\} > 0$. 于是 $\forall \varepsilon > 0, \exists \delta = \min(1, 90\varepsilon) > 0$, 当 $0 < |x-5| < \delta$ 时, 都有 $\left|\dfrac{x-5}{x^2-25} - \dfrac{1}{10}\right| < \varepsilon$, 即

$$\lim\limits_{x \to 5} \frac{x-5}{x^2-25} = \frac{1}{10}.$$

例 6 设 $f(x) = \begin{cases} x-1, & x < 0, \\ 0, & x = 0, \\ x+1, & x > 0. \end{cases}$ 证明: 当 $x \to 0$ 时, $f(x)$ 的极限不存在.

证明 当 $x\to 0$ 时 $f(x)$ 的左极限 $\lim\limits_{x\to 0^-}f(x)=\lim\limits_{x\to 0^-}(x-1)=-1$,而右极限 $\lim\limits_{x\to 0^+}f(x)=\lim\limits_{x\to 0^+}(x+1)=1$.

因为 $f(x_0^-)\neq f(x_0^+)$,所以 $\lim\limits_{x\to 0}f(x)$ 不存在.

2. 当 $x\to\infty$ 时,函数 $f(x)$ 的极限

若将数列看成定义在 **N** 上的函数,则数列极限就是自变量 $n\to\infty$ 时函数的极限. 同理,若函数 $f(x)$ 在 $(-\infty,+\infty)$ 上有定义,当 $|x|$ 充分大时,对应的函数值 $f(x)$ 无限接近于确定的数值 A,则 A 就是函数 $f(x)$ 的极限.

总而言之,当 $x\to\infty$ 时函数极限定义如下:

定义 3 设函数 $y=f(x)$ 在 $(-\infty,+\infty)$ 上有定义,若存在常数 A,对任意给定 $\varepsilon>0$(无论多小),总存在正数 X,当 x 满足 $|x|>X$ 时,对应的函数值 $f(x)$ 都满足
$$|f(x)-A|<\varepsilon,$$
则称常数 A 为函数 $f(x)$ 当 $x\to\infty$ 时的极限,记作
$$\lim_{x\to\infty}f(x)=A \text{ 或 } f(x)\to A(x\to\infty).$$

可简单地表述为:

$\lim\limits_{x\to\infty}f(x)=A\Leftrightarrow\forall\varepsilon>0,\exists X=X(\varepsilon)>0,$ 当 $|x|>X$ 时,有 $|f(x)-A|<\varepsilon$.

如果 $x>0$ 且无限大(记作 $x\to+\infty$),那么只要把上面定义中的 $|x|>X$ 改为 $x>X$,就可得 $\lim\limits_{x\to+\infty}f(x)=A$ 的定义. 同样,如果 $x<0$ 且 $|x|$ 无限大(记作 $x\to-\infty$),那么只要把 $|x|>X$ 改为 $x<-X$,便得 $\lim\limits_{x\to-\infty}f(x)=A$ 的定义. 可简单地表达为:

$\lim\limits_{x\to+\infty}f(x)=A\Leftrightarrow\forall\varepsilon>0,\exists X=X(\varepsilon)>0,$ 当 $x>X$ 时,有 $|f(x)-A|<\varepsilon$.

$\lim\limits_{x\to-\infty}f(X)=A\Leftrightarrow\forall\varepsilon>0,\exists X=X(\varepsilon)>0,$ 当 $x<-X$ 时,有 $|f(x)-A|<\varepsilon$.

从 $\lim\limits_{x\to\infty}f(x)=A$ 的几何意义看:作直线 $y=A-\varepsilon$ 和 $y=A+\varepsilon$,总有一个正数 X 存在,使得当 $x<-X$ 或 $x>X$ 时,函数 $y=f(x)$ 的图形位于这两直线之间,如图 2-2 所示. 这时,直线 $y=A$ 是函数 $y=f(x)$ 的图形的水平渐近线.

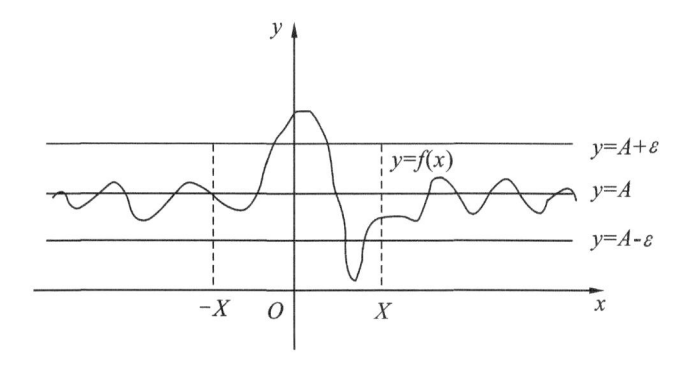

图 2-2

若 $\lim\limits_{x\to\infty}f(x)=c$,则称直线 $y=c$ 为函数 $y=f(x)$ 的水平渐近线.

例 7 证明:$\lim\limits_{x\to\infty}\dfrac{1}{x}=0$.

证明 $\forall\varepsilon>0$,要证 $\exists X>0$,当 $|x|>X$ 时,不等式

$$\left|\dfrac{1}{x}-0\right|<\varepsilon$$

成立. 因这个不等式相当于

$$\dfrac{1}{|x|}<\varepsilon \text{ 或 } |x|>\dfrac{1}{\varepsilon}.$$

由此可知,如果取 $X=\dfrac{1}{\varepsilon}$,那么当 $|x|>X=\dfrac{1}{\varepsilon}$ 时,不等式 $\left|\dfrac{1}{x}-0\right|<\varepsilon$ 成立,这就证明了

$$\lim_{x\to\infty}\dfrac{1}{x}=0.$$

例 8 证明:$\lim\limits_{x\to\infty}\dfrac{2x^2+x}{x^2-2}=2$.

证明 对任意给定的 $\varepsilon>0$,考察

$$\left|\dfrac{2x^2+x}{x^2-2}-2\right|<\varepsilon.$$

当 $|x|>\sqrt{2}$ 时,

$$\left|\dfrac{2x^2+x}{x^2-2}-2\right|=\left|\dfrac{x+4}{x^2-2}\right|\leqslant\dfrac{|x|+4}{|x|^2-2},$$

把右边的式子适当放大,得到当 $|x|\geqslant 4$ 时,

$$\dfrac{|x|+4}{|x|^2-2}<\dfrac{2|x|}{\dfrac{1}{2}|x|^2}=\dfrac{4}{|x|}.$$

可见,只要取 $X=\max\left\{4,\dfrac{4}{\varepsilon}\right\}$ 即可.

2.2.2 函数极限的定理

上节课给出了六种函数极限,即 $\lim\limits_{x\to x_0}f(x)=A$,$\lim\limits_{x\to x_0^+}f(x)=A$,$\lim\limits_{x\to x_0^-}f(x)=A$,$\lim\limits_{x\to+\infty}f(x)=A$,$\lim\limits_{x\to-\infty}f(x)=A$,$\lim\limits_{x\to\infty}f(x)=A$,可统一用邻域叙述,见表 2-2.

表 2-2 六种函数极限的邻域表述

函数极限	$\forall \varepsilon > 0$	$\exists \delta > 0$ 或 $\exists X > 0$	$\Rightarrow$
$\lim\limits_{x \to x_0} f(x) = A$	$U(A, \varepsilon)$	$\overset{\circ}{U}(x_n, \delta)$	$f[\overset{\circ}{U}(x_0, \delta)] \subset U(A, \varepsilon)$
$\lim\limits_{x \to x_0^+} f(x) = A$	$U(A, \varepsilon)$	$(x_0, x_0 + \delta)$	$f[(x_0, x_0 + \delta)] \subset U(A, \varepsilon)$
$\lim\limits_{x \to x_0^-} f(x) = A$	$U(A, \varepsilon)$	$(x_0 - \delta, x_0)$	$f[(x_0 - \delta, x_0)] \subset U(A, \varepsilon)$
$\lim\limits_{x \to +\infty} f(x) = A$	$U(A, \varepsilon)$	$(X, +\infty)$	$f[(X, +\infty)] \subset U(A, \varepsilon)$
$\lim\limits_{x \to -\infty} f(x) = A$	$U(A, \varepsilon)$	$(-\infty, -X)$	$f[(-\infty, -X)] \subset U(A, \varepsilon)$
$\lim\limits_{x \to \infty} f(x) = A$	$U(A, \varepsilon)$	$(-\infty, -X) \cup (X, +\infty)$	$f[(-\infty, -X) \cup (X, +\infty)] \subset U(A, \varepsilon)$

每一种函数极限与收敛数列极限都具有类似的性质和四则运算法则,下面以 $\lim\limits_{x \to x_0} f(x)$ 这种形式为代表给出与收敛数列极限相似的一些性质及其证明. 请读者写出其他形式的极限的性质及其证明.

定理1(唯一性) 若 $\lim\limits_{x \to x_0} f(x) = A$ 存在,则极限唯一.

证明 设 $\lim\limits_{x \to x_0} f(x) = A$ 与 $\lim\limits_{x \to x_0} f(x) = B$ 同时存在,即

$\forall \varepsilon > 0, \exists \delta_1 = \delta_1(\varepsilon) > 0$, 当 $0 < |x - x_0| < \delta_1$ 时, 有 $|f(x) - A| < \varepsilon$.

$\forall \varepsilon > 0, \exists \delta_2 = \delta_2(\varepsilon) > 0$, 当 $0 < |x - x_0| < \delta_2$ 时, 有 $|f(x) - B| < \varepsilon$.

$\exists \delta = \min\{\delta_1, \delta_2\} > 0$, 对 $\forall x: 0 < |x - x_0| < \delta$, 同时有

$$|f(x) - A| < \varepsilon \text{ 与 } |f(x) - B| < \varepsilon.$$

于是 $\forall x: 0 < |x - x_0| < \delta$ 有

$$|A - B| = |A - f(x) + f(x) - B| \leq |A - f(x)| + |f(x) - B| < 2\varepsilon,$$

$A = B$. 因此,若 $\lim\limits_{x \to x_0} f(x)$ 存在的话,则唯一.

定理2(局部有界性) 如果 $\lim\limits_{x \to x_0} f(x) = A$,则存在常数 $M > 0$ 和 $\delta > 0$,当 $0 < |x - x_0| < \delta$ 时,有 $|f(x)| \leq M$.

证明 因为 $\lim\limits_{x \to x_0} f(x) = A$,不妨假设 $\varepsilon = 1$,则 $\exists \delta > 0$, 当 $0 < |x - x_0| < \delta$ 时,有

$$|f(x) - A| < 1 \Rightarrow |f(x)| \leq |f(x) - A| + |A| < |A| + 1,$$

记 $M = |A| + 1$,故定理2成立.

定理3(局部保序性) 若 $\lim\limits_{x \to x_0} f(x) = A, \lim\limits_{x \to x_0} g(x) = B$,且 $A < B$(或 $A > B$),则存在

常数 $\delta > 0$,当 $0 < |x - x_0| < \delta$ 时,有 $f(x) < g(x)$ [或 $f(x) > g(x)$].

证明 已知 $\lim\limits_{x \to x_0} f(x) = A$ 与 $\lim\limits_{x \to x_0} g(x) = B$,我们取 $\varepsilon_0 = \dfrac{B-A}{2} > 0$,

$\exists \delta_1 > 0, \forall x: 0 < |x - x_0| < \delta_1$,有 $|f(x) - A| < \dfrac{B-A}{2}$,即 $f(x) < \dfrac{A+B}{2}$.

$\exists \delta_2 > 0, \forall x: 0 < |x - x_0| < \delta_2$,有 $|g(x) - B| < \dfrac{B-A}{2}$,即 $g(x) > \dfrac{A+B}{2}$.

于是,$\exists \delta = \min\{\delta_1, \delta_2\} > 0$,对 $\forall x: 0 < |x - x_0| < \delta$,同时有

$$f(x) < \dfrac{A+B}{2} 与 \dfrac{A+B}{2} < g(x).$$

故 $f(x) < g(x)$.

推论(局部保号性) 若 $\lim\limits_{x \to x_0} f(x) = A$,且 $A > 0$(或 $A < 0$),则存在常数 $\delta > 0$,当 $0 < |x - x_0| < \delta$ 时,有 $f(x) > 0$ [或 $f(x) < 0$].

证明 若 $\lim\limits_{x \to x_0} f(x) = A > 0$,我们取 $\varepsilon = \dfrac{A}{2} > 0$,则 $\exists \delta > 0$,当 $0 < |x - x_0| < \delta$ 时,有

$$|f(x) - A| < \dfrac{A}{2} \Rightarrow f(x) > A - \dfrac{A}{2} = \dfrac{A}{2} > 0.$$

同理可证 $A < 0$ 的情况.

定理 4(函数极限的四则运算) 若极限 $\lim\limits_{x \to x_0} f(x) = A$,$\lim\limits_{x \to x_0} g(x) = B$,则有

(1) $\lim\limits_{x \to x_0} [f(x) \pm g(x)] = \lim\limits_{x \to x_0} f(x) \pm \lim\limits_{x \to x_0} g(x) = A \pm B$.

(2) $\lim\limits_{x \to x_0} [f(x) \cdot g(x)] = \lim\limits_{x \to x_0} f(x) \cdot \lim\limits_{x \to x_0} g(x) = A \cdot B$;

$\lim\limits_{x \to x_0} [kf(x)] = k \lim\limits_{x \to x_0} f(x) = kA$($k$ 为常数);

$\lim\limits_{x \to x_0} [f(x)]^n = [\lim\limits_{x \to x_0} f(x)]^n = A^n$($n$ 为正整数).

(3) $\lim\limits_{x \to x_0} \dfrac{f(x)}{g(x)} = \dfrac{\lim\limits_{x \to x_0} f(x)}{\lim\limits_{x \to x_0} g(x)} = \dfrac{A}{B}$($B \neq 0$).

上述定理在 $x \to \infty$($x \to +\infty, x \to -\infty$)时也成立.

定理 5(复合函数的极限) 设有复合函数 $y = f[u(x)]$,若 $\lim\limits_{x \to x_0} u(x) = A$ 存在,且函数 $y = f[u(x)]$ 在 $u = A$ 处有定义,则有 $\lim\limits_{x \to x_0} f[u(x)] = f[\lim\limits_{x \to x_0} u(x)] = f(A)$.

证明 由 $y = f[u(x)]$ 在 $u = A$ 处有定义知,

$$\lim\limits_{u \to A} f[u(x)] = f(A).$$

那么对于 $\forall \varepsilon > 0$,$\exists \eta > 0$,当 $0 < |u(x) - A| < \eta$ 时,有

$$|f[u(x)] - f(A)| < \varepsilon.$$

由 $\lim\limits_{x \to x_0} u(x) = A$ 存在可知,对于上述 $\eta > 0$,$\forall \delta > 0$,当 $0 < |x - x_0| < \delta$ 时,有

$$|u(x)-A|<\eta.$$

因此 $\forall \varepsilon>0, \exists \delta>0$,当 $0<|x-x_0|<\delta$ 时,有
$$|f[u(x)-f(A)]|<\varepsilon.$$

由函数极限定义知 $\lim\limits_{x\to x_0}f[u(x)]=f(A)$.

例 9 求极限 $\lim\limits_{x\to 1}(x^2-3x+4)$.

解 $\lim\limits_{x\to 1}(x^2-3x+4)=\lim\limits_{x\to 1}x^2-\lim\limits_{x\to 1}3x+\lim\limits_{x\to 1}4$
$$=1-3+4=2.$$

例 10 求极限 $\lim\limits_{x\to 3}\dfrac{x^3-2x-1}{x+2}$.

解法一 运用四则运算法则,
$$\lim_{x\to 3}\frac{x^3-2x-1}{x+2}=\frac{\lim\limits_{x\to 3}(x^3-2x-1)}{\lim\limits_{x\to 3}(x+2)}=\frac{\lim\limits_{x\to 3}x^3-\lim\limits_{x\to 3}2x-\lim\limits_{x\to 3}1}{\lim\limits_{x\to 3}x+\lim\limits_{x\to 3}2}=\frac{27-6-1}{3+2}=4.$$

解法二 由于 $x=3$ 是 $y=\dfrac{x^3-2x-1}{x+2}$ 定义域内的点,故
$$\lim_{x\to 3}\frac{x^3-2x-1}{x+2}=\frac{3^3-2\times 3-1}{3+2}=4.$$

说明:若 $P(x)$、$Q(x)$ 是多项式,且 $\lim\limits_{x\to x_0}P(x)=P(x_0)$,$\lim\limits_{x\to x_0}Q(x)=Q(x_0)$,则

(1) 当 $Q(x_0)\neq 0$ 时,$\lim\limits_{x\to x_0}\dfrac{P(x)}{Q(x)}=\dfrac{P(x_0)}{Q(x_0)}$.

(2) 当 $Q(x_0)=0$ 时,看 $P(x_0)$ 的值:若 $P(x_0)\neq 0$,则 $\lim\limits_{x\to x_0}\dfrac{P(x)}{Q(x)}=\infty$;若 $P(x_0)=0$,则将分子、分母中的公因式 $x-x_0$ 约去后,再进行讨论.

例 11 求极限 $\lim\limits_{x\to 3}\dfrac{x-3}{x^2-9}$.

解 当 $x\to 3$ 时,分子、分母的极限都为零,不能用商的求极限方法. 但分子和分母有公因式 $x-3$,而 $x\to 3$ 时,$x\neq 3$,$x-3\neq 0$,可约去这个不为零的公因式. 所以
$$\lim_{x\to 3}\frac{x-3}{x^2-9}=\lim_{x\to 3}\frac{1}{x+3}=\frac{\lim\limits_{x\to 3}1}{\lim\limits_{x\to 3}(x+3)}=\frac{1}{6}.$$

例 12 求极限 $\lim\limits_{x\to 3}\dfrac{x+7}{x^2-x-6}$.

解 由于 $\lim\limits_{x\to 3}(x^2-x-6)=0$,$\lim\limits_{x\to 3}(x+7)=10$,可得 $\lim\limits_{x\to 3}\dfrac{x+7}{x^2-x-6}=\infty$.

2.2.3 函数极限与数列极限的关系

定理 6(海涅定理) 若极限 $\lim\limits_{x\to x_0}f(x)$ 存在,$\{x_n\}$ 为函数 $f(x)$ 的定义域内任一收敛

于 x_0 的数列,且满足: $x_n \neq x_0, n \in \mathbf{N}^+$,则相应的函数值数列 $\{f(x_n)\}$ 必收敛,且 $\lim\limits_{n \to \infty} f(x_n) = \lim\limits_{x \to x_0} f(x)$.

证明 若 $\lim\limits_{x \to x_0} f(x) = A$,则 $\forall \varepsilon > 0, \exists \delta > 0$,当 $0 < |x - x_0| < \delta$ 时,有 $|f(x) - A| < \varepsilon$.

因为 $\lim\limits_{n \to \infty} x_n = x_0$,所以对 $\delta > 0, \exists N$,当 $n > N$ 时,有 $|x_n - x_0| < \delta$.

由已知条件可知,$x_n \neq x_0, n \in \mathbf{N}^+$,当 $n > N$ 时,$0 < |x_n - x_0| < \delta$,从而
$$|f(x_n) - A| < \varepsilon,$$
即
$$\lim_{n \to \infty} f(x_n) = A.$$

习题 2−2

1.证明下列极限:

(1) $\lim\limits_{x \to +\infty} \dfrac{1}{x+3} = 0$;

(2) $\lim\limits_{x \to -\infty} 2^x = 0$;

(3) $\lim\limits_{x \to \infty} \dfrac{1}{x} \sin \dfrac{1}{x} = 0$;

(4) $\lim\limits_{x \to 1} \dfrac{x^3 - 1}{x - 1} = 3$;

(5) $\lim\limits_{x \to 0^-} 2^{\frac{1}{x}} = 0$;

(6) $\lim\limits_{x \to 2} \sqrt{x - 2} = 0$;

(7) $\lim\limits_{x \to \infty} \dfrac{x^2 - 1}{3x^2 - 7x + 3} = \dfrac{1}{3}$;

(8) $\lim\limits_{x \to 1} \dfrac{x^2 - 1}{4x^2 - 7x + 3} = 2$;

(9) $\lim\limits_{x \to +\infty} (\sqrt{x^2 + x} - x) = \dfrac{1}{2}$;

(10) $\lim\limits_{x \to +\infty} \arctan x = \dfrac{\pi}{2}$.

2.3 无穷小与无穷大

2.3.1 无穷小

1. 无穷小的定义

定义 若 $\lim\limits_{x \to x_0} f(x) = 0$ [或 $\lim\limits_{x \to \infty} f(x) = 0$],则称函数 $f(x)$ 为当 $x \to x_0$(或 $x \to \infty$)时的无穷小.

同理,若 $\lim\limits_{n \to +\infty} x_n = 0$,则称数列 $\{x_n\}$ 为当 $n \to +\infty$ 时的无穷小.

例1 因为 $\lim\limits_{x\to 1}\dfrac{x^2-1}{x^2+1}=0$,所以函数 $y=\dfrac{x^2-1}{x^2+1}$ 为当 $x\to 1$ 时的无穷小.

因为 $\lim\limits_{x\to\infty}\dfrac{7}{2x-1}=0$,所以函数 $y=\dfrac{7}{2x-1}$ 为当 $x\to\infty$ 时的无穷小.

注意:(1)无穷小是极限为零的一类函数,不能把它与很小的数混为一谈;(2)说函数是无穷小,必须指明自变量的变化过程;(3)零是作为无穷小的唯一常数.

下面的定理说明无穷小与函数极限的关系.

定理1 $\lim\limits_{x\to x_0}f(x)=A$ [或 $\lim\limits_{x\to\infty}f(x)=A$] 的充分必要条件是 $f(x)=A+\alpha$,其中 α 是无穷小.

证明 必要性($\Rightarrow$). 若 $\lim\limits_{x\to x_0}f(x)=A$,则 $\forall\varepsilon>0$,$\exists\delta>0$,当 $0<|x-x_0|<\delta$ 时,有
$$|f(x)-A|<\varepsilon.$$

令 $\alpha=f(x)-A$,则 α 是当 $x\to x_0$ 时的无穷小,且
$$f(x)=A+\alpha,$$

即 $f(x)$ 等于它的极限 A 与一个无穷小 α 之和.

充分性($\Leftarrow$). 若 $f(x)=A+\alpha$,其中 A 是常数,α 是当 $x\to x_0$ 时的无穷小,于是
$$|f(x)-A|=|\alpha|.$$

因 α 是当 $x\to x_0$ 时的无穷小,所以 $\forall\varepsilon>0$,$\exists\delta>0$,当 $0<|x-x_0|<\delta$ 时,有
$$|\alpha|<\varepsilon,$$

即
$$|f(x)-A|<\varepsilon.$$

所以
$$\lim\limits_{x\to x_0}f(x)=A.$$

同理可证当 $x\to\infty$($x\to+\infty$ 或 $x\to-\infty$)时的情形.

2. 无穷小的运算定理

定理2 两个无穷小的和是无穷小.

证明 设 α 和 β 是当 $x\to x_0$ 时的两个无穷小,而
$$\gamma=\alpha+\beta.$$

因为 α 和 β 都是无穷小,$\forall\varepsilon>0$,$\exists\delta>0$,当 $0<|x-x_0|<\delta$ 时,不等式
$$|\alpha|<\dfrac{\varepsilon}{2},\quad |\beta|<\dfrac{\varepsilon}{2}$$

同时成立. 于是
$$|\gamma|=|\alpha+\beta|\leqslant|\alpha|+|\beta|<\dfrac{\varepsilon}{2}+\dfrac{\varepsilon}{2}=\varepsilon.$$

即 γ 也是当 $x\to x_0$ 时的无穷小.

推论1 有限个无穷小的和也是无穷小.

定理3 有界函数与无穷小的乘积是无穷小.

证明 设函数 $u=g(x)$ 在 x_0 的某一去心邻域 $\overset{\circ}{U}(x_0,\delta_1)$ 内是有界的,即 $\exists M>0$ 使 $|g(x)|\leqslant M$ 对一切 $x\in\overset{\circ}{U}(x_0,\delta_1)$ 成立. 又设 α 是当 $x\to x_0$ 时的无穷小,即 $\forall\varepsilon>0$, $\exists\delta_2>0, x\in\overset{\circ}{U}(x_0,\delta_2)$ 时,有 $|\alpha|<\dfrac{\varepsilon}{M}$.

取 $\delta=\min\{\delta_1,\delta_2\}$,则当 $x\in\overset{\circ}{U}(x_0,\delta)$ 时,

$$|u|\leqslant M \quad 及 \quad |\alpha|<\frac{\varepsilon}{M}$$

同时成立. 从而

$$|\alpha g(x)|=|g(x)|\cdot|\alpha|<M\cdot\frac{\varepsilon}{M}=\varepsilon.$$

即 $y=\alpha g(x)$ 是当 $x\to x_0$ 时的无穷小.

推论2 常数与无穷小的乘积是无穷小.

推论3 有限个无穷小的乘积是无穷小.

例2 求极限 $\lim\limits_{x\to 0}x\sin\dfrac{1}{x}$.

解 当 $x\to 0$ 时,$\sin\dfrac{1}{x}$ 的极限不存在,不能用积的运算法则,但由于

$$\lim_{x\to 0}x=0, 而 \left|\sin\frac{1}{x}\right|\leqslant 1,$$

利用定理3的结论,可得

$$\lim_{x\to 0}x\sin\frac{1}{x}=0.$$

2.3.2 无穷大

定义 设函数 $f(x)$ 在 x_0 的某一去心邻域 $\overset{\circ}{U}(x_0)$ 内有定义. 若 $\forall M>0, \exists\delta>0$, $\forall x:0<|x-x_0|<\delta$,有 $|f(x)|>M$,则称函数 $f(x)$ 是当 $x\to x_0$ 时的无穷大,并记作

$$\lim_{x\to x_0}f(x)=\infty.$$

若在上述无穷大的定义中,把 $|f(x)|>M$ 换成 $f(x)>M$[或 $f(x)<-M$],则记作

$$\lim_{x\to x_0}f(x)=+\infty \ [或\lim_{x\to x_0}f(x)=-\infty].$$

同理可定义当 $x\to\infty$ ($x\to+\infty$ 或 $x\to-\infty$) 时的情形.

注意:(1) 无穷大是极限 $\lim f(x)=\infty$ ($+\infty$ 或 $-\infty$) 的一类函数;(2) 无穷大 (∞) 不是数,不能把它与很大的数混为一谈.

例 3 证明:$\lim\limits_{x \to 1} \dfrac{1}{x-1} = \infty$.

证明 设 $\forall M > 0$,要使 $\left|\dfrac{1}{x-1}\right| > M$,只要 $|x-1| < \dfrac{1}{M}$ 即可.

故取 $\delta = \dfrac{1}{M}$,则 $\forall x : 0 < |x - x_0| < \delta = \dfrac{1}{M}$,都有 $\left|\dfrac{1}{x-1}\right| > M$,

即
$$\lim_{x \to 1} \dfrac{1}{x-1} = \infty.$$

直线 $x = 1$ 是函数 $y = \dfrac{1}{x-1}$ 的图形的铅直渐近线.

铅直渐近线:若 $\lim\limits_{x \to x_0} f(x) = \infty$,则直线 $x = x_0$ 是函数 $y = f(x)$ 的图形的铅直渐近线.

无穷大与无穷小之间有一种简单的关系:

定理 4 若 $f(x)$ 为无穷大,则 $\dfrac{1}{f(x)}$ 为无穷小. 反之,若 $f(x)$ 为无穷小,且 $f(x) \neq 0$,则 $\dfrac{1}{f(x)}$ 为无穷大.

证明 以 $\lim\limits_{x \to x_0} f(x) = \infty$ 为例,证明此定理.

$\forall \varepsilon > 0$. 根据无穷大的定义,对于 $M = \dfrac{1}{\varepsilon}$,$\exists \delta > 0$,当 $0 < |x - x_0| < \delta$ 时,有
$$|f(x)| > M = \dfrac{1}{\varepsilon},$$

即
$$\left|\dfrac{1}{f(x)}\right| < \varepsilon,$$

所以 $\left|\dfrac{1}{f(x)}\right|$ 为当 $x \to x_0$ 时的无穷小.

反之,设 $\lim\limits_{x \to x_0} f(x) = 0$,且 $f(x) \neq 0$.

$\forall M > 0$. 根据无穷小的定义,对于 $\varepsilon = \dfrac{1}{M}$,$\exists \delta > 0$,当 $0 < |x - x_0| < \delta$ 时,有
$$|f(x)| < \varepsilon = \dfrac{1}{M},$$

由于当 $0 < |x - x_0| < \delta$ 时 $f(x) \neq 0$,从而
$$\left|\dfrac{1}{f(x)}\right| > M,$$

所以 $\dfrac{1}{f(x)}$ 为当 $x \to x_0$ 时的无穷大.

同理可证当 $x \to \infty$ 时的情形.

例 4 求极限 $\lim\limits_{x \to 2} \dfrac{x+5}{x^2-4}$.

解 因为 $\lim\limits_{x \to 2} \dfrac{x^2-4}{x+5} = \dfrac{\lim\limits_{x \to 2}(x^2-4)}{\lim\limits_{x \to 2}(x+5)} = 0$, 根据无穷小的倒数为无穷大. 故

$$\lim_{x \to 2} \frac{x+5}{x^2-4} = \infty.$$

例 5 设 $a_0 \neq 0, b_0 \neq 0, m, n$ 为非负整数,则

$$\lim_{x \to \infty} \frac{a_0 x^n + a_1 x^{n-1} + \cdots + a_n}{b_0 x^m + b_1 x^{m-1} + \cdots + b_m} = \begin{cases} \dfrac{a_0}{b_0}, & \text{当 } m = n \text{ 时,} \\ 0, & \text{当 } m > n \text{ 时,} \\ \infty, & \text{当 } m < n \text{ 时.} \end{cases}$$

证明 当 $m = n$ 时,上下各除以 x^n,得到

$$\frac{a_0 x^n + a_1 x^{n-1} + \cdots + a_n}{b_0 x^n + b_1 x^{n-1} + \cdots + b_n} = \frac{a_0 + a_1 \dfrac{1}{x} + \cdots + a_n \dfrac{1}{x^n}}{b_0 + b_1 \dfrac{1}{x} + \cdots + b_n \dfrac{1}{x^n}}.$$

由无穷大量与无穷小量的关系,得到 $\lim\limits_{x \to \infty} \dfrac{1}{x} = 0$, 再由运算法则可知,分子及分母中从第二项起后面各项都趋向于 0, 于是所求极限是 $\dfrac{a_0}{b_0}$.

当 $m > n$ 时,用 x^m 除分子分母,和上面一样讨论,得到

$$\lim_{x \to \infty} \frac{a_0 x^n + a_1 x^{n-1} + \cdots + a_n}{b_0 x^m + b_1 x^{m-1} + \cdots + b_m} = 0.$$

当 $m < n$ 时,由于

$$\frac{a_0 x^n + a_1 x^{n-1} + \cdots + a_n}{b_0 x^m + b_1 x^{m-1} + \cdots + b_m} = x^{n-m} \frac{a_0 + a_1 \dfrac{1}{x} + \cdots + a_n \dfrac{1}{x^n}}{b_0 + b_1 \dfrac{1}{x} + \cdots + b_m \dfrac{1}{x^m}},$$

得

$$\lim_{x \to \infty} \frac{a_0 x^n + a_1 x^{n-1} + \cdots + a_n}{b_0 x^m + b_1 x^{m-1} + \cdots + b_m} = \infty.$$

例 6 设 $f(x) = e^{\frac{1}{x}}$,求 $f(x)$ 在零点的左极限 $f(0^-)$ 和右极限 $f(0^+)$.

解 因为 $\lim\limits_{x \to 0^+} \dfrac{1}{x} = +\infty$, $\lim\limits_{x \to 0^-} \dfrac{1}{x} = -\infty$, 又由指数函数性质可知,

$$f(0^-) = \lim_{x \to 0^-} e^{\frac{1}{x}} = 0,$$
$$f(0^+) = \lim_{x \to 0^+} e^{\frac{1}{x}} = +\infty.$$

习题 2-3

1. 证明：

(1) $\lim\limits_{x \to 0} \dfrac{3x+1}{x^2} = \infty$；

(2) $\lim\limits_{x \to 1^-} \dfrac{x+1}{x-1} = -\infty$；

(3) $\lim\limits_{x \to 0^+} \log_2 x = -\infty$；

(4) $\lim\limits_{x \to -\infty} \left(\dfrac{1}{2}\right)^x = +\infty$；

(5) $\lim\limits_{x \to \frac{\pi}{2}^-} \tan x = +\infty$.

2. 证明：若 $\lim\limits_{x \to a} P(x) = +\infty$，$\lim\limits_{x \to a} Q(x) = M$，则 $\lim\limits_{x \to a} [P(x) + Q(x)] = +\infty$.

3. 证明：若 $\lim\limits_{x \to -\infty} P(x) = \infty$，$\lim\limits_{x \to -\infty} Q(x) = N$，则 $\lim\limits_{x \to -\infty} [P(x) - Q(x)] = \infty$.

4. 证明：若 $\lim\limits_{x \to +\infty} P(x) = +\infty$，$\lim\limits_{x \to +\infty} Q(x) = M > 0$，则 $\lim\limits_{x \to +\infty} [P(x) Q(x)] = +\infty$.

2.4 极限存在准则　两个重要极限

为了论证两个重要极限 $\lim\limits_{x \to 0} \dfrac{\sin x}{x} = 1$ 及 $\lim\limits_{x \to \infty} \left(1 + \dfrac{1}{x}\right)^x = e$ 的存在性，下面先引入判定极限存在的两个准则.

2.4.1 极限存在准则

准则 I (数列极限夹逼准则)　若数列 $\{x_n\}$，$\{y_n\}$ 及 $\{z_n\}$ 满足下列条件：

(1) 从某项起，即 $\exists n_0 \in \mathbf{N}^+$，当 $n > n_0$ 时，都有 $y_n \leqslant x_n \leqslant z_n$；

(2) $\lim\limits_{n \to \infty} y_n = a$，$\lim\limits_{n \to \infty} z_n = a$，

则数列 $\{x_n\}$ 的极限存在，且 $\lim\limits_{n \to \infty} x_n = a$.

证明　由已知 $y_n \to a$，$z_n \to a$，根据数列极限的定义，$\forall \varepsilon > 0$，存在正整数 N_1，当 $n > N_1$ 时，有 $|y_n - a| < \varepsilon$；又存在正整数 N_2，当 $n > N_2$ 时，有 $|z_n - a| < \varepsilon$. 现在取 $N = \max\{n_0, N_1, N_2\}$，则当 $n > N$ 时，有

$$|y_n - a| < \varepsilon, \quad |z_n - a| < \varepsilon$$

同时成立，即

$$a-\varepsilon < y_n < a+\varepsilon, a-\varepsilon < z_n < a+\varepsilon$$

同时成立. 又因当 $n > N$ 时, x_n 介于 y_n 和 z_n 之间,从而有

$$a-\varepsilon < y_n \leqslant x_n \leqslant z_n < a+\varepsilon,$$

即

$$|x_n - a| < \varepsilon$$

成立,即 $\lim\limits_{n\to\infty} x_n = a$.

推论 1 单调有界数列必有极限.

从数轴上看,对应于单调数列 $\{x_n\}$ 的点只能向一个方向移动,所以仅有两种情形:(1)点 x_n 沿数轴移向无穷远($x_n \to +\infty$ 或 $x_n \to -\infty$);(2)点 x_n 无限趋近于某一个定点 A,即数列 x_n 趋向一个极限. 但假定数列 $\{x_n\}$ 是有界的,点 x_n 都落在数轴上某一区间 $[-M, M]$ 内,那么上述第一种情形不会出现. 这表示数列趋向一个极限,并且这个极限的绝对值不超过 M.

推论 2 有界数列 $\{x_n\}$ 必有收敛的子数列 $\{x_{n_k}\}$.

准则 II(柯西收敛准则) 数列 $\{x_n\}$ 有极限的充分必要条件是对于任意给定的正数 ε,存在正整数 N,使得当 $m > N, n > N$ 时,都有

$$|x_n - x_m| < \varepsilon.$$

证明 必要性($\Rightarrow$). 假设 $\lim\limits_{n\to\infty} x_n = a$. 由数列极限的定义,$\forall \varepsilon > 0$,存在正整数 N,当 $n > N$ 时,有

$$|x_n - a| < \frac{\varepsilon}{2}.$$

同样,当 $m > N$ 时,也有

$$|x_m - a| < \frac{\varepsilon}{2}.$$

因此,当 $m > N, n > N$ 时,有

$$|x_n - x_m| = |(x_n - a) - (x_m - a)|$$
$$\leqslant |x_n - a| + |x_m - a| < \frac{\varepsilon}{2} + \frac{\varepsilon}{2} = \varepsilon,$$

即必要性成立.

充分性($\Leftarrow$). 先证明满足条件的任何数列必有界,再证明收敛.

由已知条件可知,取 $\varepsilon = 1$,必存在正整数 N_0,当 $n > N_0, m > N_0$ 时,有

$$|x_n - x_m| < 1.$$

特别地,当 $n > N_0$ 且 $m = N_0 + 1$ 时,有

$$|x_n - x_{N_0+1}| < 1.$$

从而当 $n > N_0$ 时,有 $|x_n| \leqslant |x_n - x_{N_0+1}| < 1 + |x_{N_0+1}|$,即数列 $\{x_n\}$ 有界.

根据推论 2,数列 $\{x_n\}$ 存在一个收敛的子数列 $\{x_{n_k}\}$,设 $\lim\limits_{k\to\infty}x_{n_k}=a$.

由已知,对于任意给定的正数 ε,存在正整数 N,使得当 $m>N,n>N$ 时,都有
$$|x_n-x_m|<\varepsilon.$$

又有 $\lim\limits_{k\to\infty}x_{n_k}=a$,即 $\forall\varepsilon>0$,存在正整数 K,当 $\forall n_k>K$ 时,有 $|x_{n_k}-a|<\varepsilon$. 取 $M=\max\{K,N\}$,从而 $\forall n>M$,$\exists n_k>M$,同时有
$$|x_n-x_{n_k}|<\varepsilon \text{ 与 } |x_{n_k}-a|<\varepsilon.$$

于是 $|x_n-a|\leqslant|x_n-x_{n_k}|+|x_{n_k}-a|<2\varepsilon$,即 $\lim\limits_{n\to\infty}x_n=a$ 或数列 $\{x_n\}$ 收敛.

几何意义:数列 $\{x_n\}$ 有极限的充分必要条件是对于任意给定的正数 ε,在数轴上一切具有足够大序号的点 x_n 中,任意两点间的距离小于 ε.

柯西极限存在准则有时也叫作柯西审敛原理.

上述数列极限存在准则可以推广到函数的极限.

准则Ⅲ(函数极限夹逼准则) 若函数 $f(x)$、$g(x)$、$h(x)$ 满足以下条件:

(1) 当 $x\in\mathring{U}(x_0,\delta)$(或 $|x|>M$)时,$g(x)\leqslant f(x)\leqslant h(x)$ 成立;

(2) $\lim\limits_{\substack{x\to x_0\\(x\to\infty)}}g(x)=A$,$\lim\limits_{\substack{x\to x_0\\(x\to\infty)}}h(x)=A$,

则 $\lim\limits_{\substack{x\to x_0\\(x\to\infty)}}f(x)$ 存在,且等于 A.

函数极限也有类似的推论,对于自变量的不同变化过程($x\to x_0^-$,$x\to x_0^+$,$x\to -\infty$,$x\to +\infty$),推论有不同的形式. 现以 $x\to x_0^-$ 为例,将相应的推论叙述如下.

推论 3 设函数 $f(x)$ 在点 x_0 的某个左邻域内单调并且有界,则 $f(x)$ 在 x_0 的左极限 $f(x_0^-)$ 必定存在.

2.4.2 两个重要极限

1. $\lim\limits_{x\to 0}\dfrac{\sin x}{x}=1$

下面用极限存在准则Ⅲ证明这个极限. 函数 $\dfrac{\sin x}{x}$ 的定义域为 $\{x|x\neq 0,x\in\mathbf{R}\}$. 在如图 2-3 所示的单位圆中,设圆心角 $\angle AOB=x\left(0<x<\dfrac{\pi}{2}\right)$,点 A 处的切线与 OB 的延长线相交于点 C,又 $BD\perp OA$,则
$$\sin x=DB,\ x=\widehat{AB},\ \tan x=AC.$$

观察图 2-3 可知:$S_{\triangle AOB}<S_{\text{扇形}AOB}<S_{\triangle AOC}$,即

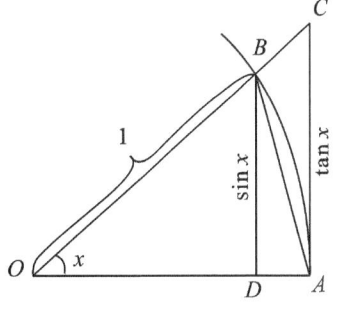

图 2-3

$\frac{1}{2}\sin x < \frac{1}{2}x < \frac{1}{2}\tan x$,又由假设 $0 < x < \frac{\pi}{2}$ 可得 $\sin x < x < \tan x$. 同除以 $\sin x$,可得

$$1 < \frac{x}{\sin x} < \frac{1}{\cos x},$$

或

$$\cos x < \frac{\sin x}{x} < 1.$$

因为当用 $-x$ 代替 x 时,$\cos x$ 与 $\frac{\sin x}{x}$ 都不变,所以上面的不等式对于开区间 $\left(-\frac{\pi}{2}, 0\right)$ 内的一切 x 也成立.

当 $-\frac{\pi}{2} < x < \frac{\pi}{2}, x \neq 0$ 时,

$$0 < |\cos x - 1| = 1 - \cos x = 2\sin^2 \frac{x}{2} < 2\left(\frac{x}{2}\right)^2 = \frac{x^2}{2},$$

即

$$0 < 1 - \cos x < \frac{x^2}{2}.$$

当 $x \to 0$ 时,$\frac{x^2}{2} \to 0$,由夹逼准则可知 $\lim\limits_{x \to 0}(1 - \cos x) = 0$,故

$$\lim_{x \to 0} \cos x = 1.$$

因为 $\lim\limits_{x \to 0}\cos x = 1, \lim\limits_{x \to 0} 1 = 1$,又由夹逼准则可得

$$\lim_{x \to 0} \frac{\sin x}{x} = 1.$$

一般地,如果 $u = \varphi(x) \neq 0$,且 $\lim\limits_{\substack{x \to x_0 \\ (x \to \infty)}} \varphi(x) = 0$,则

$$\lim_{\substack{x \to x_0 \\ (x \to \infty)}} \frac{\sin \varphi(x)}{\varphi(x)} = \lim_{u \to 0} \frac{\sin u}{u} = 1.$$

例1 求 $\lim\limits_{x \to 0} \frac{\tan x}{x}$.

解 $\lim\limits_{x \to 0} \frac{\tan x}{x} = \lim\limits_{x \to 0} \left(\frac{\sin x}{x} \cdot \frac{1}{\cos x}\right) = \lim\limits_{x \to 0} \frac{\sin x}{x} \cdot \lim\limits_{x \to 0} \frac{1}{\cos x} = 1.$

例2 求 $\lim\limits_{x \to 0} \frac{1 - \cos x}{x^2}$.

解 $\lim\limits_{x \to 0} \frac{1 - \cos x}{x^2} = \lim\limits_{x \to 0} \frac{2\sin^2 \frac{x}{2}}{x^2} = \frac{1}{2} \lim\limits_{x \to 0} \frac{\sin^2 \frac{x}{2}}{\left(\frac{x}{2}\right)^2} = \frac{1}{2} \lim\limits_{x \to 0} \left(\frac{\sin \frac{x}{2}}{\frac{x}{2}}\right)^2 = \frac{1}{2} \cdot 1^2 = \frac{1}{2}.$

例3 求 $\lim\limits_{x\to 0}\dfrac{\sin kx}{x}$（$k$ 为非零常数）.

解 $\lim\limits_{x\to 0}\dfrac{\sin kx}{x}=\lim\limits_{x\to 0}\dfrac{\sin kx}{kx}\cdot k=k\cdot\lim\limits_{x\to 0}\dfrac{\sin kx}{kx}=k.$

例4 求 $\lim\limits_{x\to 0}\dfrac{\sin mx}{\sin nx}$（$n\neq 0, x\neq 0$）.

解 由于

$$\dfrac{\sin mx}{\sin nx}=\dfrac{m\dfrac{\sin mx}{mx}}{n\dfrac{\sin nx}{nx}},$$

所以

$$\lim\limits_{x\to 0}\dfrac{\sin mx}{\sin nx}=\dfrac{m}{n}\lim\limits_{x\to 0}\dfrac{\dfrac{\sin mx}{mx}}{\dfrac{\sin nx}{nx}}=\dfrac{m}{n}.$$

例5 求 $\lim\limits_{x\to 0}\dfrac{\arcsin x}{x}$.

解 令 $t=\arcsin x$，则 $x=\sin t$，当 $x\to 0$ 时，$t\to 0$. 于是由复合函数的极限运算法则得

$$\lim\limits_{x\to 0}\dfrac{\arcsin x}{x}=\lim\limits_{t\to 0}\dfrac{t}{\sin t}=1.$$

注意：$\lim\limits_{x\to 0}\dfrac{\sin x}{x}$ 与 $\lim\limits_{x\to\infty}\dfrac{\sin x}{x}$ 两极限的区别. 两者形式上很相近，但前者是重要极限，其结果为 1，而后者是无穷小 $\dfrac{1}{x}$ 与有界函数 $\sin x$ 乘积的极限，其结果为 0.

2. $\lim\limits_{x\to\infty}\left(1+\dfrac{1}{x}\right)^x=e$

下面我们讨论另一个重要极限 $\lim\limits_{x\to\infty}\left(1+\dfrac{1}{x}\right)^x$.

首先，讨论变量 x 取正整数 n 且 $n\to +\infty$ 的情形. 不妨假设 $x_n=\left(1+\dfrac{1}{n}\right)^n$，由二项式定理可知

$$x_n=\left(1+\dfrac{1}{n}\right)^n$$
$$=1+\dfrac{n}{1!}\cdot\dfrac{1}{n}+\dfrac{n(n-1)}{2!}\cdot\dfrac{1}{n^2}+\dfrac{n(n-1)(n-2)}{3!}\cdot\dfrac{1}{n^3}+\cdots+$$

$$\frac{n(n-1)(n-2)\cdots(n-n+1)}{n!} \cdot \frac{1}{n^n}$$

$$= 1 + 1 + \frac{1}{2!} \cdot \left(1 - \frac{1}{n}\right) + \frac{1}{3!} \cdot \left(1 - \frac{1}{n}\right)\left(1 - \frac{2}{n}\right) + \cdots + \left[\frac{1}{n!} \cdot \left(1 - \frac{1}{n}\right)\left(1 - \frac{2}{n}\right) \cdots \left(1 - \frac{n-1}{n}\right)\right].$$

同理可得

$$x_{n+1} = \left(1 + \frac{1}{n+1}\right)^{n+1}$$

$$= 1 + 1 + \frac{1}{2!} \cdot \left(1 - \frac{1}{n+1}\right) + \frac{1}{3!} \cdot \left(1 - \frac{1}{n+1}\right)\left(1 - \frac{2}{n+1}\right) + \cdots$$

$$+ \left[\frac{1}{n!} \cdot \left(1 - \frac{1}{n+1}\right)\left(1 - \frac{2}{n+1}\right) \cdots \left(1 - \frac{n-1}{n+1}\right)\right] + \left[\frac{1}{(n+1)!} \cdot \left(1 - \frac{1}{n+1}\right)\left(1 - \frac{2}{n+1}\right) \cdots \left(1 - \frac{n}{n+1}\right)\right].$$

比较 x_n 与 x_{n+1} 的展开式,显然从第三项开始 x_n 的每一项都小于 x_{n+1} 的对应项,并且 x_{n+1} 还多了一项 $\frac{1}{(n+1)!} \cdot \left(1 - \frac{1}{n+1}\right)\left(1 - \frac{2}{n+1}\right) \cdots \left(1 - \frac{n}{n+1}\right) > 0$,因此

$$x_n < x_{n+1},$$

即数列 $\{x_n\}$ 是单调递增数列. 又因为

$$2 < x_n \leq 1 + \left(1 + \frac{1}{2!} + \frac{1}{3!} + \cdots + \frac{1}{n!}\right) \leq 1 + \left(1 + \frac{1}{2} + \frac{1}{2^2} + \frac{1}{2^3} + \cdots + \frac{1}{2^{n-1}}\right)$$

$$= 1 + \frac{1 - \frac{1}{2^n}}{1 - \frac{1}{2}} = 3 - \frac{1}{2^{n-1}} < 3,$$

故 $2 < x_n < 3$. 由推论 1 可知,数列 $\{x_n\}$ 单调有界,即极限 $\lim\limits_{n \to \infty} \left(1 + \frac{1}{n}\right)^n$ 存在. 通常用字母 e 来表示,即

$$\lim_{n \to \infty} \left(1 + \frac{1}{n}\right)^n = e\ (e\ 是无理数,其值为\ e = 2.718281828459\cdots).$$

其次,讨论变量 $x \to +\infty$ 的情形. 因为有 $[x] \leq x < [x] + 1$,故有

$$1 + \frac{1}{[x]+1} < 1 + \frac{1}{x} < 1 + \frac{1}{[x]},$$

$$\left(1 + \frac{1}{[x]+1}\right)^{[x]} < \left(1 + \frac{1}{x}\right)^x < \left(1 + \frac{1}{[x]}\right)^{[x]+1}.$$

而变量 $x \to +\infty$ 时，$[x]$ 取正整数且 $[x] \to +\infty$，故有

$$\lim_{x \to +\infty} \left(1 + \frac{1}{[x]+1}\right)^{[x]} = \lim_{x \to +\infty} \left(1 + \frac{1}{[x]}\right)^{[x]+1} = e.$$

由极限存在的夹逼准则可得

$$\lim_{x \to +\infty} \left(1 + \frac{1}{x}\right)^x = e.$$

令 $t = \frac{1}{x}$，则当 $x \to +\infty$ 时，$t \to 0$，于是得 $\lim_{t \to 0}(1+t)^{\frac{1}{t}} = e$.

一般地，如果 $u = \varphi(x) \neq 0$，且 $\lim\limits_{\substack{x \to x_0 \\ (x \to \infty)}} \varphi(x) = 0$，则

$$\lim_{\substack{x \to x_0 \\ (x \to \infty)}} [1 + \varphi(x)]^{\frac{1}{\varphi(x)}} = \lim_{u \to 0} [1+u]^{\frac{1}{u}} = e.$$

这个函数有如下两个特征：

(1) 函数是指数式，底数是 1 加上一个极限为 0 的函数；

(2) 指数正好是底中极限为 0 的函数的倒数.

例 6 求 $\lim\limits_{x \to \infty} \left(1 - \frac{1}{x}\right)^x$.

解 令 $t = -x$，则当 $x \to \infty$ 时，$t \to \infty$，于是

$$\lim_{x \to \infty} \left(1 - \frac{1}{x}\right)^x = \lim_{t \to \infty} \left(1 + \frac{1}{t}\right)^{-t} = \lim_{t \to \infty} \frac{1}{\left(1 + \frac{1}{t}\right)^t} = \frac{1}{e}.$$

例 7 求 $\lim\limits_{x \to \infty} \left(\frac{2-x}{3-x}\right)^x$.

解 令 $\frac{2-x}{3-x} = 1 + \frac{1}{t}$，则 $x = t + 3$，当 $x \to \infty$ 时，$t \to \infty$.

$$\lim_{x \to \infty} \left(\frac{2-x}{3-x}\right)^x = \lim_{t \to \infty} \left(1 + \frac{1}{t}\right)^{t+3}$$
$$= \lim_{t \to \infty} \left(1 + \frac{1}{t}\right)^t \cdot \lim_{t \to \infty} \left(1 + \frac{1}{t}\right)^3$$
$$= e \cdot 1 = e.$$

习题 2-4

1. 求下列极限：

(1) $\lim\limits_{x \to 0} \dfrac{\sin \dfrac{x}{2}}{3x}$；

(2) $\lim\limits_{x \to \infty} x \sin \dfrac{2}{x}$；

(3) $\lim\limits_{x \to 1} \dfrac{\sin(x^2-1)}{x-1}$;　　　　　(4) $\lim\limits_{x \to 0} \dfrac{\sin(\sin x)}{x}$;

(5) $\lim\limits_{x \to \infty} \left(\dfrac{1+x}{x}\right)^{3x}$.

2. 利用极限存在准则证明：

(1) $\lim\limits_{n \to \infty} \sqrt{1+\dfrac{1}{n}} = 1$;　　　　　(2) $\lim\limits_{x \to 0} \sqrt[n]{1+x} = 1$;

(3) $\lim\limits_{x \to 0^+} x\left[\dfrac{1}{x}\right] = 1$;　　　　　(4) $\lim\limits_{n \to \infty} n\left(\dfrac{1}{n^2+\pi} + \dfrac{1}{n^2+2\pi} + \cdots + \dfrac{1}{n^2+n\pi}\right) = 1$.

2.5　无穷小的比较与等价运算

2.5.1　无穷小的比较

在前面的内容中已经知道,两个(或有限个)无穷小的和、差、积仍然是无穷小.但是,关于两个无穷小的商会有不同的情况.例如,$\lim\limits_{x \to 0} \dfrac{7x^3}{x^2} = 0$, $\lim\limits_{x \to 2} \dfrac{x^2-4}{x-2} = 4$, $\lim\limits_{x \to 0} \dfrac{x^2}{3x^3} = \infty$, $\lim\limits_{x \to 0} \dfrac{\sin x}{2x} = \dfrac{1}{2}$. 反映了极限为零的函数的商函数在自变量的同一变化过程中,趋向于零的"速度"有快有慢.

下面,我们就无穷小之比的极限存在或为无穷大时,来说明两个无穷小之间的比较.不妨假设 $\alpha = \alpha(x)$ 及 $\beta = \beta(x)$ 都是在同一个自变量的变化过程中的无穷小,且 $\alpha \neq 0$, $\lim \dfrac{\beta}{\alpha}$ 也是这个变化过程中的极限.

定义

(1) 高阶的无穷小:若 $\lim \dfrac{\beta}{\alpha} = 0$,则 β 是比 α 高阶的无穷小,记作 $\beta = o(\alpha)$;

(2) 低阶的无穷小:若 $\lim \dfrac{\beta}{\alpha} = \infty$,则 β 是比 α 低阶的无穷小;

(3) 同阶无穷小:若 $\lim \dfrac{\beta}{\alpha} = c \neq 0$,则 β 与 α 是同阶无穷小;

(4) k 阶无穷小:若 $\lim \dfrac{\beta}{\alpha^k} = c \neq 0, k > 0$,则 β 与 α^k 是同阶无穷小,即 β 是关于 α 的 k 阶无穷小;

(5) 等价无穷小:若 $\lim \dfrac{\beta}{\alpha} = 1$,则 β 与 α 是等价无穷小,记作 $\alpha \sim \beta$.

例如:

$\lim\limits_{x \to 0} \dfrac{3x^3}{x^2} = 0$,即当 $x \to 0$ 时,$3x^3$ 是比 x^2 高阶的无穷小,可记作 $3x^3 = o(x^2)(x \to 0)$.

$\lim\limits_{n \to \infty} \dfrac{\frac{1}{n}}{\frac{1}{n^2}} = \infty$,即当 $n \to \infty$ 时,$\dfrac{1}{n}$ 是比 $\dfrac{1}{n^2}$ 低阶的无穷小.

$\lim\limits_{x \to 2} \dfrac{x^2 - 4}{x - 2} = 4$,即当 $x \to 2$ 时,$x^2 - 4$ 与 $x - 2$ 是同阶无穷小.

$\lim\limits_{x \to 0} \dfrac{1 - \cos x}{x^2} = \dfrac{1}{2}$,即当 $x \to 0$ 时,$1 - \cos x$ 是关于 x 的二阶无穷小.

$\lim\limits_{x \to 0} \dfrac{\sin x}{x} = 1$,即当 $x \to 0$ 时,$\sin x$ 与 x 是等价无穷小,可记作 $\sin x \sim x(x \to 0)$.

例 1 证明:当 $x \to 0$ 时,$\sqrt[n]{1 + x} - 1 \sim \dfrac{1}{n}x$.

证明 因为 $\lim\limits_{x \to 0} \dfrac{\sqrt[n]{1 + x} - 1}{\frac{1}{n}x} = \lim\limits_{x \to 0} \dfrac{(\sqrt[n]{1+x})^n - 1}{\frac{1}{n}x[\sqrt[n]{(1+x)^{n-1}} + \sqrt[n]{(1+x)^{n-2}} + \cdots + 1]}$

$= \lim\limits_{x \to 0} \dfrac{n}{\sqrt[n]{(1+x)^{n-1}} + \sqrt[n]{(1+x)^{n-2}} + \cdots + 1} = 1.$

所以 $\sqrt[n]{1 + x} - 1 \sim \dfrac{1}{n}x(x \to 0)$.

一般地,若 $y = g(x)$ 是无穷小,则在同一个自变量的变化过程中 $\sqrt[n]{1 + g(x)} - 1 \sim \dfrac{1}{n}g(x)(n \in \mathbf{N}^+)$.

定理 1 β 与 α 是等价无穷小的充要条件为
$$\beta = \alpha + o(\alpha).$$

证明 必要性($\Rightarrow$). 若 $\alpha \sim \beta$,则
$$\lim \dfrac{\beta - \alpha}{\alpha} = \lim \left(\dfrac{\beta}{\alpha} - 1\right) = \lim \dfrac{\beta}{\alpha} - 1 = 0.$$

即 $\beta - \alpha = o(\alpha)$,故 $\beta = \alpha + o(\alpha)$.

充分性($\Leftarrow$). 设 $\beta = \alpha + o(\alpha)$,则
$$\lim \dfrac{\beta}{\alpha} = \lim \dfrac{\alpha + o(\alpha)}{\alpha} = \lim \left(1 + \dfrac{o(\alpha)}{\alpha}\right) = 1.$$

即 $\alpha \sim \beta$.

例 2 由当 $x \to 0$ 时, $\sin x \sim x, \tan x \sim x, \arcsin x \sim x, 1-\cos x \sim \dfrac{1}{2}x^2$, 可得当 $x \to 0$ 时有

$$\sin x = x + o(x), \quad \tan x = x + o(x),$$

$$\arcsin x = x + o(x), \quad 1 - \cos x = \dfrac{1}{2}x^2 + o(x^2).$$

2.5.2 无穷小的等价运算

对于 $\lim f(x) = 0$, 若 $\lim g(x) = 0$, 有以下重要性质.

性质 设 $f(x) \sim p(x), g(x) \sim q(x)$, 且 $\lim \dfrac{p(x)}{q(x)}$ 存在, 则

$$\lim \dfrac{f(x)}{g(x)} = \lim \dfrac{p(x)}{q(x)}.$$

证明 $\lim \dfrac{f(x)}{g(x)} = \lim \left(\dfrac{f(x)}{p(x)} \cdot \dfrac{p(x)}{q(x)} \cdot \dfrac{q(x)}{g(x)} \right) = \lim \dfrac{f(x)}{p(x)} \cdot \lim \dfrac{p(x)}{q(x)} \cdot \lim \dfrac{q(x)}{g(x)} = \lim \dfrac{p(x)}{q(x)}$.

根据这个性质可知, 求两个无穷小之比的极限时, 分子及分母都可用等价无穷小来代替. 因此, 若用来代替的无穷小选得适当的话, 可使计算简化.

例 3 求 $\lim\limits_{x \to 0} \dfrac{\tan ax}{\sin bx} (ab \neq 0)$.

解 当 $x \to 0$ 时, $\tan ax \sim ax, \sin bx \sim bx$, 且 $ab \neq 0$, 故有

$$\lim\limits_{x \to 0} \dfrac{\tan ax}{\sin bx} = \lim\limits_{x \to 0} \dfrac{ax}{bx} = \dfrac{a}{b}.$$

例 4 求 $\lim\limits_{x \to 0} \dfrac{\sin 2x}{x^3 + x}$.

解 当 $x \to 0$ 时, $\sin x \sim 2x$, 无穷小 $x^3 + x$ 与它本身显然是等价的, 所以

$$\lim\limits_{x \to 0} \dfrac{\sin 2x}{x^3 + x} = \lim\limits_{x \to 0} \dfrac{2x}{x(x^2 + 1)} = \lim\limits_{x \to 0} \dfrac{2}{x^2 + 1} = 2.$$

例 5 求 $\lim\limits_{x \to 0} \dfrac{\sqrt[3]{1 + x^2} - 1}{\cos x - 1}$.

解 当 $x \to 0$ 时, $(1 + x^2)^{\frac{1}{3}} - 1 \sim \dfrac{1}{3}x^2, \cos x - 1 \sim -\dfrac{1}{2}x^2$, 所以

$$\lim\limits_{x \to 0} \dfrac{\sqrt[3]{1 + x^2} - 1}{\cos x - 1} = \lim\limits_{x \to 0} \dfrac{(1 + x^2)^{\frac{1}{3}} - 1}{\cos x - 1} = \lim\limits_{x \to 0} \dfrac{\dfrac{1}{3}x^2}{-\dfrac{1}{2}x^2} = -\dfrac{2}{3}.$$

习题 2-5

1. 求下列极限：

(1) $\lim\limits_{x \to 0} \dfrac{\tan \dfrac{x}{2}}{2x}$；

(2) $\lim\limits_{x \to 0} \dfrac{\tan x - \sin x}{\sin^3 x}$.

2. 证明：当 $x \to 0$ 时，有

(1) $\arctan x \sim x$；

(2) $\sec x - 1 \sim \dfrac{x^2}{2}$.

2.6 函数的连续性与间断点

2.6.1 函数的连续性

1. 函数在点 x_0 处连续的定义

自然界中有许多现象，如气温的变化、河水的流动、植物的生长等都是连续地变化着的. 这种现象在函数关系上的反映，就是函数的连续性. 下面先引入增量的概念，然后来描述连续性，并引出函数的连续性的定义.

设变量 x 从它的一个初始值 x_1 变到终值 x_2，初始值与终值之差 $x_2 - x_1$ 称之为变量 x 的增量，记作 Δx，即

$$\Delta x = x_2 - x_1.$$

增量 Δx 可以是正的，也可以是负的.

定义 1 设函数 $y = f(x)$ 在点 x_0 的某一邻域 $U(x_0, \delta)$ 内有定义，若当自变量的增值 $\Delta x = x - x_0$ 趋向于零时，对应的函数的增值 $\Delta y = f(x_0 + \Delta x) - f(x_0)$ 也趋向于零，即

$$\lim_{\Delta x \to 0} \Delta y = \lim_{\Delta x \to 0} [f(x_0 + \Delta x) - f(x_0)] = 0,$$

则称函数 $y = f(x)$ 在点 x_0 处连续，点 x_0 是函数 $y = f(x)$ 的连续点.

换言之，设 $x = x_0 + \Delta x$，则 $\Delta x \to 0$ 即 $x \to x_0$. 又因为

$$\Delta y = f(x_0 + \Delta x) - f(x_0) = f(x) - f(x_0),$$

即

$$f(x) = f(x_0) + \Delta y,$$

可见 $\Delta y \to 0$ 就是 $f(x) \to f(x_0)$，因此 $\lim\limits_{x \to x_0} f(x) = f(x_0) \Leftrightarrow \lim\limits_{\Delta x \to 0} \Delta y = 0$.

函数 $y = f(x)$ 在点 x_0 处连续，即 $\lim\limits_{x \to x_0} f(x) = f(x_0) \Leftrightarrow \lim\limits_{\Delta x \to 0} \Delta y = 0$. 于是函数 $y = f(x)$

在点 x_0 处连续的定义,又可叙述如下:

设函数 $y=f(x)$ 在点 x_0 的某一邻域内有定义,若函数 $f(x)$ 当 $x\to x_0$ 时的极限存在,且等于它在点 x_0 处的函数值 $f(x_0)$,即 $\lim\limits_{x\to x_0}f(x)=f(x_0)$,则称函数 $f(x)$ 在点 x_0 处连续.

由上述定义可知,函数 $y=f(x)$ 在点 x_0 处连续必须同时满足以下三个条件:

(1) 函数 $y=f(x)$ 在点 x_0 的某一邻域内有定义;

(2) $\lim\limits_{x\to x_0}f(x)$ 存在;

(3) $\lim\limits_{x\to x_0}f(x)$ 与 $f(x_0)$ 相等.

根据函数 $f(x)$ 当 $x\to x_0$ 时的极限的定义可知,上述定义也可以用"$\varepsilon-\delta$"语言表达如下:

$f(x)$ 在点 x_0 处连续 $\Leftrightarrow \forall \varepsilon>0, \exists \delta>0$,当 $|x-x_0|<\delta$ 时,有 $|f(x)-f(x_0)|<\varepsilon$.

例 1 证明函数 $y=x^2$ 在点 x_0 处连续.

证明 设自变量 x 在点 x_0 处取得增值 Δx,则相应函数的增值为

$$\Delta y = (x_0+\Delta x)^2 - x_0^2 = 2x_0(\Delta x) + (\Delta x)^2,$$

于是 $\quad\lim\limits_{x\to x_0}\Delta y = \lim\limits_{x\to x_0}[2x_0(\Delta x)+(\Delta x)^2] = 0.$

故函数 $f(x)$ 在点 x_0 处连续.

例 2 证明函数 $f(x)=2x+1$ 在点 $x=2$ 处连续.

证明 函数 $f(x)=2x+1$ 在点 $x=2$ 处有定义且 $f(2)=5$.

又 $\quad\lim\limits_{x\to 2}f(x)=\lim\limits_{x\to 2}(2x+1)=5=f(2).$

故函数 $f(x)$ 在点 $x=2$ 处连续.

2. 函数的左、右连续性

定义 2 若 $\lim\limits_{x\to x_0^-}f(x)=f(x_0^-)$ 存在且等于 $f(x_0)$,则称函数 $f(x)$ 在点 x_0 处左连续,记作 $f(x_0^-)=f(x_0)$;若 $\lim\limits_{x\to x_0^+}f(x)=f(x_0^+)$ 存在且等于 $f(x_0)$,则称函数 $f(x)$ 在点 x_0 处右连续,记作 $f(x_0^+)=f(x_0)$.

若函数 $f(x)$ 在开区间 (a,b) 内每一点都连续,则称函数 $f(x)$ 是开区间 (a,b) 内的连续函数,或者说函数在该区间内连续.

若函数 $f(x)$ 在闭区间 $[a,b]$ 上满足以下三个条件:

(1) 在开区间 (a,b) 内为连续函数;

(2) $f(a^+)=f(a)$;

(3) $f(b^-)=f(b)$,

则称函数 $f(x)$ 是闭区间 $[a,b]$ 上的连续函数,或者说函数在该闭区间上连续.

注意:连续函数的图形是一条连续而不间断的曲线.

例3 证明函数 $y=\sin x$ 在区间 $(-\infty,+\infty)$ 内是连续的.

证明 设 x 是区间 $(-\infty,+\infty)$ 内任意取定的一点.当有增量 Δx 时,对应的函数的增量为
$$\Delta y=\sin(x+\Delta x)-\sin x,$$
由三角函数的和差化积公式可知
$$\sin(x+\Delta x)-\sin x=2\sin\frac{\Delta x}{2}\cos\left(x+\frac{\Delta x}{2}\right),$$
显然 $\left|\cos\left(x+\frac{\Delta x}{2}\right)\right|\leqslant 1$,因此有
$$|\Delta y|=|\sin(x+\Delta x)-\sin x|\leqslant 2\left|\sin\frac{\Delta x}{2}\right|.$$
又因为对于任意的角度 α,当 $\alpha\neq 0$ 时有 $|\sin\alpha|<|\alpha|$,所以
$$0\leqslant|\Delta y|=|\sin(x+\Delta x)-\sin x|<|\Delta x|.$$
因此,当 $\Delta x\to 0$ 时,由夹逼准则得 $|\Delta y|\to 0$,故 $y=\sin x$ 对于任一点 $x\in(-\infty,+\infty)$ 都是连续的.

类似地,可以证明函数 $y=\cos x$ 在区间 $(-\infty,+\infty)$ 内是连续的.

2.6.2 函数的间断点

若函数 $f(x)$ 在点 x_0 的某个去心邻域内有定义,且函数 $f(x)$ 存在下列三种情形之一:

(1)在 $x=x_0$ 处没有定义;

(2)在 $x=x_0$ 处有定义,但 $\lim\limits_{x\to x_0}f(x)$ 不存在;

(3)在 $x=x_0$ 处有定义,且 $\lim\limits_{x\to x_0}f(x)$ 存在,但 $\lim\limits_{x\to x_0}f(x)\neq f(x_0)$,

则称函数 $f(x)$ 在点 x_0 处不连续,而点 x_0 称为函数 $f(x)$ 的不连续点或间断点.

间断点按下述情形可分为:

1.第一类间断点

(1)可去间断点.若函数 $f(x)$ 在点 x_0 处有 $\lim\limits_{x\to x_0}f(x)=A\neq f(x_0)$,则称点 x_0 为函数 $f(x)$ 的可去间断点.

例4 函数 $y=\dfrac{x^2-1}{x-1}$ 在点 $x=1$ 处没有定义,所以函数在点 $x=1$ 处不连续(图2-4),但这里 $\lim\limits_{x\to 1}\dfrac{x^2-1}{x-1}$
$=\lim\limits_{x\to 1}(x+1)=2.$

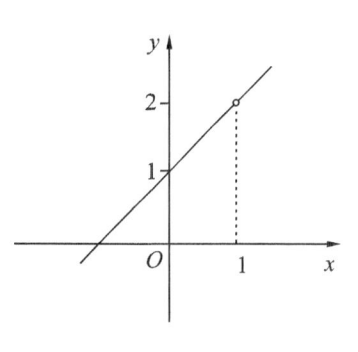

图2-4

若补充定义：令 $x=1$ 时 $y=2$，则函数 $y=\dfrac{x^2-1}{x-1}$ 在点 $x=1$ 处连续，点 $x=1$ 称为该函数的可去间断点.

一般来说，若点 x_0 为函数 $f(x)$ 的某个间断点，且只要补充定义或改变 $f(x)$ 在点 x_0 处的函数值，并使其与函数在该点的极限 $\lim\limits_{x\to x_0}f(x)$ 相等，则称点 x_0 为函数 $f(x)$ 的可去间断点.

(2) 跳跃间断点. 若函数 $f(x)$ 在点 x_0 处左、右极限都存在，但不相等，则称点 x_0 为函数 $f(x)$ 的跳跃间断点.

例 5 函数
$$f(x)=\begin{cases} x-1, & x<0, \\ 0, & x=0, \\ x+1, & x>0. \end{cases}$$

当 $x\to 0$ 时，
$$\lim_{x\to 0^-}f(x)=\lim_{x\to 0^-}(x-1)=-1,$$
$$\lim_{x\to 0^+}f(x)=\lim_{x\to 0^+}(x+1)=1.$$

左极限与右极限虽都存在，但不相等，故极限 $\lim\limits_{x\to x_0}f(x)$ 不存在，所以点 $x=0$ 是函数 $f(x)$ 的间断点. 因 $y=f(x)$ 的图形在 $x=0$ 处产生跳跃现象，我们称 x_0 为函数 $f(x)$ 的跳跃间断点.

2. 第二类间断点

不是第一类间断点的任何间断点，称为第二类间断点.

例 6 正切函数 $y=\tan x$ 在 $x=\dfrac{\pi}{2}$ 处没有定义，所以点 $x=\dfrac{\pi}{2}$ 是函数 $\tan x$ 的间断点. 因
$$\lim_{x\to \frac{\pi}{2}}\tan x=\infty,$$
我们称 $x=\dfrac{\pi}{2}$ 为函数 $\tan x$ 的无穷间断点(图 2-5).

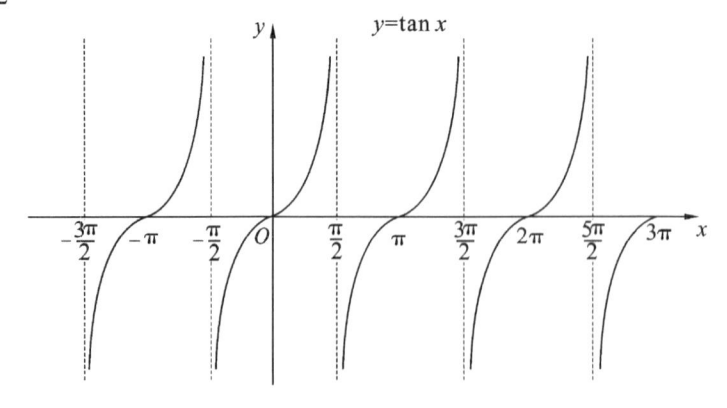

图 2-5

例7 函数 $y = \sin\dfrac{1}{x}$ 在点 $x=0$ 处没有定义,当 $x \to 0$ 时,函数值在 -1 与 $+1$ 之间无限次变动(图 2-6),所以点 $x=0$ 称为函数 $\sin\dfrac{1}{x}$ 的振荡间断点.

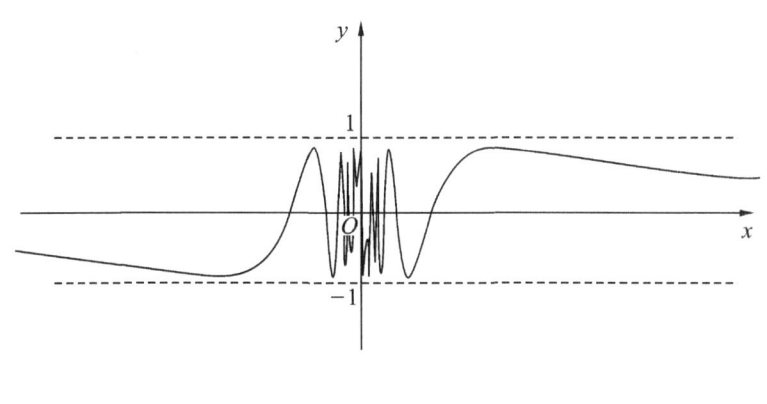

图 2-6

2.6.3 连续函数的运算与性质

1. 连续函数的运算

由极限的四则运算法则和函数在某一点连续的定义,可立即得到下面的定理.

定理 1 若 $f(x)$、$g(x)$ 都在点 x_0 处连续,则 $f(x) \pm g(x)$、$f(x)g(x)$、$\dfrac{f(x)}{g(x)}[g(x) \neq 0]$ 也在点 x_0 处连续.

以 $f(x)g(x)$ 为例,由已知条件可知 $\lim\limits_{x \to x_0} f(x) = f(x_0)$,$\lim\limits_{x \to x_0} g(x) = g(x_0)$,根据极限的运算法则,有 $\lim\limits_{x \to x_0} f(x)g(x) = f(x_0)g(x_0)$,即 $f(x)g(x)$ 在点 x_0 处的极限等于它在这点的函数值,因此 $f(x)g(x)$ 在点 x_0 处连续.

例8 因 $\tan x = \dfrac{\sin x}{\cos x}$、$\cot x = \dfrac{\cos x}{\sin x}$、$\sec x = \dfrac{1}{\cos x}$、$\csc x = \dfrac{1}{\sin x}$,而 $\sin x$ 和 $\cos x$ 都在区间 $(-\infty, +\infty)$ 内连续,故由定理 1 可知 $\tan x$、$\cot x$、$\sec x$、$\csc x$ 在它们的定义域内是连续的.

2. 反函数的连续性

定理 2 若函数 $f(x)$ 在 $[a,b]$ 上单调增加(或减少)且连续,并且有 $f(a) = \alpha$,$f(b) = \beta$,则 $y = f(x)$ 的反函数 $x = f^{-1}(y)$ 在区间 $\alpha \leq y \leq \beta$(或 $\beta \leq y \leq \alpha$)上也是单调增加(或减少)且连续的.

其中,必须有:反函数的定义域是 $[\alpha, \beta]$,即函数 $f(x)$ 的值域是 $[\alpha, \beta]$;反函数在 $[\alpha, \beta]$ 上连续.

例9 函数 $y = \sin x \left(x \in \left[-\dfrac{\pi}{2}, \dfrac{\pi}{2} \right] \right)$、$y = \cos x (x \in [0, \pi])$ 的反函数 $y = \arcsin x$、$y = \arccos x$ 也在它们的定义域 $[-1, 1]$ 上连续.

3. 复合函数的连续性

定理3 若 $u = g(x)$ 在点 x_0 处连续，$u_0 = g(x_0)$，而 $y = f(u)$ 在点 u_0 处连续，则复合函数 $y = f[g(x)]$ 在点 x_0 处连续.

证明 依据定义，对任意 $\varepsilon > 0$，存在 $\delta > 0$，当 $|x - x_0| < \delta$ 时，需要证明
$$|f[g(x)] - f[g(x_0)]| < \varepsilon.$$

首先，由 $f(u)$ 在点 u_0 处连续，故对 $\varepsilon > 0$，存在 $\eta > 0$，当 $|u - u_0| < \eta$ 时，有
$$|f(u) - f(u_0)| < \varepsilon \text{ 或 } |f[g(x)] - f[g(x_0)]| < \varepsilon.$$

其次，由于 $u = g(x)$ 在点 x_0 处连续，故对 $\eta > 0$，存在 $\delta > 0$，当 $|x - x_0| < \delta$ 时，有
$$|g(x) - g(x_0)| < \eta \text{ 或 } |u - u_0| < \eta.$$

将上面的论述连接起来就得出，对任意 $\varepsilon > 0$，得到 $\eta > 0$，又得到 $\delta > 0$，使得当 $|x - x_0| < \delta$ 时，有 $|u - u_0| < \eta$，从而得出
$$|f[g(x)] - f[g(x_0)]| < \varepsilon.$$

从定理3可知，连续的复合函数的极限号 $\lim\limits_{x \to x_0}$ 可以与函数符号 f 互换顺序，即它的结论也可以写成
$$\lim_{x \to x_0} f[g(x)] = f[g(x_0)] = f[\lim_{x \to x_0} g(x)].$$

例10 函数 $y = \sqrt{\dfrac{x-2}{x^2-4}}$ 可看作由 $y = \sqrt{u}$ 与 $u = \dfrac{x-2}{x^2-4}$ 复合而成. 因为 $\lim\limits_{x \to 2} \dfrac{x-2}{x^2-4} = \dfrac{1}{4}$，而函数 $y = \sqrt{u}$ 在点 $u = \dfrac{1}{4}$ 处连续，所以
$$\lim_{x \to 2} \sqrt{\dfrac{x-2}{x^2-4}} = \sqrt{\lim_{x \to 2} \dfrac{x-2}{x^2-4}} = \sqrt{\dfrac{1}{4}} = \dfrac{1}{2}.$$

注意：有关函数极限的许多性质，都可以在连续函数中得到相应的结果. 例如，设 $f(x)$ 和 $g(x)$ 都在点 x_0 处连续，并且 $f(x_0) > g(x_0)$，那么必存在 $\delta > 0$，当 $|x - x_0| < \delta$ 时，有 $f(x) > g(x)$ 等.

4. 初等函数的连续性

(1) 三角函数和反三角函数的连续性.

在2.6.1 例3中，已证明了 $\sin x$ 在 $(-\infty, +\infty)$ 内连续，由复合函数的连续性定理知道 $\sin \left(x + \dfrac{\pi}{2} \right) = \cos x$ 在 $(-\infty, +\infty)$ 内连续，再由连续函数的运算知道 $\tan x = \dfrac{\sin x}{\cos x}$、$\cot x = \dfrac{\cos x}{\sin x}$、$\sec x = \dfrac{1}{\cos x}$、$\csc x = \dfrac{1}{\sin x}$ 在它们的定义域内连续. 利用反函数的连

续性定理立即获得所有反三角函数在其定义域内是连续的.

(2) 指数函数和对数函数的连续性.

设 $a>1$,先证明函数 $y=a^x$ 在零点的连续性,分两步进行.

第一步:设 $0<x<\dfrac{1}{n}$,n 为某个正整数,由于 $a>1$,则
$$0<a^x-1<a^{\frac{1}{n}}-1.$$
因为
$$\lim_{n\to+\infty}a^{\frac{1}{n}}=1,$$
所以 $\lim\limits_{n\to+0}a^x=1=a^0$,即函数 $y=a^x$ 在零点右连续.

第二步:证明函数 $y=a^x$ 在零点左连续. 设 $x=-y(y<0)$,那么 $y=a^x=a^{-y}$,由第一步的证明可知
$$\lim_{x\to 0^-}a^x=\lim_{y\to 0^+}\dfrac{1}{a^y}=1=a^0,$$
即函数 $y=a^x$ 在零点左连续.

由第一步和第二步证明了函数 $y=a^x$ 在零点连续.

下面再证明函数 $y=a^x(a>1)$ 在任何一点 x_0 处连续. 由于
$$|a^x-a^{x_0}|=a^{x_0}|a^{x-x_0}-1|,$$
所以当 $x\to x_0$ 时,$|a^x-a^{x_0}|=a^{x_0}|a^{x-x_0}-1|\to 0$. 这证明了函数 $y=a^x(a>1)$ 在 $(-\infty,+\infty)$ 内连续.

最后再证明当 $0<a<1$ 时函数 $y=a^x$ 的连续性. 令 $a=\dfrac{1}{b}$,则 $b>1$. 由于 $y=b^x$ 在 $(-\infty,+\infty)$ 内连续,由连续函数的运算法则便得到函数 $y=a^x$ 在 $(-\infty,+\infty)$ 内连续.

由函数 $y=a^x$ 的连续性及反函数的连续性,即可得知对数函数 $y=\log_a x$ 在定义域 $(0,+\infty)$ 内连续.

(3) 幂函数的连续性.

在 2.6.1 例 1 中,已证明了函数 $y=x^2$ 的连续性. 对于一般的幂函数 $y=x^a$,当 $x\in(0,+\infty)$ 时,$y=x^a$ 可写为 $y=x^a=\mathrm{e}^{a\ln x}$,由 $y=\mathrm{e}^u$ 和 $u=\ln x$ 的连续性以及复合函数的连续性定理可知,$y=x^a$ 在 $(0,+\infty)$ 连续;当 $x\in(-\infty,0)$ 时,只有当 a 是整数,或者 $a=\dfrac{n}{2m+1}(n、m$ 都是整数)时,函数 $y=x^a$ 才有定义,这时再由函数 $y=x^a$ 的奇偶性,便可由函数 $y=x^a$ 在 $(0,+\infty)$ 的连续性推出函数 $y=x^a$ 在 $(-\infty,0)$ 内也连续;当 $x=0$ 时,也只有对某些 a 才能在零点有定义,此时可按照连续的定义证明函数 $y=x^a$ 在零点连续,留给读者证明.

由以上证明可得,基本初等函数在各自的定义域内连续. 而初等函数是由这些基

本初等函数经过有限次四则运算和有限次复合所得到的函数.

总而言之,一切初等函数在其定义域内都是连续的,即若 $y=f(x)$ 是初等函数且 x_0 是其定义域内的点,则有

$$\lim_{x \to x_0} f(x) = f(x_0).$$

5. 闭区间上连续函数的性质

闭区间上的连续函数具有一些重要性质,现在将这些性质列在下面. 从几何上看,这些性质都是十分明显的.

性质1(有界性) 闭区间 $[a,b]$ 上的连续函数 $f(x)$ 必在 $[a,b]$ 上有界(图2-7).

性质2(最值性) 闭区间 $[a,b]$ 上的连续函数 $f(x)$ 在 $[a,b]$ 上必有最大值和最小值,亦即在 $[a,b]$ 内,至少有两点 ξ_1 和 ξ_2,使得对 $[a,b]$ 内的一切 x,有

$$f(\xi_1) \leqslant f(x) \leqslant f(\xi_2).$$

这里 $f(\xi_1)$ 和 $f(\xi_2)$ 分别是 $f(x)$ 在 $[a,b]$ 上的最小值和最大值(图2-8).

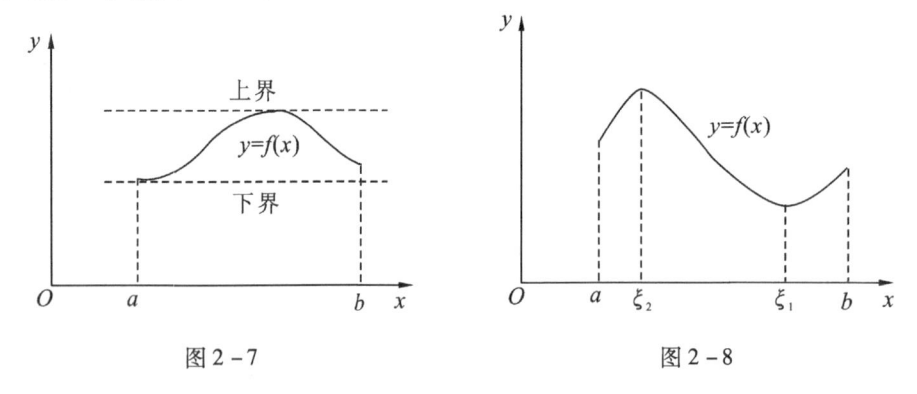

图 2-7

图 2-8

2.6.4 零点定理与介值定理

性质3(零点定理) 若 $f(x)$ 在 $[a,b]$ 上连续,$f(a)$ 和 $f(b)$ 异号[即 $f(a)f(b)<0$],则在 (a,b) 内至少存在一点 ξ,使 $f(\xi)=0$(图2-9). 使函数值为零的自变量,称为函数的零点.

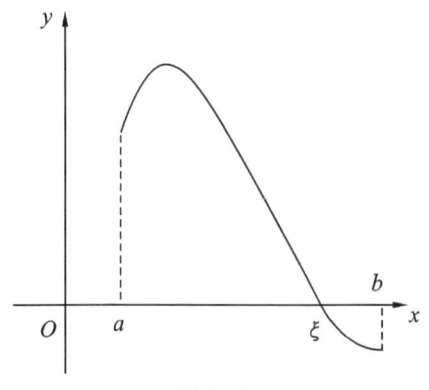

图 2-9

性质 4(介值定理) 设函数 $f(x)$ 在闭区间 $[a,b]$ 上的最小值为 m、最大值为 M. 若函数 $f(x)$ 在闭区间 $[a,b]$ 上连续,则对任意满足 $m \leq c \leq M$ 的 c(即最小值和最大值之间的一切值),在闭区间 $[a,b]$ 上至少存在一个 ξ,使得 $f(\xi) = c$.

证明 由性质 2 可知,在 $[a,b]$ 上存在 ξ_1 和 ξ_2,使得 $f(\xi_1) = m, f(\xi_2) = M$. 令 $F(x) = f(x) - c$,可见 $F(\xi_1) < 0, F(\xi_2) > 0$. 再由性质 3 得知,在 (ξ_1, ξ_2) 内至少存在一个 ξ,使得 $F(\xi) = f(\xi) - c = 0$,即 $f(\xi) = c$. 故对任意满足 $m \leq c \leq M$ 的 c,在闭区间 $[a,b]$ 上至少存在一个 ξ,使得 $f(\xi) = c$.

习题 2-6

1. 证明下列函数在其定义域内连续:

   (1) $f(x) = \sqrt[3]{x+4}$；　　(2) $g(x) = \sin \dfrac{1}{x}$.

2. 求下列函数的间断点,并指出其类型:

   (1) $y = \dfrac{1}{1+x^2}$;　　(2) $y = \dfrac{1+x}{2-x^2}$;

   (3) $y = \dfrac{x}{\sin x}$;　　(4) $y = \dfrac{1}{\ln|x|}$;

   (5) $y = \arctan \dfrac{1}{x}$;　　(6) $y = \dfrac{\sin x}{|x|}$.

3. 证明:若函数 $f(x)$ 在 $U(a)$ 有定义,且极限 $\lim\limits_{h \to 0} \dfrac{f(a+h) - f(a)}{h} = A$,则函数 $f(x)$ 在 $x = a$ 处连续.

4. 证明:若函数 $f(x)$ 在 $x = a$ 处连续,且 $f(a) < 0$,则 $\exists \delta > 0, \forall x: |x-a| < \delta$,有 $f(x) < 0$.

5. 求下列极限:

   (1) $\lim\limits_{x \to 3} \dfrac{\sqrt{x+13} - 2\sqrt{x+1}}{x^2 - 9}$;　　(2) $\lim\limits_{x \to +\infty} \left[\sqrt{(x+a)(x+b)} - x \right]$;

   (3) $\lim\limits_{x \to 0} (1 + \sin x)^{\frac{1}{2x}}$;　　(4) $\lim\limits_{x \to +\infty} x [\ln(x+1) - \ln x]$;

   (5) $\lim\limits_{x \to +\infty} \dfrac{\ln(x^2 - x + 1)}{x^{10} + x + 1}$.

6. 证明:若函数 $f(x)$ 在 $(a, +\infty)$ 上连续,且 $\lim\limits_{x \to a^+} f(x) = A, \lim\limits_{x \to +\infty} f(x) = B$,则 $f(x)$ 在 $(a, +\infty)$ 上有界.

7. 证明:若函数 $f(x)$ 与 $g(x)$ 在 $[a,b]$ 上连续,则函数 $F(x) = \max\{f(x), g(x)\}$ 与

$Q(x) = \min\{f(x), g(x)\}$ 在 $[a,b]$ 上都连续.

8. 设 $y = f(x)$ 的图形如图 2-10 所示,试指出函数 $y = f(x)$ 的全部间断点,并对可去间断点补充或修改函数值的定义,使它成为连续点.

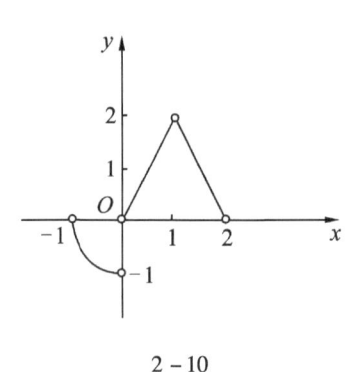

2-10

9. 下列陈述中,哪些是对的,哪些是错的? 如果是对的,说明理由;如果是错的,试给出一个反例.

(1) 如果函数 $f(x)$ 在 a 处连续,那么 $|f(x)|$ 也在 a 处连续;

(2) 如果函数 $|f(x)|$ 在 a 处连续,那么 $f(x)$ 也在 a 处连续.

总复习题 2 A 组

1. 设 $\{a_n\}, \{b_n\}, \{c_n\}$ 均为非负数列,且 $\lim\limits_{n\to\infty} a_n = 0, \lim\limits_{n\to\infty} b_n = 1, \lim\limits_{n\to\infty} c_n = \infty$,则必有 (   ).

  A. $a_n < b_n$ 对任意 n 成立   B. $b_n < c_n$ 对任意 n 成立

  C. 极限 $\lim\limits_{n\to\infty} a_n c_n$ 不存在   D. 极限 $\lim\limits_{n\to\infty} b_n c_n$ 不存在

2. 设函数 $f(x)$ 在 $(-\infty, +\infty)$ 内单调有界,$\{x_n\}$ 为数列,下列命题正确的是(   ).

  A. 若 $\{x_n\}$ 收敛,则 $\{f(x_n)\}$ 收敛   B. 若 $\{x_n\}$ 单调,则 $\{f(x_n)\}$ 收敛

  C. 若 $\{f(x_n)\}$ 收敛,则 $\{x_n\}$ 收敛   D. 若 $\{f(x_n)\}$ 单调,则 $\{x_n\}$ 收敛

3. 设数列 $\{x_n\}$ 与 $\{y_n\}$ 满足 $\lim\limits_{n\to\infty} x_n y_n = 0$,则下列断言正确的是(   ).

  A. 若 $\{x_n\}$ 发散,则 $\{y_n\}$ 必发散   B. 若 $\{x_n\}$ 无界,则 $\{y_n\}$ 必有界

  C. 若 $\{x_n\}$ 有界,则 $\{y_n\}$ 必为无穷小   D. 若 $\left\{\dfrac{1}{x_n}\right\}$ 为无穷小,则 $\{y_n\}$ 必为无穷小

4. 设 $a_n > 0 (n = 1, 2, \cdots)$,$S_n = a_1 + a_2 + \cdots + a_n$,则数列 $\{S_n\}$ 有界是数列 $\{a_n\}$ 收敛的(   ).

  A. 充分必要条件   B. 充分非必要条件

  C. 必要非充分条件   D. 既非充分也非必要条件

5. 设函数 $f(x) = \dfrac{x}{a + e^{bx}}$ 在 $(-\infty, +\infty)$ 内连续, 且 $\lim\limits_{x \to -\infty} f(x) = 0$, 则常数 a、b 满足 (   ).

A. $a < 0, b < 0$　　B. $a > 0, b > 0$　　C. $a \leq 0, b > 0$　　D. $a \geq 0, b < 0$

6. 设函数 $f(x) = \dfrac{\ln|x|}{|x-1|} \sin x$, 则 $f(x)$ 有 (   ).

A. 1 个可去间断点, 1 个跳跃间断点

B. 1 个可去间断点, 1 个无穷间断点

C. 2 个跳跃间断点

D. 2 个无穷间断点

7. 设函数 $f(x) = \begin{cases} x^{\alpha} \cos \dfrac{1}{x^{\beta}}, & x > 0, \\ 0, & x \leq 0 \end{cases}$ $(\alpha > 0, \beta > 0)$, 若 $f'(x)$ 在 $x=0$ 处连续, 则 (   ).

A. $\alpha - \beta > 1$　　B. $0 < \alpha - \beta \leq 1$　　C. $\alpha - \beta > 2$　　D. $0 < \alpha - \beta \leq 2$

8. 下列函数在其定义域内连续的是 (   ).

A. $f(x) = \ln x + \sin x$　　　　　　B. $f(x) = \begin{cases} \sin x, & x \leq 0 \\ \cos x, & x > 0 \end{cases}$

C. $f(x) = \begin{cases} x+1, & x < 0, \\ 0, & x = 0, \\ x-1, & x > 0 \end{cases}$　　　　D. $f(x) = \begin{cases} \dfrac{1}{\sqrt{|x|}}, & x \neq 0, \\ 0, & x = 0 \end{cases}$

9. 设曲线 $f(x) = x^n$ 在点 $(1,1)$ 处的切线与 x 轴的交点为 $(\xi_n, 0)$, 则 $\lim\limits_{n \to \infty} f(\xi_n) = $ _____.

10. 设函数 $f(x) = \begin{cases} x^2 + 1, & |x| \leq c, \\ \dfrac{2}{|x|}, & |x| > c \end{cases}$ 在 $(-\infty, +\infty)$ 内连续, 则 $c = $ _____.

11. $\lim\limits_{n \to \infty} \left(\dfrac{n+1}{n}\right)^{(-1)^n} = $ _____.

12. $\lim\limits_{n \to \infty} \left[1 + \dfrac{1}{1 \cdot 2} + \dfrac{1}{2 \cdot 3} + \cdots + \dfrac{1}{n \cdot (n+1)}\right]^n = $ _____.

13. $\lim\limits_{x \to 0} \left(\dfrac{1 + e^x}{2}\right)^{\cos x} = $ _____.

总复习题 2　B 组

1. 函数 $f(x) = \dfrac{x - x^3}{\sin \pi x}$ 的可去间断点的个数为 (   ).

A. 1   B. 2   C. 3   D. 无穷多

2. 设 $\lim\limits_{x\to a}\dfrac{f(x)-a}{x-a}=b$，则 $\lim\limits_{x\to a}\dfrac{\sin f(x)-\sin a}{x-a}=$ (   ).

A. $b\sin a$ B. $b\cos a$ C. $b\sin f(a)$ D. $b\cos f(a)$

3. 设 $x\to 0$ 时，$e^{\tan x}-e^x$ 与 x^n 是同阶无穷小，则 n 为 (   ).

A. 1   B. 2   C. 3   D. 4

4. 设 $f(x)$ 在 $(-\infty,+\infty)$ 内有定义，且

$$\lim_{x\to\infty}f(x)=a, g(x)=\begin{cases}f\left(\dfrac{1}{x}\right), & x\neq 0,\\ 0, & x=0,\end{cases}$$

则 (   ).

A. $x=0$ 必是 $g(x)$ 的第一类间断点

B. $x=0$ 必是 $g(x)$ 的第二类间断点

C. $x=0$ 必是 $g(x)$ 的连续点

D. $g(x)$ 在点 $x=0$ 处的连续性与 a 的取值有关

5. 当 $x\to 0$ 时，$f(x)=x-\sin ax$ 与 $g(x)=x^2\ln(1-bx)$ 是等价无穷小，则 (   ).

A. $a=1, b=-\dfrac{1}{6}$ B. $a=1, b=\dfrac{1}{6}$

C. $a=-1, b=-\dfrac{1}{6}$ D. $a=-1, b=\dfrac{1}{6}$

6. 当 $x\to 0^+$ 时，与 $\sqrt{x}$ 等价的无穷小量是 (   ).

A. $1-e^{\sqrt{x}}$ B. $\ln(1+\sqrt{x})$ C. $\sqrt{1+\sqrt{x}}-1$ D. $1-\cos\sqrt{x}$

7. 当 $x\to 0$ 时，用 $o(x)$ 表示比 x 高阶的无穷小量，则下列式子中错误的是 (   ).

A. $x\cdot o(x^2)=o(x^3)$ B. $o(x)\cdot o(x^2)=o(x^3)$

C. $o(x^2)+o(x^2)=o(x^2)$ D. $o(x)+o(x^2)=o(x^2)$

8. $\lim\limits_{x\to 0}\dfrac{\ln(\cos x)}{x^2}=$ _____.

9. 若 $\lim\limits_{x\to 0}\dfrac{\sin x}{e^x-a}(\cos x-b)=5$，则 $a=$ _____，$b=$ _____.

10. 极限 $\lim\limits_{x\to\infty}x\sin\dfrac{2x}{x^2+1}=$ _____.

11. 当 $x\to 0$ 时，$\alpha(x)=kx^2$ 与 $\beta(x)=\sqrt{1+x\arcsin x}-\sqrt{\cos x}$ 是等价无穷小，则 $k=$ _____.

12. 设数列 $\{x_n\}$ 满足：$x_1 > 0, x_n e^{x_{n+1}} = e^{x_n} - 1 \ (n = 1, 2, \cdots)$. 证明 $\{x_n\}$ 收敛，并求 $\lim\limits_{x \to \infty} x_n$.

13. 当 $x \to 0$ 时，$1 - \cos x \cdot \cos 2x \cdot \cos 3x$ 与 ax^n 为等价无穷小，求 n 与 a 的值.

14. 设函数 $f(x) = x + a\ln(1 + x) + bx\sin x, g(x) = kx^3$. 若 $f(x)$ 与 $g(x)$ 在 $x \to 0$ 时是等价无穷小，求 a、b、k 的值.

15. 已知 $\lim\limits_{x \to 0} \left[a\arctan \dfrac{1}{x} + (1 + |x|)^{\frac{1}{x}} \right]$ 存在，求 a 的值.

第 3 章 一元函数导数与微分

一元函数微分学是微积分的重要组成部分,主要分为一元函数的导数与微分. 在自然科学和工程技术领域内,还有许多概念,例如电流强度、角速度、线密度等,都可归结为数学形式. 我们撇开这些量的具体意义,抓住它们在数量关系上的共性,就得出函数的导数概念.

本章将介绍一元函数导数与微分的概念以及它们的计算方法,导数的相关应用内容在第 4 章进行介绍.

3.1 一元函数导数的概念

3.1.1 一元函数导数的定义与几何意义

1. 一元函数导数的定义

(1) 函数在一点处的导数的定义.

设函数 $y=f(x)$ 在点 x 的某个邻域内有定义,当自变量在 x 处取得增量(点 $x+\Delta x$ 仍在该邻域内)时,相应地,因变量取得增量 $\Delta y=f(x_0+\Delta x)-f(x_0)$;如果 Δy 与 Δx 之比当 $\Delta x \to 0$ 时的极限存在,那么称函数 $y=f(x)$ 在点 x_0 处可导,并称这个极限为函数 $y=f(x)$ 在点 x_0 处的导数,记为 $f'(x_0)$,即

$$f'(x_0) = \lim_{\Delta x \to 0} \frac{\Delta y}{\Delta x} = \lim_{\Delta x \to 0} \frac{f(x_0+\Delta x)-f(x_0)}{\Delta x},$$

也可记作 $y'|_{x=x_0}$,$\dfrac{\mathrm{d}y}{\mathrm{d}x}\Big|_{x=x_0}$ 或 $\dfrac{\mathrm{d}f(x)}{\mathrm{d}x}\Big|_{x=x_0}$.

函数 $f(x)$ 在点 x_0 处可导有时也说成 $f(x)$ 在点 x_0 处具有导数或导数存在.

导数的定义式也可取不同的形式,常见的有

$$f'(x_0) = \lim_{h \to 0} \frac{f(x_0 + h) - f(x_0)}{h}$$

和

$$f'(x_0) = \lim_{x \to x_0} \frac{f(x) - f(x_0)}{x - x_0},$$

式中的 h 即自变量的增量 Δx.

例 1 求函数 $f(x) = x^2$ 在 x_0 处的导数.

解 $\begin{aligned} f'(x_0) &= \lim_{\Delta x \to 0} \frac{\Delta y}{\Delta x} = \lim_{\Delta x \to 0} \frac{f(x_0 + \Delta x) - f(x_0)}{\Delta x} \\ &= \lim_{\Delta x \to 0} \frac{(x_0 + \Delta x)^2 - (x_0)^2}{\Delta x} \\ &= \lim_{\Delta x \to 0} \frac{x_0^2 + 2x_0 \Delta x + \Delta x^2 - x_0^2}{\Delta x} \\ &= \lim_{\Delta x \to 0} \frac{2x_0 \Delta x + \Delta x^2}{\Delta x} = \lim_{\Delta x \to 0} (2x_0 + \Delta x) = 2x_0. \end{aligned}$

在实际中,需要讨论各种具有不同意义的变量的变化"快慢"问题,在数学上就是所谓函数的变化率问题. 导数概念就是函数变化率这一概念的精确描述. 它抛开了自变量和因变量所代表的几何或物理等方面的特殊意义,纯粹从数量方面来刻画变化率的本质:因变量增量与自变量增量之比 $\frac{\Delta y}{\Delta x}$ 是因变量 y 在以 x_0 和 $x_0 + \Delta x$ 为端点的区间上的平均变化率,而导数 $f'(x_0)$ 则是因变量 y 在点 x_0 处的变化率,它反映了因变量随自变量的变化而变化的快慢程度.

如果极限

$$f'(x_0) = \lim_{x \to x_0} \frac{f(x) - f(x_0)}{x - x_0}$$

不存在,就说函数 $y = f(x)$ 在点 x_0 处不可导. 如果不可导的原因是由于 $\Delta x \to 0$ 时,比式 $\frac{\Delta y}{\Delta x} \to \infty$,为了方便起见,也往往说函数 $y = f(x)$ 在点 x_0 处的导数为无穷大.

上面讲的是函数在一点处可导. 如果函数 $y = f(x)$ 在开区间 I 内的每点处都可导,那么就称函数 $f(x)$ 在开区间 I 内可导. 这时,对于任一 $x \in I$,都对应着 $f(x)$ 的一个确定的导数值. 这样就构成了一个新的函数,这个函数叫作原来函数 $y = f(x)$ 的导函数,记作 y', $f'(x)$, $\frac{dy}{dx}$ 或 $\frac{df(x)}{dx}$.

导函数的定义式为

$$y' = \lim_{\Delta x \to 0} \frac{f(x+\Delta x) - f(x)}{\Delta x}$$

或

$$f'(x) = \lim_{h \to 0} \frac{f(x+h) - f(x)}{h}.$$

注意：在以上两式中，虽然可以取区间 I 内的任何数值，但在求极限过程中，x 是常量，Δx 或 h 是变量．

显然，函数 $f(x)$ 在点 x_0 处的导数 $f'(x_0)$ 就是导函数 $f'(x)$ 在点 $x = x_0$ 处的函数值，即

$$f'(x_0) = f'(x)\big|_{x=x_0}.$$

例 2 求函数 $f(x) = \sin x$ 的导函数．

解 $f'(x) = \lim\limits_{\Delta x \to 0} \dfrac{f(x+\Delta x) - f(x)}{\Delta x} = \lim\limits_{\Delta x \to 0} \dfrac{\sin(x+\Delta x) - \sin x}{\Delta x}$

$= \lim\limits_{\Delta x \to 0} \dfrac{1}{\Delta x} 2 \cos\left(x + \dfrac{\Delta x}{2}\right) \sin \dfrac{\Delta x}{2}$

$= \lim\limits_{\Delta x \to 0} \cos\left(x + \dfrac{\Delta x}{2}\right) \dfrac{\sin \dfrac{\Delta x}{2}}{\dfrac{\Delta x}{2}} = \cos x.$

（2）单侧导数的定义．

根据函数 $f(x)$ 在点 x_0 处的导数 $f'(x_0)$ 的定义，导数

$$f'(x_0) = \lim_{h \to 0} \frac{f(x_0 + h) - f(x_0)}{h}$$

是一个极限，而极限存在的充分必要条件是左、右极限都存在且相等，因此 $f'(x_0)$ 存在，即 $f(x)$ 在点 x_0 处可导的充分必要条件是左、右极限

$$\lim_{h \to 0^-} \frac{f(x_0 + h) - f(x_0)}{h} \text{ 及 } \lim_{h \to 0^+} \frac{f(x_0 + h) - f(x_0)}{h}$$

都存在且相等．这两个极限分别称为函数 $f(x)$ 在点 x_0 处的左导数和右导数，记作 $f'_-(x_0)$ 及 $f'_+(x_0)$，即

$$f'_-(x_0) = \lim_{h \to 0^-} \frac{f(x_0 + h) - f(x_0)}{h},$$

$$f'_+(x_0) = \lim_{h \to 0^+} \frac{f(x_0 + h) - f(x_0)}{h}.$$

现在可以说，函数 $f(x)$ 在点 x_0 处可导的充分必要条件是左导数 $f'_-(x_0)$ 和右导数 $f'_+(x_0)$ 都存在且相等．

2. 一元函数导数的几何意义

函数 $y=f(x)$ 在点 x_0 处的导数在几何上表示曲线 $y=f(x)$ 在点 $M[x_0,f(x_0)]$ 处的切线的斜率,即

$$f'(x)=\tan\alpha,$$

其中 α 是切线的倾角.

例 3 求曲线 $y=\dfrac{2}{3}x^3$ 在点 $\left(1,\dfrac{2}{3}\right)$ 的切线方程.

解 根据导数的几何意义可知,所求切线斜率

$$k=y'\big|_{x=1}.$$

由于 $y'=\left(\dfrac{2}{3}x^3\right)'=2x^2$,于是

$$k=2x^2\big|_{x=1}=2.$$

所求切线方程为

$$y-\dfrac{2}{3}=2(x-1),$$

即

$$y=2x-\dfrac{4}{3}.$$

3.1.2 一元函数的可导性与连续性

设函数 $y=f(x)$ 在点 x 处可导,即

$$\lim_{\Delta x\to 0}\frac{\Delta y}{\Delta x}=f'(x)$$

存在. 由具有极限的函数与无穷小的关系知道

$$\frac{\Delta y}{\Delta x}=f'(x)+\alpha,$$

其中 α 为当 $\Delta x\to 0$ 时的无穷小. 上式两边同乘 Δx,得

$$\Delta y=f'(x)\Delta x+\alpha\Delta x.$$

由此可见,当 $\Delta x\to 0$ 时, $\Delta y\to 0$. 这就是说,函数 $y=f(x)$ 在点 x 处是连续的. 所以,如果函数 $y=f(x)$ 在点 x 处可导,那么函数在该点必连续.

例 4 函数 $y=f(x)=x^{\frac{2}{3}}$ 在区间 $(-\infty,+\infty)$ 内连续,但在 $x=0$ 处不可导.

解 在 $x=0$ 处有

$$\frac{f(0+\Delta x)-f(0)}{\Delta x}=\frac{\sqrt{\Delta x^{\frac{2}{3}}}-0}{\Delta x}=\frac{1}{\Delta x^{\frac{1}{3}}},$$

故 $\lim\limits_{\Delta x \to 0} \dfrac{f(0+\Delta x)-f(0)}{\Delta x} = \dfrac{1}{\Delta x^{\frac{1}{3}}} = +\infty$,导数不存在,$f(x)$ 不可导.

习题 3-1

1. 设
$$f(x) = \begin{cases} \dfrac{2}{3}x^2, & x \leq 1, \\ x, & x > 1, \end{cases}$$
则 $f(x)$ 在 $x=1$ 处的(   ).

   A. 左、右导数都存在　　　　　B. 左导数存在,右导数不存在
   C. 左导数不存在, 右导数存在　D. 左、右导数都不存在

2. 设 $f(x)$ 可导,$F(x) = f(x)(1+|\cos x|)$,则 $f(0) = 0$ 是 $F(x)$ 在 $x=0$ 处可导的(　).

   A. 充分必要条件　　　　　　　B. 充分条件但非必要条件
   C. 必要条件但非充分条件　　　D. 既非充分条件又非必要条件

3. 设 $f(x)$ 可导,$F(x) = f(x)(1+|\sin x|)$,若使 $F(x)$ 在 $x=0$ 处可导,则必有(　).

   A. $f(0) = 0$　　　　　　　　　B. $f'(0) = 0$
   C. $f(0) + f'(0) = 0$　　　　　D. $f(0) - f'(0) = 0$

4. 求下列函数的导数:

   (1) $y = 2x^5$;　　　　　　　　(2) $y = \sqrt[3]{x^4}$;
   (3) $y = \dfrac{1}{2\sqrt{x}}$;　　　　　　　(4) $y = \dfrac{4}{x^2}$.

5. 假定下列各题中 $f'(x_0)$ 均存在,按照导数定义观察下列极限,指出 A 表示什么.

   (1) $\lim\limits_{x \to 0} \dfrac{f(x_0-\Delta x)-f(x_0)}{\Delta x} = A$;

   (2) $\lim\limits_{x \to 0} \dfrac{f(x)}{x} = A$,其中 $f(0) = 0$,且 $f'(0)$ 存在;

   (3) $\lim\limits_{h \to 0} \dfrac{f(x_0+h)-f(x_0-h)}{h} = A$.

6. 证明:$(\cos x)' = -\sin x$.

7. $f(x)$ 为偶函数,且 $f'(0)$ 存在,证明:$f'(0) = 0$.

8. 求曲线 $y = e^x$ 在点 $(0,1)$ 处的切线方程.

9. 讨论下列函数在 $x = 0$ 处的连续性与可导性:

(1) $y = |\sin x|$;

(2) $y = \begin{cases} x^2 \sin \dfrac{1}{x}, & x \neq 0, \\ 0, & x = 0. \end{cases}$

10. 设函数

$$f(x) = \begin{cases} |x|, & x \leq 1, \\ ax + b, & x > 1. \end{cases}$$

为了使函数 $f(x)$ 在 $x = 1$ 处连续且可导,a、b 应取什么值?

11. 已知 $f(x) = \begin{cases} -2x, & x < 0, \\ x^2, & x \geq 0, \end{cases}$ 求 $f'_+(0)$ 及 $f'_-(0)$,并判断 $f'(0)$ 是否存在.

12. 已知 $f(x) = \begin{cases} \sin x, & x < 0, \\ 3x, & x \geq 0, \end{cases}$ 求 $f'(x)$.

13. 设 $f(x)$ 在 $x = 1$ 处可导,$f'(1) = 1$,求 $\lim\limits_{x \to 1} \dfrac{f(x) - f(1)}{x^{10} - 1}$.

3.2　一元函数的和、差、积、商的求导

定理　如果函数 $u = u(x)$ 及 $v = v(x)$ 都在点 x 处具有导数,那么它们的和、差、积、商(除分母为零的点外)都在点 x 处具有导数,且

(1) $[u(x) \pm v(x)]' = u'(x) \pm v'(x)$;

(2) $[u(x)v(x)]' = u'(x)v(x) + u(x)v'(x)$;

(3) $\left[\dfrac{u(x)}{v(x)}\right]' = \dfrac{u'(x)v(x) - u(x)v'(x)}{v^2(x)} [v(x) \neq 0]$.

证明　(1) $[u(x) \pm v(x)]'$

$$= \lim_{\Delta x \to 0} \frac{[u(x + \Delta x) \pm v(x + \Delta x)] - [u(x) \pm v(x)]}{\Delta x}$$

$$= \lim_{\Delta x \to 0} \frac{u(x + \Delta x) - u(x)}{\Delta x} \pm \lim_{\Delta x \to 0} \frac{v(x + \Delta x) - v(x)}{\Delta x}$$

$$= u'(x) \pm v'(x),$$

于是法则(1)获得证明. 法则(1)可简单地表示为

$$(u \pm v)' = u' \pm v'.$$

(2) $[u(x)v(x)]'$

$$= \lim_{\Delta x \to 0} \frac{u(x+\Delta x)v(x+\Delta x) - u(x)v(x)}{\Delta x}$$

$$= \lim_{\Delta x \to 0} \left[\frac{u(x+\Delta x) - u(x)}{\Delta x} \cdot v(x+\Delta x) + u(x) \cdot \frac{v(x+\Delta x) - v(x)}{\Delta x} \right]$$

$$= \lim_{\Delta x \to 0} \frac{u(x+\Delta x) - u(x)}{\Delta x} \cdot v(x+\Delta x) + \lim_{\Delta x \to 0} u(x) \frac{v(x+\Delta x) - v(x)}{\Delta x}$$

$$= u'(x)v(x) + u(x)v'(x).$$

其中 $\lim_{\Delta x \to 0} v(x+\Delta x) = v(x)$ 是由于 $v'(x)$ 存在,故 $v(x)$ 在点 x 处连续. 于是法则(2)获得证明. 法则(2)可简单地表示为

$$(uv)' = u'v + uv'.$$

若 $v(x) \equiv C$ 为常数,则有 $(Cu)' = Cu'$.

(3) $\left[\dfrac{u(x)}{v(x)}\right]' = \lim_{\Delta x \to 0} \dfrac{\dfrac{u(x+\Delta x)}{v(x+\Delta x)} - \dfrac{u(x)}{v(x)}}{\Delta x}$

$$= \lim_{\Delta x \to 0} \frac{u(x+\Delta x)v(x) - u(x)v(x+\Delta x)}{v(x+\Delta x)v(x)\Delta x}$$

$$= \lim_{\Delta x \to 0} \frac{[u(x+\Delta x) - u(x)]v(x) - u(x)[v(x+\Delta x) - v(x)]}{v(x+\Delta x)v(x)\Delta x}$$

$$= \lim_{\Delta x \to 0} \frac{\dfrac{u(x+\Delta x) - u(x)}{\Delta x}v(x) - u(x)\dfrac{v(x+\Delta x) - v(x)}{\Delta x}}{v(x+\Delta x)v(x)}$$

$$= \frac{u'(x)v(x) - u(x)v'(x)}{v^2(x)}.$$

于是法则(3)获得证明. 法则(3)可简单地表示为

$$\left(\frac{u}{v}\right)' = \frac{u'v - uv'}{v^2}.$$

定理中的法则(1)(2)可推广到任意有限个可导函数的情形.

例1 $f(x) = 2\sin x + \cos x$,求 $f'(x)$.

解 $f'(x) = (2\sin x + \cos x)'$
$= (2\sin x)' + (\cos x)'$
$= 2\cos x - \sin x.$

例2 $f(x) = e^x(2x^2 + x)$,求 $f'(x)$.

解 $f'(x) = [e^x(2x^2 + x)]' = (e^x)'(2x^2 + x) + e^x(2x^2 + x)'$
$= e^x(2x^2 + x) + e^x(4x + 1)$
$= e^x(2x^2 + 5x + 1).$

例3　$f(x) = \dfrac{2x}{\sin x}$,求$f'(x)$.

解　$f'(x) = \left(\dfrac{2x}{\sin x}\right)' = \dfrac{(2x)'\sin x - 2x(\sin x)'}{(\sin x)^2}$

$= \dfrac{2\sin x - 2x\cos x}{\sin^2 x}$

$= \dfrac{2}{\sin x} - \dfrac{2x\cos x}{\sin^2 x}.$

习题 3–2

1. 求下列函数的导数：

(1) $y = 3x^2 - 4^x + 2\mathrm{e}^x$；

(2) $y = \sin x \tan x$；

(3) $y = 3\mathrm{e}^x \tan x$；

(4) $y = \dfrac{2\mathrm{e}^x}{x^2} + \ln 3$；

(5) $y = x^2 \ln x \tan x.$

2. 求下列函数在给定点处的导数：

(1) $y = \tan x - \cos x$,求$y'|_{x=\frac{\pi}{3}}$和$y'|_{x=\frac{\pi}{4}}$；

(2) $f(x) = \dfrac{3}{5-2x} + \dfrac{x^3}{5}$,求$f'(0)$和$f'(2)$；

(3) $\rho = \theta\sin\theta + \dfrac{1}{2}\cos\theta$,求$\dfrac{\mathrm{d}\rho}{\mathrm{d}\theta}\bigg|_{\theta=\frac{\pi}{4}}.$

3. 以初速度v_0竖直上抛的物体,其上升高度s与时间t的关系是$s = v_0 t - \dfrac{1}{2}gt^2$.求:

(1) 该物体的速度$v(t)$；

(2) 该物体到达最高点的时刻.

3.3　反函数与复合函数的求导

3.3.1　反函数的求导

定理1　如果函数$x = f(y)$在区间I_y内单调、可导,且$f'(y) \neq 0$,那么它的反函数$y = f^{-1}(x)$在区间$I_x = \{x \mid x = f(y), y \in I_y\}$内也可导,且

$$[f^{-1}(x)]' = \frac{1}{f'(y)} \text{ 或} \frac{dy}{dx} = \frac{1}{\frac{dx}{dy}}.$$

证明 由于 $x = f(y)$ 在 I_y 内单调、可导（从而连续），由 2.6.3 定理 2 知道，$x = f(y)$ 的反函数 $y = f^{-1}(x)$ 存在，且 $f^{-1}(x)$ 在 I_x 内也单调、连续.

任取 $x \in I_x$，给 x 以增量 $\Delta x (\Delta x \neq 0, x + \Delta x \in I_x)$，由 $y = f^{-1}(x)$ 的单调性可知

$$\Delta y = f^{-1}(x + \Delta x) - f^{-1}(x) \neq 0,$$

于是有

$$\frac{\Delta y}{\Delta x} = \frac{1}{\frac{\Delta x}{\Delta y}}.$$

因 $y = f^{-1}(x)$ 连续，故

$$\lim_{\Delta x \to 0} \Delta y = 0,$$

从而

$$[f^{-1}(x)]' = \lim_{\Delta x \to 0} \frac{\Delta y}{\Delta x} = \lim_{\Delta y \to 0} \frac{1}{\frac{\Delta x}{\Delta y}} = \frac{1}{f'(y)}.$$

上述结论可简单地说成：反函数的导数等于直接函数导数的倒数.

例1 设 $x = \cos y, y \in [0, \pi]$ 为直接函数，则 $y = \arccos x$ 是它的反函数，函数 $x = \cos y$ 在开区间 $I_y = (0, \pi)$ 内单调、可导，且 $(\cos y)' = -\sin y < 0$.

由定理 1 可知，在对应区间 $I_x = (-1, 1)$ 内有

$$(\arccos x)' = \frac{1}{(\cos y)'} = \frac{1}{-\sin y},$$

但 $\sin y = \sqrt{1 - \cos^2 y} = \sqrt{1 - x^2}$，从而得反余弦函数的导数公式

$$(\arccos x)' = -\frac{1}{\sqrt{1 - x^2}}.$$

例2 设 $x = \log_a y (a > 0, a \neq 1)$ 为直接函数，$y \in (0, +\infty)$，则 $y = a^x$ 是它的反函数，函数 $x = \log_a y$ 在区间 $I_y = (0, +\infty)$ 内单调，可导，且

$$(\log_a y)' = \frac{1}{y \ln a} > 0.$$

由定理 1 可知，在对应区间 $I_x = (-\infty, +\infty)$ 内有

$$(a^x)' = \frac{1}{(\log_a y)'} = \frac{1}{\frac{1}{y \ln a}} = y \ln a.$$

又 $y = a^x$，从而得指数函数的导数公式

$$(a^x)' = a^x \ln a.$$

3.3.2 复合函数的求导

在对复合函数进行初步的了解之后,本节将给出复合函数的求导法则.

定理 2 如果 $u=g(x)$ 在点 x 处可导,而 $y=f(u)$ 在点 $u=g(x)$ 处可导,那么复合函数 $y=f[g(x)]$ 在点 x 处可导,且其导数为

$$\frac{dy}{dx}=f'(u) \cdot g'(x) \text{ 或 } \frac{dy}{dx}=\frac{dy}{du} \cdot \frac{du}{dx}.$$

证明 由于 $y=f(u)$ 在点 u 处可导,因此

$$\lim_{\Delta u \to 0}\frac{\Delta y}{\Delta u}=f'(u)$$

存在,于是根据极限与无穷小的关系有

$$\frac{\Delta y}{\Delta u}=f'(u)+\alpha(\Delta u),$$

其中 $\alpha(\Delta u)$ 是 $\Delta u \to 0$ 时的无穷小. 上式中 $\Delta u \neq 0$,用 Δu 乘上式两边,得

$$\Delta y=f'(u)\Delta u+\alpha(\Delta u) \cdot \Delta u.$$

当 $\Delta u=0$ 时,规定 $\alpha(\Delta u)=0$,这时因 $\Delta y=f(u+\Delta u)-f(u)=0$,而上式右端亦为零,故上式对 $\Delta u=0$ 也成立. 用 $\Delta x \neq 0$ 除上式两边,得

$$\frac{\Delta y}{\Delta x}=f'(u)\frac{\Delta u}{\Delta x}+\alpha(\Delta u) \cdot \frac{\Delta u}{\Delta x},$$

于是

$$\lim_{\Delta x \to 0}\frac{\Delta y}{\Delta x}=\lim_{\Delta x \to 0}\left[f'(u)\frac{\Delta u}{\Delta x}+\alpha(\Delta u) \cdot \frac{\Delta u}{\Delta x}\right].$$

根据函数在某点可导必在该点连续的性质知道,当 $\Delta x \to 0$ 时,$\Delta u \to 0$,从而可以推知

$$\lim_{\Delta x \to 0}\alpha(\Delta u)=\lim_{\Delta u \to 0}\alpha(\Delta u)=0.$$

又因 $u=g(x)$ 在点 x 处可导,有

$$\lim_{\Delta x \to 0}\frac{\Delta u}{\Delta x}=g'(x),$$

故

$$\lim_{\Delta x \to 0}\frac{\Delta y}{\Delta x}=f'(u) \cdot \lim_{\Delta x \to 0}\frac{\Delta u}{\Delta x},$$

即

$$\frac{dy}{dx}=f'(u) \cdot g'(x).$$

例3 设 $y = \ln \tan x$, 求 $\dfrac{dy}{dx}$.

解 $y = \ln \tan x$ 可看作由 $y = \ln u, u = \tan x$ 复合而成. 因此

$$\frac{dy}{dx} = \frac{dy}{du} \cdot \frac{du}{dx} = \frac{1}{u} \cdot \sec^2 x = \sin x \cdot \sec^3 x.$$

例4 设 $y = \sin \dfrac{2x}{1+x^2}$, 求 $\dfrac{dy}{dx}$.

解 $y = \sin \dfrac{2x}{1+x^2}$ 可看作由 $y = \sin u, u = \dfrac{2x}{1+x^2}$ 复合而成.

$$\frac{dy}{du} = \cos u,$$

$$\frac{du}{dx} = \frac{2(1+x^2) - (2x)2}{(1+x^2)^2} = \frac{2(1-x^2)}{(1+x^2)^2},$$

$$\frac{dy}{dx} = \frac{dy}{du} \cdot \frac{du}{dx} = \cos u \frac{2(1-x^2)}{(1+x^2)^2} = \frac{2(1-x^2)}{(1+x^2)^2} \cos \frac{2x}{1+x^2}.$$

习题 3-3

1. 求下列函数的导数:

(1) $y = (x+5)^2$;

(2) $y = \cos(3-2x)$;

(3) $y = e^{-3x^4}$;

(4) $y = \ln(1+2x^2)$;

(5) $y = \arctan(e^{2x})$;

(6) $y = (\arcsin x)^3$;

(7) $y = \ln \cos x^2$;

(8) $y = \dfrac{1}{\sqrt{1+x^2}}$;

(9) $y = \left(\arcsin \dfrac{x}{3}\right)^3$;

(10) $y = \ln \tan \dfrac{x^2}{2}$;

(11) $y = \sqrt{1+3\ln^2 x}$;

(12) $y = e^{3\tan \sqrt{x}}$;

(13) $y = \sin nx \cos x$;

(14) $y = \arctan \dfrac{x-1}{x+1}$;

(15) $y = \dfrac{\arccos x}{\arcsin x}$;

(16) $y = \ln \ln x$;

(17) $y = \ln(\sec x + \tan x)$;

(18) $y = \sqrt{x + \sqrt{x}}$;

(19) $y = \sin^2 x \cdot \sin(x^2)$.

2. 设 $f(x) = \begin{cases} x^2 e^{-x^2}, & |x| \leq 1, \\ \dfrac{1}{e}, & |x| > 1, \end{cases}$ 求 $f'(x)$.

3. 设函数 $f(x)$、$g(x)$ 均在点 x_0 的某一邻域内有定义,$f(x)$ 在 x_0 处可导,$f(x_0) = 0$,$g(x)$ 在 x_0 处连续,试讨论 $f(x)g(x)$ 在 x_0 处的可导性.

4. 设函数 $f(x)$ 满足下列条件:

(1) $f(x+y) = f(x) \cdot f(y)$,对一切 $x, y \in \mathbf{R}$ 成立;

(2) $f(x) = 1 + xg(x)$,且 $\lim\limits_{x \to 0} g(x) = 1$.

试证明 $f(x)$ 在 $\mathbf{R}$ 上处处可导,且 $f'(x) = f(x)$.

3.4 初等函数求导公式及其应用

3.4.1 初等函数求导公式

基本初等函数的导数公式在初等函数的求导运算中起着重要的作用,我们必须熟练地掌握它们. 为了便于查阅,现在把这些常数和基本初等函数的导数公式归纳如下:

(1) $(c)' = 0$;   (2) $(x^\mu)' = \mu x^{\mu-1}$;

(3) $(\sin x)' = \cos x$;   (4) $(\cos x)' = -\sin x$;

(5) $(\tan x)' = \sec^2 x$;   (6) $(\cot x)' = -\csc^2 x$;

(7) $(\sec x)' = \sec x \tan x$;   (8) $(\csc x)' = -\csc x \cot x$;

(9) $(\ln x)' = \dfrac{1}{x}$;   (10) $(\arcsin x)' = \dfrac{1}{\sqrt{1-x^2}}$;

(11) $(\arccos x)' = -\dfrac{1}{\sqrt{1-x^2}}$;   (12) $(\arctan x)' = \dfrac{1}{1+x^2}$;

(13) $(\operatorname{arccot} x)' = -\dfrac{1}{1+x^2}$;   (14) $(\mathrm{e}^x)' = \mathrm{e}^x$;

(15) $(a^x)' = a^x \ln a \ (a > 0, a \neq 1)$;   (16) $(\log_a x)' = \dfrac{1}{x \ln a} \ (a > 0, a \neq 1)$.

3.4.2 初等函数的求导问题

利用四则运算求导公式、反函数求导法则、复合函数求导法则,可以求得所有初等函数的导数.

例 1 函数 $y = \cos nx \cos^n x$(n 为常数),求 y'.

解 首先应用积的求导法则得

$$y' = (\cos nx)' \cos^n x + \cos nx (\cos^n x)',$$

在计算$(\cos nx)'$与$(\cos^n x)'$时,都要应用复合函数求导法则,由此得

$$y' = -n\sin nx \cdot \cos^n x + \cos nx \cdot n\cos^{n-1} x(-\sin x)$$
$$= -n\cos^{n-1} x(\sin nx \cdot \cos x + \sin x \cdot \cos nx)$$
$$= -n\cos^{n-1} x \sin(n+1)x.$$

习题 3-4

1. 求下列函数的导数:

(1) $y = e^{-3x}(2x^2 - 4x + 3)$;

(2) $y = \left(\arctan \dfrac{x}{4}\right)^2$;

(3) $y = \dfrac{\ln \dfrac{1}{x}}{x^n}$;

(4) $y = \dfrac{e^t + e^{-t}}{e^t - e^{-t}}$;

(5) $y = \ln\sin\dfrac{1}{x}$;

(6) $y = e^{3\sin^2 \frac{1}{2n}}$;

(7) $y = \sqrt{x + \sqrt{x + \sqrt{x}}}$;

(8) $y = x\arccos\dfrac{x}{2} + \sqrt{4 - x^2}$;

(9) $y = \arctan\dfrac{2t}{1 + t^2}$.

2. 设 $y = \ln^3(\sin^2 x + 1)$,求 y'.

3. 设 $y = \arctan\dfrac{x-1}{x+1} y = [(1+x)(c+x)^9]^{\frac{1}{2}}(2+x)^4$,求 y'.

3.5 一元函数高阶导数

3.5.1 一元函数高阶导数公式

变速直线运动的速度 $v(t)$ 是位置函数 $s(t)$ 对时间 t 的导数:

$$v = \dfrac{ds}{dt} \text{ 或 } v = s',$$

而加速度 a 又是速度 v 对时间 t 的变化率,即速度 v 对时间 t 的导数:

$$a = \dfrac{dv}{dt} = \dfrac{d}{dt}\left(\dfrac{ds}{dt}\right) \text{ 或 } a = (s')'.$$

这种导数的导数 $\dfrac{d}{dt}\left(\dfrac{ds}{dt}\right)$ 或 $(s')'$ 叫作 s 对 t 的二阶导数,记作

$$\frac{d^2s}{dt^2} \text{或} s''(t).$$

所以,直线运动的加速度就是位置函数 s 对时间 t 的二阶导数.

一般地,函数 $y=f(x)$ 的导数 $y'=f'(x)$ 仍然是 x 的函数. 我们称 $y'=f'(x)$ 的导数叫作函数 $y=f(x)$ 的二阶导数,记作 y'' 或 $\frac{d^2y}{dx^2}$,即

$$y'' = (y')' \text{ 或 } \frac{d^2y}{dx^2} = \frac{d}{dx}\left(\frac{dy}{dx}\right).$$

类似地,再求导数 y'''(如果存在),称它为 $y=f(x)$ 的三阶导数. 一般地,$n-1$ 阶导数的导数叫作函数 $y=f(x)$ 的 n 阶导数,分别记作

$$y''', y^{(4)}, \cdots, y^{(n)}$$

或

$$\frac{d^3y}{dx^3}, \frac{d^4y}{dx^4}, \cdots, \frac{d^ny}{dx^n}.$$

函数 $y=f(x)$ 具有 n 阶导数,也常说成函数 $f(x)$ 为 n 阶可导. 如果函数 $f(x)$ 在点 x 处具有 n 阶导数,那么 $f(x)$ 在点 x 的某一邻域内必定具有一切低于 n 阶的导数. 二阶及二阶以上的导数统称高阶导数.

由此可见,求高阶导数就是按前面学过的求导法则多次接连地求导数,若需要求函数的高阶导数公式,则需要在逐次求导过程中,善于寻求它的某种规律.

例1 求对数函数 $\ln(1+x)$ 的 n 阶导数.

解 $y=\ln(1+x)$,$y'=\dfrac{1}{1+x}$,$y''=-\dfrac{1}{(1+x)^2}$,$y'''=\dfrac{1\cdot 2}{(1+x)^3}$,$y^{(4)}=-\dfrac{1\cdot 2\cdot 3}{(1+x)^4}$,

$$y^{(n)} = (-1)^{n-1}\frac{(n-1)!}{(1+x)^n},$$

一般地,可得

$$[\ln(1+x)]^{(n)} = (-1)^{n-1}\frac{(n-1)!}{(1+x)^n}.$$

通常规定 $0!=1$,所以这个公式当 $n=1$ 时也成立.

3.5.2 高阶导数举例

例2 求幂函数的 n 阶导数公式.

解 设 $y=x^\mu$(μ 是任意常数),那么

$$y' = \mu x^{\mu-1},$$
$$y'' = \mu(\mu-1)x^{\mu-2},$$
$$y''' = \mu(\mu-1)(\mu-2)x^{\mu-3},$$
$$y^{(4)} = \mu(\mu-1)(\mu-2)(\mu-3)x^{\mu-4},$$

一般地,可得
$$y^{(n)} = \mu(\mu-1)(\mu-2)\cdots(\mu-n+1)x^{\mu-n},$$
即
$$(x^\mu)^{(n)} = \mu(\mu-1)(\mu-2)\cdots(\mu-n+1)x^{\mu-n}.$$
当 $\mu = n$ 时,得到
$$(x^n)^{(n)} = n(n-1)(n-2)\cdots 3 \cdot 2 \cdot 1 = n!.$$
而
$$(x^n)^{(n+1)} = 0.$$

如果函数 $u = u(x)$ 及 $v = v(x)$ 都在点 x 处有 n 阶导数,那么显然 $u(x) + v(x)$ 及 $u(x) - v(x)$ 也在点 x 处具有 n 阶导数,且
$$(u \pm v)^{(n)} = u^{(n)} \pm v^{(n)}.$$
但乘积 $u(x) \cdot v(x)$ 的 n 阶导数并不简单,由
$$(uv)' = u'v + uv'$$
首先得出
$$(uv)'' = u''v + 2u'v' + uv'',$$
$$(uv)''' = u'''v + 3u''v' + 3u'u'' + uv'''.$$
用数学归纳法可以证明:
$$(uv)^{(n)} = u^{(n)}v + nu^{(n-1)}v' + \frac{n(n-1)}{2!}u^{(n-2)}v'' + \cdots +$$
$$\frac{n(n-1)\cdots(n-k+1)}{k!}u^{(n-k)}v^{(k)} + \cdots + uv^{(n)}.$$
上式称为莱布尼茨(Leibniz)公式. 这公式可以这样记忆:把 $(u+v)^{(n)}$ 按二项式定理展开写成
$$(u+v)^n = u^n v^0 + nu^{n-1}v^1 + \frac{n(n-1)}{2!}u^{n-2}v^2 + \cdots + u^0 v^n,$$
即
$$(u+v)^n = \sum_{k=0}^{n} C_n^k u^{n-k} v^k,$$
然后把 k 次幂替换成 k 阶导数,这样就得到莱布尼茨公式
$$(uv)^{(n)} = \sum_{k=0}^{\infty} C_n^k u^{(n-k)} v^{(k)}.$$

例3 $y = x^4 e^{3x}$,求 $y^{(30)}$.

解 设 $u = e^{3x}, v = x^4$,则
$$u^{(k)} = 3^k e^{3x} \, (k = 1, 2, \cdots, 30),$$
$$v' = 4x^3, v'' = 12x^2, v''' = 24x, v^{(4)} = 24, v^{(k)} = 0 \, (k = 5, 6, \cdots, 30),$$

代入莱布尼茨公式,得

$$y^{(30)} = (x^4 e^{3x})^{(30)}$$
$$= 3^{30} e^{3x} \cdot x^4 + 30 \cdot 3^{29} e^{3x} \cdot 4x^3 + \frac{30 \cdot 29}{2!} 3^{28} e^{3x} \cdot 12x^2 + \frac{30 \cdot 29 \cdot 28}{3!} 3^{27} e^{3x} \cdot 24x +$$
$$\frac{30 \cdot 29 \cdot 28 \cdot 27}{4!} 3^{26} e^{3x} \cdot 24$$
$$= 3^{28} e^{3x} (9x^4 + 360x^3 + 5220x^2 + 32480x + 73080).$$

习题 3-5

1. 求下列函数的二阶导数:

(1) $y = 2x^2 - \ln 2x$;

(2) $y = 2e^{2x-3}$;

(3) $y = x\sin x$;

(4) $y = e^t \sin t$;

(5) $y = \sqrt{a^2 + x^2}$;

(6) $y = \ln(1 + x^{-2})$;

(7) $y = \tan x^2$;

(8) $y = \dfrac{2x}{x^3 + 1}$;

(9) $y = \dfrac{e^x}{x^2}$.

2. 设 $f(x) = (x+6)^5$, 求 $f'''(2)$.

3. 设 $f'(x)$ 存在, 求下列函数的二阶导数 $\dfrac{d^2 y}{dx^2}$:

(1) $y = f(x^2)$;

(2) $y = \ln[f(x)]$.

4. 验证函数 $y = e^x \sin x$ 满足关系式
$$y'' - 2y' + 2y = 0.$$

5. 求下列函数所指定的阶的导数:

(1) $y = e^{2x} \cos x$, 求 $y^{(4)}$;

(2) $y = x^3 \cos 2x$, 求 $y^{(50)}$.

6. 求下列函数的 n 阶导数的一般表达式:

(1) $y = x^n + a_1 x^{n-1} + a_2 x^{n-2} + \cdots + a_{n-1} x + a_n$ ($a_1, a_2, \cdots, a_n$ 都是常数);

(2) $y = \sin^2 x$;

(3) $y = x\ln x$;

(4) $y = xe^x$.

7. 设 $f'(0) = 1, f''(0) = 0$, 证明: 在 $x = 0$ 处, 有 $\dfrac{d^2}{dx^2} f(x^2) = \dfrac{d^2}{dx^2} f^2(x)$.

8. 求函数 $y=\ln(1-2x)$ 在 $x=0$ 处的 n 阶导数 $y^{(n)}(0)$.

9. 设 $f(x)=\begin{cases} x^{3x}, & x>0, \\ x+1, & x\leq 0, \end{cases}$ 求 $f''(x)$.

10. 已知函数 $f(x)=\dfrac{x^2}{1-x^2}$, 求 $f^{(n)}(x)$.

11. 求 $y=x\ln x$ 的 n 阶导数, n 为大于 1 的正整数.

12. 设 $f(x)=(x-1)^5 \mathrm{e}^{-x}$, 求 $f^{(10)}(1)$.

3.6 隐函数与参数方程形式的函数求导及其应用

3.6.1 隐函数求导及其应用

函数 $y=f(x)$ 表示两个变量 y 与 x 之间的对应关系,这种对应关系可以用各种不同方式表达. 前面我们遇到的函数,例如 $y=\sin x, y=\ln x+\sqrt{1-x^2}$ 等,这种函数表达方式的特点是,等号左端是因变量的符号,而右端是含有自变量的式子,当自变量取定义域内任一值时,由这个式子能确定对应的函数值. 用这种方式表达的函数叫作显函数. 有些函数的表达方式却不是这样,例如,方程

$$x+y^3-1=0$$

表示一个函数,因为当变量 x 在 $(-\infty, +\infty)$ 内取值时,变量 y 有确定的值与之对应. 例如,当 $x=0$ 时, $y=1$; 当 $x=-1$ 时, $y=\sqrt[3]{2}$, 等等. 这样的函数称为隐函数.

一般地,如果变量 x 和 y 满足一个方程 $F(x,y)=0$, 在一定条件下,当 x 取某区间内的任一值时,相应地总有满足这方程的唯一的 y 值存在,那么就说方程 $F(x,y)=0$ 在该区间内确定了一个隐函数.

把一个隐函数化成显函数,叫作隐函数的显化. 例如从方程 $x+y^3-1=0$ 解出 $y=\sqrt[3]{1-x}$, 就把隐函数化成了显函数. 隐函数的显化有时是有困难的,甚至是不可能的. 但在实际问题中,有时需要计算隐函数的导数,因此,我们希望有一种方法,不管隐函数能否显化,都能直接由方程算出它所确定的隐函数的导数来. 下面通过具体例子来说明这种方法.

例 1 求由方程 $y^4+2y^2-3y-x-4x^5=0$ 所确定的隐函数在 $x=0$ 处的导数 $\dfrac{\mathrm{d}y}{\mathrm{d}x}\bigg|_{x=0}$.

解 把方程两边分别对 x 求导,由于方程两边的导数相等,所以

$$4y^3 \frac{dy}{dx} + 4y \frac{dy}{dx} - 3 \frac{dy}{dx} - 1 - 20x^4 = 0.$$

由此得

$$\frac{dy}{dx} = \frac{1 + 20x^4}{4y^3 + 4y - 3}.$$

因为当 $x = 0$ 时,从原方程得 $y = 0$,所以

$$\left.\frac{dy}{dx}\right|_{x=0} = -\frac{1}{3}.$$

例2 求双曲线 $\frac{x^2}{4} - \frac{y^2}{2} = 1$ 在点 $(2\sqrt{2}, \sqrt{2})$ 处的切线方程.

解 由导数的几何意义知道,所求切线的斜率为

$$k = \left.\frac{dy}{dx}\right|_{x=2\sqrt{2}},$$

双曲线方程的两边分别对 x 求导,有

$$\frac{x}{2} - y \cdot \frac{dy}{dx} = 0,$$

从而

$$\frac{dy}{dx} = \frac{x}{2y},$$

将 $x = 2\sqrt{2}, y = \sqrt{2}$,代入上式得

$$\left.\frac{dy}{dx}\right|_{x=2\sqrt{2}} = 1.$$

于是所求的切线方程为

$$y - \sqrt{2} = x - 2\sqrt{2}.$$

3.6.2 参数方程形式的函数求导及其应用

研究物体运动的轨迹时,常遇到参数方程. 例如,研究抛射体的运动问题时,如果空气阻力忽略不计,那么抛射体的运动轨迹可表示为

$$\begin{cases} x = v_1 t, \\ y = v_2 t - \frac{1}{2} g t^2, \end{cases}$$

其中 v_1、v_2 分别是抛射体初速度的水平分量和垂直分量,g 是重力加速度,t 是飞行时间,x 和 y 分别是飞行中抛射体在铅直平面上的位置的横坐标和纵坐标. 在上式中,x、y 都与 t 存在函数关系. 如果把对应于同一个 t 值的 y 与 x 的值看作是对应的,那么这样就得到 y 与 x 之间的函数关系. 消去式中的参数 t,有相关变化率

$$y = \frac{v_2}{v_1}x - \frac{g}{2v_1^2}x^2.$$

这是因变量 y 与自变量 x 直接联系的式子,也是由参数方程所确定的函数的显式表示.

一般地,若参数方程

$$\begin{cases} x = \varphi(t), \\ y = \psi(t), \end{cases}$$

确定 y 与 x 间的函数关系,则称此函数关系所表达的函数为由参数方程所确定的函数.

在实际问题中,需要计算由参数方程所确定的函数的导数.但从中消去参数 t 有时会有困难.因此,我们希望有一种方法能直接由参数方程算出它所确定的函数的导数.下面就来讨论由参数方程所确定的函数的求导方法.

在上述参数方程中,如果函数 $x = \varphi(t)$ 具有单调连续反函数 $t = \varphi^{-1}(x)$,且此反函数能与函数 $y = \psi(t)$ 构成复合函数,那么由参数方程所确定的函数可以看成是由函数 $y = \psi(t)$ 与 $t = \varphi^{-1}(x)$ 复合而成的函数 $y = \psi[\varphi^{-1}(x)]$. 现在,要计算这个复合函数的导数. 为此再假定函数 $x = \varphi(t)$、$y = \psi(t)$ 都可导,而且 $\varphi'(t) \neq 0$. 于是根据复合函数的求导法则与反函数的求导法则,就有

$$\frac{dy}{dx} = \frac{dy}{dt} \cdot \frac{dt}{dx} = \frac{dy}{dt} \cdot \frac{1}{\frac{dx}{dt}} = \frac{\psi'(t)}{\varphi'(t)},$$

即

$$\frac{dy}{dx} = \frac{\psi'(t)}{\varphi'(t)},$$

上式也可写成

$$\frac{dy}{dx} = \frac{\dfrac{dy}{dt}}{\dfrac{dx}{dt}},$$

这就是由参数方程所确定的 x 的函数的导数公式.

如果 $x = \varphi(t)$、$y = \psi(t)$ 还是二阶可导的,那么又可得到函数的二阶导数公式

$$\frac{d^2y}{dx^2} = \frac{d}{dx}\left(\frac{dy}{dx}\right) = \frac{d}{dt}\left[\frac{\psi'(t)}{\varphi'(t)}\right] \cdot \frac{dt}{dx} = \frac{\psi''(t)\varphi'(t) - \psi'(t)\varphi''(t)}{\varphi'^2(t)} \cdot \frac{1}{\varphi'(t)},$$

即

$$\frac{d^2y}{dx^2} = \frac{\psi''(t)\varphi'(t) - \psi'(t)\varphi''(t)}{\varphi'^3(t)}.$$

例3 已知椭圆的参数方程为
$$\begin{cases} x = a\cos t, \\ y = b\sin t, \end{cases}$$
求椭圆在 $t = \dfrac{\pi}{4}$ 相应的点处的切线方程.

解 如图 3-1 所示,当 $t = \dfrac{\pi}{4}$ 时,椭圆上的相应点 M_0 的坐标是
$$x_0 = a\cos\frac{\pi}{4} = \frac{\sqrt{2}a}{2},$$
$$y_0 = b\sin\frac{\pi}{4} = \frac{\sqrt{2}b}{2}.$$

曲线在点 M_0 处的切线斜率为
$$\frac{\mathrm{d}y}{\mathrm{d}x}\bigg|_{t=\frac{\pi}{4}} = \frac{(b\sin t)'}{(a\cos t)'}\bigg|_{t=\frac{\pi}{4}} = \frac{b\cos t}{-a\sin t}\bigg|_{t=\frac{\pi}{4}} = -\frac{b}{a}.$$

代入点斜式方程,即得椭圆在点 M_0 处的切线方程
$$y - \frac{\sqrt{2}b}{2} = -\frac{b}{a}\left(x - \frac{\sqrt{2}a}{2}\right).$$

化简后得
$$bx + ay - \sqrt{2}ab = 0.$$

图 3-1

例4 已知抛射体的运动轨迹的参数方程为
$$\begin{cases} x = v_1 t, \\ y = v_2 t - \dfrac{1}{2}gt^2, \end{cases}$$
求抛射体在时刻 t 的运动速度的大小和方向.

解 先求速度的大小. 由于速度的水平分量为
$$\frac{\mathrm{d}x}{\mathrm{d}t} = v_1,$$
垂直分量为
$$\frac{\mathrm{d}y}{\mathrm{d}t} = v_2 - gt,$$
所以抛射体运动速度的大小为
$$v = \sqrt{\left(\frac{\mathrm{d}x}{\mathrm{d}t}\right)^2 + \left(\frac{\mathrm{d}y}{\mathrm{d}t}\right)^2} = \sqrt{v_1^2 + (v_2 - gt)^2}.$$

再求速度的方向,也就是轨迹的切线方向.

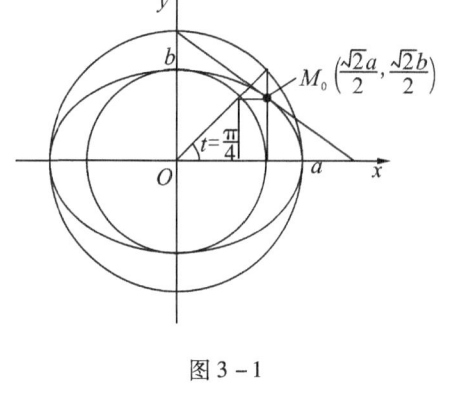

设 α 是切线的倾角,则根据导数的几何意义,得

$$\tan \alpha = \frac{dy}{dx} = \frac{\dfrac{dy}{dt}}{\dfrac{dx}{dt}} = \frac{v_2 - gt}{v_1}.$$

在抛射体刚射出(即 $t = 0$)时,

$$\tan \alpha \big|_{t=0} = \frac{dy}{dx}\bigg|_{t=0} = \frac{v_2}{v_1};$$

当 $t = \dfrac{v_2}{g}$ 时,

$$\tan \alpha \big|_{t=\frac{v_2}{g}} = \frac{dy}{dx}\bigg|_{t=\frac{v_2}{g}} = 0,$$

这时,运动方向是水平的,即抛射体达到最高点.

3.6.3 相关变化率

设 $x = x(t)$ 及 $y = y(t)$ 都是可导函数,而变量 x 与 y 间存在某种关系,从而变化率 $\dfrac{dx}{dt}$ 与 $\dfrac{dy}{dt}$ 间也存在一定关系. 这两个相互依赖的变化率称为相关变化率. 相关变化率问题就是研究这两个变化率之间的关系,以便从其中一个变化率求出另一个变化率.

例5 一气球从离观察员 500 m 处地面铅直上升,其速率为 140 m/min. 当气球高度为 500 m 时,求此时观察员视线的仰角增加的速率是多少?

解 设气球上升 t 秒后,其高度为 h,观察员视线的仰角为 α,则

$$\tan \alpha = \frac{h}{500},$$

其中 α 及 h 都与 t 存在可导的函数关系. 上式两边对 t 求导,得

$$\sec^2 \alpha \cdot \frac{d\alpha}{dt} = \frac{1}{500} \cdot \frac{dh}{dt}.$$

由已知条件,存在 t_0,使 $h\big|_{t=t_0} = 500$ m,$\dfrac{dh}{dt}\bigg|_{t=t_0} = 140$ m/min,又 $\tan \alpha \big|_{t=t_0} = 1$,$\sec^2 \alpha \big|_{t=t_0} = 2$. 代入上式得

$$2 \frac{d\alpha}{dt}\bigg|_{t=t_0} = \frac{1}{500} \cdot 140,$$

所以

$$\frac{d\alpha}{dt}\bigg|_{t=t_0} = \frac{70}{500} = 0.14 \ (\text{rad/min}),$$

即此时观察员视线的仰角增加的速率是 0.14 rad/min.

习题 3-6

1. 求由下列方程所确定的隐函数的导数 $\dfrac{dy}{dx}$：

   (1) $3y^2 - 2x^2 y + 9 = 0$； (2) $x^4 + 2y^3 - 3axy = 0$；

   (3) $x^2 y = e^{3y}$； (4) $y = 1 - xe^x$.

2. 求由下列方程所确定的隐函数的导数 $\dfrac{d^2 y}{dx^2}$：

   (1) $x^2 + y^2 = 1$； (2) $b^2 x^3 + a^2 y^2 = 2a^2 b^2$；

   (3) $y = \tan(x - y)$； (4) $y = 1 + xe^{2x}$.

3. 用对数求导法求下列函数的导数：

   (1) $y = \left(\dfrac{x}{1-x}\right)^{2x}$； (2) $y = \dfrac{\sqrt{x+2}\,(3+x)^4}{(x+1)^6}$；

   (3) $y = \sqrt{x\cos x\,\sqrt{1+e^x}}$.

4. 求由下列参数方程所确定的函数的导数 $\dfrac{dy}{dx}$：

   (1) $\begin{cases} x = at^3, \\ y = bt^2; \end{cases}$ (2) $\begin{cases} x = \theta(1 + \sin\theta), \\ y = \theta^2 \cos\theta. \end{cases}$

5. 已知 $\begin{cases} x = e^t \sin t, \\ y = e^t \cos t, \end{cases}$ 求当 $t = \dfrac{\pi}{3}$ 时 $\dfrac{dy}{dx}$ 的值.

6. 写出下列曲线在所给参数值相应的点处的切线方程和法线方程：

   (1) $\begin{cases} x = \sin t^2, \\ y = \cos 2t, \end{cases}$ 在 $t = \dfrac{\pi}{4}$ 处； (2) $\begin{cases} x = \dfrac{3at}{1-t^2}, \\ y = \dfrac{3at^2}{1-t^2}, \end{cases}$ 在 $t = 2$ 处.

7. 求由下列参数方程所确定的函数的二阶导数 $\dfrac{d^2 y}{dx^2}$：

   (1) $\begin{cases} x = \dfrac{t^2}{2}, \\ y = 1 - 3t; \end{cases}$ (2) $\begin{cases} x = 3e^{-2t}, \\ y = 2e^t; \end{cases}$ (3) $\begin{cases} x = a\cos t, \\ y = b\sin t; \end{cases}$

   (4) $\begin{cases} x = f'(t), \\ y = tf'(t) - f(t), \end{cases}$ 设 $f''(t)$ 存在且不为零.

8. 求由下列参数方程所确定的函数的三阶导数 $\dfrac{d^3y}{dx^3}$：

(1) $\begin{cases} x = 1 - 2t^2, \\ y = 3t - t^4; \end{cases}$ (2) $\begin{cases} x = \ln(1 - t^2), \\ y = t + \arctan t. \end{cases}$

9. 设函数 $y = y(x)$ 由 $\begin{cases} x^x + tx - t^2 = 0, \\ \arctan(ty) = \ln(1 + t^2 y^2) \end{cases}$ 确定，求 $\dfrac{dy}{dx}$.

10. 已知曲线的极坐标方程是 $r = 1 - \cos\theta$，求该曲线上对应于 $\theta = \dfrac{\pi}{6}$ 处的切线与法线的直角坐标方程.

11. 设函数 $y = f(x)$ 由方程 $e^{2x+y} - \cos xy = e - 1$ 所确定，求曲线 $y = f(x)$ 在点 $(0,1)$ 处的法线方程.

3.7 一元函数的微分

3.7.1 一元函数微分的定义与几何意义

1. 微分的定义

先分析一个具体问题. 如图 3-2 所示，一块正方形金属薄片受温度变化的影响，其边长由 x_0 变到 $x_0 + \Delta x$，问此薄片的面积改变了多少？设此薄片的边长为 x，面积为 A，则 A 与 x 存在函数关系：$A = x^2$. 薄片受温度变化的影响时面积的改变量可以看成是当自变量 x 自 x_0 取得增量 Δx 时，函数 $A = x^2$ 相应的增量 ΔA，即

$$\Delta A = (x_0 + \Delta x)^2 - x_0^2 = 2x_0 \Delta x + (\Delta x)^2.$$

从上式可以看出，ΔA 分为两部分，第一部分 $2x_0 \Delta x$ 是 Δx 的线性函数，即图中带有斜线的两个矩形面积之和，而第二部分 $(\Delta x)^2$ 是图中带有交叉斜线的小正方形的面积. 当 $\Delta x \to 0$ 时，第二部分 $(\Delta x)^2$ 是比 Δx 高阶的无穷小，即 $(\Delta x)^2 = o(\Delta x)$. 由此可见，如果边长改变很微小，即 $|\Delta x|$ 很小时，面积的改变量 ΔA 可近似地用第一部分来代替.

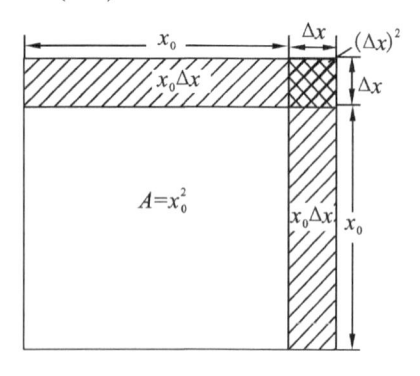

图 3-2

一般地，如果函数 $y = f(x)$ 满足一定条件，那么增量 Δy 可表示为

$$\Delta y = A\Delta x + o(\Delta x),$$

其中 A 是不依赖于 Δx 的常数,因此 $A\Delta x$ 是 Δx 的线性函数,且 Δx 与它的差

$$\Delta y - A\Delta x = o(\Delta x)$$

是比 Δx 高阶的无穷小. 所以,当 $A \neq 0$,且 $|\Delta x|$ 很小时,我们就可以用 Δx 的线性函数 $A\Delta x$ 来近似代替 Δy.

定义 设函数 $y = f(x)$ 在某区间内有定义,x_0 及 $x_0 + \Delta x$ 在这区间内,如果函数的增量

$$\Delta y = f(x_0 + \Delta x) - f(x_0)$$

可表示为

$$\Delta y = A\Delta x + o(\Delta x),$$

其中 A 是不依赖于 Δx 的常数,那么称函数 $y = f(x)$ 在点 x_0 处是可微的,而 $A\Delta x$ 叫作函数 $y = f(x)$ 在点 x_0 处相应于自变量增量 Δx 的微分,记作 $\mathrm{d}y$,即

$$\mathrm{d}y = A\Delta x.$$

下面讨论函数可微的条件.

设函数 $y = f(x)$ 在点 x_0 处可微,则按定义有 $\Delta y = A\Delta x + o(\Delta x)$ 成立,两边除以 Δx,得

$$\frac{\Delta y}{\Delta x} = A + \frac{o(\Delta x)}{\Delta x}.$$

于是,当 $\Delta x \to 0$ 时,由上式就得到

$$A = \lim_{\Delta x \to 0} \frac{\Delta y}{\Delta x} = f'(x_0).$$

因此,如果函数 $f(x)$ 在点 x_0 处可微,那么 $f(x)$ 在点 x_0 处也一定可导[即 $f'(x_0)$ 存在],且 $A = f'(x_0)$.

反之,如果 $y = f(x)$ 在点 x_0 处可导,即

$$\lim_{\Delta x \to 0} \frac{\Delta y}{\Delta x} = f'(x_0)$$

存在,根据极限与无穷小的关系,上式可写成

$$\frac{\Delta y}{\Delta x} = f'(x_0) + \alpha,$$

其中 $\alpha \to 0$(当 $\Delta x \to 0$). 由此又有

$$\Delta y = f'(x_0)\Delta x + \alpha \Delta x.$$

因 $\alpha \Delta x = o(\Delta x)$,且 $f'(x_0)$ 不依赖于 Δx,故上式相当于微分定义式,所以 $f(x)$ 在点 x_0 处也是可微的.

由此可见,函数 $f(x)$ 在点 x_0 处可微的充分必要条件是函数 $f(x)$ 在点 x_0 处可导,

且当 $f(x)$ 在点 x_0 处可微时,其微分一定是
$$dy = f'(x_0)\Delta x.$$

当 $f'(x_0) \neq 0$ 时,有
$$\lim_{\Delta x \to 0}\frac{\Delta y}{dy} = \lim_{\Delta x \to 0}\frac{\Delta y}{f'(x_0)\Delta x} = \frac{1}{f'(x_0)}\lim_{\Delta x \to 0}\frac{\Delta y}{\Delta x} = 1.$$

从而,当 $\Delta x \to 0$ 时,Δy 与 dy 是等价无穷小,这时有
$$\Delta y = dy + o(dy),$$

即 dy 是 Δy 的主部. 又由于 $dy = f'(x_0)\Delta x$ 是 Δx 的线性函数,所以在 $f'(x_0) \neq 0$ 的条件下,我们说 dy 是 Δy 的线性主部(当 $\Delta x \to 0$). 于是我们得到结论:在 $f'(x_0) \neq 0$ 的条件下,以微分 $dy = f'(x_0)\Delta x$ 近似代替增量
$$\Delta y = f(x_0 + \Delta x) - f(x_0)$$

时,其误差为 $o(dy)$. 因此,在 $|\Delta x|$ 很小时,有近似等式
$$\Delta y \approx dy.$$

例 1 求函数 $y = \dfrac{3}{x^2}$ 在 $x = \dfrac{1}{2}$ 和 $x = 2$ 处的微分.

解 函数 $y = \dfrac{3}{x^2}$ 在 $x = \dfrac{1}{2}$ 处的微分为
$$dy = \left(\frac{3}{x^2}\right)'\bigg|_{x=\frac{1}{2}}\Delta x = -48\Delta x,$$

在 $x = 3$ 处的微分为
$$dy = \left(\frac{3}{x^2}\right)'\bigg|_{x=3}\Delta x = -\frac{6}{27}\Delta x = -\frac{2}{9}\Delta x.$$

函数 $y = f(x)$ 在任意点 x 处的微分,称为函数的微分,记作 dy 或 $df(x)$,即 $dy = f'(x)\Delta x$.

函数 $y = \sin x$ 的微分为
$$dy = (\sin x)'\Delta x = \cos x \Delta x,$$

函数 $y = a^x (a > 0, a \neq 1)$ 的微分为
$$dy = (a^x)'\Delta x = a^x \ln x \Delta x.$$

显然,函数的微分 $dy = f'(x)\Delta x$ 与 x 和 Δx 有关.

例 2 求函数 $y = 2x^4$ 当 $x = 2, \Delta x = 0.02$ 时的微分.

解 先求函数在任意点 x 的微分
$$dy = (2x^4)'\Delta x = 8x^3\Delta x.$$

再求函数当 $x = 2, \Delta x = 0.02$ 时的微分

$$\mathrm{d}y\Big|_{\substack{x=2\\ \Delta x=0.02}} = 8 \cdot 2^3 \cdot 0.02 = 1.28.$$

通常把自变量 x 的增量 Δx 称为自变量的微分,记作 $\mathrm{d}x$,即 $\mathrm{d}x = \Delta x$. 于是函数 $y = f(x)$ 的微分又可记作

$$\mathrm{d}y = f'(x)\mathrm{d}x,$$

从而有

$$\frac{\mathrm{d}y}{\mathrm{d}x} = f'(x).$$

这就是说,函数的微分 $\mathrm{d}y$ 与自变量的微分 $\mathrm{d}x$ 之商等于该函数的导数. 因此,导数也叫作"微商".

2. 微分的几何意义

为了对微分有比较直观的了解,我们来说明微分的几何意义.

在直角坐标系中,函数 $y = f(x)$ 的图形是一条曲线. 对于某一固定的 x_0,曲线上有一个确定点 $M(x_0, y_0)$,当自变量 x 有微小增量 Δx 时,就得到曲线上另一点 $N(x_0 + \Delta x, y_0 + \Delta y)$. 从图 3-3 可知:

$$MQ = \Delta x,$$
$$QN = \Delta y.$$

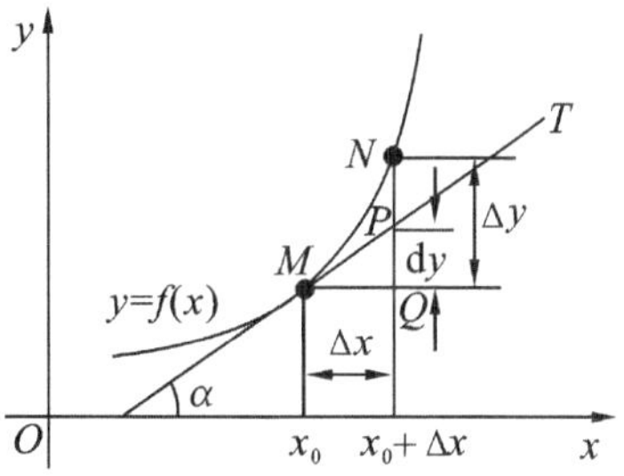

过点 M 作曲线的切线 MT,它的倾角为 α,则

$$\mathrm{d}y = QP.$$

图 3-3

由此可见,对于可微函数 $y = f(x)$ 而言,当 Δy 是曲线 $y = f(x)$ 上的点的纵坐标的增量时,$\mathrm{d}y$ 就是曲线的切线上点的纵坐标的相应增量. 当 $|\Delta x|$ 很小时,$|\Delta y - \mathrm{d}y|$ 比 $|\Delta x|$ 小得多. 因此在点 M 的邻近,我们可以用切线段来近似代替曲线段. 在局部范围内用线性函数近似代替非线性函数,在几何上就是局部用切线段近似代替曲线段,这在数学上称为非线性函数的局部线性化,这是微分学的基本思想方法之一. 这种思想方法在自然科学和工程问题的研究中是经常采用的.

3.7.2 一元函数的微分公式与运算法则

1. 一元函数的微分公式

从函数的微分表达式

$$\mathrm{d}y = f'(x)\mathrm{d}x$$

可以看出,要计算函数的微分,只需计算函数的导数,再乘自变量的微分. 因此,可得如下的微分公式和微分运算法则.

由基本初等函数的导数公式,可以直接写出基本初等函数的微分公式. 为了便于

对照,列表于下(表3-1).

表3-1 基本初等函数的导数公式与微分公式

导数公式	微分公式
$(x^\mu)' = \mu x^{\mu-1}$	$d(x^\mu) = \mu x^{\mu-1} dx$
$(\sin x)' = \cos x$	$d(\sin x) = \cos x dx$
$(\cos x)' = -\sin x$	$d(\cos x) = -\sin x dx$
$(\tan x)' = \sec^2 x$	$d(\tan x) = \sec^2 x dx$
$(\cot x)' = -\csc^2 x$	$d(\cot x) = -\csc^2 x dx$
$(\sec x)' = \sec x \tan x$	$d(\sec x) = \sec x \tan x dx$
$(\csc x)' = -\csc x \cot x$	$d(\csc x) = -\csc x \cot x dx$
$(a^x)' = a^x \ln a (a>0 \text{且} a \neq 1)$	$d(a^x) = a^x \ln a dx (a>0 \text{且} a \neq 1)$
$(e^x)' = e^x$	$d(e^x) = e^x dx$
$(\log_a x)' = \dfrac{1}{x \ln a}(a>0 \text{且} a \neq 1)$	$d(\log_a x) = \dfrac{1}{x \ln a} dx (a>0 \text{且} a \neq 1)$
$(\ln x)' = \dfrac{1}{x}$	$d(\ln x) = \dfrac{1}{x} dx$
$(\arcsin x)' = \dfrac{1}{\sqrt{1-x^2}}$	$d(\arcsin x) = \dfrac{1}{\sqrt{1-x^2}} dx$
$(\arccos x)' = -\dfrac{1}{\sqrt{1-x^2}}$	$d(\arccos x) = -\dfrac{1}{\sqrt{1-x^2}} dx$
$(\arctan x)' = \dfrac{1}{1+x^2}$	$d(\arctan x) = \dfrac{1}{1+x^2} dx$
$(\operatorname{arccot} x)' = -\dfrac{1}{1+x^2}$	$d(\operatorname{arccot} x) = -\dfrac{1}{1+x^2} dx$

2. 一元函数微分运算法则

(1)函数和、差、积、商的微分法则.

由函数和、差、积、商的求导法则,可推得相应的微分法则. 为了便于对照,列表于下[表3-2,表中$u=u(x)$、$v=v(x)$都可导].

表3-2 函数和、差、积、商的求导法则和微分法则

函数和、差、积、商的求导法则	函数和、差、积、商的微分法则
$(u \pm v)' = u' \pm v'$	$d(u \pm v) = du \pm dv$
$(Cu)' = Cu'$	$d(Cu) = Cdu$
$(uv)' = u'v + uv'$	$d(uv) = vdu + udv$
$\left(\dfrac{u}{v}\right)' = \dfrac{u'v - uv'}{v^2}(v \neq 0)$	$d\left(\dfrac{u}{v}\right) = \dfrac{vdu - udv}{v^2}(v \neq 0)$

现在我们以乘积的微分法则为例加以证明.

根据函数的微分表达式,有
$$d(uv) = (uv)'dx,$$
再根据乘积的求导法则,有
$$(uv)' = u'v + uv'.$$
于是
$$d(uv) = (u'v + uv')dx = u'vdx + uv'dx.$$
由于
$$u'dx = du, v'dx = dv,$$
所以
$$d(uv) = vdu + udv.$$

其他法则都可以用类似方法证明.

(2) 复合函数的微分法则.

与复合函数的求导法则相应的复合函数的微分法则可推导如下:

设 $y = f(u)$ 及 $u = g(x)$ 都可导,则复合函数 $y = f[g(x)]$ 的微分为
$$dy = y'_x dx = f'(u)g'(x)dx.$$
由于 $g'(x)dx = du$,所以,复合函数 $y = f[g(x)]$ 的微分公式也可以写成
$$dy = f'(u)du \text{ 或 } dy = y'_x du.$$

由此可见,无论 u 是自变量还是中间变量,微分形式 $dy = f'(u)du$ 保持不变,这一性质称为微分形式不变性. 这一性质表示,当变换自变量时,微分形式 $dy = f'(u)du$ 并不改变.

例 3 $y = \cos x^2$,求 dy.

解 把 x^2 看成中间变量 u,则
$$dy = d(\cos u) = -\sin u du = -\sin x^2 dx^2$$
$$= -\sin x^2 2xdx = -2x\sin x^2 dx.$$

例 4 $y = \ln(x^2 + 2x)$,求 dy.

解 $dy = d[\ln(x^2 + 2x)] = \dfrac{1}{x^2 + 2x}d(x^2 + 2x) = \dfrac{2x+2}{x^2+2x}dx.$

3.7.3 一元函数微分的应用

1. 微分在近似计算中的应用

(1) 函数的近似计算.

在工程问题中,经常会有一些复杂的计算公式. 如果直接用这些公式进行计算,

那是很费力的. 利用微分往往可以把一些复杂的计算公式用简单的近似公式来代替.

前面说过, 如果 $y=f(x)$ 在点 x_0 处的导数 $f'(x_0) \neq 0$, 且 $|\Delta x|$ 很小时, 我们有 $\Delta y \approx \mathrm{d}y = f'(x_0)\Delta x$. 这个式子也可以写为

$$\Delta y = f(x_0 + \Delta x) - f(x_0) \approx f'(x_0)\Delta x, \tag{1}$$

或

$$f(x_0 + \Delta x) \approx f(x_0) + f'(x_0)\Delta x. \tag{2}$$

令 $x = x_0 + \Delta x$, 即 $\Delta x = x - x_0$, 那么

$$f(x) \approx f(x_0) + f'(x_0)(x - x_0). \tag{3}$$

如果 $f(x_0)$ 与 $f'(x_0)$ 都容易计算, 那么可利用(1)式来近似计算 Δy, 利用(2)式来近似计算 $f(x_0 + \Delta x)$, 或利用(3)式来近似计算 $f(x)$. 这种近似计算的实质就是用 x 的线性函数 $f(x_0) + f'(x_0)(x - x_0)$ 来近似表达函数 $f(x)$. 从导数的几何意义可知, 这也就是用曲线 $y=f(x)$ 在点 $[x_0, f(x_0)]$ 处的切线来近似代替该曲线(就切点邻近部分来说).

例5 有一批半径为 $1\,\mathrm{cm}$ 的球, 为了提高球面的光洁度, 要镀上一层铜, 厚度定为 $0.01\,\mathrm{cm}$. 估计一下每只球需用铜多少克(铜的密度是 $8.9\,\mathrm{g/cm^3}$).

解 先求出镀层的体积, 再乘密度就得到每只球需用铜的质量.

因为镀层的体积等于两个球体体积之差, 所以它就是球体体积 $V = \dfrac{4}{3}\pi R^3$ 当 R 自 R_0 取得增量 ΔR 时的增量 ΔV. 我们求 V 对 R 的导数

$$V'|_{R=R_0} = \left(\dfrac{4}{3}\pi R^3\right)'\bigg|_{R=R_0} = 4\pi R_0^2,$$

得

$$\Delta V \approx 4\pi R_0^2 \Delta R.$$

将 $R_0 = 1$, $\Delta R = 0.01$ 代入上式, 得

$$\Delta V \approx 4 \times 3.14 \times 1^2 \times 0.01 \approx 0.13\,(\mathrm{cm^3}).$$

于是镀每只球需用的铜约为

$$0.13 \times 8.9 \approx 1.16\,(\mathrm{g}).$$

例6 下面来推导一些常用的近似公式. 为此, 在(3)式中取 $x_0 = 0$, 于是得

$$f(x) \approx f(0) + f'(0)x. \tag{4}$$

应用(4)式可以推得以下几个在工程上常用的近似公式(下面都假定 $|x|$ 是较小的数值):

(1) $(1+x)^\alpha \approx 1 + \alpha x\,(\alpha \in \mathbf{R})$;

(2) $\sin x \approx x$ (x 用弧度作单位来表达);

(3) $\tan x \approx x$ (x 用弧度作单位来表达);

(4) $e^x \approx 1+x$;

(5) $\ln(1+x) \approx x$.

证明 (1) 由 $(1+x)^\alpha - 1 \sim \alpha x (x \to 0)$ 得出这个近似公式. 在这里,我们利用微分证明. 取 $f(x) = (1+x)^\alpha$,那么 $f(0) = 1, f'(0) = \alpha(1+x)^{\alpha-1}|_{x=0} = \alpha$,代入(4)式便得

$$(1+x)^\alpha \approx 1 + \alpha x.$$

(2) 取 $f(x) = \sin x$,那么 $f(0) = 0, f'(0) = \cos x|_{x=0} = 1$,代入(4)式便得

$$\sin x \approx x.$$

其他几个近似公式可用类似方法证明,这里从略.

例7 计算 $\sqrt{1.005}$ 的近似值.

解
$$\sqrt{1.005} = \sqrt{1+0.005}.$$

这里 $x = 0.005$,其值较小,利用常用近似公式(1)中 $\alpha = \dfrac{1}{2}$ 的情形,便得

$$\sqrt{1+0.005} \approx 1 + \frac{1}{2} \cdot 0.005 = 1.0025.$$

如果直接开方 $\sqrt{1.005} = 1.00247$. 将两个结果比较一下,可知用 1.0025 作为 $\sqrt{1.005}$ 的近似值,其误差不超过 0.0001,足够精确. 如果开方次数更高,就更能体现利用微分进行近似计算的优越性.

2. 误差估计

在生产实践中,经常要测量各种数据. 但是有的数据不易直接测量,这时我们就通过测量其他有关数据后,根据某种公式算出所要的数据. 例如,要计算圆钢的截面积 A,可先用卡尺测量圆钢截面的直径 D,然后根据公式 $A = \dfrac{\pi}{4} D^2$ 算出 A.

由于测量仪器的精度、测量的条件和测量的方法等各种因素的影响,测得的数据往往带有误差,而根据带有误差的数据计算所得的结果也会有误差,我们把它叫作间接测量误差.

下面就讨论怎样利用微分来估计间接测量误差.

先说明绝对误差、相对误差的概念.

如果某个量的精确值为 A,它的近似值为 a,那么 $|A-a|$ 叫作 a 的绝对误差,而绝对误差与 $|a|$ 的比值 $\dfrac{|A-a|}{|a|}$ 叫作 a 的相对误差.

在实际工作中,某个量的精确值往往是无法知道的,于是绝对误差和相对误差也就无法求得. 但是根据测量仪器的精度等因素,有时能够确定误差在某一个范围内. 如果某个量的精确值是 A,测得它的近似值是 a,又知道它的误差不超过 δ_A,即

$$|A - a| \leq \delta_A,$$

那么 δ_A 叫作测量 A 的绝对误差限,而 $\dfrac{\delta_A}{|a|}$ 叫作测量 A 的相对误差限.

例8 设测得圆钢截面的直径 $D = 60.03$ mm,测得 D 的绝对误差限 $\delta_D = 0.05$ mm. 利用公式

$$A = \frac{\pi}{4}D^2$$

计算圆钢的截面积时,试估计面积的误差.

解 如果我们把测量 D 时所产生的误差当作自变量 D 的增量 ΔD,那么,利用公式 $A = \dfrac{\pi}{4}D^2$ 来计算 A 时所产生的误差就是函数 A 的对应增量 ΔA. 当 $|\Delta D|$ 很小时,可以利用微分 $\mathrm{d}A$ 近似地代替增量 ΔA,即

$$\Delta A \approx \mathrm{d}A = A' \cdot \Delta D = \frac{\pi}{2}D \cdot \Delta D.$$

由于 D 的绝对误差限为 $\delta_D = 0.05$ mm,所以

$$|\Delta D| \leq \delta_D = 0.05,$$

而

$$|\Delta A| \approx |\mathrm{d}A| = \frac{\pi}{2}D \cdot |\Delta D| \leq \frac{\pi}{2}D \cdot \delta_D,$$

因此得出 A 的绝对误差限约为

$$\delta_A = \frac{\pi}{2}D \cdot \delta_D = \frac{\pi}{2} \times 60.03 \times 0.05 = 4.712\,(\mathrm{mm}^2);$$

A 的相对误差限约为

$$\frac{\delta_A}{A} = \frac{\dfrac{\pi}{2}D \cdot \delta_D}{\dfrac{\pi}{4}D^2} = 2\frac{\delta_D}{D} = 2 \times \frac{0.05}{60.03} \approx 0.17\%.$$

一般地,根据直接测量的 x 值按公式 $y = f(x)$ 计算 y 值时,如果已知测量 x 的绝对误差限是 δ_x,即

$$|\Delta x| \leq \delta_x,$$

那么,当 $y' \neq 0$ 时,y 的绝对误差

$$|\Delta y| \approx |\mathrm{d}y| = |y'| \cdot |\Delta x| \leq |y'| \cdot \delta_x,$$

即 y 的绝对误差限约为

$$\delta_y = |y'| \cdot \delta_x,$$

y 的相对误差限约为

$$\frac{\delta_y}{|y|} = \left|\frac{y'}{y}\right|\delta_x.$$

以后常把绝对误差限与相对误差限简称为绝对误差与相对误差.

习题 3-7

1. 已知 $y = x^4 - 2x^2$,计算在 $x = 2$ 处,当 Δx 分别等于 $1, 0.1, 0.01$ 时的 Δy 及 dy.

2. 求下列函数的微分:

(1) $y = \dfrac{1}{x^2} + 2\sqrt{x}$;

(2) $y = x\cos 2x$;

(3) $y = \dfrac{x^3}{\sqrt{x^2+2}}$;

(4) $y = \ln^2(1+x)$;

(5) $y = x^2 e^x$;

(6) $y = e^{-2x}\cos(3+x)$;

(7) $y = \arccos\sqrt{1-x^2}$;

(8) $y = \tan^2(1-2x^2)$.

3. 计算下列三角函数值的近似值:

(1) $\cos 29°$;

(2) $\tan 136°$;

(3) $\arcsin 5.002$.

4. 计算下列各根式的近似值:

(1) $\sqrt[3]{99.6}$;

(2) $\sqrt[6]{650}$.

5. 将适当的函数填入下列括号中,使等式成立.

(1) $d(\quad) = 2x dx$;

(2) $d(\quad) = 3x^2 dx$;

(3) $d(\quad) = -\cos t dt$;

(4) $d(\quad) = \dfrac{1}{1-x} dx$;

(5) $d(\quad) = e^{2x} dx$;

(6) $d(\quad) = \dfrac{2}{\sqrt{x}} dx$.

6. 求由方程 $2y - x = (x-y)\ln(x-y)$ 所确定的函数 $y = y(x)$ 的微分.

总复习题 3 A 组

1. 设函数 $f(x)$ 在区间 $(-1,1)$ 内有定义,且 $\lim\limits_{x\to 0} f(x) = 0$,则( ).

A. 当 $\lim\limits_{x\to 0}\dfrac{f(x)}{\sqrt{|x|}} = 0$ 时,$f(x)$ 在 $x = 0$ 处可导

B. 当 $\lim\limits_{x\to 0}\dfrac{f(x)}{x^2} = 0$ 时,$f(x)$ 在 $x = 0$ 处可导

C. 当 $f(x)$ 在 $x=0$ 处可导时,$\lim\limits_{x \to 0} \dfrac{f(x)}{\sqrt{|x|}} = 0$

D. 当 $f(x)$ 在 $x=0$ 处可导时,$\lim\limits_{x \to 0} \dfrac{f(x)}{x^2} = 0$

2. 设函数 $f(x)$、$g(x)$ 是大于零的可导函数,且 $f'(x)g(x) - f(x)g'(x) < 0$,则当 $a < x < b$ 时,有( ).

A. $f(x)g(b) > f(b)g(x)$ B. $f(x)g(a) > f(a)g(x)$

C. $f(x)g(x) > f(b)g(b)$ D. $f(x)g(x) > f(a)g(a)$

3. 设 $f(x) = \begin{cases} 1, & |x| \leq 1, \\ 0, & |x| > 1, \end{cases}$ 则 $f\{f[f(x)]\} = $( ).

A. 0   B. 1   C. $\begin{cases} 1, & |x| \leq 1, \\ 0, & |x| > 1 \end{cases}$ D. $\begin{cases} 0, & |x| \leq 1, \\ 1, & |x| > 1 \end{cases}$

4. 下列函数中,在 $x=0$ 处不可导的是( ).

A. $f(x) = |x|\sin|x|$ B. $f(x) = |x|\sin\sqrt{|x|}$

C. $f(x) = \cos|x|$ D. $f(x) = \cos\sqrt{|x|}$

5. 设函数 $f(x)$ 具有二阶导数,$g(x) = f(0)(1-x) + f(1)x$,则在区间 $[0,1]$ 上( ).

A. 当 $f'(x) \geq 0$ 时,$f(x) \geq g(x)$ B. 当 $f'(x) \geq 0$ 时,$f(x) \leq g(x)$

C. 当 $f''(x) \geq 0$ 时,$f(x) \geq g(x)$ D. 当 $f''(x) \geq 0$ 时,$f(x) \leq g(x)$

6. 设 $\begin{cases} x = \sin t, \\ y = t\sin t + \cos t \end{cases}$ (t 为参数),则 $\dfrac{\mathrm{d}^2 y}{\mathrm{d} x^2}\bigg|_{t=\frac{\pi}{4}} = $ _____.

7. 设 $f(x)$ 是周期为 4 的可导奇函数,且 $f'(x) = 2(x-1)$,$x \in [0,2]$,则 $f(7) = $ _____.

8. 设函数 $y = y(x)$ 由方程 $2^{xy} = x + y$ 所确定,则 $\mathrm{d}y|_{x=0} = $ _____.

9. 函数 $y = \ln(1-2x)$ 在 $x=0$ 处的 n 阶导数 $y^{(n)}(0) = $ _____.

10. 曲线 $\begin{cases} x = \cos t + \cos^2 t, \\ y = 1 + \sin t \end{cases}$ 对应于 $t = \dfrac{\pi}{4}$ 的点处的法线斜率为 = _____.

11. 设函数 $f(x) = \begin{cases} \ln\sqrt{x}, & x \geq 1, \\ 2x - 1, & x < 1, \end{cases}$ $y = f[f(x)]$,则 $\dfrac{\mathrm{d}y}{\mathrm{d}x}\bigg|_{x=e} = $ _____.

12. 设函数 $f(x)$ 满足 $f(x+\Delta x) - f(x) = 2xf(x)\Delta x + o(\Delta x)$ ($\Delta x \to 0$),且 $f(0) = 2$,则 $f(1) = $ _____.

13. 已知函数 $f(x) = \dfrac{1}{1+x^2}$,则 $f^{(3)}(0) = $ _____.

14. 设 $f(x) = \begin{cases} \dfrac{g(x) - \mathrm{e}^{-x}}{x}, & x \neq 0, \\ 0, & x = 0, \end{cases}$ 其中 $g(x)$ 有二阶连续导数,且 $g(0) = 1, g'(0) = -1$.

(1) 求 $f'(x)$;

(2) 讨论 $f'(x)$ 在 $(-\infty, +\infty)$ 上的连续性.

15. 设函数 $f(x)$ 在区间 $[0,2]$ 上具有连续导数,$f(0) = f(2) = 0$,$M = \max_{x \in [0,2]} \{|f(x)|\}$,证明:

(1) 存在 $\xi \in (0,2)$,使得 $|f'(\xi)| \geq M$;

(2) 若对任意的 $x \in (0,2)$,$|f'(x)| \leq M$,则 $M = 0$.

总复习题3 B组

1. 设函数 $g(x)$ 可微,$h(x) = \mathrm{e}^{1+g(x)}$,$h'(1) = 1$,$g'(1) = 2$,则 $g(1) = ($ $)$.

A. $\ln 3 - 1$ B. $-\ln 3 - 1$ C. $-\ln 2 - 1$ D. $\ln 2 - 1$

2. 设函数 $f(x)$ 可导,且 $f(x)f'(x) > 0$,则 ($\quad$).

A. $f(1) > f(-1)$ B. $f(1) < f(-1)$

C. $|f(1)| > |f(-1)|$ D. $|f(1)| < |f(-1)|$

3. 设函数 $y = f(x)$ 由方程 $\cos xy - \ln y - x = 1$ 确定,则 $\lim_{n \to \infty} n\left[f\left(\dfrac{2}{n}\right) - 1\right] = ($ $)$.

A. 2   B. 1   C. -1 D. -2

4. 设函数 $y = y(x)$ 由方程 $\mathrm{e}^{x+y} + \cos xy = 0$ 确定,则 $\dfrac{\mathrm{d}y}{\mathrm{d}x} = $ _____.

5. 已知函数 $y = y(x)$ 由方程 $\mathrm{e}^y + 6xy + x^2 - 1 = 0$ 确定,则 $y''(0) = $ _____.

6. 设函数 $y = y(x)$ 由方程 $y = 1 - x\mathrm{e}^y$ 确定,则 $\mathrm{d}y|_{x=0} = $ _____.

7. 若 $y = \cos \mathrm{e}^{-\sqrt{x}}$,则 $\dfrac{\mathrm{d}y}{\mathrm{d}x}\bigg|_{x=1} = $ _____.

8. 已知函数 $y = f\left(\dfrac{3x-2}{3x+2}\right)$,$f'(x) = \arctan x^2$,则 $\dfrac{\mathrm{d}y}{\mathrm{d}x}\bigg|_{x=0} = $ _____.

9. 设函数 $f(x) = \arctan x - \dfrac{x}{1+ax^2}$,且 $f'''(0) = 1$,则 $a = $ _____.

10. 设 $y = y(x)$ 是由方程 $x^2 - y + 1 = \mathrm{e}^y$ 所确定的隐函数,则 $\dfrac{\mathrm{d}^2 y}{\mathrm{d}x^2}\bigg|_{x=0} = $ _____.

11. 设 $\begin{cases} x = \arctan t, \\ y = 3t + t^3, \end{cases}$ 则 $\left.\dfrac{d^2 y}{dx^2}\right|_{t=1} = $ _____.

12. 设函数 $y = y(x)$ 由参数方程 $\begin{cases} x = t + e^t, \\ y = \sin t \end{cases}$ 确定,则 $\left.\dfrac{d^2 t}{dx^2}\right|_{t=0} = $ _____.

13. 已知方程 $\dfrac{1}{\ln(1+x)} - \dfrac{1}{x} = k$ 在区间 $(0,1)$ 内有实根,确定常数 k 的取值范围.

第4章 一元函数微分中值定理与导数的应用

4.1 一元函数微分中值定理

导数是研究函数及其性质的重要工具. 但是,仅仅从导数概念出发研究函数性态很难充分体现导数的作用,它需要建立在微分学基本性质的基础之上. 为此,下面我们介绍几个微分学的基本定理,这些基本定理统称为"微分中值定理".

4.1.1 罗尔中值定理

我们先给出极值概念:

定义 若函数 $y=f(x)$ 在区间 D 上有定义,且存在点 x_0 的某一邻域 $U(x_0,\delta)\subseteq D$,对任意 $x\in U(x_0,\delta)$ 都有

$$f(x)\leqslant f(x_0)[\text{或} f(x)\geqslant f(x_0)],$$

则称 x_0 为函数 $y=f(x)$ 的**极大值点**(或**极小值点**),$f(x_0)$ 为函数 $y=f(x)$ 的**极大值**(或**极小值**). 极大值点与极小值点统称为**极值点**,极大值与极小值统称为**极值**,是函数 $y=f(x)$ 某一邻域内的局部性质.

费马定理 设函数 $y=f(x)$ 在点 x_0 的某一邻域 $U(x_0,\delta)$ 内有定义,并且在 x_0 处可导. 若点 x_0 是函数 $y=f(x)$ 的极值点,则

$$f'(x_0)=0.$$

证明 设点 x_0 是函数 $y=f(x)$ 的极大值点,即对任意 $x_0+\Delta x\in U(x_0,\delta)$ 都有

$$f(x_0+\Delta x)\leqslant f(x_0),$$

从而当 $\Delta x>0$ 时,

$$\frac{f(x_0+\Delta x)-f(x_0)}{\Delta x}\leqslant 0;$$

当 $\Delta x<0$ 时,

$$\frac{f(x_0+\Delta x)-f(x_0)}{\Delta x}\geqslant 0.$$

由函数 $y=f(x)$ 在 x_0 处可导和极限的保号性可知

$$f'(x_0)=f'_+(x_0)=\lim_{\Delta x\to 0^+}\frac{f(x_0+\Delta x)-f(x_0)}{\Delta x}\leqslant 0,$$

$$f'(x_0)=f'_-(x_0)=\lim_{\Delta x\to 0^-}\frac{f(x_0+\Delta x)-f(x_0)}{\Delta x}\geqslant 0.$$

故 $f'(x_0)=0$.

对于点 x_0 是函数 $y=f(x)$ 的极小点的情形,也可相仿证明.

费马定理的几何意义:若曲线 $y=f(x)$ 上一点 $[x_0,f(x_0)]$ 存在切线,且点 x_0 是函数 $y=f(x)$ 的极值点,则曲线 $y=f(x)$ 在点 $[x_0,f(x_0)]$ 处的切线与 x 轴平行或重合,即斜率为零. 通常,函数导数等于零的点称之为此函数的**驻点**(或稳定点、临界点).

罗尔中值定理 若函数 $y=f(x)$ 满足以下三个条件:

(1)在闭区间 $[a,b]$ 上连续;

(2)在开区间 (a,b) 内可导;

(3)$f(a)=f(b)$,

则在 (a,b) 内至少有一点 $\xi(a<\xi<b)$,使得 $f'(\xi)=0$.

证明 由条件(1)可知,函数 $y=f(x)$ 在闭区间 $[a,b]$ 上连续,因此函数 $y=f(x)$ 在闭区间 $[a,b]$ 上一定取得它的最大值 M 和最小值 m.

若 $M=m$,则函数 $y=f(x)$ 在区间 $[a,b]$ 上一定是常数函数,即 $f(x)=M=m$. 因此,$\forall x\in(a,b)$,都有 $f'(x)=0$. 故对任意 $\xi\in(a,b)$,都有 $f'(\xi)=0$.

若 $M>m$,由于 $f(a)=f(b)$,则 M 和 m 这两个数值中至少有一个不等于 $f(x)$ 在区间 $[a,b]$ 的端点处的函数值. 设 $M\neq f(a)$,则在开区间 (a,b) 内至少有一点 ξ 使 $f(\xi)=M$,即对 $\forall x\in[a,b]$ 有 $f(x)\leqslant f(\xi)$. 由费马定理可知,$f'(\xi)=0$.

罗尔中值定理的几何意义:在闭区间 $[a,b]$ 上连续函数 $y=f(x)$ 的图象是一条连续曲线,除端点外处处不垂直于 x 轴的切线,且两个端点的纵坐标相等,即 $f(a)=f(b)$. 可以发现在曲线弧的最高点 C 处或最低点 D 处,曲线有水平的切线. 若点 C 或点 D 的横坐标取 ξ,则就有 $f'(\xi)=0$,如图 4-1 所示.

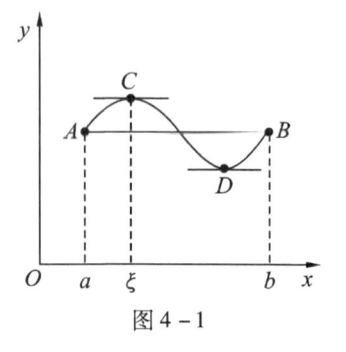

图 4-1

4.1.2 拉格朗日中值定理

拉格朗日中值定理 若函数 $y=f(x)$ 满足以下两个条件：
（1）在闭区间 $[a,b]$ 上连续；
（2）在开区间 (a,b) 内可导，
则在 (a,b) 内至少存在一点 $\xi(a<\xi<b)$，使
$$f(b)-f(a)=f'(\xi)(b-a)$$
成立.

拉格朗日中值定理的几何意义：设图 4-2 中连接两点 $A[a,f(a)]$、$B[b,f(b)]$ 的曲线为在闭区间 $[a,b]$ 上连续函数 $y=f(x)$ 的图象，则直线 AB（α 是倾斜角）的斜率
$$k=\frac{f(b)-f(a)}{b-a}=\tan\alpha.$$

若函数 $y=f(x)$ 在开区间 (a,b) 内可导，则连续曲线 AB 上除端点外处处具有不垂直于 x 轴的切线，

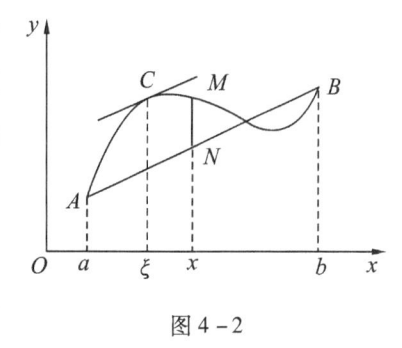

图 4-2

则这弧上至少存在一点 $C[\xi,f(\xi)]$，使曲线在点 C 处的切线平行（或重合）于直线 AB，即
$$k=\frac{f(b)-f(a)}{b-a}=f'(\xi).$$

从图 4-2 不难看出，罗尔中值定理是拉格朗日中值定理的特殊情形.

从上述拉格朗日中值定理与罗尔中值定理的关系，自然想到利用罗尔中值定理来证明拉格朗日中值定理. 但在拉格朗日中值定理中，函数 $f(x)$ 不一定具备 $f(a)=f(b)$ 这个条件，为此我们设想构造一个与 $f(x)$ 有密切联系的函数 $\varphi(x)$（称为辅助函数），使 $\varphi(x)$ 满足条件 $\varphi(a)=\varphi(b)$. 然后对 $\varphi(x)$ 应用罗尔中值定理，再把对 $\varphi(x)$ 所得的结论转化到 $f(x)$ 上，证得所要的结果. 我们从拉格朗日中值定理的几何解释中来寻找辅助函数，从图 4-2 中看到，有向线段 NM 的值是 x 的函数，把它表示为 $\varphi(x)$，它与 $f(x)$ 有密切的联系，且当 $x=a$ 及 $x=b$ 时，点 M 与点 N 重合，即有 $\varphi(a)=\varphi(b)=0$. 为求得函数 $\varphi(x)$ 的表达式，设直线 AB 的方程为 $y=L(x)$，则
$$L(x)=f(a)+\frac{f(b)-f(a)}{b-a}(x-a).$$

由于点 M、N 的纵坐标依次为 $f(x)$ 及 $L(x)$，故表示有向线段 NM 的值的函数
$$\varphi(x)=f(x)-L(x)=f(x)-f(a)-\frac{f(b)-f(a)}{b-a}(x-a).$$

下面就用这个辅助函数来证明拉格朗日中值定理.

证明 若函数 $y=f(x)$ 在闭区间 $[a,b]$ 上恒为常数,则 $f'(x)=0$ 在开区间 (a,b) 内处处成立,此时定理显然成立.

若函数 $y=f(x)$ 在闭区间 $[a,b]$ 上不恒为常数,引进辅助函数

$$\varphi(x) = f(x) - f(a) - \frac{f(b)-f(a)}{b-a}(x-a).$$

显然函数 $\varphi(x)$ 满足罗尔中值定理的三个条件:

(1) $\varphi(x)$ 在闭区间 $[a,b]$ 上连续;

(2) 在开区间 (a,b) 内可导;

(3) $\varphi(a)=\varphi(b)=0$,且

$$\varphi'(x) = f'(x) - \frac{f(b)-f(a)}{b-a}.$$

由罗尔中值定理可知,在 (a,b) 内至少有一点 ξ,使 $\varphi'(\xi)=0$,即

$$f'(\xi) - \frac{f(b)-f(a)}{b-a} = 0,$$

由此得

$$\frac{f(b)-f(a)}{b-a} = f'(\xi),$$

即

$$f(b) - f(a) = f'(\xi)(b-a).$$

推论 1 若函数 $y=f(x)$ 在区间 (a,b) 内可导且导数恒为零,则函数 $y=f(x)$ 在区间 (a,b) 内是一个常数.

证明 对于区间 (a,b) 内任意两点 x_1、$x_2(x_1<x_2)$,在 $[x_1,x_2]$ 上函数 $y=f(x)$ 满足拉格朗日中值定理的所有条件,于是有

$$f(x_2) - f(x_1) = f'(\xi)(x_2-x_1) \quad (x_1<\xi<x_2).$$

由 $f'(\xi)=0$ 可得 $f(x_2)-f(x_1)=0$,即

$$f(x_2) = f(x_1).$$

由于 x_1、x_2 是区间 (a,b) 内任意两点,所以上面的等式表明:函数 $y=f(x)$ 在区间 (a,b) 内的函数值总是相等的,即函数 $y=f(x)$ 在区间 (a,b) 内是一个常数.

推论 2 若两个函数 $y=f(x)$ 及 $y=g(x)$ 在 (a,b) 内满足 $f'(x)=g'(x)$,则在 (a,b) 内 $f(x)=g(x)+C$(C 为一个常数). 证明不难由推论 1 得到.

例 1 证明当 $x>0$ 时,

$$\frac{x}{1+x} < \ln(1+x) < x.$$

证明 设 $f(t) = \ln(1+t)$，显然 $f(t)$ 在区间 $[0,x]$ 上满足拉格朗日中值定理的所有条件，因此有
$$f(x) - f(0) = f'(\xi)(x-0) \quad (0 < \xi < x).$$
由于 $f(0) = 0, f'(t) = \dfrac{1}{1+t}$，因此有
$$f(x) - f(0) = \ln(1+x), \quad f'(\xi)(x-0) = \dfrac{x}{1+\xi},$$
即
$$\ln(1+x) = \dfrac{x}{1+\xi}.$$
又由 $0 < \xi < x$，有
$$\dfrac{x}{1+x} < \dfrac{x}{1+\xi} < x,$$
即
$$\dfrac{x}{1+x} < \ln(1+x) < x \, (x > 0).$$

例 2 证明当 $e < a < b < e^2$ 时，$\ln^2 b - \ln^2 a > \dfrac{4}{e^2}(b-a)$.

证明 设 $f(x) = \ln^2 x \, (e < a < x < b < e^2)$，则 $f(x)$ 在 $[a,b]$ 上连续，在 (a,b) 内可导，由拉格朗日中值定理可知，至少存在一点 $\xi \in (a,b)$，使得
$$\ln^2 b - \ln^2 a = \dfrac{2\ln \xi}{\xi}(b-a).$$
设 $\varphi(t) = \dfrac{\ln t}{t}, t \in [e, +\infty)$，则 $\varphi'(t) = \dfrac{1 - \ln t}{t^2} < 0$.

$\varphi(t) = \dfrac{\ln t}{t}$ 在 $t \in [e, +\infty)$ 上为减函数，而 $e < a < \xi < b < e^2$，从而
$$\dfrac{\ln \xi}{\xi} > \dfrac{\ln e^2}{e^2} = \dfrac{2}{e^2}.$$
因此，$\ln^2 b - \ln^2 a > \dfrac{4}{e^2}(b-a)$.

4.1.3 柯西中值定理

柯西中值定理 若函数 $y = f(x)$ 及 $y = g(x)$ 满足以下条件：
(1) 在闭区间 $[a,b]$ 上连续；
(2) 在开区间 (a,b) 内可导；
(3) $f'(x)$ 和 $g'(x)$ 不同时为零且 $g(a) \neq g(b)$，

则在(a,b)内至少有一点ξ,使等式
$$\frac{f(b)-f(a)}{g(b)-g(a)}=\frac{f'(\xi)}{g'(\xi)}$$
成立.

在证明定理之前,先对要证的结论作一些分析,以便寻找证明的思路.

要证在(a,b)内至少有一点ξ,使上面的等式成立,即有
$$\frac{f(b)-f(a)}{g(b)-g(a)}g'(\xi)=f'(\xi)$$
或
$$f'(\xi)-\frac{f(b)-f(a)}{g(b)-g(a)}g'(\xi)=0.$$
若设函数
$$\varphi(x)=f(x)-\frac{f(b)-f(a)}{g(b)-g(a)}g(x).$$
则要证
$$\varphi'(\xi)=f'(\xi)-\frac{f(b)-f(a)}{g(b)-g(a)}g'(\xi)=0$$
成立.

因此联想到,是否可以利用罗尔中值定理来证明.而要做到这一点,关键是需要检查函数$\varphi(x)$在闭区间$[a,b]$两端点处的函数值是否相等.

因为
$$\varphi(x)=f(x)-\frac{f(b)-f(a)}{g(b)-g(a)}g(x)=\frac{[g(b)-g(a)]f(x)-[f(b)-f(a)]g(x)}{g(b)-g(a)},$$
$$\varphi(a)=\frac{[g(b)-g(a)]f(a)-[f(b)-f(a)]g(a)}{g(b)-g(a)}=\frac{g(b)f(a)-g(a)f(b)}{g(b)-g(a)},$$
$$\varphi(b)=\frac{[g(b)-g(a)]f(b)-[f(b)-f(a)]g(b)}{g(b)-g(a)}=\frac{g(b)f(a)-g(a)f(b)}{g(b)-g(a)},$$
所以
$$\varphi(a)=\varphi(b)=\frac{g(b)f(a)-g(a)f(b)}{g(b)-g(a)}.$$

由以上分析可知,可以通过引入辅助函数$\varphi(x)$,对$\varphi(x)$应用罗尔中值定理来证明本定理.

证明 由条件可知存在$\eta\in(a,b)$,使得$g(b)-g(a)=g'(\eta)(b-a)$成立,其中$a<\eta<b$,且$g'(\eta)\neq 0$,所以
$$g(b)-g(a)\neq 0.$$

设辅助函数
$$F(x) = f(x) - \frac{f(b)-f(a)}{g(b)-g(a)}g(x),$$
显然,$F(x)$在闭区间$[a,b]$上连续,在开区间(a,b)内可导,且
$$F(a) = F(b) = \frac{g(b)f(a)-g(a)f(b)}{g(b)-g(a)}.$$
所以$F(x)$适合罗尔中值定理的所有条件,于是在(a,b)内至少存在一点ξ,使
$$F'(\xi) = f'(\xi) - \frac{f(b)-f(a)}{g(b)-g(a)}g'(\xi) = 0,$$
即
$$\frac{f(b)-f(a)}{g(b)-g(a)} = \frac{f'(\xi)}{g'(\xi)}.$$
不难看出,当$g(x)=x$时,
$$f(b)-f(a) = f'(\xi)(b-a) \quad (a<\xi<b),$$
即拉格朗日中值定理是柯西中值定理$g(x)=x$时的特殊情形.

习题 4-1

1. 举例说明:

(1) 在罗尔中值定理中,三个条件有一个不成立,定理的结论就不可能成立;

(2) 在罗尔中值定理中,使导数不为零的点不是唯一的.

2. 验证拉格朗日中值定理对函数$y = 4x^3 - 5x^2 + x - 2$在区间$[0,1]$上的正确性.

3. 对函数$f(x) = \sin x$及$F(x) = x + \cos x$在区间$\left[0, \frac{\pi}{2}\right]$上验证柯西中值定理的正确性.

4. 证明:函数$f(x) = (x-1)(x-2)(x-3)$在区间$(1,3)$内至少存在一个点ξ,使$f''(\xi) = 0$.

5. 证明恒等式:$\arcsin x + \arccos x = \frac{\pi}{2} \ (-1 \leqslant x \leqslant 1)$.

6. 若函数$f(x)$在(a,b)内具有二阶导数,且$f(x_1) = f(x_2) = f(x_3)$,其中$a < x_1 < x_2 < x_3 < b$,证明:在(x_1, x_2)内至少有一点ξ,使得$f''(\xi) = 0$.

7. 设$a > b > 0$,证明:
$$\frac{a-b}{a} < \ln \frac{a}{b} < \frac{a-b}{b}.$$

8. 证明下列不等式：

（1）$|\sin x - \sin y| \leqslant |x-y|$；

（2）$\dfrac{1}{x+1} < \ln(x+1) - \ln x < \dfrac{1}{x}, x > 0$；

（3）$|\arctan a - \arctan b| \leqslant |a-b|$；

（4）当 $x > 1$ 时，$e^x > ex$.

9. 证明：若函数 $f(x)$ 在 $(-\infty, +\infty)$ 内满足关系式 $f'(x) = f(x)$，且 $f(0) = 1$，则 $f(x) = e^x$.

4.2 洛必达法则及其应用

为了便于形式化，我们约定用"0"表示无穷小，用"∞"表示无穷大，用"1"表示以 1 为极限的一类函数. 也就是说，当 $x \to a$（或 $x \to \infty$）时，若两个函数 $y = f(x)$ 与 $y = g(x)$ 都趋于零（或都趋于无穷大），则用 $\dfrac{0}{0}$（或 $\dfrac{\infty}{\infty}$）表示 $\lim\limits_{\substack{x \to a \\ (x \to \infty)}} \dfrac{f(x)}{g(x)}$. 极限 $\lim\limits_{\substack{x \to a \\ (x \to \infty)}} \dfrac{f(x)}{g(x)}$ 有可能存在，也可能不存在，通常把这种极限称之为待定型，并简记为 $\dfrac{0}{0}$（或 $\dfrac{\infty}{\infty}$）. 待定型还有五种：

$$0 \cdot \infty, 1^{\infty}, 0^{0}, \infty^{0}, \infty - \infty.$$

这五种待定型可化为 $\dfrac{0}{0}$ 或 $\dfrac{\infty}{\infty}$ 的形式，即

$$0 \cdot \infty = \dfrac{0}{\dfrac{1}{\infty}} = \dfrac{0}{0} \text{ 或 } 0 \cdot \infty = \dfrac{\infty}{\dfrac{1}{0}} = \dfrac{\infty}{\infty},$$

$$1^{\infty} = e^{\ln 1^{\infty}} = e^{\infty \ln 1} = e^{\infty \cdot 0},$$

$$0^{0} = e^{\ln 0^{0}} = e^{0 \ln 0} = e^{0 \cdot \infty},$$

$$\infty^{0} = e^{\ln \infty^{0}} = e^{0 \ln \infty} = e^{0 \cdot \infty},$$

$$\infty_1 - \infty_2 = \dfrac{1}{0_1} - \dfrac{1}{0_2} = \dfrac{1-1}{0_1 - 0_2} = \dfrac{0}{0}.$$

4.2.1 $\dfrac{0}{0}$ 型

洛必达法则 1 若函数 $y = f(x)$ 与 $y = g(x)$ 满足下列条件：

(1) 在 a 的某个去心邻域 $\mathring{U}(a, \delta)$ 内可导，且 $g'(x) \neq 0$；

(2) $\lim\limits_{x \to a} f(x) = 0, \lim\limits_{x \to a} g(x) = 0$；

(3) $\lim\limits_{x \to a} \dfrac{f'(x)}{g'(x)} = A$,

则

$$\lim_{x \to a} \frac{f(x)}{g(x)} = \lim_{x \to a} \frac{f'(x)}{g'(x)} = A.$$

证明 假设

$$f_0(x) = \begin{cases} f(x), & x \neq a, \\ 0, & x = a. \end{cases} \quad g_0(x) = \begin{cases} g(x), & x \neq a, \\ 0, & x = a. \end{cases}$$

对任意 $x \in \mathring{U}(a,\delta)$,在区间 $[x,a]$(或 $[a,x]$)上函数 $f_0(x)$ 与 $g_0(x)$ 满足柯西中值定理的所有条件,所以在 (x,a) [或 (a,x)] 内至少存在一点 ξ,使

$$\frac{f_0(x) - f_0(a)}{g_0(x) - g_0(a)} = \frac{f_0'(\xi)}{g_0'(\xi)}.$$

由假设可知 $f_0(a) = g_0(a) = 0$,对任意 $x \neq a, f_0(x) = f(x)$、$g_0(x) = g(x)$,$f_0'(\xi) = f'(\xi)$、$g_0'(\xi) = g'(\xi)$. 从而

$$\frac{f(x)}{g(x)} = \frac{f'(\xi)}{g'(\xi)}.$$

其中点 ξ 在 x 与 a 之间,所以 $x \to a$ 时,有 $\xi \to a$,由条件(3)可得

$$\lim_{x \to a} \frac{f(x)}{g(x)} = \lim_{\xi \to a} \frac{f'(\xi)}{g'(\xi)} = \lim_{x \to a} \frac{f'(x)}{g'(x)} = A.$$

洛必达法则 2 若函数 $y = f(x)$ 与 $y = g(x)$ 满足下列条件:

(1) $\exists M > 0$,当 $|x| > M$ 时,两个函数 $y = f(x)$ 与 $y = g(x)$ 都可导,且 $g'(x) \neq 0$;

(2) $\lim\limits_{x \to \infty} f(x) = 0, \lim\limits_{x \to \infty} g(x) = 0$;

(3) $\lim\limits_{x \to \infty} \dfrac{f'(x)}{g'(x)} = A$,

则

$$\lim_{x \to \infty} \frac{f(x)}{g(x)} = \lim_{x \to \infty} \frac{f'(x)}{g'(x)} = A.$$

证明 假设 $x = \dfrac{1}{u}$,则 $x \to \infty \Leftrightarrow u \to 0$. 于是

$$\lim_{x \to \infty} \frac{f(x)}{g(x)} = \lim_{u \to 0} \frac{f\left(\dfrac{1}{u}\right)}{g\left(\dfrac{1}{u}\right)}.$$

其中 $\lim\limits_{x \to \infty} f(x) = \lim\limits_{u \to 0} f\left(\dfrac{1}{u}\right) = 0, \lim\limits_{x \to \infty} g(x) = \lim\limits_{u \to 0} g\left(\dfrac{1}{u}\right) = 0$,由洛必达法则 1 可得

$$\lim_{u\to 0}\frac{f\left(\dfrac{1}{u}\right)}{g\left(\dfrac{1}{u}\right)}=\lim_{u\to 0}\frac{\left[f\left(\dfrac{1}{u}\right)\right]'}{\left[g\left(\dfrac{1}{u}\right)\right]'}=\lim_{u\to 0}\frac{f'\left(\dfrac{1}{u}\right)\left(-\dfrac{1}{u^2}\right)}{g'\left(\dfrac{1}{u}\right)\left(-\dfrac{1}{u^2}\right)}$$

$$=\lim_{u\to 0}\frac{f'\left(\dfrac{1}{u}\right)}{g'\left(\dfrac{1}{u}\right)}=\lim_{x\to\infty}\frac{f'(x)}{g'(x)}=A,$$

即

$$\lim_{x\to\infty}\frac{f(x)}{g(x)}=\lim_{x\to\infty}\frac{f'(x)}{g'(x)}=A.$$

注意：若在求极限过程中应用一次洛必达法则后极限 $\lim\limits_{\substack{x\to 0\\(x\to\infty)}}\dfrac{f'(x)}{g'(x)}$ 仍是 $\dfrac{0}{0}$ 的待定型，则在满足洛必达法则的所有条件下可以反复应用此法则．

例1 求极限 $\lim\limits_{x\to 0}\dfrac{a^x-b^x}{x}(a>0,b>0)$．

解 由洛必达法则1，可得

$$\lim_{x\to 0}\frac{a^x-b^x}{x}=\lim_{x\to 0}\frac{(a^x-b^x)'}{(x)'}=\lim_{x\to 0}\frac{a^x\ln a-b^x\ln b}{1}.$$

$$=\ln a-\ln b=\ln\frac{a}{b}.$$

例2 求极限 $\lim\limits_{x\to+\infty}\dfrac{\dfrac{\pi}{2}-\arctan x}{\sin\dfrac{1}{x}}$．

解 由洛必达法则2，可得

$$\lim_{x\to+\infty}\frac{\dfrac{\pi}{2}-\arctan x}{\sin\dfrac{1}{x}}=\lim_{x\to+\infty}\frac{-\dfrac{1}{1+x^2}}{-\dfrac{1}{x^2}\cos\dfrac{1}{x}}$$

$$=\lim_{x\to+\infty}\frac{x^2}{1+x^2}\frac{1}{\cos\dfrac{1}{x}}=1.$$

例3 求极限 $\lim\limits_{x\to 0}\dfrac{\sin x-x\cos x}{\sin^3 x}$．

解 由洛必达法则1，可得

$$\lim_{x\to 0}\frac{\sin x-x\cos x}{\sin^3 x}=\lim_{x\to 0}\frac{(\sin x-x\cos x)'}{(\sin^3 x)'}$$

$$= \lim_{x \to 0} \frac{x \sin x}{3 \sin^2 x \cos x} = \lim_{x \to 0} \frac{x}{3 \sin x \cos x}$$

$$= \lim_{x \to 0} \frac{(x)'}{(3 \sin x \cos x)'} = \lim_{x \to 0} \frac{1}{3(\cos^2 x - \sin^2 x)} = \frac{1}{3}.$$

例4 求极限 $\lim\limits_{x \to 0} \dfrac{e^x - e^{-x} - 2x}{x - \sin x}$.

解 由洛必达法则1,可得

$$\lim_{x \to 0} \frac{e^x - e^{-x} - 2x}{x - \sin x} = \lim_{x \to 0} \frac{e^x + e^{-x} - 2}{1 - \cos x}$$

$$= \lim_{x \to 0} \frac{e^x - e^{-x}}{\sin x} = \lim_{x \to 0} \frac{e^x + e^{-x}}{\cos x} = 2.$$

4.2.2 $\dfrac{\infty}{\infty}$ 型

洛必达法则3 若函数 $y = f(x)$ 与 $y = g(x)$ 满足下列条件：

(1) 在 a 的某个去心邻域 $\overset{\circ}{U}(a, \delta)$ 内可导,且 $g'(x) \neq 0$；

(2) $\lim\limits_{x \to a} f(x) = \infty$, $\lim\limits_{x \to a} g(x) = \infty$；

(3) $\lim\limits_{x \to a} \dfrac{f'(x)}{g'(x)} = A$,

则

$$\lim_{x \to a} \frac{f(x)}{g(x)} = \lim_{x \to a} \frac{f'(x)}{g'(x)} = A.$$

证明从略.

洛必达法则4 若函数 $y = f(x)$ 与 $y = g(x)$ 满足下列条件：

(1) $\exists M > 0$, 当 $|x| > M$ 时, 函数 $y = f(x)$ 与 $y = g(x)$ 都可导, 且 $g'(x) \neq 0$；

(2) $\lim\limits_{x \to \infty} f(x) = \infty$, $\lim\limits_{x \to \infty} g(x) = \infty$；

(3) $\lim\limits_{x \to \infty} \dfrac{f'(x)}{g'(x)} = A$,

则

$$\lim_{x \to \infty} \frac{f(x)}{g(x)} = \lim_{x \to \infty} \frac{f'(x)}{g'(x)} = A.$$

证明从略.

注意:若在求极限过程中应用一次洛必达法则后极限 $\lim\limits_{\substack{x \to a \\ (x \to \infty)}} \dfrac{f'(x)}{g'(x)}$ 仍是 $\dfrac{\infty}{\infty}$ 的待定型,则在满足洛必达法则的所有条件下可以反复应用此法则.

例5 求极限 $\lim\limits_{x \to \frac{\pi}{2}} \dfrac{\tan x}{\tan 3x}$.

解 由洛必达法则3,可得

$$\lim_{x\to\frac{\pi}{2}}\frac{\tan x}{\tan 3x} = \lim_{x\to\frac{\pi}{2}}\frac{(\tan x)'}{(\tan 3x)'}$$

$$= \lim_{x\to\frac{\pi}{2}}\frac{\frac{1}{\cos^2 x}}{\frac{3}{\cos^2 3x}} = \lim_{x\to\frac{\pi}{2}}\frac{\cos^2 3x}{3\cos^2 x}$$

$$= \lim_{x\to\frac{\pi}{2}}\frac{-6\cos 3x\sin 3x}{-6\cos x\sin x} = \lim_{x\to\frac{\pi}{2}}\frac{\sin 6x}{\sin 2x}$$

$$= \lim_{x\to\frac{\pi}{2}}\frac{6\cos 6x}{2\cos 2x} = \frac{-6}{-2} = 3.$$

例6 求极限 $\lim\limits_{x\to+\infty}\dfrac{\ln x}{x^a}(a>0)$.

解 由洛必达法则4,可得

$$\lim_{x\to+\infty}\frac{\ln x}{x^a} = \lim_{x\to+\infty}\frac{\frac{1}{x}}{ax^{a-1}} = \lim_{x\to+\infty}\frac{1}{ax^a} = 0.$$

例7 求极限 $\lim\limits_{x\to+\infty}\dfrac{x^\mu}{a^x}(a>1,\mu>0)$.

解 由洛必达法则4,可得

$$\lim_{x\to+\infty}\frac{x^\mu}{a^x} = \lim_{x\to+\infty}\frac{\mu x^{\mu-1}}{a^x\ln a} = \begin{cases} 0, & 0<\mu\leq 1, \\ \dfrac{\infty}{\infty}, & \mu>1. \end{cases}$$

对常数 $\mu>1$,$\forall N\in\mathbf{N}^+$,使 $n-1<\mu\leq n(\mu-n\leq 0)$,逐次应用洛必达法则4,直到第 n 次,有

$$\lim_{x\to+\infty}\frac{x^\mu}{a^x} = \lim_{x\to+\infty}\frac{\mu x^{\mu-1}}{a^x\ln a} = \cdots$$

$$= \lim_{x\to+\infty}\frac{\mu(\mu-1)\cdot\cdots\cdot(\mu-n+1)^{\mu-n}}{a^x(\ln a)^n} = 0.$$

说明:从例6与例7不难看出,对任意常数 $\mu>0$,$a>1$,当 $x\to+\infty$ 时,若对数函数 $y=\ln x$、幂函数 $y=x^\mu$、指数函数 $y=a^x$ 均为正无穷大,则这三个函数增大的"速度"是不一样的,幂函数增大的"速度"比对数函数快得多,而指数函数增大的"速度"又比幂函数快得多.

4.2.3 其他待定型

1. $0\cdot\infty$ 型

例8 求极限 $\lim\limits_{x\to 0^+}x\ln x$.

解 $\lim\limits_{x\to 0^+} x\ln x = \lim\limits_{x\to 0^+} \dfrac{\ln x}{\dfrac{1}{x}} = \lim\limits_{x\to 0^+} \dfrac{\dfrac{1}{x}}{-\dfrac{1}{x^2}}$

$= \lim\limits_{x\to 0^+}(-x) = 0.$

例 9 求极限 $\lim\limits_{x\to\infty} x\ln\left(\dfrac{x+a}{x-a}\right)\ (a\neq 0)$.

解 $\lim\limits_{x\to\infty} x\ln\left(\dfrac{x+a}{x-a}\right) = \lim\limits_{x\to\infty} \dfrac{\ln\left(\dfrac{x+a}{x-a}\right)}{\dfrac{1}{x}}$

$= \lim\limits_{x\to\infty} \dfrac{\dfrac{x-a}{x+a}\cdot\dfrac{-2a}{(x-a)^2}}{-\dfrac{1}{x^2}}$

$= \lim\limits_{x\to\infty} \dfrac{2ax^2}{x^2-a^2} = 2a.$

2. 1^{∞} 型

例 10 求极限 $\lim\limits_{x\to\infty}\left(1+\dfrac{m}{x}\right)^x\ (m\neq 0)$.

解 $\lim\limits_{x\to\infty}\left(1+\dfrac{m}{x}\right)^x = \lim\limits_{x\to\infty} e^{x\ln\left(1+\frac{m}{x}\right)}$, 其中

$$\lim\limits_{x\to\infty} x\ln\left(1+\dfrac{m}{x}\right) = \lim\limits_{x\to\infty} \dfrac{\ln\left(1+\dfrac{m}{x}\right)}{\dfrac{1}{x}}$$

$$= \lim\limits_{x\to\infty} \dfrac{\dfrac{1}{1+\dfrac{m}{x}}\left(-\dfrac{m}{x^2}\right)}{-\dfrac{1}{x^2}} = \lim\limits_{x\to\infty} \dfrac{m}{1+\dfrac{m}{x}} = m,$$

有
$$\lim\limits_{x\to\infty}\left(1+\dfrac{m}{x}\right)^x = \lim\limits_{x\to\infty} e^{x\ln\left(1+\frac{m}{x}\right)} = e^m.$$

例 11 求极限 $\lim\limits_{x\to 0}\left(\dfrac{a_1^x+a_2^x+\cdots+a_n^x}{n}\right)^{\frac{1}{x}}\ (a_i>0, i=1,2,\cdots,n)$.

解 $\lim\limits_{x\to 0}\left(\dfrac{a_1^x+a_2^x+\cdots+a_n^x}{n}\right)^{\frac{1}{x}} = \lim\limits_{x\to 0} e^{\frac{1}{x}\ln\left(\frac{a_1^x+a_2^x+\cdots+a_n^x}{n}\right)}$, 其中

$$\lim\limits_{x\to 0} \dfrac{1}{x}\ln\left(\dfrac{a_1^x+a_2^x+\cdots+a_n^x}{n}\right)$$

$$= \lim_{x \to 0} \frac{\ln(a_1^x + a_2^x + \cdots + a_n^x) - \ln n}{x}$$

$$= \lim_{x \to 0} \frac{a_1^x \ln a_1 + a_2^x \ln a_2 + \cdots + a_n^x \ln a_n}{a_1^x + a_2^x + \cdots + a_n^x}$$

$$= \frac{\ln a_1 + \ln a_2 + \cdots + \ln a_n}{n}$$

$$= \frac{1}{n} \ln(a_1 a_2 \cdots a_n) = \ln \sqrt[n]{a_1 a_2 \cdots a_n},$$

有
$$\lim_{x \to 0} \left(\frac{a_1^x + a_2^x + \cdots + a_n^x}{n} \right)^{\frac{1}{x}} = e^{\ln \sqrt[n]{a_1 a_2 \cdots a_n}} = \sqrt[n]{a_1 a_2 \cdots a_n}.$$

3. ∞^0 型

例 12 求极限 $\lim\limits_{x \to +\infty} x^{\frac{1}{x}}$.

解 $\lim\limits_{x \to +\infty} x^{\frac{1}{x}} = \lim\limits_{x \to +\infty} e^{\frac{1}{x} \ln x}$, 其中 $\lim\limits_{x \to +\infty} \frac{1}{x} \ln x = \lim\limits_{x \to +\infty} \frac{\ln x}{x} = \lim\limits_{x \to +\infty} \frac{\frac{1}{x}}{1} = 0$,

有
$$\lim_{x \to +\infty} x^{\frac{1}{x}} = e^0 = 1.$$

4. $\dfrac{\infty}{\infty}$ 型

例 13 求极限 $\lim\limits_{x \to 0^+} (\tan x)^{\sin x}$.

解 $\lim\limits_{x \to 0^+} (\tan x)^{\sin x} = \lim\limits_{x \to 0^+} e^{\sin x \ln \tan x}$, 其中

$$\lim_{x \to 0^+} \sin x \ln \tan x = \lim_{x \to 0^+} \frac{\ln \tan x}{\frac{1}{\sin x}} = \lim_{x \to 0^+} \frac{\frac{1}{\tan x \cos^2 x}}{-\frac{\cos x}{\sin^2 x}}$$

$$= \lim_{x \to 0^+} \frac{-\sin x}{\cos^2 x} = 0,$$

有
$$\lim_{x \to 0^+} (\tan x)^{\sin x} = e^0 = 1.$$

5. $\infty - \infty$ 型

例 14 求极限 $\lim\limits_{x \to 1} \left(\dfrac{1}{\ln x} - \dfrac{1}{x-1} \right)$.

解 $\lim\limits_{x \to 1} \left(\dfrac{1}{\ln x} - \dfrac{1}{x-1} \right) = \lim\limits_{x \to 1} \dfrac{x - 1 - \ln x}{(x-1)\ln x}$

$$= \lim_{x \to 1} \frac{1 - \frac{1}{x}}{\ln x + \frac{x-1}{x}} = \lim_{x \to 1} \frac{x-1}{x \ln x + x - 1}$$

$$= \lim_{x \to 1} \frac{1}{\ln x + 1 + 1} = \frac{1}{2}.$$

从上述的例子可以看到,洛必达法则是求待定型极限的有力工具. 请注意,洛必达法则的条件(3)仅是充分条件,即当极限 $\lim\limits_{\substack{x \to a \\ (x \to \infty)}} \dfrac{f'(x)}{\varphi'(x)}$ 不存在时,极限 $\lim\limits_{\substack{x \to a \\ (x \to \infty)}} \dfrac{f(x)}{\varphi(x)}$ 仍可能存在.

例 15 求极限 $\lim\limits_{x \to +\infty} \dfrac{x + \sin x}{x}$.

解 极限 $\lim\limits_{x \to +\infty} \dfrac{(x + \sin x)'}{(x)'} = \lim\limits_{x \to +\infty} \dfrac{1 + \cos x}{1}$ 不存在,但是极限

$$\lim_{x \to +\infty} \frac{x + \sin x}{x} = \lim_{x \to +\infty} \left(1 + \frac{\sin x}{x}\right) = 1$$

却存在.

习题 4-2

1. 用洛必达法则求下列极限:

(1) $\lim\limits_{x \to 0} \dfrac{\mathrm{e}^x - \mathrm{e}^{-x}}{\sin x}$;

(2) $\lim\limits_{x \to 0} \dfrac{\tan x - x}{x - \sin x}$;

(3) $\lim\limits_{x \to 0} \dfrac{x - \arcsin x}{\sin^3 x}$;

(4) $\lim\limits_{x \to +\infty} \dfrac{\ln\left(1 + \dfrac{1}{x}\right)}{\operatorname{arccot} x}$;

(5) $\lim\limits_{x \to 0^+} \dfrac{\ln \sin 3x}{\ln \sin x}$;

(6) $\lim\limits_{x \to +\infty} x(\mathrm{e}^{\frac{1}{x}} - 1)$;

(7) $\lim\limits_{x \to 1} \left(\dfrac{2}{x^2 - 1} - \dfrac{1}{x - 1}\right)$;

(8) $\lim\limits_{x \to 0^+} \left(\dfrac{\sin x}{x}\right)^{\frac{1}{x^2}}$;

(9) $\lim\limits_{x \to \infty} \left(\cos \dfrac{m}{x}\right)^x$;

(10) $\lim\limits_{x \to \frac{\pi}{2}^-} (\tan x)^{2x - \pi}$;

(11) $\lim\limits_{x \to 0^+} x^{\sin x}$;

(12) $\lim\limits_{x \to 0^+} (\cot x)^{\frac{1}{\ln x}}$;

(13) $\lim\limits_{x \to a} \dfrac{x^m - a^m}{x^n - a^n} (a \neq 0)$;

(14) $\lim\limits_{x \to +\infty} \left(1 + \dfrac{a}{x}\right)^x$.

2. 请问 a 与 b 取何值,有极限 $\lim\limits_{x \to 0}\left(\dfrac{\sin 3x}{x^3} + \dfrac{a}{x^2} + b\right) = 0$.

3. 求下列极限,并指出为什么不能应用洛必达法则:

(1) $\lim\limits_{x \to 0} \dfrac{x^2 \sin \dfrac{1}{x}}{\sin x}$;

(2) $\lim\limits_{x \to +\infty} \dfrac{\mathrm{e}^x - \mathrm{e}^{-x}}{\mathrm{e}^x + \mathrm{e}^{-x}}$.

4. 请问 c 取何值,有极限 $\lim\limits_{x \to +\infty} \left(\dfrac{x+c}{x-c}\right)^x = 4$.

5. 验证极限 $\lim\limits_{x \to \infty} \dfrac{x + \sin x}{x}$ 存在,但不能用洛必达法则得出.

4.3 泰勒公式与麦克劳林公式

4.3.1 泰勒公式

不论计算或理论分析,往往会遇到一些较复杂的计算问题或很难处理的函数值求解问题,特别是无理函数和初等超越函数.为了便于计算或研究,往往用把复杂问题转化为简单问题的方法达到目的.在初等函数中,多项式是最简单的函数.若我们能把复杂的函数用一些简单的函数或多项式来近似表达,且误差又能满足要求,则复杂的计算问题可转化为自变量的加、减、乘三种运算,便能求出它的函数值来.

在微分的应用中已经知道,当 $|x|$ 很小时,指数函数 $y = e^x$ 与对数函数 $y = \ln(1+x)$ 可转化,即 $e^x \approx 1 + x$, $\ln(1+x) \approx x$.

这些都是用一次多项式来近似表达函数的例子.显然,这种近似表达式的精确度不高,它所产生的误差仅是关于 x 的高阶无穷小.为了更好地满足误差控制的精度要求,自然希望用更高层次的多项式来逼近函数,这对函数性态的研究和函数值的近似计算都有重要意义.基于以上设想,我们不妨假设在 $x = x_0$ 处具有 n 阶导数的函数 $y = f(x)$,存在关于 $x - x_0$ 的 n 次多项式

$$p_n(x) = a_0 + a_1(x-x_0) + a_2(x-x_0)^2 + a_3(x-x_0)^3 + \cdots + a_n(x-x_0)^n \tag{1}$$

使得

$$f(x) = a_0 + a_1(x-x_0) + a_2(x-x_0)^2 + a_3(x-x_0)^3 + \cdots + a_n(x-x_0)^n + R_n(x)$$

成立,其中 $R_n(x) = f(x) - p_n(x)$,当 $x \to x_0$ 时 $R_n(x)$ 是比 $(x-x_0)^n$ 高阶的无穷小.于是有

$$p_n(x_0) = f(x_0), p_n'(x_0) = f'(x_0), p_n''(x_0) = f''(x_0),$$
$$p_n'''(x_0) = f'''(x_0), \cdots, p_n^{(n)}(x_0) = f^{(n)}(x_0).$$

对(1)式求各阶导数,然后分别代入以上等式,可得

$$a_0 = f(x_0), 1! \cdot a_1 = f'(x_0), 2! \cdot a_2 = f''(x_0),$$
$$3! \cdot a_3 = f'''(x_0), \cdots, n! \cdot a_n = f^{(n)}(x_0),$$

即

$$a_0 = f(x_0), a_1 = f'(x_0), a_2 = \frac{1}{2!}f''(x_0),$$

$$a_3 = \frac{1}{3!}f'''(x_0), \cdots, a_n = \frac{1}{n!}f^{(n)}(x_0).$$

将求得的系数 $a_0, a_1, \cdots, a_n$ 代入(1)式,有

$$p_n(x) = f(x_0) + \frac{f'(x_0)}{1!}(x-x_0) + \frac{f''(x_0)}{2!}(x-x_0)^2 + \frac{f'''(x_0)}{3!}(x-x_0)^3 + \cdots +$$
$$\frac{f^{(n)}(x_0)}{n!}(x-x_0)^n. \tag{2}$$

由此可见,只要函数 $y = f(x)$ 在 $x = x_0$ 处存在 n 阶导数,前面的假设成立.

泰勒(Taylor)中值定理 1 若函数 $y = f(x)$ 在 $x = x_0$ 处存在 n 阶导数,则存在 $x = x_0$ 的某个邻域,对于该邻域内的任意点 $x \ne x_0$,有

$$f(x) = f(x_0) + \frac{f'(x_0)}{1!}(x-x_0) + \frac{f''(x_0)}{2!}(x-x_0)^2 + \frac{f'''(x_0)}{3!}(x-x_0)^3 + \cdots +$$
$$\frac{f^{(n)}(x_0)}{n!}(x-x_0)^n + R_n(x), \tag{3}$$

其中

$$R_n(x) = o[(x-x_0)^n]. \tag{4}$$

多项式(2)称为函数 $f(x)$ 在 x_0 处(或按 $x - x_0$ 的幂展开)的 n 次泰勒多项式,公式(3)称为 $f(x)$ 在 x_0 处(或按 $x - x_0$ 的幂展开)的带有佩亚诺(Peano)余项的 n 阶泰勒公式,而 $R_n(x)$ 的表达式(4)称为佩亚诺余项,它用 n 次泰勒多项式来近似表达 $f(x)$ 所产生的误差,这一误差是当 $x \to x_0$ 时比 $(x-x_0)^n$ 高阶的无穷小,但不能由它具体估算出误差的大小.

证明 设 $R_n(x) = f(x) - p_n(x)$,则

$$R_n(x) = f(x) - \left[f(x_0) + \frac{f'(x_0)}{1!}(x-x_0) + \frac{f''(x_0)}{2!}(x-x_0)^2 + \cdots + \frac{f^{(n)}(x_0)}{n!}(x-x_0)^n\right],$$

$$R_n'(x) = f'(x) - \left[f'(x_0) + \frac{f''(x_0)}{1!}(x-x_0) + \frac{f'''(x_0)}{2!}(x-x_0)^2 + \cdots + \frac{f^{(n)}(x_0)}{(n-1)!}(x-x_0)^{n-1}\right],$$

$$R_n''(x) = f''(x) - \left[f''(x_0) + \frac{f'''(x_0)}{1!}(x-x_0) + \frac{f^{(4)}(x_0)}{2!}(x-x_0)^2 + \cdots + \frac{f^{(n)}(x_0)}{(n-2)!}(x-x_0)^{n-2}\right],$$

$$\cdots$$

$$R_n^{(n-1)}(x) = f^{(n-1)}(x) - \left[f^{(n-1)}(x_0) + \frac{f^{(n)}(x_0)}{1!}(x-x_0)\right].$$

当 $x \to x_0$ 时,显然,$R_n(x), R_n'(x), \cdots, R_n^{(n-1)}(x)$ 以及 $(x-x_0)^k (k \in \mathbf{N})$ 都是无穷小. 于是,反复应用洛必达法则,可得

$$\lim_{x \to x_0} \frac{R_n(x)}{(x-x_0)^n} = \lim_{x \to x_0} \frac{R_n'(x)}{n(x-x_0)^{n-1}} = \lim_{x \to x_0} \frac{R_n''(x)}{n(n-1)(x-x_0)^{n-2}}$$

$$= \cdots = \lim_{x \to x_0} \frac{R_n^{(n-1)}(x)}{n!(x-x_0)}$$

$$= \frac{1}{n!} \lim_{x \to x_0} \left[\frac{f^{(n-1)}(x) - f^{(n-1)}(x_0)}{x - x_0} - f^{(n)}(x_0) \right]$$

$$= \frac{1}{n!} [f^{(n)}(x_0) - f^{(n)}(x_0)] = 0,$$

即

$$R_n(x) = o[(x-x_0)^n] \quad (x \to x_0).$$

泰勒(Taylor)中值定理 2 若函数 $y = f(x)$ 在 $x = x_0$ 的某个邻域 $U(x_0, \delta)$ 内具有 $n+1$ 阶导数,则对于任意点 $x \in U(x_0, \delta)$,有

$$f(x) = f(x_0) + \frac{f'(x_0)}{1!}(x-x_0) + \frac{f''(x_0)}{2!}(x-x_0)^2 + \frac{f'''(x_0)}{3!}(x-x_0)^3 + \cdots +$$

$$\frac{f^{(n)}(x_0)}{n!}(x-x_0)^n + R_n(x), \tag{5}$$

其中

$$R_n(x) = \frac{f^{(n+1)}(\xi)}{(n+1)!}(x-x_0)^{n+1} \quad (x \to x_0). \tag{6}$$

这里 ξ 是 x_0 与 x 之间的某个值. 公式(5)称为 $f(x)$ 在 x_0 处(或按 $x-x_0$ 的幂展开)的带有拉格朗日余项的 n 阶泰勒公式,而 $R_n(x)$ 的表达式(6)称为拉格朗日余项.

证明 不妨假设 $R_n(x) = f(x) - p_n(x)$. 只需证明

$$R_n(x) = \frac{f^{(n+1)}(\xi)}{(n+1)!}(x-x_0)^{n+1} \quad (\xi \text{ 在 } x_0 \text{ 与 } x \text{ 之间}).$$

由假设可知,$R_n(x)$ 在邻域 $U(x_0, \delta)$ 内具有 $n+1$ 阶导数,且

$$R_n(x_0) = R_n'(x_0) = R_n''(x_0) = \cdots = R_n^{(n)}(x_0) = 0.$$

显然,两个函数 $y = R_n(x)$ 与 $y = (x-x_0)^{n+1}$ 在以 x_0 及 x 为端点的区间上满足柯西中值定理的所有条件,于是有

$$\frac{R_n(x)}{(x-x_0)^{n+1}} = \frac{R_n(x) - R_n(x_0)}{(x-x_0)^{n+1} - 0} = \frac{R_n'(\xi_1)}{(n+1)(\xi_1-x_0)^n} \quad (\xi_1 \text{ 在 } x_0 \text{ 与 } x \text{ 之间}).$$

对两个函数 $y = R_n'(x)$ 与 $y = (n+1)(x-x_0)^n$ 在以 x_0 及 ξ_1 为端点的区间上再应用柯西中值定理,可得

$$\frac{R_n'(\xi_1)}{(n+1)(\xi_1-x_0)^n} = \frac{R_n'(\xi_1) - R_n'(x_0)}{(n+1)(\xi_1-x_0)^n - 0}$$

$$= \frac{R_n''(\xi_2)}{n(n+1)(\xi_2-x_0)^{n-1}} \quad (\xi_2 \text{ 在 } x_0 \text{ 与 } \xi_1 \text{ 之间}).$$

以此类推,经过 $n+1$ 次后,可得

$$\frac{R_n(x)}{(x-x_0)^{n+1}} = \frac{R_n^{(n+1)}(\xi)}{(n+1)!}(由于\xi在x_0与\xi_n之间,因此也在x_0与x之间).$$

经观察得知 $R_n^{(n+1)}(x) = f^{(n+1)}(x)$ [因 $p_n^{(n+1)}(x) = 0$],则由上式可得

$$R_n(x) = \frac{f^{(n+1)}(\xi)}{(n+1)!}(x-x_0)^{n+1} \ (\xi 在 x_0 与 x 之间).$$

当 $n=0$ 时,泰勒公式(5)变成拉格朗日中值公式

$$f(x) = f(x_0) + f'(\xi)(x-x_0) \ (\xi 在 x_0 与 x 之间).$$

由此可见,泰勒中值定理 2 是拉格朗日中值定理的推广.

由泰勒中值定理 2 可知,以多项式 $p_n(x)$ 近似表达函数 $f(x)$ 时,其误差为 $|R_n(x)|$. 若对于某个固定的 n,当 $x \in U(x_0)$ 时,$|f^{(n+1)}(x)| \leq M$,则有估计式

$$|R_n(x)| = \left|\frac{f^{(n+1)}(\xi)}{(n+1)!}(x-x_0)^{n+1}\right| \leq \frac{M}{(n+1)!}|x-x_0|^{n+1}. \tag{7}$$

4.3.2 麦克劳林公式

在泰勒公式(3)中,若取 $x_0 = 0$,则有带有**佩亚诺余项的麦克劳林**(Maclaurin)公式

$$f(x) = f(0) + f'(0)x + \frac{f''(0)}{2!}x^2 + \cdots + \frac{f^{(n)}(0)}{n!}x^n + o(x^n). \tag{8}$$

在泰勒公式(5)中,若取 $x_0 = 0$,则 ξ 是 0 与 x 之间的某个值,不妨假设 $\xi = \theta x$ ($0 < \theta < 1$),从而泰勒公式(5)变成较简单的形式,即带有拉格朗日余项的麦克劳林公式

$$f(x) = f(0) + f'(0)x + \frac{f''(0)}{2!}x^2 + \cdots + \frac{f^{(n)}(0)}{n!}x^n +$$

$$\frac{f^{(n+1)}(\theta x)}{(n+1)!}x^{n+1} \ (0 < \theta < 1). \tag{9}$$

由(8)或(9)可得函数近似值公式

$$f(x) \approx f(0) + f'(0)x + \frac{f''(0)}{2!}x^2 + \cdots + \frac{f^{(n)}(0)}{n!}x^n,$$

误差估计式相应地变成

$$|R_n(x)| \leq \frac{M}{(n+1)!}|x|^{n+1}. \tag{10}$$

常用初等函数的展开式有以下几种:

(1) 函数 $f(x) = e^x$ 的带有拉格朗日余项的 n 阶麦克劳林公式.

由于 $f'(x) = f''(x) = \cdots = f^{(n)}(x) = e^x$,所以

$$f(0) = f'(0) = f''(0) = \cdots = f^{(n)}(0) = 1.$$

把这些值代入公式(9),并注意到 $f^{(n+1)}(\theta x) = e^{\theta x}$ 便得

$$e^x = 1 + x + \frac{x^2}{2!} + \cdots + \frac{x^n}{n!} + \frac{e^{\theta x}}{(n+1)!}x^{n+1} \quad (0 < \theta < 1).$$

由这个公式可知,若把 e^x 用它的 n 次泰勒多项式表达为

$$e^x \approx 1 + x + \frac{x^2}{2!} + \cdots + \frac{x^n}{n!},$$

这时所产生的误差为

$$|R_n(x)| = \left|\frac{e^{\theta x}}{(n+1)!}x^{n+1}\right| < \frac{e^{|x|}}{(n+1)!}|x|^{n+1} \quad (0 < \theta < 1).$$

若取 $x = 1$,则得无理数 e 的近似式为

$$e \approx 1 + 1 + \frac{1}{2!} + \cdots + \frac{1}{n!},$$

其误差

$$|R_n| < \frac{e}{(n+1)!} < \frac{3}{(n+1)!}.$$

(2) 函数 $f(x) = \sin x$ 的带有拉格朗日余项的 n 阶麦克劳林公式.

由于 $f'(x) = \cos x, f''(x) = -\sin x, f'''(x) = -\cos x$,

$$f^{(4)}(x) = \sin x, \cdots, f^{(n)}(x) = \sin\left(x + \frac{n\pi}{2}\right),$$

所以

$$f(0) = 0, f'(0) = 1, f''(0) = 0, f'''(0) = -1, f^{(4)}(0) = 0, \cdots$$

显然它们循环地取四个数 $0, 1, 0, -1$,于是利用公式(9)可得(不妨假设 $n = 2k$)

$$\sin x = x - \frac{x^3}{3!} + \frac{x^5}{5!} - \cdots + (-1)^{k-1}\frac{x^{2k-1}}{(2k-1)!} + R_{2k},$$

其中

$$R_{2k}(x) = \frac{\sin\left[\theta x + (2k+1)\frac{\pi}{2}\right]}{(2k+1)!}x^{2k+1} = (-1)^k\frac{\cos \theta x}{(2k+1)!}x^{2k+1} \quad (0 < \theta < 1).$$

当 $k = 1$ 时,可得近似值

$$\sin x \approx x,$$

此时误差为

$$|R_2| = \left|-\frac{\cos \theta x}{3!}x^3\right| \leq \frac{|x|^3}{6} \quad (0 < \theta < 1).$$

若 k 分别取 2 和 3,则可得 $\sin x$ 的 3 次和 5 次泰勒多项式

$$\sin x \approx x - \frac{x^3}{6} \text{和} \sin x \approx x - \frac{x^3}{6} + \frac{x^5}{120},$$

其误差的绝对值依次不超过 $\frac{1}{120}|x|^5$ 和 $\frac{1}{5040}|x|^7$. 将以上三个泰勒多项式及正弦函数的图形都画在图 4-3 中,以便于比较.

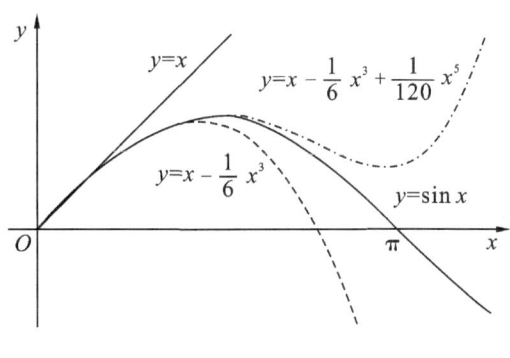

图 4-3

(3) 函数 $f(x) = \cos x$ 的带有拉格朗日余项的 n 阶麦克劳林公式.

由于 $f'(x) = -\sin x, f''(x) = -\cos x, f'''(x) = \sin x$,

$$f^{(4)} = \cos x, \cdots, f^{(n)}(x) = \cos\left(x + \frac{n\pi}{2}\right),$$

所以

$$f(0) = 1, f'(0) = 0, f''(0) = -1, f'''(0) = 0, f^{(4)}(0) = 1, \cdots$$

显然它们循环地取四个数 $1, 0, -1, 0$,于是利用公式(9)可得(不妨假设 $n = 2k+1$)

$$\cos x = 1 - \frac{1}{2!}x^2 + \frac{1}{4!}x^4 - \cdots + (-1)^k \frac{1}{(2k)!}x^{2k} + R_{2k+1}(x),$$

其中 $R_{2k+1}(x) = \dfrac{\cos[\theta x + (k+1)\pi]}{(2k+2)!}x^{2k+2} = (-1)^{k+1} \dfrac{\cos \theta x}{(2k+2)!}x^{2k+2} \ (0 < \theta < 1)$.

(4) 函数 $f(x) = \ln(1+x)$ 的带有拉格朗日余项的 n 阶麦克劳林公式.

由于 $f'(x) = \dfrac{1}{1+x}, f''(x) = -\dfrac{1!}{(1+x)^2}, f'''(x) = \dfrac{2!}{(1+x)^3}, \cdots$,

$$f^{(n)}(x) = (-1)^{n-1} \frac{(n-1)!}{(1+x)^n}.$$

所以

$$f(0) = 0, f'(0) = 1, f''(0) = -1!, f'''(0) = 2!, \cdots, f^{(n)}(0) = (-1)^{n-1}(n-1)!,$$

于是代入公式(9)可得

$$\ln(1+x) = x - \frac{1}{2}x^2 + \frac{1}{3}x^3 - \cdots + (-1)^{n-1}\frac{1}{n}x^n + R_n(x),$$

其中 $R_n(x) = \dfrac{(-1)^n}{(n+1)(1+\theta x)^{n+1}}x^{n+1} \ (0<\theta<1)$.

(5) 函数 $f(x) = (1+x)^\alpha$ 的带有拉格朗日余项的 n 阶麦克劳林公式.

由于
$$f'(x) = \alpha(1+x)^{\alpha-1},$$
$$f''(x) = \alpha(\alpha-1)(1+x)^{\alpha-2},$$
$$f'''(x) = \alpha(\alpha-1)(\alpha-2)(1+x)^{\alpha-3},$$
$$\cdots$$
$$f^{(n)}(x) = \alpha(\alpha-1)(\alpha-2)\cdots(\alpha-n+1)(1+x)^{\alpha-n}.$$

所以
$$f(0) = 1, f'(0) = \alpha, f''(0) = \alpha(\alpha-1),\cdots,$$
$$f^{(n)}(0) = \alpha(\alpha-1)(\alpha-2)\cdots(\alpha-n+1).$$

于是代入公式(9)可得
$$(1+x)^\alpha = 1 + \alpha x + \frac{\alpha(\alpha-1)}{2!}x^2 + \cdots + \frac{\alpha(\alpha-1)\cdots(\alpha-n+1)}{n!}x^n + R_n(x),$$

其中 $R_n(x) = \dfrac{\alpha(\alpha-1)\cdots(\alpha-n+1)(\alpha-n)}{(n+1)!}(1+\theta x)^{\alpha-n-1}x^{n+1} \ (0<\theta<1)$.

特别是,当 $\alpha = n\,(n \in \mathbf{N})$ 时,$f^{(n+1)}(x) \equiv 0$. 于是,$\forall k \geq n$ 有 $R_k(x) \equiv 0$. 函数 $f(x) = (1+x)^\alpha$ 的展开式就变成我们熟知的二项式定理:
$$(1+x)^n = 1 + \frac{n}{1!}x + \frac{n(n-1)}{2!}x^2 + \cdots + \frac{n(n-1)\cdots 3 \cdot 2 \cdot 1}{n!}x^n.$$

以上五个函数展开式都是带有拉格朗日余项的麦克劳林公式,同样方法可得相应的带有佩亚诺余项的麦克劳林公式,读者可自行写出.

例1 求极限 $\lim\limits_{x\to 0}\dfrac{\sin x - x\cos x}{\sin^3 x}$.

解 由于分式的分母 $\sin^3 x \sim x^3\,(x\to 0)$,所以利用带有佩亚诺余项的麦克劳林公式可得
$$\sin x = x - \frac{x^3}{3!} + o(x^3),\ x\cos x = x - \frac{x^3}{2!} + o(x^3),$$

对上式作运算时,把两个比 x^3 高阶的无穷小的代数和仍记作 $o(x^3)$,即
$$\lim_{x\to 0}\frac{\sin x - x\cos x}{\sin^3 x} = \lim_{x\to 0}\frac{\dfrac{1}{3}x^3 + o(x^3)}{x^3} = \frac{1}{3}.$$

例2 求极限 $\lim\limits_{x\to 0}\dfrac{\cos x - \mathrm{e}^{-\frac{x^2}{2}}}{\sin^4 x}$.

解 由于 $\lim\limits_{x\to 0}\dfrac{\cos x-\mathrm{e}^{-\frac{x^2}{2}}}{\sin^4 x}=\lim\limits_{x\to 0}\dfrac{\cos x-\mathrm{e}^{-\frac{x^2}{2}}}{x^4}$,利用带有佩亚诺余项的麦克劳林公式可得

$$\cos x=1-\frac{x^2}{2!}+\frac{x^4}{4!}+o(x^4),$$

$$\mathrm{e}^{-\frac{x^2}{2}}=1+\left(-\frac{x^2}{2}\right)+\frac{1}{2!}\left(-\frac{x^2}{2}\right)^2+o(x^4).$$

于是有

$$\cos x-\mathrm{e}^{-\frac{x^2}{2}}=\left[1-\frac{x^2}{2!}+\frac{x^4}{4!}\right]-\left[1+\left(-\frac{x^2}{2}\right)+\frac{1}{2!}\left(-\frac{x^2}{2}\right)^2\right]+o(x^4)$$

$$=-\frac{1}{12}x^4+o(x^4),$$

即

$$\lim_{x\to 0}\frac{\cos x-\mathrm{e}^{-\frac{x^2}{2}}}{\sin^4 x}=\lim_{x\to 0}\frac{\cos x-\mathrm{e}^{-\frac{x^2}{2}}}{x^4}=\lim_{x\to 0}\frac{-\frac{1}{12}x^4+o(x^4)}{x^4}=-\frac{1}{12}.$$

例 3 常数 α 与 β 取何值时,$\lim\limits_{x\to+\infty}(\sqrt{2x^2+4x-1}+\alpha x+\beta)=0$.

解 由于 $\sqrt{2x^2+4x-1}=\sqrt{2}x\left[1+\left(\dfrac{2}{x}-\dfrac{1}{2x^2}\right)\right]^{\frac{1}{2}}$,所以把 $(1+x)^\alpha=1+\alpha x+o(x)$ 当中的 x 换成 $\dfrac{2}{x}-\dfrac{1}{2x^2}$,取 $\alpha=\dfrac{1}{2}$ 可得

$$\sqrt{2x^2+4x-1}=\sqrt{2}x+\sqrt{2}-\frac{\sqrt{2}}{4x}+\rho\left(\lim_{x\to+\infty}\rho=0\right).$$

由此可知,要想

$$\lim_{x\to+\infty}(\sqrt{2x^2+4x-1}+\alpha x+\beta)=\lim_{x\to+\infty}\left[(\sqrt{2}+\alpha)x+(\sqrt{2}+\beta)-\frac{\sqrt{2}}{4x}+\rho\right]=0$$

成立,必须有 $\alpha=-\sqrt{2},\beta=-\sqrt{2}$.

习题 4-3

1. 将下列函数在指定点展成泰勒公式(到 $n=6$):

(1) $f(x)=\sin x$,在 $x=\dfrac{\pi}{4}$ 处;

(2) $f(x)=\mathrm{e}^{-x}$,在 $x=a$ 处;

(3) $f(x)=x^5-x^2+2x-1$,在 $x=-1$ 处;

(4) $f(x)=\sqrt{x}$,在 $x=1$ 处.

2. 将下列函数展成麦克劳林公式(到指定的次数)：

(1) e^{2x-x^2}，到 x^5 项；　　(2) $\dfrac{x}{e^x-1}$，到 x^4 项；　　(3) $\tan x$，到 x^5 项.

3. 应用三阶泰勒公式求下列各数的近似值，并估计误差：

(1) $\sqrt[3]{30}$；　　(2) $\sqrt{e}$；　　(3) $\ln 1.2$；　　(4) $\sin 18°$.

4. 求函数 $f(x)=\sqrt{x}$ 按 $x-4$ 的幂展开的带有拉格朗日余项的三阶泰勒公式.

5. 求函数 $f(x)=\dfrac{1}{x}$ 按 $x+1$ 的幂展开的带有拉格朗日余项的 n 阶泰勒公式.

6. 求函数 $f(x)=xe^x$ 的带有佩亚诺余项的 n 阶麦克劳林公式.

7. 按 $x-4$ 的幂展开多项式 $f(x)=x^4-5x^3+x^2-3x+4$.

8. 应用麦克劳林公式，按 x 的幂展开函数 $f(x)=(x^2-3x+1)^3$.

9. 求函数 $f(x)=\ln x$ 按 $x-2$ 的幂展开的带有佩亚诺余项的 n 阶泰勒公式.

10. 求函数 $f(x)=\tan x$ 的带有佩亚诺余项的三阶麦克劳林公式.

11. 用泰勒公式求下列极限：

(1) $\lim\limits_{x\to\infty}(\sqrt[3]{x^3+3x^2}-\sqrt[4]{x^4-2x^3})$；

(2) $\lim\limits_{x\to 0}\dfrac{\cos x-e^{\frac{x^2}{2}}}{x^2[x+\ln(1-x)]}$；

(3) $\lim\limits_{x\to 0}\dfrac{1+\dfrac{1}{2}x^2-\sqrt{1+x^2}}{(\cos x-e^{x^2})\sin x^2}$.

4.4　导数在研究函数性质上的应用

4.4.1　函数单调性的判定

中学数学教科书中已经介绍了一些函数的性态，如单调性、奇偶性、极值与最值、周期性等. 但是，因为受方法的限制，探究的过程与得到的结论不够深刻、全面，且计算烦琐，不易于掌握规律. 然而，导数与微分学基本知识与方法，为我们研究函数的性态提供了有效的数学工具.

设定义在 $[a,b]$ 上的函数 $y=f(x)$ 的图象上每一点处都存在切线，如图 4-4 所示. 观察可知：若切线与 x 轴正方向的夹角都是锐角，即切线的斜率 $k=f'(x)>0$，则函数 $y=f(x)$ 在 $[a,b]$ 上单调递增；若切线与 x 轴正方向的夹角都是钝角，即切线的斜率 $k=f'(x)<0$，则函数 $y=f(x)$ 在 $[a,b]$ 上单调递减. 因此，利用导数的符号能够判定

函数的单调性. 有下面的定理.

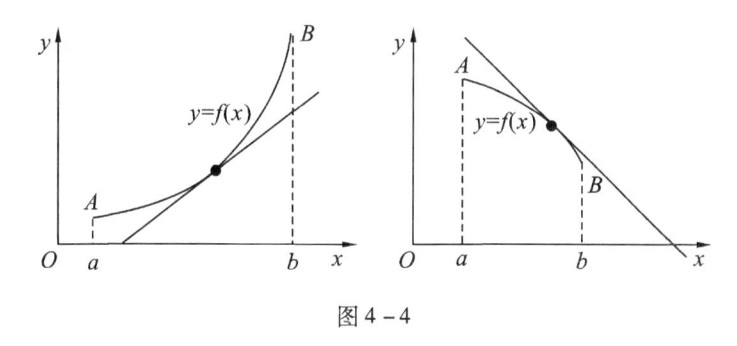

图 4-4

定理 1 设函数 $y=f(x)$ 在 $[a,b]$ 上连续,在 (a,b) 内可导.

(1) 若在 (a,b) 内 $f'(x) \geqslant 0$,且等号仅在有限多个点处成立,则函数 $y=f(x)$ 在 $[a,b]$ 上单调递增;

(2) 若在 (a,b) 内 $f'(x) \leqslant 0$,且等号仅在有限多个点处成立,则函数 $y=f(x)$ 在 $[a,b]$ 上单调递减.

证明 设函数 $f(x)$ 在 $[a,b]$ 上连续,在 (a,b) 内可导,在 $[a,b]$ 上任取两点 x_1、x_2 ($x_1<x_2$),由拉格朗日中值定理可得

$$f(x_2)-f(x_1)=f'(\xi)(x_2-x_1) \quad (x_1<\xi<x_2).$$

由于 $x_2-x_1>0$,若在 (a,b) 内导数 $f'(x)$ 保持正号,即 $f'(x)>0$,则也有 $f'(\xi)>0$. 于是

$$f(x_2)-f(x_1)=f'(\xi)(x_2-x_1)>0,$$

即

$$f(x_1)<f(x_2).$$

故函数 $y=f(x)$ 在 $[a,b]$ 上单调递增. 同理可证,若在 (a,b) 内导数 $f'(x)$ 保持负号,即 $f'(x)<0$,则函数 $y=f(x)$ 在 $[a,b]$ 上单调递减.

特别地,若 $f'(x)$ 在 (a,b) 内的某点 $x=c$ 处等于零,而在其余各点处均为正(负),则 $f'(x)$ 在区间 $[a,c]$ 和区间 $[c,b]$ 上都是单调递增(递减)的,因此在区间 $[a,b]$ 上仍是单调递增(递减)的. 显然,若 $f'(x)$ 在 (a,b) 内的有限个点处等于零,只要它在其余各点处保持定号,则 $f(x)$ 在 $[a,b]$ 上仍是单调的.

由定理 1 得知,探讨可导函数 $y=f(x)$ 的单调区间可按下列步骤进行:

(1) 确定函数 $y=f(x)$ 的定义域;

(2) 求导函数 $f'(x)$ 的零点,即方程 $f'(x)=0$ 的根;

(3) 用零点将函数定义域分成若干个开区间;

(4) 判别导函数 $f'(x)$ 在每一个开区间的符号,即求不等式 $f'(x)>0$ 或 $f'(x)<0$ 的解集,并依据定理 1 确定单调递增或单调递减区间.

例1 讨论函数 $f(x)=x^3-6x^2+9x-2$ 的单调性.

解 显然,函数 $f(x)$ 的定义域是 **R**.
$$f'(x)=3x^2-12x+9=3(x-1)(x-3).$$
于是,方程 $f'(x)=0$ 的根是1与3,它们将定义域 **R** 分成三个区间:
$$(-\infty,1),(1,3),(3,+\infty).$$
由 $f'(x)=3(x-1)(x-3)>0$ 可得导函数 $f'(x)$ 在区间 $(-\infty,1)$ 和 $(3,+\infty)$ 上的符号恒为正,故函数 $y=f(x)$ 在区间 $(-\infty,1)$ 和 $(3,+\infty)$ 上单调递增;由 $f'(x)=3(x-1)(x-3)<0$ 可得导函数 $f'(x)$ 在区间 $(1,3)$ 上的符号恒为负,故函数 $y=f(x)$ 在区间 $(1,3)$ 上单调递减.具体见表4-1,图象如图4-5所示.

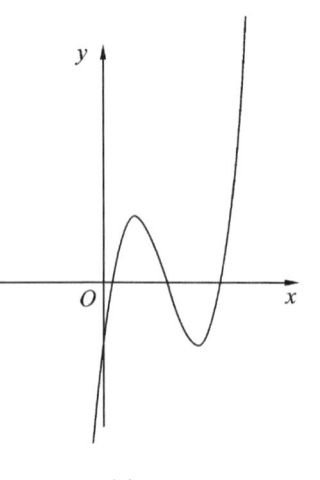

图4-5

表4-1 函数 $f(x)=x^3-6x^2+9x-2$ 的单调性

x	$(-\infty,1)$	$(1,3)$	$(3,+\infty)$
$f'(x)$	+	-	+
$f(x)$	↗	↘	↗

注:其中符号"↗"表示单调递增,"↘"表示单调递减.下同.

例2 讨论函数 $f(x)=e^{-x^2}$ 的单调性.

解 显然,函数 $f(x)$ 的定义域是 **R**.
$$f'(x)=-2xe^{-x^2}.$$
于是,方程 $f'(x)=-2xe^{-x^2}=0$ 的根是0,它将定义域 **R** 分成两个区间 $(-\infty,0)$ 与 $(0,+\infty)$.

由 $f'(x)=-2xe^{-x^2}>0$ 可得导函数 $f'(x)$ 在区间 $(-\infty,0)$ 上的符号恒为正,故函数 $y=f(x)$ 在区间 $(-\infty,0)$ 上单调递增;由 $f'(x)=-2xe^{-x^2}<0$ 可得导函数 $f'(x)$ 在区间 $(0,+\infty)$ 上的符号恒为负,故函数 $y=f(x)$ 在区间 $(0,+\infty)$ 上单调递减.具体见表4-2,图象如图4-6所示.

表4-2 函数 $f(x)=e^{-x^2}$ 的单调性

x	$(-\infty,0)$	$(0,+\infty)$
$f'(x)$	+	-
$f(x)$	↗	↘

图 4-6

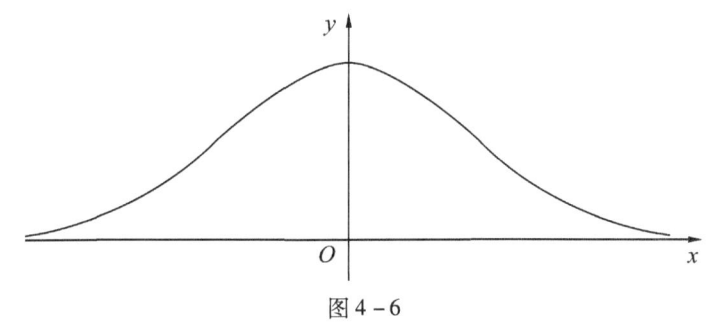

例 3 讨论函数 $y = x - \sin x$ 在 $[-\pi, \pi]$ 上的单调性.

解 显然函数 $y = x - \sin x$ 在 $[-\pi, \pi]$ 上连续,在 $(-\pi, \pi)$ 内可导.
$$y' = 1 - \cos x \geq 0,$$
且等号仅在 $x = 0$ 处成立,由定理 1 可知,函数 $y = x - \sin x$ 在 $[-\pi, \pi]$ 上单调递增,如图 4-7 所示.

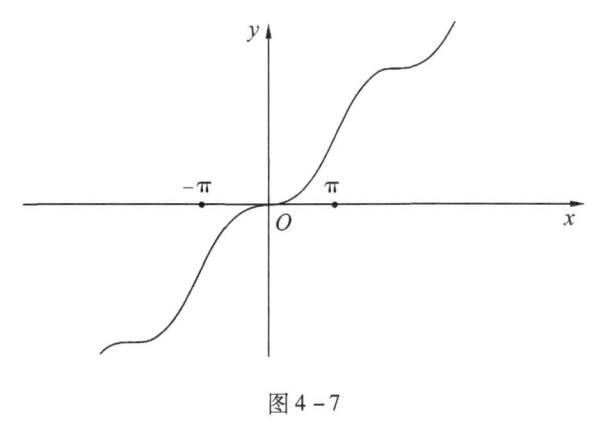

图 4-7

例 4 讨论函数 $y = \sqrt[3]{x^2}$ 的单调性.

解 函数的定义域为 $(-\infty, +\infty)$.

当 $x \neq 0$ 时,函数的导数为 $y' = \dfrac{2}{3\sqrt[3]{x}}$;当 $x = 0$ 时,函数的导数不存在. 在 $(-\infty, 0)$ 内,$y' < 0$,故函数 $y = \sqrt[3]{x^2}$ 在 $(-\infty, 0]$ 上单调递减;在 $(0, +\infty)$ 内,$y' > 0$,故函数 $y = \sqrt[3]{x^2}$ 在 $[0, +\infty)$ 上单调递增,如图 4-8 所示.

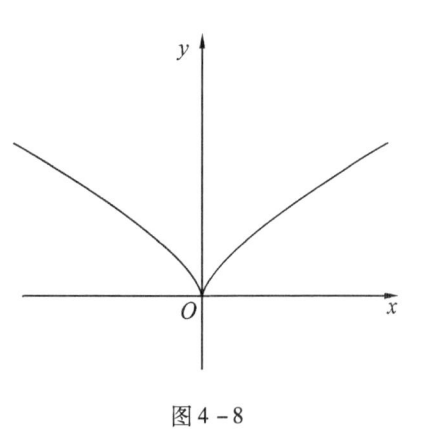

图 4-8

注意:若函数 $f(x)$ 在定义区间上连续,除去有限个导数不存在的点外导数存在且在区间内只有有限个驻点,则只要用函数的驻点及导数不存在的点来划分函数的定义区间,就能保证 $f'(x)$ 在各个部分区间内保持固定符号,因而函数 $f(x)$ 在每个部分区间上是单调函数.

4.4.2 利用函数的单调性证明不等式

下面我们介绍一下,利用函数的单调性证明不等式的具体例子.

例 5 证明不等式:当 $x>0$ 时,$1+\dfrac{1}{2}x>\sqrt{1+x}$.

证明 设 $f(t)=1+\dfrac{1}{2}t-\sqrt{1+t}, t\in[0,x]$,则有

$$f'(t)=\dfrac{1}{2}-\dfrac{1}{2\sqrt{1+t}}=\dfrac{\sqrt{1+t}-1}{2\sqrt{1+t}}>0, t\in(0,x).$$

所以,函数 $f(t)$ 在 $[0,x]$ 上单调递增.

故当 $x>0$ 时,$f(x)>f(0)$,即 $1+\dfrac{1}{2}x-\sqrt{1+x}>1+\dfrac{1}{2}\cdot 0-\sqrt{1+0}=0.$

亦即,当 $x>0$ 时,$1+\dfrac{1}{2}x>\sqrt{1+x}$.

例 6 证明不等式:当 $x>4$ 时,$2^x>x^2$.

证明 设 $f(t)=t\ln 2-2\ln t, t\in[4,x]$,则

$$f'(t)=\ln 2-\dfrac{2}{t}=\dfrac{\ln 4}{2}-\dfrac{2}{x}>\dfrac{\ln e}{2}-\dfrac{2}{4}=0.$$

所以,函数 $f(t)$ 在 $[4,x]$ 上单调递增.

故当 $x>4$ 时,$f(x)>f(4)=0$,即 $x\ln 2-2\ln x>0.$

亦即,当 $x>4$ 时,$2^x>x^2$.

例 7 证明不等式:当 $0<x<\dfrac{\pi}{2}$ 时,$\sin x+\tan x>2x$.

证明 设 $f(x)=\sin x+\tan x-2x, x\in\left(0,\dfrac{\pi}{2}\right)$,则

$$f'(x)=\cos x+\sec^2 x-2,$$
$$f''(x)=-\sin x+2\sec^2 x\tan x=\sin x(2\sec^3 x-1)>0.$$

因此,$f'(x)$ 在 $\left[0,\dfrac{\pi}{2}\right]$ 上单调递增,故当 $x\in\left(0,\dfrac{\pi}{2}\right)$ 时,$f'(x)>f'(0)=0.$ 从而 $f(x)$ 在 $\left[0,\dfrac{\pi}{2}\right]$ 上单调递增,即 $f(x)>f(0)$,亦即

$$\sin x+\tan x-2x>0, x\in\left(0,\dfrac{\pi}{2}\right].$$

所以,当 $0<x<\dfrac{\pi}{2}$ 时,$\sin x+\tan x>2x$.

4.4.3 函数极值与最值问题

1. 函数极值

4.1.1 中给出了函数极值的概念,那么如何求可导函数 $f(x)$ 的极值点或极值呢? 由费马定理可知:可导函数极值点的范围,即函数 $f(x)$ 的极值点必定在函数的驻点集合之中;反之,不成立,即驻点不一定是极值点. 例如:

(1) 以可导函数 $f(x) = x^3 (x \in \mathbf{R})$ 来说,由方程 $f'(x) = 3x^2 = 0$ 解得唯一驻点 0. 显然,点 0 不是此函数的极值点.

(2) 以可导函数 $f(x) = 2x^3 - 9x^2 + 12x - 3 (x \in \mathbf{R})$ 来说,由方程 $f'(x) = 6x^2 - 18x + 12 = 0$ 解得驻点 1 和 2. 显然,有极大值 $f(1) = 2$ 和极小值 $f(2) = 1$,点 1 和 2 是此函数的极值点(图 4-9).

前面已讲明,函数的极大值和极小值概念是局部性质,只是就 x_0 附近的一个局部范围来说的. 若 $f(x_0)$ 是函数 $f(x)$ 的一个极大(或极小)值,则 $f(x_0)$ 是 $f(x)$ 某一个邻域内的最大(或最小)值,但对函数 $f(x)$ 的整个定义域来说,$f(x_0)$ 不见得是最大(或最小)值.

费马定理给出可导函数取得极值的必要条件. 现将此结论叙述成如下定理:

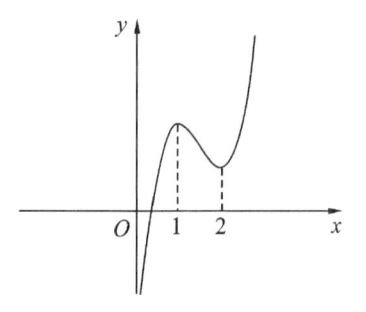

图 4-9

定理 2(必要条件) 设函数 $f(x)$ 在 x_0 处可导,且在 x_0 处取得极值,则 $f'(x_0) = 0$.

注意:函数在它的导数不存在的点处也可能取得极值. 例如,函数 $f(x) = |x|$ 在点 $x = 0$ 处不可导,但函数在该点取得极小值. 那么,如何去判定函数在驻点或不可导的点处究竟是否取得极值? 若存在极值,则是极大值还是极小值? 下面给出两个判定极值的充分条件.

定理 3(充分条件 I) 设函数 $f(x)$ 在 x_0 处连续,且在 x_0 的某一个去心邻域 $\mathring{U}(x_0, \delta)$ 内可导.

(1) 若 $x \in (x_0 - \delta, x_0)$ 时,$f'(x) > 0$,而 $x \in (x_0, x_0 + \delta)$ 时,$f'(x) < 0$,则 $f(x)$ 在 x_0 处取得极大值;

(2) 若 $x \in (x_0 - \delta, x_0)$ 时,$f'(x) < 0$,而 $x \in (x_0, x_0 + \delta)$ 时,$f'(x) > 0$,则 $f(x)$ 在 x_0 处取得极小值;

(3) 若 $x \in \mathring{U}(x_0, \delta)$ 时,$f'(x)$ 的符号保持不变,则 $f(x)$ 在 x_0 处没有极值.

证明 根据函数单调性的判定法,若 $x \in (x_0 - \delta, x_0)$ 时 $f'(x) > 0$,则函数 $f(x)$ 在 $(x_0 - \delta, x_0)$ 内单调递增;若 $x \in (x_0, x_0 + \delta)$ 时 $f'(x) < 0$,则函数 $f(x)$ 在 $(x_0, x_0 + \delta)$ 内

单调递减. 又因为函数 $f(x)$ 在 x_0 处是连续的,所以当 $x \in \overset{\circ}{U}(x_0,\delta)$ 时,总有 $f(x) < f(x_0)$. 所以 $f(x_0)$ 是 $f(x)$ 的一个极大值(图 4 – 10).

同理可证情形(2)(图 4 – 11)和情形(3)(图 4 – 12、图 4 – 13).

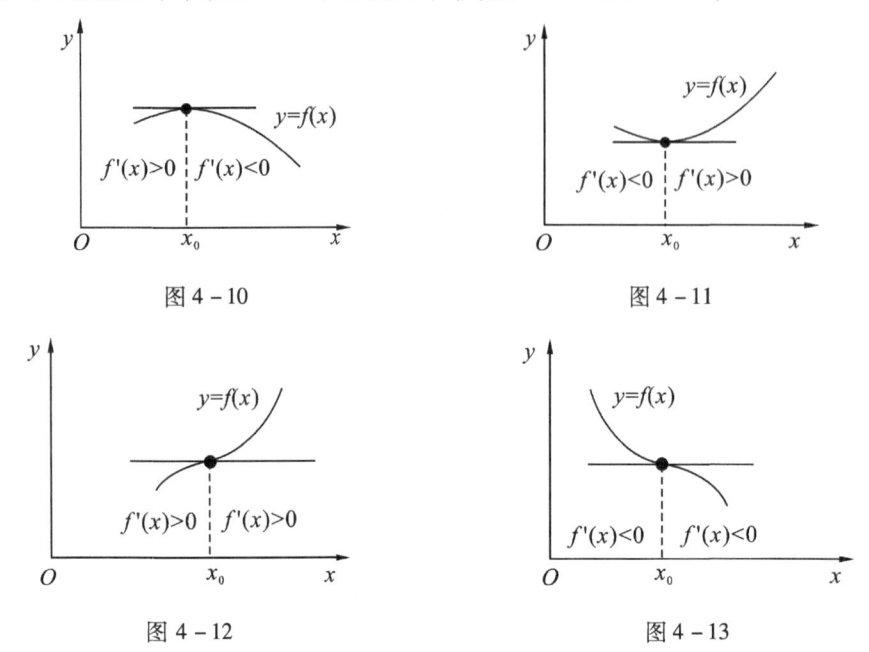

图 4 – 10

图 4 – 11

图 4 – 12

图 4 – 13

简而言之,定理 3 指出:在 x_0 的某一个去心邻域 $\overset{\circ}{U}(x_0,\delta)$ 内,导函数 $f'(x)$ 在驻点 x_0 两侧有不同的符号, x_0 必定是函数 $f(x)$ 的极值点. 若 $f'(x)$ 的符号由正变负,则 $f(x)$ 在 x_0 处取得极大值;若 $f'(x)$ 的符号由负变正,则 $f(x)$ 在 x_0 处取得极小值;若 $f'(x)$ 的符号并不改变,则 $f(x)$ 在 x_0 处没有极值.

若函数 $f(x)$ 在所讨论的区间内连续,除个别点外处处可导,则就可以按下列步骤来求 $f(x)$ 在该区间内的极值点和相应的极值:

(1)求出导数 $f'(x)$.

(2)求出 $f(x)$ 的全部驻点与不可导点.

(3)考察 $f'(x)$ 的符号在每个驻点或不可导点的左、右邻近的情形,以确定该点是否为极值点;若是极值点,进一步确定是极大值点还是极小值点.

(4)求出各极值点的函数值,就得函数 $f(x)$ 的全部极值.

例 8 求函数 $f(x) = x^3(x-5)^2$ 的极值.

解 $f(x)$ 在 $(-\infty, +\infty)$ 内连续,且
$$f'(x) = 3x^2(x-5)^2 + 2x^3(x-5) = 5x^2(x-3)(x-5).$$

令 $f'(x) = 0$,解得三个驻点:0,3,5.

函数 $f(x)$ 的定义域是 $(-\infty, +\infty)$,驻点将定义域 $(-\infty, +\infty)$ 分成四个区间:

$(-\infty,0),(0,3),(3,5),(5,+\infty)$. 判别导函数 $f'(x)$ 在四个区间上的符号,见表 4-3.

表 4-3 函数 $f(x)=x^3(x-5)^2$ 的极值

x	$(-\infty,0)$	0	$(0,3)$	3	$(3,5)$	5	$(5,+\infty)$
$f'(x)$	+	0	+	0	−	0	+
$f(x)$	↗	非极值点	↗	极大值点	↘	极小值点	↗

由定理 3 可知,$x=0$ 不是函数 $f(x)$ 的极值点,$x=3$ 是函数 $f(x)$ 的极大值点,$x=5$ 是函数 $f(x)$ 的极小值点.

极大值 $f(3)=108$,极小值 $f(5)=0$.

定理 4(充分条件Ⅱ) 设函数 $f(x)$ 在 x_0 处具有二阶导数,且 $f'(x_0)=0$,$f''(x_0)\neq 0$,则

(1) 当 $f''(x_0)<0$ 时,函数 $f(x)$ 在 x_0 处取得极大值;

(2) 当 $f''(x_0)>0$ 时,函数 $f(x)$ 在 x_0 处取得极小值.

证明 (1) 当 $f''(x_0)<0$ 时,由二阶导数的定义可知

$$f''(x_0)=\lim_{x\to x_0}\frac{f'(x)-f'(x_0)}{x-x_0}<0.$$

依据函数极限的局部保号性,当 x 在 x_0 的某一个去心邻域 $\overset{\circ}{U}(x_0,\delta)$ 内时,

$$\frac{f'(x)-f'(x_0)}{x-x_0}<0.$$

由于 $f'(x_0)=0$,可得

$$\frac{f'(x)}{x-x_0}<0.$$

从而知道,在 x_0 的某一个去心邻域 $\overset{\circ}{U}(x_0,\delta)$ 内,$f'(x)$ 与 $x-x_0$ 符号相反.因此,当 $x<x_0$ 时,$f'(x)>0$;当 $x>x_0$ 时,$f'(x)<0$.依据定理 3 可知,$f(x)$ 在点 x_0 处取得极大值.

(2) 同理可证.

说明:定理 4 表明,若函数 $f(x)$ 在驻点 x_0 处的二阶导数 $f''(x_0)\neq 0$,则该驻点 x_0 一定是极值点,并且可以按二阶导数 $f''(x_0)$ 的符号来判定 $f(x_0)$ 是极大值还是极小值;但是,若 $f''(x_0)=0$,则 $f(x)$ 在 x_0 处可能有极大值,也可能有极小值,也可能没有极值.

定理 5(充分条件Ⅱ的推广) 设函数 $f(x)$ 在 x_0 处具有 n 阶导数且 $f'(x_0)=f''(x_0)=\cdots=f^{(n-1)}(x_0)=0$,$f^{(n)}(x_0)\neq 0$,则

(1)若 n 是奇数,则 x_0 不是函数 $f(x)$ 的极值点.

(2)若 n 是偶数,则 x_0 是函数 $f(x)$ 的极值点:当 $f^{(n)}(x_0) > 0$ 时,x_0 是函数 $f(x)$ 的极小值点,$f(x_0)$ 是极小值;当 $f^{(n)}(x_0) < 0$ 时,x_0 是函数 $f(x)$ 的极大值点,$f(x_0)$ 是极大值.

(证明省略)

例9 求函数 $f(x) = (x^2 - 1)^3 + 1$ 的极值.

解 $f'(x) = 6x(x^2 - 1)^2$.

令 $f'(x) = 0$,解得三个驻点:$x_1 = -1, x_2 = 0, x_3 = 1$.
$$f''(x) = 6(x^2 - 1)(5x^2 - 1).$$

因 $f''(0) = 6 > 0$,故 $f(x)$ 在 $x = 0$ 处取得极小值,极小值为 $f(0) = 0$.
$$f'''(x) = 24x(5x^2 - 3).$$

因 $f'''(-1) = -48 < 0, f'''(1) = 48 > 0$,由定理 5 可知:点 $x_1 = -1$ 和 $x_3 = 1$ 不是函数 $f(x)$ 的极值点,如图 4 - 14 所示.

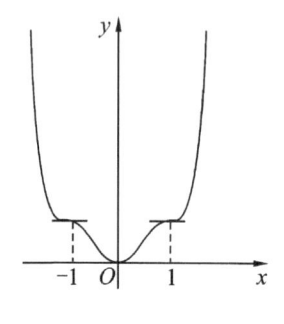

图 4 - 14

例10 求函数 $f(x) = 2\cos x + e^x + e^{-x}$ 的极值.

解 $f'(x) = e^x - e^{-x} - 2\sin x$.

令 $f'(x) = 0$,解得一个驻点 0.

$f''(x) = e^x + e^{-x} - 2\cos x$, $f''(0) = 0$;

$f'''(x) = e^x - e^{-x} + 2\sin x$, $f'''(0) = 0$;

$f^{(4)}(x) = e^x + e^{-x} + 2\cos x$, $f^{(4)}(0) = 4 > 0$.

于是,驻点 $x = 0$ 是函数 $f(x)$ 的极小值点,极小值是 $f(0) = 4$.

2. 最值问题

在经济领域、科学实验或工程设计等实践中,人们通常会遇到一些最大与最小、最高与最低、最多与最少、最好与最坏及最省、最佳利用等问题,此类问题即是数学领域的某一个目标函数的最大值或最小值求解问题. 函数 $f(x)$ 在某一区间 I 的最大值和最小值统称为最值.

若函数 $f(x)$ 在闭区间 $[a,b]$ 上连续,在开区间 (a,b) 内除有限个点外可导,且至多有限个驻点,由闭区间上连续函数的性质可知,函数 $f(x)$ 必在 $[a,b]$ 上的某点存在最值(最大值或最小值). 函数 $f(x)$ 的最值点可能是闭区间的两个端点 a 或 b,也可能是开区间 (a,b) 内的点;在开区间 (a,b) 内的最值点一定是 $f(x)$ 的驻点或不可导点.

求函数 $f(x)$ 在 $[a,b]$ 上的最大值和最小值的一般步骤如下:

(1)求出 $f(x)$ 在 (a,b) 内的所有驻点和不可导点;

(2) 计算 $f(x)$ 在 (a,b) 内的所有驻点和不可导点处的函数值及 $f(a),f(b)$,其中最大的便是 $f(x)$ 在 $[a,b]$ 上的最大值,最小的便是 $f(x)$ 在 $[a,b]$ 上的最小值.

例 11 求函数 $f(x)=|x^2-2x-3|$ 在 $[-5,4]$ 上的最大值与最小值.

解 当 $x\in[-1,3]$ 时,$f(x)=-x^2+2x+3$;当 $x\in[-5,-1)\cup(3,4]$ 时,$f(x)=x^2-2x-3$.

在 $(-5,4)$ 内,$f(x)$ 的驻点为 $x=1$;不可导点为 $x=-1,3$,由于 $f(-5)=32,f(-1)=0,f(1)=4,f(3)=0,f(4)=5$,比较可得 $f(x)$ 在 $x=-5$ 处取得它在 $[-5,4]$ 上的最大值 32,在 $x=-1$ 和 $x=3$ 处取得它在 $[-5,4]$ 上的最小值 0,如图 4-15 所示.

例 12 设有一长 8 cm、宽 5 cm 的矩形铁片,如图 4-16 所示. 在每个角上剪去同样大小的正方形. 问剪去正方形的边长多大,才能使剩下的铁片折起来做成开口盒子的容积最大.

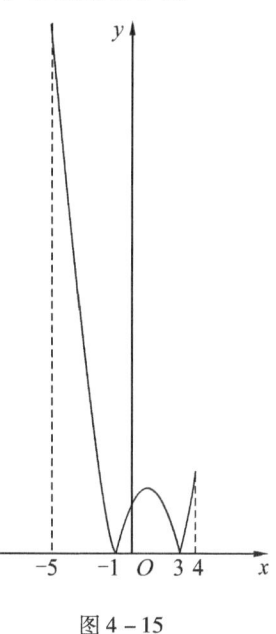

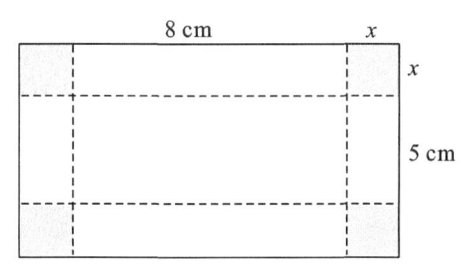

图 4-15

图 4-16

解 设剪去正方形的边长为 x cm. 那么,做成开口盒子的容积 $V(x)$ 为

$$V(x)=x(5-2x)(8-2x)(\text{cm}^3),0\leqslant x\leqslant\frac{5}{2}.$$

因此,问题转化为求函数 $V(x)$ 在 $\left[0,\frac{5}{2}\right]$ 上的最大值.

$$V'(x)=[x(5-2x)(8-2x)]'=(4x^3-26x^2+40x)'=12x^2-52x+40$$
$$=4(x-1)(3x-10).$$

令 $V'(x)=0$,解得驻点 1 与 $\frac{10}{3}$,其中 $\frac{10}{3}\notin\left[0,\frac{5}{2}\right]$. 因此,只有一个稳定点 1.

比较 $V(0)=0,V\left(\frac{5}{2}\right)=0,V(1)=18$,故剪去的正方形的边长为 1 cm 时,做成开

口盒子的容积最大,最大容积为 18 cm³.

说明:在求函数的最大值(或最小值)时,函数 $f(x)$ 在一个区间内可导且只有一个驻点 x_0,并且这个驻点 x_0 是函数 $f(x)$ 的极值点,则当 $f(x_0)$ 是极大值时,$f(x_0)$ 就是 $f(x)$ 在该区间上的最大值[图 4-17(a)];当 $f(x_0)$ 是极小值时,$f(x_0)$ 就是 $f(x)$ 在该区间上的最小值[图 4-17(b)].

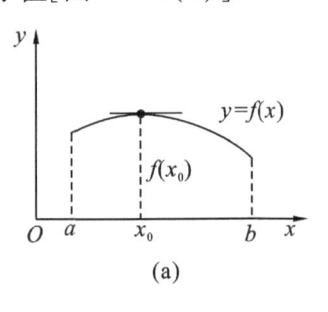

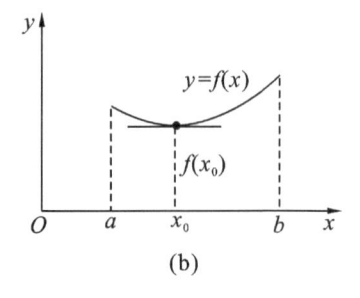

图 4-17

例 13 电灯 A 可在桌面点 O 的垂线上移动,如图 4-18 所示.在桌面上有一点 B,距点 O 的距离为 a.问电灯 A 与点 O 的距离多远,可使点 B 处有最大的照度?

解 设 $AO = x$,$AB = r$,$\angle OBA = \theta$.由物理光学知识可知,点 B 处的照度 J,与 $\sin\theta$ 成正比,与 r^2 成反比,即

$$J = k \cdot \frac{\sin\theta}{r^2}(k \text{ 是与灯光强度有关的常数}).$$

由已知可得 $\sin\theta = \frac{x}{r}$,$r = \sqrt{x^2+a^2}$,于是有

图 4-18

$$J = J(x) = k \cdot \frac{x}{r^3} = k \cdot \frac{x}{(x^2+a^2)^{\frac{3}{2}}}(0 \leqslant x < +\infty),$$

$$J' = J'(x) = k \cdot \frac{a^2-2x^2}{(x^2+a^2)^{\frac{5}{2}}}.$$

令 $J'(x) = 0$,解得驻点 $x = -\frac{a}{\sqrt{2}}$ 与 $x = \frac{a}{\sqrt{2}}$,其中 $x = -\frac{a}{\sqrt{2}} \notin [0, +\infty)$,去掉.比较 $J\left(\frac{a}{\sqrt{2}}\right) = \frac{2k}{3\sqrt{3a^2}}$,$J(0) = 0$,$\lim\limits_{x \to +\infty} J(x) = 0$ 可知,$J\left(\frac{a}{\sqrt{2}}\right) = \frac{2k}{3\sqrt{3a^2}}$ 是函数 $J(x)$ 在 $[a, +\infty)$ 上的最大值,即当电灯 A 与点 O 的距离为 $\frac{a}{\sqrt{2}}$ 时,点 B 处有最大的照度,最大的照度是 $J\left(\frac{a}{\sqrt{2}}\right) = \frac{2k}{3\sqrt{3a^2}}$.

例 14 从一块半径为 R 的圆铁片上剪去一个扇形做成一个漏斗,如图 4-19 所

示.问剪去的扇形的圆心角取多大时,才能使圆锥形漏斗的容积最大?

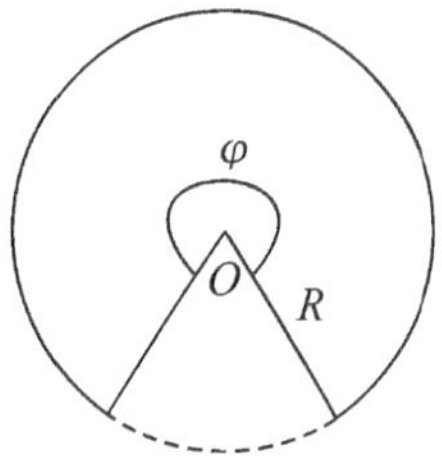

解 设剪后剩余部分的圆心角是 $\varphi(0 \leqslant \varphi \leqslant 2\pi)$. 圆锥形漏斗的斜高为 R,圆锥底的周长是 $R\varphi$(弧长等于半径乘圆心角). 设圆锥的底半径为 r,则 $r = \dfrac{R\varphi}{2\pi}$,圆锥的高是

$$\sqrt{R^2 - r^2} = \sqrt{R^2 - \left(\frac{R\varphi}{2\pi}\right)^2} = \frac{R}{2\pi}\sqrt{4\pi^2 - \varphi^2}.$$

图 4 – 19

圆锥的底面积是

$$\pi r^2 = \pi \left(\frac{R\varphi}{2\pi}\right)^2 = \frac{R^2\varphi^2}{4\pi}.$$

于是,圆锥的体积是

$$V(\varphi) = \frac{1}{3} \cdot \frac{R^2\varphi^2}{4\pi} \cdot \frac{R}{2\pi} \cdot \sqrt{4\pi^2 - \varphi^2} = \frac{R^3\varphi^2}{24\pi^2} \cdot \sqrt{4\pi^2 - \varphi^2}.$$

下面求函数在 $[0, 2\pi]$ 内的最大值.

$$V'(\varphi) = \frac{R^3\varphi}{12\pi^2} \cdot \sqrt{4\pi^2 - \varphi^2} - \frac{R^3\varphi^3}{24\pi^2} \cdot \frac{1}{\sqrt{4\pi^2 - \varphi^2}} = \frac{R^3}{24\pi^2} \cdot \frac{8\pi^2\varphi - 3\varphi^3}{\sqrt{4\pi^2 - \varphi^2}}.$$

令 $V'(\varphi) = 0$,解得三个驻点 $0, -2\pi\sqrt{\dfrac{2}{3}}, 2\pi\sqrt{\dfrac{2}{3}}$,其中 $-2\pi\sqrt{\dfrac{2}{3}} \notin [0, 2\pi]$,去掉. 而 $V(0) = V(2\pi) = 0$. 由已知,函数 $V(\varphi)$ 在 $[0, 2\pi]$ 上必存在最大值,因此函数 $V(\varphi)$ 必在驻点 $2\pi\sqrt{\dfrac{2}{3}}$ 处取得最大值. 于是,当剪后扇形的圆心角是 $2\pi - 2\pi\sqrt{\dfrac{2}{3}} = 2\pi\left(1 - \sqrt{\dfrac{2}{3}}\right)$ 时,才能使圆锥形漏斗的容积最大.

例15 设某工厂生产某产品 x 万件的成本是 $L(x) = x^3 - 6x^2 + 15x$,售出该产品 x 万件的收入是 $H(x) = 9x$. 问是否存在一个能取得最大利润的生产水平? 若存在,请找出这个生产水平.

解 由题设可知,售出 x 万件产品的利润是

$$F(x) = H(x) - L(x) = -x^3 + 6x^2 - 6x.$$

若存在一个能取得最大利润的生产水平,则它一定在使得 $F'(x) = 0$ 的某点处. 令 $F'(x) = H'(x) - L'(x) = 0$,于是有 $x^2 - 4x + 2 = 0$. 解此方程可得

$$x = \frac{4 \pm \sqrt{8}}{2} = 2 \pm \sqrt{2}.$$

即

$$x_1 = 2 - \sqrt{2} \approx 0.586, \quad x_2 = 2 + \sqrt{2} \approx 3.414.$$

又因为 $F''(x) = -6x + 12$, $F''(x_1) > 0$, $F''(x_2) < 0$. 故函数 $F(x)$ 在 $x_2 = 2 + \sqrt{2} \approx 3.414$ 处取最大值,而在 $x_1 = 2 - \sqrt{2} \approx 0.586$ 处取最小值. 依据实际意义,当 $x_2 \approx 3.414$

时,达到最大利润;而当 $x_1 \approx 0.586$ 时局部亏损最大.

4.4.4 函数图象的凹凸性与拐点

研究函数的性态,仅仅知道函数的单调性和极值还不够,曲线在上升或下降的过程中,还有一个弯曲方向的问题. 以函数 $f(x) = x^2$、$g(x) = x^{\frac{1}{2}}$ 为例,在区间 $[0,1]$ 上两条曲线弧都是单调递增,虽然它们都是上升的,但图象却有显著的不同,如图 4 - 20 所示. $f(x)$ 是向上凹的曲线弧,而 $g(x)$ 是向上凸的曲线弧,它们的凹凸性不同. 因此,有必要研究曲线的凹凸性及其判定法.

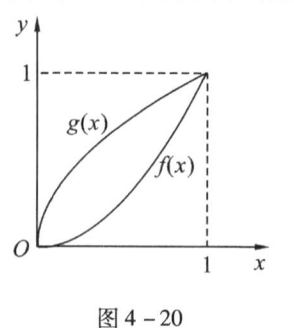

图 4 - 20

请观察图 4 - 21,在区间 $[m,n]$ 上的函数 $f(x)$ 的曲线弧上任取两点 E、F,连接这两点间的弦 EF,若弦 EF 总位于这两点间的弧段的上方 [图 4 - 21(a)],则称 $f(x)$ 在区间 $[m,n]$ 上的图形是(向上)凹弧;若弦 EF 总位于这两点间的弧段的下方 [图 4 - 21(b)],则称 $f(x)$ 在区间 $[m,n]$ 上的图形是(向下)凸弧.

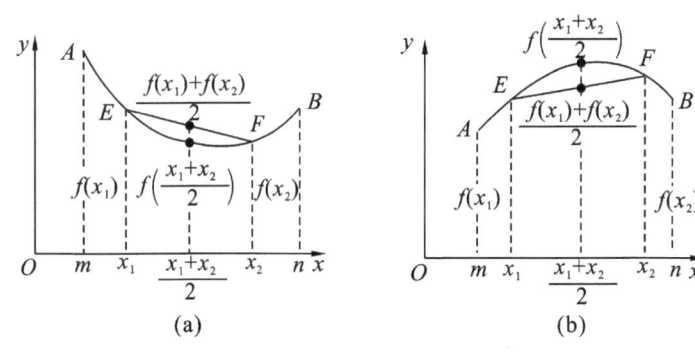

图 4 - 21

定义 1 设 $f(x)$ 在区间 I 上连续,若 $\forall x_1, x_2 \in I$ 恒有

$$f\left(\frac{x_1 + x_2}{2}\right) < \frac{f(x_1) + f(x_2)}{2},$$

则称 $f(x)$ 在 I 上是凹函数,$f(x)$ 的图象是(向上)凹的(或凹弧);若 $\forall x_1, x_2 \in I$ 恒有

$$f\left(\frac{x_1 + x_2}{2}\right) > \frac{f(x_1) + f(x_2)}{2},$$

则称 $f(x)$ 在 I 上是凸函数,$f(x)$ 的图象是(向下)凸的(或凸弧).

为了便于判断函数 $f(x)$ 在某一区间 I 内曲线的凹凸性,下面探讨曲线凹凸性的判定定理.

定理 6 设 $f(x)$ 在区间 $[a,b]$ 上连续,且在 (a,b) 内具有一阶和二阶导数,那么:

(1) 若在区间 (a,b) 内 $f''(x)>0$,则 $f(x)$ 在区间 $[a,b]$ 上的图象是凹的;

(2) 若在区间 (a,b) 内 $f''(x)<0$,则 $f(x)$ 在区间 $[a,b]$ 上的图象是凸的.

证明 (1) 由已知,$\forall x_1,x_2 \in [a,b]$,不妨假设 $x_1<x_2$,$x_0=\dfrac{x_1+x_2}{2}$,$x_2-x_0=x_0-x_1=h$,则 $x_1=x_0-h$,$x_2=x_0+h$,函数 $f(x)$ 在区间 $[x_0,x_0+h]$ 和 $[x_0-h,x_0]$ 上满足拉格朗日中值定理的所有条件,于是有

$$f(x_0+h)-f(x_0)=f'(x_0+\theta_1 h)h,$$

$$f(x_0)-f(x_0-h)=f'(x_0-\theta_2 h)h,$$

其中 $0<\theta_1<1$,$0<\theta_2<1$. 两式相减,可得

$$f(x_0+h)+f(x_0-h)-2f(x_0)=[f'(x_0+\theta_1 h)-f'(x_0-\theta_2 h)]h.$$

由于函数 $f'(x)$ 在区间 $[x_0-\theta_2 h,x_0+\theta_1 h]$ 上满足拉格朗日中值定理的所有条件,又可得

$$[f'(x_0+\theta_1 h)-f'(x_0-\theta_2 h)]h=f''(\xi)(\theta_1+\theta_2)h^2,$$

其中 $x_0-\theta_2 h<\xi<x_0+\theta_1 h$. 由题设,$f''(\xi)>0$,于是有

$$f(x_0+h)+f(x_0-h)-2f(x_0)>0,$$

即

$$\frac{f(x_0+h)+f(x_0-h)}{2}>f(x_0),$$

亦即

$$\frac{f(x_1)+f(x_2)}{2}>f\left(\frac{x_1+x_2}{2}\right),$$

所以 $f(x)$ 在 $[a,b]$ 上的图形是凹的.

(2) 同理可证(请读者自行完成).

注意:若把定理中的闭区间换成其他区间(包括无穷区间),则结论也成立.

定理 7 设函数 $f(x)$ 在开区间 I 内可导,则

(1) 函数 $f(x)$ 在区间 I 内的图象是凹的 $\Leftrightarrow \forall x_1,x_2 \in I$ 且 $x_1<x_2$,恒有 $f'(x_1) \leqslant f'(x_2)$.

(2) 函数 $f(x)$ 在区间 I 内的图象是凸的 $\Leftrightarrow \forall x_1,x_2 \in I$ 且 $x_1<x_2$,恒有 $f'(x_1) \geqslant f'(x_2)$.

证明 (1) 必要性($\Rightarrow$). 若函数 $f(x)$ 在区间 I 内的图象是凹的,则 $\forall x_1,x_2 \in I$ 且 $x_1<x_2$,不妨假设 $x_1<x<x_2$,由凹函数定义可知

$$\frac{f(x)-f(x_1)}{x-x_1} \leqslant \frac{f(x)-f(x_2)}{x-x_2}.$$

由已知条件和极限的保号性可知

$$\lim_{x \to x_1} \frac{f(x)-f(x_1)}{x-x_1} \leqslant \lim_{x \to x_1} \frac{f(x)-f(x_2)}{x-x_2}, 即 f'(x_1) \leqslant \frac{f(x_1)-f(x_2)}{x_1-x_2},$$

$$\lim_{x \to x_2} \frac{f(x)-f(x_1)}{x-x_1} \leqslant \lim_{x \to x_2} \frac{f(x)-f(x_2)}{x-x_2}, 即 \frac{f(x_2)-f(x_1)}{x_2-x_1} \leqslant f'(x_2).$$

于是

$$f'(x_1) \leqslant \frac{f(x_1)-f(x_2)}{x_1-x_2} = \frac{f(x_2)-f(x_1)}{x_2-x_1} \leqslant f'(x_2).$$

即 $\forall x_1, x_2 \in I$ 且 $x_1 < x_2$, 恒有

$$f'(x_1) \leqslant f'(x_2).$$

充分性($\Leftarrow$). $\forall x_1, x_2 \in I$ 且 $x_1 < x_2$, 由拉格朗日中值定理可知, $\exists \xi_1, \xi_2 : x_1 < \xi_1 < x < \xi_2 < x_2$, 有

$$\frac{f(x)-f(x_1)}{x-x_1} = f'(\xi_1), \frac{f(x)-f(x_2)}{x-x_2} = f'(\xi_2).$$

由已知条件知 $\quad\quad\quad\quad\quad f'(\xi_1) \leqslant f'(\xi_2).$

即

$$\frac{f(x)-f(x_1)}{x-x_1} \leqslant \frac{f(x)-f(x_2)}{x-x_2}.$$

由凹函数定义可知, 函数 $f(x)$ 在区间 I 内的图象是凹的.

(2) 同理可证(请读者自行完成).

例 16 讨论函数 $y = \ln x$ 的凹凸性.

解法一 函数 $y = \ln x$ 的定义域为 $(0, +\infty)$, $y'' = -\dfrac{1}{x^2} < 0$, 由定理 6 可知, 函数 $y = \ln x$ 的图象是凸的.

解法二 函数 $y = \ln x$ 的定义域为 $(0, +\infty)$, 由于 $y' = \dfrac{1}{x}$, $\forall x_1, x_2 \in (0, +\infty)$ 且 $x_1 < x_2$, 恒有 $\dfrac{1}{x_1} > \dfrac{1}{x_2}$. 由定理 7 可知, 函数 $y = \ln x$ 的图象是凸的.

例 17 讨论函数 $y = x^3$ 的凹凸性.

解法一 函数 $y = x^3$ 的定义域为 $(-\infty, +\infty)$, 由于 $y' = 3x^2, y'' = 6x$. 当 $x < 0$ 时, $y'' < 0$, 所以曲线在 $(-\infty, 0]$ 内为凸弧; 当 $x > 0$ 时, $y'' > 0$, 所以曲线在 $[0, +\infty)$ 内为凹弧.

解法二 函数 $y = x^3$ 的定义域为 $(-\infty, +\infty)$, 由于 $y' = 3x^2$. $\forall x_1, x_2 \in (0, +\infty)$ 且 $x_1 < x_2$, 恒有 $3x_1^2 < 3x_2^2$. 由定理 7 可知, 函数 $y = x^3$ 的图象是凹的; $\forall x_1, x_2 \in (-\infty, 0)$ 且 $x_1 < x_2$, 恒有 $3x_1^2 > 3x_2^2$. 由定理 7 可知, 函数 $y = x^3$ 的图象是凸的.

定义 2 若函数 $y=f(x)$ 在区间 I 上连续，x_0 是 I 内的点. 若曲线 $y=f(x)$ 在经过点 $[x_0,f(x_0)]$ 时，曲线在此点的一边为凹，而在它的另一边为凸时，则就称此点 $[x_0,f(x_0)]$ 为曲线 $y=f(x)$ 的**拐点**，也称**扭转点**.

下面讨论求解曲线 $y=f(x)$ 的拐点的一般方法.

方法一 由定理 6 可知：若 $f(x)$ 在区间 (a,b) 内具有二阶导数，利用 $f''(x)$ 的符号可以判定曲线的凹凸性. 因此，若 $f''(x)$ 在 x_0 的左、右两侧邻近异号，则点 $[x_0,f(x_0)]$ 就是曲线的一个拐点，此点处必然有 $f''(x_0)=0$. 除此以外，$f(x)$ 的二阶导数不存在的点，也有可能是 $f''(x)$ 的符号发生变化的分界点. 总而言之，连续曲线 $y=f(x)$ 的拐点可以按下列步骤来求解：

(1) 求函数 $y=f(x)$ 的二阶导数 $f''(x)$.

(2) 令 $f''(x)=0$，求出方程 $f''(x)=0$ 在区间 I 内的实根和使得 $f''(x)$ 不存在的点.

(3) 对于方程 $f''(x)=0$ 的每一个实根或二阶导数不存在的点的 x_0，判定 $f''(x)$ 在 x_0 左、右两侧邻近的符号. 若当 x_0 两侧 $f''(x)$ 的符号相反时，点 $[x_0,f(x_0)]$ 是拐点；若当 x_0 两侧 $f''(x)$ 的符号相同时，点 $[x_0,f(x_0)]$ 不是拐点.

方法二 由定理 7 可知：函数 $f'(x)$ 的单调增减区间发生变化的分界点也是拐点.

例 18 讨论函数 $f(x)=x^4-2x^3+1$ 的凹凸性及其拐点.

解 函数 $y=f(x)$ 的定义域是 $(-\infty,+\infty)$，一阶、二阶导数为
$$f'(x)=4x^3-6x^2,\ f''(x)=12x(x-1).$$

令 $f''(x)=12x(x-1)=0$，其实数解为 0 与 1. 它们将定义域 $(-\infty,+\infty)$ 分成三个区间 $(-\infty,0),(0,1),(1,+\infty)$，见表 4-4.

表 4-4 函数 $f(x)=x^4-2x^3+1$ 的凹凸性及其拐点

x	$(-\infty,0)$	0	$(0,1)$	1	$(1,+\infty)$
$f''(x)$	+	0	-	0	+
$f(x)$	凹	拐点	凸	拐点	凹

显然，函数 $f(x)$ 在区间 $(-\infty,0)$ 与 $(1,+\infty)$ 上是凹的，在区间 $(0,1)$ 上是凸的. 曲线上的点 $(0,1)$ 与 $(1,0)$ 都是拐点.

例 19 讨论函数 $f(x)=e^{-x^2}$ 的凹凸性及其拐点.

解 函数 $y=f(x)$ 的定义域是 $(-\infty,+\infty)$，一阶、二阶导数为
$$f'(x)=-2xe^{-x^2},\ f''(x)=2(2x^2-1)e^{-x^2}.$$

令 $f''(x)=2(2x^2-1)e^{-x^2}=0$，其实数解为 $-\dfrac{1}{\sqrt{2}}$ 与 $\dfrac{1}{\sqrt{2}}$. 它们将定义域 $(-\infty,+\infty)$ 分

成三个区间,见表 4 – 5.

表 4 – 5　函数 $f(x)=e^{-x^2}$ 的凹凸性及其拐点

x	$\left(-\infty,-\dfrac{1}{\sqrt{2}}\right)$	$-\dfrac{1}{\sqrt{2}}$	$\left(-\dfrac{1}{\sqrt{2}},\dfrac{1}{\sqrt{2}}\right)$	$\dfrac{1}{\sqrt{2}}$	$\left(\dfrac{1}{\sqrt{2}},+\infty\right)$
$f''(x)$	+	0	–	0	+
$f(x)$	凹	拐点	凸	拐点	凹

显然,函数 $f(x)$ 在 $\left(-\infty,-\dfrac{1}{\sqrt{2}}\right)$, $\left(\dfrac{1}{\sqrt{2}},+\infty\right)$ 上是凹的,在 $\left(-\dfrac{1}{\sqrt{2}},\dfrac{1}{\sqrt{2}}\right)$ 上是凸的. 曲线上的点 $\left(-\dfrac{1}{\sqrt{2}},\dfrac{1}{\sqrt{e}}\right)$ 与 $\left(\dfrac{1}{\sqrt{2}},\dfrac{1}{\sqrt{e}}\right)$ 都是拐点.

例 20　讨论函数 $f(x)=x\arctan\dfrac{1}{x}$ 的凹凸性及其拐点.

解　函数 $y=f(x)$ 的定义域是 $(-\infty,0)\cup(0,+\infty)$,一阶、二阶导数为

$$f'(x)=\arctan\dfrac{1}{x}-\dfrac{x}{1+x^2},\quad f''(x)=-\dfrac{1}{1+x^2}-\dfrac{1-x^2}{(1+x^2)^2}=-\dfrac{2}{(1+x^2)^2}.$$

令 $f''(x)=-\dfrac{2}{(1+x^2)^2}=0$,没有解. 函数 $y=f(x)$ 的定义域包括两个区间,见表 4 – 6.

表 4 – 6　函数 $f(x)=x\arctan\dfrac{1}{x}$ 的凹凸性及其拐点

x	$(-\infty,0)$	$(0,+\infty)$
$f''(x)$	–	–
$f(x)$	凸	凸

显然,函数 $f(x)$ 在 $(-\infty,0)$ 与 $(0,+\infty)$ 上都是凸的,曲线没有拐点.

例 21　讨论函数 $y=\sqrt[3]{x}$ 的拐点.

解　函数 $y=\sqrt[3]{x}$ 的定义域为 $(-\infty,+\infty)$,函数在 $(-\infty,+\infty)$ 内连续.

当 $x\neq 0$ 时,$y'=\dfrac{1}{3\sqrt[3]{x^2}}$,$y''=-\dfrac{2}{9x\sqrt[3]{x^2}}$.

当 $x=0$ 时,y'、y'' 都不存在. 因此,函数 $y=\sqrt[3]{x}$ 的一阶、二阶导数在 $(-\infty,+\infty)$ 内不连续且不具有零点.

$x=0$ 把 $(-\infty,+\infty)$ 分成两个区间:$(-\infty,0)$ 与 $(0,+\infty)$,见表 4 – 7.

表 4-7 函数 $y=\sqrt[3]{x}$ 的凹凸性及其拐点

x	$(-\infty,0)$	0	$(0,+\infty)$
$f''(x)$	+	不存在	-
$f(x)$	凹	拐点	凸

当 $x\in(-\infty,0)$ 时,$y''>0$,曲线在 $(-\infty,0]$ 上是凹的;当 $x\in(0,+\infty)$ 时,$y''<0$,曲线在 $[0,+\infty)$ 上是凸的.

当 $x=0$ 时,$y=0$. 因此,点 $(0,0)$ 是曲线的一个拐点.

4.4.5 函数图象的渐近线及其求法

研究函数的性态时,我们虽然不能完整地画出函数图象,但是只要能够画出函数的大致图象或图象无限延伸时的走向及趋势,也可解决一些实际问题. 为此,下面介绍有关渐近线的知识.

定义 3 设曲线 C 为函数 $y=f(x)$ 的图象,P 为曲线 C 上的动点. 当动点 P 沿着曲线 C 无限远移时,若动点 P 到直线 l 的距离无限趋近于 0,则称直线 l 是曲线 C 的一条**渐近线**.

曲线的渐近线有两种:一种是铅直渐近线(又称垂直渐近线),一种是斜渐近线(包括水平渐近线).

1. 铅直渐近线

若 $\lim\limits_{x\to x_0^+}f(x)=\infty$ 或 $\lim\limits_{x\to x_0^-}f(x)=\infty$,则称直线 $x=x_0$ 是函数 $y=f(x)$ 的图象的铅直渐近线.

例如,因为 $\lim\limits_{x\to 0^+}f(x)=\lim\limits_{x\to 0^+}\ln x=\infty$,所以 $x=0$ 是函数 $f(x)=\ln x$ 的图象的铅直渐近线;又例如,因为 $\lim\limits_{x\to\left(k\pi+\frac{\pi}{2}\right)^-}g(x)=\lim\limits_{x\to\left(k\pi+\frac{\pi}{2}\right)^-}\tan x=-\infty$,$\lim\limits_{x\to\left(k\pi+\frac{\pi}{2}\right)^+}g(x)=\lim\limits_{x\to\left(k\pi+\frac{\pi}{2}\right)^+}\tan x=+\infty$ $(k\in\mathbf{Z})$,所以 $x=k\pi+\frac{\pi}{2}(k\in\mathbf{Z})$ 都是函数 $g(x)=\tan x$ 的图象的铅直渐近线.

2. 斜渐近线

若直线 $y=kx+b$ 是函数 $y=f(x)$ 图象的一条渐近线,则称这条直线为函数图象的**斜渐近线**. 特殊情况,当 $k=0$ 时,称直线 $y=b$ 为函数图象的**水平渐近线**.

如果斜渐近线 $y=kx+b$ 存在,那么如何确定常数 k 和 b?

依据点到直线的距离公式,曲线 $y=f(x)$ 上点 $P[x,f(x)]$ 到直线 $y=kx+b$ 的距离 $|PM|=\dfrac{f(x)-kx-b}{\sqrt{1+k^2}}$.

由渐近线的定义,

$$\lim_{\substack{x\to+\infty\\(x\to-\infty)}}\frac{|f(x)-kx-b|}{\sqrt{1+k^2}}=0 \Leftrightarrow \lim_{\substack{x\to+\infty\\(x\to-\infty)}}[f(x)-kx-b]=0 \Leftrightarrow \lim_{\substack{x\to+\infty\\(x\to-\infty)}}[f(x)-kx]=b.$$

若 $\lim\limits_{\substack{x\to+\infty\\(x\to-\infty)}}[f(x)-kx]=b$ 成立,则 $\lim\limits_{\substack{x\to+\infty\\(x\to-\infty)}}\left[\frac{f(x)-kx}{x}\right]=\lim\limits_{\substack{x\to+\infty\\(x\to-\infty)}}\frac{b}{x}$ 也成立,即

$$\lim_{\substack{x\to+\infty\\(x\to-\infty)}}\frac{f(x)-kx}{x}=0,\text{即} \lim_{\substack{x\to+\infty\\(x\to-\infty)}}\left[\frac{f(x)}{x}-k\right]=0.$$

于是有

$$\lim_{\substack{x\to+\infty\\(x\to-\infty)}}\frac{f(x)}{x}=k.$$

因而,直线 $y=kx+b$ 是曲线 $y=f(x)$ 的渐近线 $\Leftrightarrow$

$$k=\lim_{\substack{x\to+\infty\\(x\to-\infty)}}\frac{f(x)}{x},\ b=\lim_{\substack{x\to+\infty\\(x\to-\infty)}}[f(x)-kx].$$

若 $k=0$,则直线 $y=b$ 是曲线 $y=f(x)$ 的水平渐近线.

例22 讨论函数 $f(x)=\dfrac{(x-3)^2}{4(x-1)}$ 图象的渐近线.

解 由于 $\lim\limits_{x\to 1^+}\dfrac{(x-3)^2}{4(x-1)}=+\infty$,$\lim\limits_{x\to 1^-}\dfrac{(x-3)^2}{4(x-1)}=-\infty$,因此,$x=1$ 是函数图象的铅直渐近线. 又因为

$$k=\lim_{x\to\infty}\frac{f(x)}{x}=\lim_{x\to\infty}\frac{(x-3)^2}{4x(x-1)}=\frac{1}{4},$$

$$b=\lim_{x\to\infty}[f(x)-kx]=\lim_{x\to\infty}\left[\frac{(x-3)^2}{4(x-1)}-\frac{x}{4}\right]=\lim_{x\to\infty}\frac{x^2-6x+9-x^2+x}{4(x-1)}$$

$$=\lim_{x\to\infty}\frac{-5x+9}{4(x-1)}=-\frac{5}{4}.$$

于是,直线 $y=\dfrac{1}{4}x-\dfrac{5}{4}$ 是函数图象的斜渐近线.

例23 讨论函数 $f(x)=\dfrac{x^2+2x-1}{x}$ 图象的渐近线.

解 由于 $\lim\limits_{x\to 0^+}\dfrac{x^2+2x-1}{x}=-\infty$,$\lim\limits_{x\to 0^-}\dfrac{x^2+2x-1}{x}=+\infty$,因此,$x=0$ 是函数图象的铅直渐近线. 又因为

$$k=\lim_{x\to\infty}\frac{f(x)}{x}=\lim_{x\to\infty}\frac{x^2+2x-1}{x^2}=1,$$

$$b=\lim_{x\to\infty}[f(x)-kx]=\lim_{x\to\infty}\left(\frac{x^2+2x-1}{x}-x\right)=\lim_{x\to\infty}\frac{2x-1}{x}=2.$$

于是,直线 $y=x+2$ 是函数图象的斜渐近线.

例 24 讨论函数 $y = x\arctan x$ 图象的渐近线.

解 由于 $\lim\limits_{x \to +\infty} \dfrac{x\arctan x}{x} = \dfrac{\pi}{2} = k_1$,

$$b_1 = \lim_{x \to +\infty}\left(x\arctan x - \dfrac{\pi}{2}x\right) = \lim_{x \to +\infty}\dfrac{\arctan x - \dfrac{\pi}{2}}{\dfrac{1}{x}} = \lim_{x \to +\infty}\dfrac{\dfrac{1}{x^2+1}}{-\dfrac{1}{x^2}} = -1.$$

因此,$y = \dfrac{\pi}{2}x - 1$ 是函数图象的斜渐近线. 又因为

$$k_2 = \lim_{x \to -\infty}\dfrac{x\arctan x}{x} = -\dfrac{\pi}{2}, b_2 = \lim_{x \to -\infty}\left(x\arctan x + \dfrac{\pi}{2}x\right) = -1.$$

于是,直线 $y = -\dfrac{\pi}{2}x - 1$ 也是函数图象的斜渐近线.

渐近线判别法:设函数 $f(x) = \dfrac{P(x)}{Q(x)}$.

(1) 当 $P(x)$ 与 $Q(x)$ 都是连续函数时,若 $Q(x_0) = 0, P(x_0) \neq 0$,则直线 $x = x_0$ 是函数 $y = f(x)$ 图象的铅直渐近线. 当 $P(x)$ 是 n 次多项式、$Q(x)$ 是 m 次多项式时,若 $n = m + 1$,则函数 $y = f(x)$ 图象有斜渐近线;若 $n \leq m$,则函数 $y = f(x)$ 图象有水平渐近线.

(2) 当 $P(x)$ 或 $Q(x)$ 是无理函数时,设 $P(x)$ 或 $Q(x)$ 的最高次幂的指数分别为 n、m,若 $n = m + 1$,则函数 $y = f(x)$ 图象有斜渐近线;若 $n \leq m$,则函数 $y = f(x)$ 图象有水平渐近线.

4.4.6 函数图象的绘制

在中学数学教科书中,讲解了应用描点法描绘一些简单函数的图象. 但是,由于描点法所选取的点不可能很多,而且有可能漏掉某些关键性的点(如极值点、拐点等),故用描点法所描绘的函数图象常常与真实的函数图象相差很多. 除此之外,描点法难于把握曲线的单调性、凸凹性等一些重要的性态. 然而,应用导数讨论函数的单调性、极值性、凹凸性、拐点、渐近线等的方法去探讨描绘函数的图象的话,就能够比较准确地描绘函数的图象. 具体操作步骤如下:

第一步:确定函数 $y = f(x)$ 的定义域.

第二步:观察函数 $y = f(x)$ 是否具有某些特性(奇偶性、周期性).

第三步:观察函数 $y = f(x)$ 是否有铅直渐近线、斜渐近线(包括水平渐近线). 若有渐近线,将渐近线求出来.

第四步:求出函数 $y=f(x)$ 的一阶导数 $f'(x)$、二阶导数 $f''(x)$,再求出函数的单调区间与极值,凸凹区间与拐点,并列表.

第五步:确定一些特殊点,如曲线 $y=f(x)$ 与坐标轴的交点,以及容易计算的函数值 $f(x_i)$ 和能够确定所处位置的一些点 $[x_i,f(x_i)]$.

第六步:在直角坐标系中,首先标明所有关键性点的坐标,画出渐近线;其次按照曲线的性态逐段描绘函数图象.

例 25 描绘函数 $y=x^3-x^2-x+1$ 的图象.

解 第一步:函数 $y=f(x)$ 的定义域为 $(-\infty,+\infty)$.

第二步:经观察和计算可知,函数 $y=f(x)$ 在定义域内没有奇偶性和周期性,也没有渐近线. 当 $x\to+\infty$ 时,$y\to+\infty$;当 $x\to-\infty$ 时,$y\to-\infty$.

第三步:由已知可得

$$f'(x)=3x^2-2x-1=(3x+1)(x-1),f''(x)=6x-2=2(3x-1).$$

令 $f'(x)=0$,解得 $x=-\dfrac{1}{3}$ 或 $x=1$;令 $f''(x)=0$,解得 $x=\dfrac{1}{3}$. 这些点依次把定义域 $(-\infty,+\infty)$ 划分成四个区间:

$$\left(-\infty,-\dfrac{1}{3}\right),\left(-\dfrac{1}{3},\dfrac{1}{3}\right),\left(\dfrac{1}{3},1\right),(1,+\infty).$$

当 $x\in\left(-\infty,-\dfrac{1}{3}\right)$ 时,$f'(x)>0,f''(x)<0$,故在 $\left(-\infty,-\dfrac{1}{3}\right)$ 上函数单调递增而且是凸的.

当 $x\in\left(-\dfrac{1}{3},\dfrac{1}{3}\right)$ 时,$f'(x)<0,f''(x)<0$,故在 $\left(-\dfrac{1}{3},\dfrac{1}{3}\right)$ 上函数单调递减而且是凸的.

当 $x\in\left(\dfrac{1}{3},1\right)$ 时,$f'(x)<0,f''(x)>0$,故在 $\left(\dfrac{1}{3},1\right)$ 上函数单调递减而且是凹的.

当 $x\in(1,+\infty)$ 时,$f'(x)>0,f''(x)>0$,故在 $(1,+\infty)$ 上函数单调递增而且是凹的. 为了便于观察,把所得的结论列表,见表 4-8.

表 4-8 函数 $y=x^3-x^2-x+1$ 的单调性

x	$\left(-\infty,-\dfrac{1}{3}\right)$	$-\dfrac{1}{3}$	$\left(-\dfrac{1}{3},\dfrac{1}{3}\right)$	$\dfrac{1}{3}$	$\left(\dfrac{1}{3},1\right)$	1	$(1,+\infty)$
$f'(x)$	+	0	−	−	−	0	+
$f''(x)$	−		−	0	+		+

续表

x	$\left(-\infty,-\dfrac{1}{3}\right)$	$-\dfrac{1}{3}$	$\left(-\dfrac{1}{3},\dfrac{1}{3}\right)$	$\dfrac{1}{3}$	$\left(\dfrac{1}{3},1\right)$	1	$(1,+\infty)$
$y=f(x)$	↗	极大值点	↘	拐点	↘	极小值点	↗

说明:符号↗表示单调递增而且是凸的,↘表示单调递减而且是凸的,↘表示单调递减而且是凹的,↗表示单调递增而且是凹的. 下同.

第四步:确定一些特殊点.

由于

$$f\left(-\dfrac{1}{3}\right)=\dfrac{32}{27},\ f\left(\dfrac{1}{3}\right)=\dfrac{16}{27},\ f(1)=0.$$

所以,函数 $y=x^3-x^2-x+1$ 图象上的三个点为

$$\left(-\dfrac{1}{3},\dfrac{32}{27}\right),\ \left(\dfrac{1}{3},\dfrac{16}{27}\right),\ (1,0).$$

再计算与坐标轴的交点,即 $f(-1)=0,f(0)=1$,于是得到两点 $(-1,0),(0,1)$.

为了防止函数在区间 $(1,+\infty)$ 上的图象偏离确切位置太大,可再取一个点. 由于 $f\left(\dfrac{3}{2}\right)=\dfrac{5}{8}$,所以点 $\left(\dfrac{3}{2},\dfrac{5}{8}\right)$ 是图象上的一个点.

第五步:在直角坐标系中,首先绘制所有关键性点的坐标;其次依据列出来的表,逐段描绘函数图象,如图 4-22 所示.

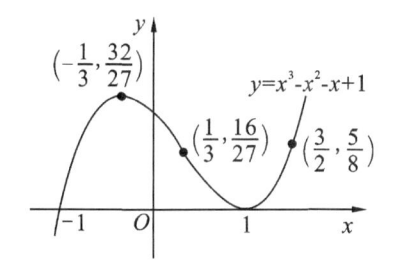

图 4-22

例 26 描绘函数 $f(x)=\dfrac{(x-3)^2}{4(x-1)}$ 的图象.

解 第一步:函数 $y=f(x)$ 的定义域为 $(-\infty,1)\cup(1,+\infty)$.

第二步:经观察可知,函数 $y=f(x)$ 在定义域内没有奇偶性和周期性.

第三步:由 4.4.5 例 22 可知,直线 $x=1$ 是铅直渐近线,而 $y=\dfrac{1}{4}x-\dfrac{5}{4}$ 是斜渐近线.

第四步:由于

$$f'(x) = \frac{(x+1)(x-3)}{4(x-1)^2}, f''(x) = \frac{2}{(x-1)^3}.$$

令 $f'(x)=0$,解得 $x=-1$ 或 $x=3$. 这些点依次把定义域 $(-\infty,1)\cup(1,+\infty)$ 划分成四个区间：

$$(-\infty,-1),(-1,1),(1,3),(3,+\infty).$$

令 $f''(x)=0$,方程无解,因此函数图象没有拐点.

(1) 当 $x\in(-\infty,-1)$ 时,$f'(x)>0, f''(x)<0$,故在 $(-\infty,-1)$ 上函数单调递增而且是凸的.

(2) 当 $x\in(-1,1)$ 时,$f'(x)<0, f''(x)<0$,故在 $(-1,1)$ 上函数单调递减而且是凸的.

(3) 当 $x\in(1,3)$ 时,$f'(x)<0, f''(x)>0$,故在 $(1,3)$ 上函数单调递减而且是凹的.

(4) 当 $x\in(3,+\infty)$ 时,$f'(x)>0, f''(x)>0$,故在 $(3,+\infty)$ 上函数单调递增而且是凹的. 为了便于观察,把所得的结论列表,见表 4-9.

表 4-9 函数 $f(x)=\dfrac{(x-3)^2}{4(x-1)}$ 的单调性

x	$(-\infty,-1)$	-1	$(-1,1)$	$(1,3)$	3	$(3,+\infty)$
$f'(x)$	+	0	−	−	0	+
$f''(x)$	−		−	+		+
$y=f(x)$	↗	极大值点	↘	↘	极小值点	↗

第五步:确定一些特殊点.

(1) 由于

$$f(-1)=-2, f(3)=0,$$

所以,函数 $f(x)=\dfrac{(x-3)^2}{4(x-1)}$ 图象上的两个点为 $(-1,-2), (3,0)$.

(2) 计算与坐标轴的交点,即 $f(3)=0, f(0)=-\dfrac{9}{4}$,于是得到两个点,$(3,0),\left(0,-\dfrac{9}{4}\right)$.

(3) 为了防止函数在区间 $(1,3)$ 上的图象偏离确切位置太大,取一个点,由于 $f(2)=\dfrac{1}{4}$,所以点 $\left(2,\dfrac{1}{4}\right)$ 是图象上的一个点.

第六步：在直角坐标系中，首先绘制所有关键性点的坐标和渐近线；其次依据列出来的表，逐段描绘函数图象，如图 4-23 所示.

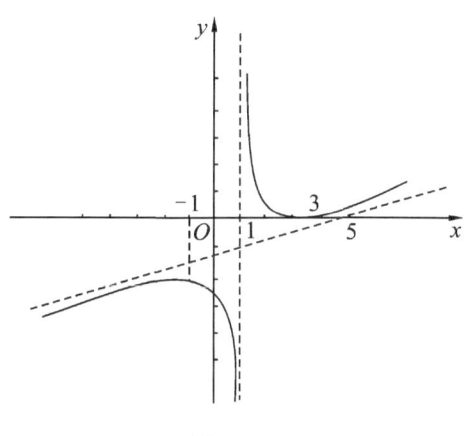

图 4-23

例 27 描绘函数 $y = \dfrac{1}{\sqrt{2\pi}} e^{-\frac{x^2}{2}}$ 的图象.

解 第一步：函数 $y = \dfrac{1}{\sqrt{2\pi}} e^{-\frac{x^2}{2}}$ 的定义域为 $(-\infty, +\infty)$.

第二步：由 $f(-x) = \dfrac{1}{\sqrt{2\pi}} e^{-\frac{(-x)^2}{2}} = \dfrac{1}{\sqrt{2\pi}} e^{-\frac{x^2}{2}} = f(x)$ 可知，函数 $y = f(x)$ 在定义域内是偶函数，没有周期性. 所以 $f(x)$ 的图象关于 y 轴对称，因此只讨论 $[0, +\infty)$ 上该函数的图象即可.

第三步：由于 $\lim\limits_{x \to +\infty} f(x) = 0$，所以 $y = 0$ 是函数图象的一条水平渐近线，没有斜渐近线.

第四步：由于

$$f'(x) = \dfrac{1}{\sqrt{2\pi}} e^{-\frac{x^2}{2}}(-x) = -\dfrac{1}{\sqrt{2\pi}} x\, e^{-\frac{x^2}{2}},$$

$$f''(x) = -\dfrac{1}{\sqrt{2\pi}} [e^{-\frac{x^2}{2}} + x e^{-\frac{x^2}{2}}(-x)] = \dfrac{1}{\sqrt{2\pi}} e^{-\frac{x^2}{2}}(x^2 - 1).$$

令 $f'(x) = 0$，解得 $x = 0$；令 $f''(x) = 0$，解得 $x = 1$. 这些点依次把 $(0, +\infty)$ 划分成两个区间 $(0,1)$ 和 $(1, +\infty)$.

(1) 当 $x \in (0,1)$ 时，$f'(x) < 0$，$f''(x) < 0$，故在 $(0,1)$ 上函数单调递减而且是凸的.

(2) 当 $x \in (1, +\infty)$ 时，$f'(x) < 0$，$f''(x) > 0$，故在 $(1, +\infty)$ 上函数单调递减而且是凹的. 为了便于观察，把所得的结论列表，见表 4-10.

表 4-10 函数 $y = \dfrac{1}{\sqrt{2\pi}} e^{-\frac{x^2}{2}}$ 的单调性

x	0	(0,1)	1	$(1, +\infty)$
$f'(x)$	0	−		−
$f''(x)$		−	0	+
$y = f(x)$	极大值点	↘	拐点	⌣

第五步:确定一些特殊点.算出 $f(0) = \dfrac{1}{\sqrt{2\pi}}$,$f(1) = \dfrac{1}{\sqrt{2\pi e}}$. 从而得到函数 $y = \dfrac{1}{\sqrt{2\pi}} e^{-\frac{x^2}{2}}$ 图象上的两点 $M_1\left(0, \dfrac{1}{\sqrt{2\pi}}\right)$ 和 $M_2\left(1, \dfrac{1}{\sqrt{2\pi e}}\right)$. 为了防止函数在区间 $[0, +\infty)$ 上的图象偏离确切位置太大,取一个点. 由于 $f(2) = \dfrac{1}{\sqrt{2\pi e^2}}$,所以点 $M_3\left(2, \dfrac{1}{\sqrt{2\pi e^2}}\right)$ 是图象上的一个点.

第六步:在直角坐标系中,首先绘制所有关键性点的坐标和渐近线;其次依据列出来的表,逐段描绘函数 $y = \dfrac{1}{\sqrt{2\pi}} e^{-\frac{x^2}{2}}$ 在 $[0, +\infty)$ 上的图象;最后,利用图形的对称性,便可得到函数在 $(-\infty, 0)$ 上的图象,如图 4-24 所示.

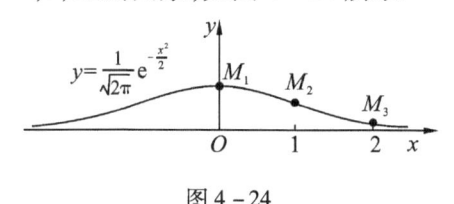

图 4-24

例 28 描绘函数 $f(x) = \dfrac{x^4 - 3x^2 + 3x + 1}{x - 1}$ 的图象.

解 第一步:函数 $y = f(x)$ 的定义域为 $(-\infty, 1) \cup (1, +\infty)$.

第二步:经观察可知,函数 $y = f(x)$ 在定义域内没有奇偶性和周期性.

第三步:把函数 $f(x)$ 改写成 $f(x) = (x-1)^2 + \dfrac{2}{x-1}$.

由 $\lim\limits_{x \to 1^-} f(x) = -\infty$,$\lim\limits_{x \to 1^+} f(x) = +\infty$ 可知,直线 $x = 1$ 是铅直渐近线.

又因为 $\lim\limits_{x \to \infty} \dfrac{2}{x-1} = 0$,所以当 $x \to \infty$ 时函数 $f(x)$ 的图象无限接近于抛物线 $y = (x-1)^2$. 当 $x \in (1, +\infty)$ 时,函数 $f(x)$ 的图象位于抛物线 $y = (x-1)^2$ 的上方;当 $x \in (-\infty, 1)$ 时,函数 $f(x)$ 的图象位于抛物线 $y = (x-1)^2$ 的下方.

第四步：由于
$$f'(x) = \frac{2[(x-1)^3 - 1]}{(x-1)^2}, f''(x) = \frac{2[(x-1)^3 + 2]}{(x-1)^2}.$$

令 $f'(x) = 0$，解得 $x = 2$；令 $f''(x) = 0$，解得 $x = 1 + \sqrt[3]{-2}$. 这些点依次把定义域 $(-\infty, 1) \cup (1, +\infty)$ 划分成四个区间：
$$(-\infty, 1 + \sqrt[3]{-2}), (1 + \sqrt[3]{-2}, 1), (1, 2), (2, +\infty).$$
不妨假设 $p = 1 + \sqrt[3]{-2}$.

(1) 当 $x \in (-\infty, p)$ 时，$f'(x) < 0, f''(x) > 0$，故在 $(-\infty, p)$ 上函数单调递减而且是凹的.

(2) 当 $x \in (p, 1)$ 时，$f'(x) < 0, f''(x) < 0$，故在 $(p, 1)$ 上函数单调递减而且是凸的.

(3) 当 $x \in (1, 2)$ 时，$f'(x) < 0, f''(x) > 0$，故在 $(1, 2)$ 上函数单调递减而且是凹的.

(4) 当 $x \in (2, +\infty)$ 时，$f'(x) > 0, f''(x) > 0$，故在 $(2, +\infty)$ 上函数单调递增而且是凹的. 为了便于观察，把所得的结论列表，见表 4-11.

表 4-11 函数 $f(x) = \frac{x^4 - 3x^2 + 3x + 1}{x - 1}$ 的单调性

x	$(-\infty, p)$	p	$(p, 1)$	$(1, 2)$	2	$(2, +\infty)$
$f'(x)$	$-$		$-$	$-$	0	$+$
$f''(x)$	$+$	0	$-$	$+$		$+$
$y = f(x)$	↘凹	拐点	↘	↘凹	极小值点	↗

第五步：确定一些特殊点.

(1) 由于 $f(2) = 3, f(p) = 0$. 所以，函数 $f(x) = \frac{x^4 - 3x^2 + 3x + 1}{x - 1}$ 图象上的两个点为 $(2, 3), (p, 0)$.

(2) 计算与坐标轴的交点，即 $f(0) = -1, f(p) = 0$，于是得到两个点 $(0, -1), (p, 0)$.

第六步：在直角坐标系中，首先绘制所有关键性点的坐标和渐近线；其次绘制出抛物线 $y = (x-1)^2$；依据列出来的表，逐段描绘函数图象，如图 4-25 所示.

例 29 描绘函数 $y = 1 + \frac{36x}{(x+3)^2}$ 的图象.

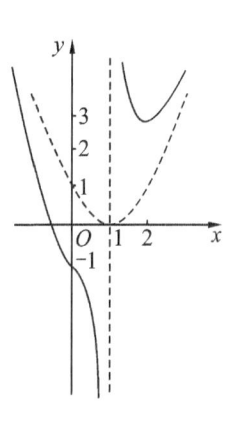

图 4-25

解 第一步：函数 $y=f(x)$ 的定义域为 $(-\infty,-3)\cup(-3,+\infty)$.

第二步：经观察可知，函数 $y=f(x)$ 在定义域内没有奇偶性和周期性.

第三步：由 $\lim\limits_{x\to+\infty}f(x)=1,\lim\limits_{x\to-3}f(x)=-\infty$ 可知，直线 $x=-3$ 是铅直渐近线，而 $y=1$ 是水平渐近线.

第四步：由于

$$f'(x)=\frac{36(3-x)}{(x+3)^3}, f''=\frac{72(x-6)}{(x+3)^4}.$$

令 $f'(x)=0$，解得 $x=3$；$f''(x)=0$，解得 $x=6$；$x=-3$ 是函数的间断点. 这些点依次把定义域 $(-\infty,-3)\cup(-3,+\infty)$ 划分成四个区间：

$$(-\infty,-3),(-3,3),(3,6),(6,+\infty),$$

(1) 当 $x\in(-\infty,-3)$ 时，$f'(x)<0,f''(x)<0$，故在 $(-\infty,-3)$ 上函数单调递减而且是凸的.

(2) 当 $x\in(-3,3)$ 时，$f'(x)>0,f''(x)<0$，故在 $(-3,3)$ 上函数单调递增而且是凸的.

(3) 当 $x\in(3,6)$ 时，$f'(x)<0,f''(x)<0$，故在 $(3,6)$ 上函数单调递减而且是凸的.

(4) 当 $x\in(6,+\infty)$ 时，$f'(x)<0,f''(x)>0$，故在 $(6,+\infty)$ 上函数单调递减而且是凹的. 为了便于观察，把所得的结论列表，见表 4-12.

表 4-12 函数 $y=1+\dfrac{36x}{(x+3)^2}$ 的单调性

x	$(-\infty,-3)$	$(-3,-3)$	3	$(3,6)$	6	$(6,+\infty)$
$f'(x)$	-	+	0	-		-
$f''(x)$	-	-		-	0	+
$y=f(x)$	↓	↗	极大值点	↓	拐点	↘

第五步：确定一些特殊点. 由于 $f(3)=4,f(6)=\dfrac{11}{3}$. 所以，函数 $y=1+\dfrac{36x}{(x+3)^2}$ 图象上的两个点为

$$M_1(3,4),M_2\left(6,\frac{11}{3}\right).$$

又由于

$$f(0)=1,f(-1)=-8,f(-9)=-8,f(-15)=-\frac{11}{4},$$

得图象上的四个点

$$M_3(0,1),M_4(-1,-8),M_5(-9,-8),M_6\left(-15,-\frac{11}{4}\right).$$

第六步:在直角坐标系中,首先绘制所有关键性点的坐标和渐近线;其次依据列出来的表,逐段描绘函数图象(如图 4 – 26).

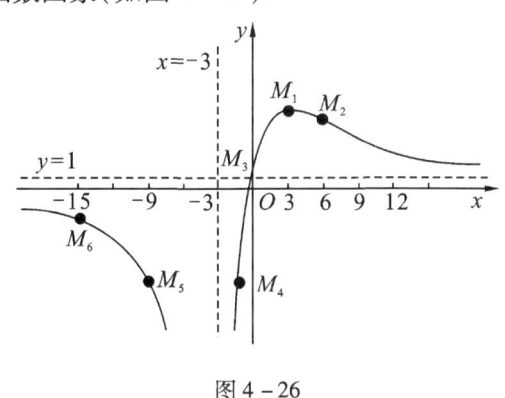

图 4 – 26

习题 4 – 4

1. 求下列函数的极值:

(1) $y = 2x^3 - 6x^2 - 18x + 7$;

(2) $y = x - \ln(1+x)$;

(3) $y = -x^4 + 2x^2$;

(4) $y = x + \sqrt{1-x}$;

(5) $y = \dfrac{1+3x}{\sqrt{4+5x^2}}$;

(6) $y = \dfrac{3x^2+4x+4}{x^2+x+1}$;

(7) $y = e^x \cos x$;

(8) $y = x^{\frac{1}{x}}$;

(9) $y = 3 - 2(x+1)^{\frac{1}{3}}$;

(10) $y = x + \tan x$.

2. 确定下列函数的单调区间:

(1) $y = 2x^3 - 6x^2 - 18x - 7$;

(2) $y = 2x + \dfrac{8}{x}(x>0)$;

(3) $y = \dfrac{10}{4x^3 - 9x^2 + 6x}$;

(4) $y = \ln(x + \sqrt{1+x^2})$;

(5) $y = (x-1)(x+1)^3$.

3. 证明下列不等式:

(1) 当 $x > 0$ 时, $1 + \dfrac{1}{2}x > \sqrt{1+x}$;

(2) 当 $0 < x < \dfrac{\pi}{2}$ 时, $\sin x + \tan x > 2x$;

(3) 当 $x > 4$ 时, $2^x > x^2$.

4. 判定下列曲线的凹凸性：

(1) $y = 4x - x^2$；

(2) $y = \text{sh } x$；

(3) $y = x + \dfrac{1}{x}$ $(x > 0)$；

(4) $y = x\arctan x$.

5. 求下列函数图形的拐点及凹或凸的区间：

(1) $y = x^3 - 5x^2 + 3x + 5$；

(2) $y = xe^{-x}$；

(3) $y = (x+1)^4 + e^x$；

(4) $y = \ln x^2 + 1$.

6. 求下列函数在指定区间的最小值与最大值：

(1) $f(x) = 2^x, x \in [-1, 5]$；

(2) $f(x) = -2x^3 + 3x^2 + 6x - 1, x \in [-2, 2]$；

(3) $f(x) = \sin^3 x + \cos^3 x, x \in \left[0, \dfrac{3}{4}\pi\right]$；

(4) $f(x) = x\ln x, x \in (0, e]$；

(5) $f(x) = xe^{-x^2}, x \in \mathbf{R}$.

7. 求下列曲线的渐近线：

(1) $y = \dfrac{1}{x^2 - 4x - 5}$；

(2) $y = \dfrac{x^2}{x^2 - 1}$；

(3) $y = xe^{\frac{1}{x^2}}$；

(4) $y = x\ln\left(e + \dfrac{1}{x}\right)$.

8. 绘制下列函数的图象：

(1) $y = x + \dfrac{1}{x}$；

(2) $y = \ln\dfrac{1+x}{1-x}$；

(3) $y = e^{-x}\sin x$；

(4) $y = x^2 + \dfrac{1}{x}$.

9. 试证明曲线 $y = \dfrac{x-1}{x^2+1}$ 有三个拐点位于同一直线上.

10. 试决定曲线 $y = ax^3 + bx^2 + cx + d$ 中的 $a、b、c、d$，使得 $x = -2$ 处曲线有水平切线，$(1, -10)$ 为拐点，且点 $(-2, 44)$ 在曲线上.

11. 试决定 $y = k(x^2 - 3)^2$ 中 k 的值，使曲线拐点处的法线通过原点.

12. 试问 a 为何值时，函数 $f(x) = a\sin x + \dfrac{1}{3}\sin 3x$ 在 $x = \dfrac{\pi}{3}$ 处取得极值？它是极大值还是极小值？并求此极值.

13. 问函数 $y = x^2 - \dfrac{54}{x}(x < 0)$ 在何处取得最小值？

14. 某车间靠墙壁要盖一间长方形小屋，现有存砖只够砌 20 m 长的墙壁. 问应围成怎样的长方形才能使这间小屋的面积最大？

4.5 曲率与曲率计算

4.5.1 曲率

据我们的几何直观,直线是不弯曲的,而圆是弯曲的,且半径小的圆比半径大的圆弯曲程度更大一些,而其他曲线的不同部分有不同的弯曲程度. 为了便于研究曲线问题,这种表示曲线弯曲程度的度量称之为曲线的曲率.

设两条曲线弧段 AB 和 $A'B'$(如图 4-27)的长度分别等于 Δs、$\Delta s'$,弧段 AB 上 A 点处的切线为 τ_A. 当 A 点沿着曲线弧段 AB 移动到 B 点时,切线 τ_A 也跟着移动到切线 τ_B 的位置. 不妨假设 τ_A 与 τ_B 之间的夹角为 $\Delta\varphi_1$,则 $\Delta\varphi_1$ 就是从 A 到 B 切线方向变化的大小[图 4-27(a)]. 同理,在曲线弧段 $A'B'$ 上,$\Delta\varphi_2$ 是从 A' 到 B' 切线方向变化的大小[图 4-27(b)]. 观察可得 $\Delta\varphi_1 < \Delta\varphi_2$,曲线弧段 $A'B'$ 比曲线弧段 AB 弯曲的程度大些,即角度变化 $\Delta\varphi$ 大,弯曲的程度也大. 我们再观察一下图 4-28,两段圆弧 Δs、$\Delta s'$ 的切线方向改变了同一角度 $\Delta\varphi$,显然弧长小的弯曲大. 由此可见,曲线的弯曲程度不仅与其切线方向变化的角度 $\Delta\varphi$ 的大小有关,而且还与所考察的曲线弧段的长 Δs 有关,因此,一段曲线的弯曲程度可以用

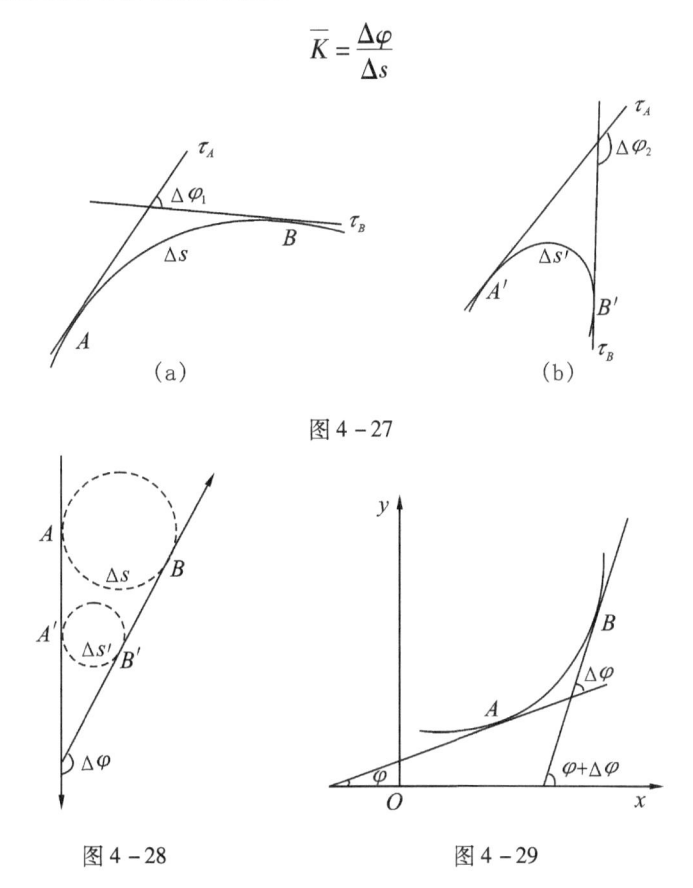

$$\overline{K} = \frac{\Delta\varphi}{\Delta s}$$

图 4-27

图 4-28

图 4-29

来衡量(图 4-29),称其即为曲线段 AB 的平均曲率,它刻画了这一段曲线的平均弯曲程度.其中 $\Delta\varphi$ 表示曲线段上切线方向的角度,Δs 为这一段曲线 AB 的弧长.

以直线而言,因沿着它切线方向没有变化,即 $\Delta\varphi=0$,所以

$$\overline{K}=\frac{\Delta\varphi}{\Delta s}=0.$$

这表示直线上任意一段的平均曲率都是零,也就是说直线上每一点的弯曲程度都相同且为零,符合直观意义上的"直线不曲".

以半径为 R 的圆而言,圆周上任意弧段 $\overset{\frown}{AB}$ 的切线方向变化的角度 $\Delta\varphi$ 等于半径 OA 和 OB 之间的夹角 $\Delta\alpha$(图 4-30),又因为 $\overset{\frown}{AB}=\Delta s=R\Delta\alpha$,所以曲线段 $\overset{\frown}{AB}$ 的平均曲率为

$$\overline{K}=\frac{\Delta\varphi}{\Delta s}=\frac{\Delta\alpha}{\Delta s}=\frac{1}{R}.$$

上式说明圆周上的平均曲率 $\overline{K}$ 是一个常数 $\frac{1}{R}$,也就是说圆周上每一段的平均曲率是相同的.

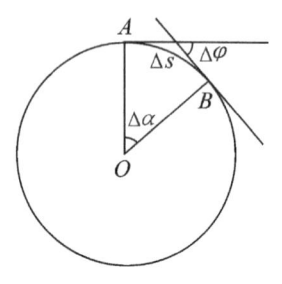

图 4-30

对于一般的曲线而言,观察图 4-30 可知,随着 B 点越来越靠近 A 点,弧长 Δs 越来越小($\Delta\varphi$ 是 Δs 的单调递增函数),$\frac{\Delta\varphi}{\Delta s}$ 也就越来越精确地刻画出 A 点的弯曲程度(即 A 点的曲率).

若极限 $\lim\limits_{B\to A}\dfrac{\Delta\varphi}{\Delta s}=\lim\limits_{\Delta s\to 0}\dfrac{\Delta\varphi}{\Delta s}$ 存在,依据极限定义有

$$K=\left|\frac{\mathrm{d}\varphi}{\mathrm{d}s}\right|=\left|\lim_{\Delta s\to 0}\frac{\Delta\varphi}{\Delta s}\right|,$$

称 K 为曲线在 A 点的曲率,它刻画了曲线在 A 点的弯曲程度.

4.5.2 弧微分

设一条平面曲线的弧长 s 由某一定点 A 起算,$\overset{\frown}{MN}$ 由某一点 $M(x,y)$ 起弧长的改变量为 Δs,而 Δx 和 Δy 是相应的 x 和 y 的改变量.由勾股定理(图 4-31)可得 $(\overline{MN})^2=\Delta x^2+\Delta y^2$,即

$$\left(\frac{\overline{MN}}{\Delta x}\right)^2=1+\left(\frac{\Delta y}{\Delta x}\right)^2.$$

当 $\Delta x\to 0$ 时,若 $y=s(x)$ 具有连续导数,则 $\left(\dfrac{\mathrm{d}s}{\mathrm{d}x}\right)^2=1+$

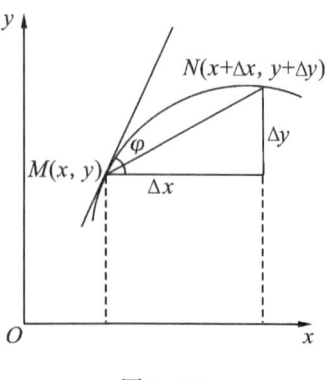

图 4-31

$\left(\dfrac{\mathrm{d}y}{\mathrm{d}x}\right)^2$. 于是有

$$\mathrm{d}s = \pm\sqrt{1+y'^2}\,\mathrm{d}x \text{ 或 } \mathrm{d}s = \pm\sqrt{(\mathrm{d}x)^2+(\mathrm{d}y)^2},$$
$$(\mathrm{d}s)^2 = (\mathrm{d}x)^2+(\mathrm{d}y)^2.$$

(1) 若曲线函数为 $y = s(x)$, $x \in [a,b]$, 且 $s'(x)$ 在 $[a,b]$ 上连续, 则 $\mathrm{d}s = \pm\sqrt{1+s'^2(x)}$;

(2) 若曲线参数方程为
$$\begin{cases} x = \varphi(\theta), \\ y = \psi(\theta), \end{cases} \alpha \leqslant \theta \leqslant \beta,$$

且 $\varphi'(\theta)$、$\psi'(\theta)$ 在 $[\alpha,\beta]$ 上连续, 且不全为 0, 则 $\mathrm{d}s = \pm\sqrt{(\mathrm{d}x)^2+(\mathrm{d}y)^2} = \pm\sqrt{\varphi'^2(\theta)+\psi'^2(\theta)}\,\mathrm{d}\theta$;

(3) 若曲线极坐标方程为 $\rho = \rho(\theta)$ ($\alpha \leqslant \theta \leqslant \beta$), 且 $\rho'(\theta)$ 在 $[\alpha,\beta]$ 上连续, 即
$$\begin{cases} x = \rho(\theta)\cos\theta, \\ y = \rho(\theta)\sin\theta, \end{cases} \alpha \leqslant \theta \leqslant \beta,$$

于是有
$$\mathrm{d}s = \pm\sqrt{(\mathrm{d}x)^2+(\mathrm{d}y)^2} = \pm\sqrt{[(\rho(\theta)\cos\theta)']^2+[(\rho(\theta)\sin\theta)']^2}, \text{ 即}$$
$$\mathrm{d}s = \pm\sqrt{[\rho(\theta)]^2+[\rho'(\theta)]^2}\,\mathrm{d}\theta.$$

4.5.3　曲率的计算

如图 4-32 所示, 曲线 $y = s(x)$ 在点 M 处的切线斜率为 $\tan\varphi$, 由导数的几何意义可知 $\tan\varphi = y'$. 因此, $\varphi = \arctan y'$. 若对两边求导数, 则有

$$\frac{\mathrm{d}\varphi}{\mathrm{d}x} = \frac{y''}{1+y'^2}, \text{ 即 } \mathrm{d}\varphi = \frac{y''}{1+y'^2}\mathrm{d}x.$$

又因为 $K = \left|\dfrac{\mathrm{d}\varphi}{\mathrm{d}s}\right| = \left|\lim\limits_{\Delta s \to 0}\dfrac{\Delta\varphi}{\Delta s}\right|$, $\mathrm{d}s = \pm\sqrt{1+y'^2}\,\mathrm{d}x$, 所以有

$$K = \left|\frac{\mathrm{d}\varphi}{\mathrm{d}s}\right| = \left|\frac{\dfrac{y''}{1+y'^2}\mathrm{d}x}{\sqrt{1+y'^2}\,\mathrm{d}x}\right| = \left|\frac{y''}{(1+y'^2)^{\frac{3}{2}}}\right|.$$

设曲线 $y = s(x)$ 在点 $M(x,y)$ 处的曲率为 K ($K \neq 0$), 在点 M 处曲线的凹的一侧法线上取一点 D, 使 $|DM| = \dfrac{1}{K} = \rho$. 以 D 为圆心, ρ 为半径作圆 (图 4-32), 此圆称之为曲线在点 M 处的**曲率圆**, 圆心 D 称之为曲线在点 M 处的**曲率中心**, 曲率圆的半径 ρ 称之为曲线在点

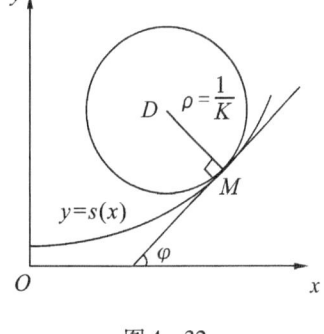

图 4-32

M 处的**曲率半径**,记作 $\rho = \dfrac{1}{K}$.

依据上述规定,曲线在点 M 处的曲率 $K(K \neq 0)$ 与曲线在点 M 处的曲率半径 ρ 互为倒数,即

$$\rho = \frac{1}{K}, K = \frac{1}{\rho}.$$

例1 求双曲线 $y = \dfrac{1}{x}$ 在点 $(1,1)$ 处的曲率和曲率半径.

解 由已知得

$$y' = -\frac{1}{x^2} \quad y'' = \frac{2}{x^3}.$$

因此,

$$y'\big|_{x=1} = -1 \quad y''\big|_{x=1} = 2.$$

代入曲率公式,得

$$K = \frac{2}{[1+(-1)^2]^{3/2}} = \frac{\sqrt{2}}{2}, \rho = \sqrt{2}.$$

故双曲线 $y = \dfrac{1}{x}$ 在点 $(1,1)$ 处的曲率为 $K = \dfrac{\sqrt{2}}{2}$,曲率半径为 $\rho = \sqrt{2}$.

例2 抛物线 $y = ax^2 + bx + c$ 上哪一点处的曲率最大?

解 由 $y = ax^2 + bx + c$,得 $y' = 2ax + b, y'' = 2a$.
代入曲率公式,得

$$K = \frac{|2a|}{[1+(2ax+b)^2]^{3/2}}.$$

很显然,当 $2ax + b = 0$,即 $x = -\dfrac{b}{2a}$ 时,K 的分母最小,因而 K 有最大值 $|2a|$. 而 $x = -\dfrac{b}{2a}$ 所对应的点为抛物线的顶点. 因此,抛物线在顶点处的曲率最大.

习题 4-5

1. 求椭圆 $4x^2 + y^2 = 4$ 在点 $(0,2)$ 处的曲率.

2. 求曲线 $y = \ln \sec x$ 在点 (x_0, y_0) 处的曲率及曲率半径.

3. 求曲线 $\begin{cases} x = a\cos^3\theta, \\ y = a\sin^3\theta \end{cases}$ 在 $\theta = \theta_0$ 相应的点处的曲率.

4. 求曲线 $y = \ln x$ 在与 x 轴交点处的曲率圆方程.

5. 求抛物线 $y = x^2 - 4x + 3$ 在其顶点处的曲率及曲率半径.

6. 求曲线 $x = a\cos^3 t, y = a\sin^3 t$ 在 $t = t_0$ 相应的点处的曲率.

7. 对数曲线 $y = \ln x$ 上哪一点处的曲率半径最小? 求出该点处的曲率半径.

总复习题4　A 组

1. 设函数 $y = f(x)$ 在 $(0, +\infty)$ 内有界且可导,则(　　).

   A. 当 $\lim\limits_{x \to +\infty} f(x) = 0$ 时,必有 $\lim\limits_{x \to +\infty} f'(x) = 0$

   B. 当 $\lim\limits_{x \to +\infty} f'(x)$ 存在时,必有 $\lim\limits_{x \to +\infty} f'(x) = 0$

   C. 当 $\lim\limits_{x \to 0^+} f(x) = 0$ 时,必有 $\lim\limits_{x \to 0^+} f'(x) = 0$

   D. 当 $\lim\limits_{x \to 0^+} f'(x)$ 存在时,必有 $\lim\limits_{x \to 0^+} f'(x) = 0$

2. 若 $f(x)$ 在 (a,b) 内可导且 $a < x_1 < x_2 < b$,则至少存在一点 ξ,使得(　　).

   A. $f(b) - f(a) = f'(\xi)(b-a) \ (a < \xi < b)$

   B. $f(b) - f(x_1) = f'(\xi)(b - x_1) \ (x_1 < \xi < b)$

   C. $f(x_2) - f(x_1) = f'(\xi)(x_2 - x_1) \ (x_1 < \xi < x_2)$

   D. $f(x_2) - f(a) = f'(\xi)(x_2 - a) \ (a < \xi < x_2)$

3. 设函数 $f(x)$ 在闭区间 $[a,b]$ 上有定义,在开区间 (a,b) 内可导,则(　　).

   A. 当 $f(a)f(b) < 0$ 时,存在 $\xi \in (a,b)$,使 $f(\xi) = 0$

   B. 对任何 $\xi \in (a,b)$,有 $\lim\limits_{x \to \xi}[f(x) - f(\xi)] = 0$

   C. 当 $f(a) = f(b)$ 时,存在 $\xi \in (a,b)$,使 $f'(\xi) = 0$

   D. 存在 $\xi \in (a,b)$,使 $f(b) - f(a) = f'(\xi)(b-a)$

4. 设函数 $f(x)$、$g(x)$ 具有二阶导数,且 $g''(x) < 0$. 若 $g(x_0) = a$ 是 $g(x)$ 的极值,则 $f[g(x)]$ 在 x_0 处取极大值的一个充分条件是(　　).

   A. $f'(a) < 0$ 　　　　　　　　B. $f'(a) > 0$

   C. $f''(a) < 0$ 　　　　　　　　D. $f''(a) > 0$

5. 曲线 $y = x\sin x + 2\cos x \left(-\dfrac{\pi}{2} < x < 2\pi\right)$ 的拐点坐标为(　　).

   A. $(0, 2)$　　　B. $(\pi, -2)$　　　C. $\left(\dfrac{\pi}{2}, \dfrac{\pi}{2}\right)$　　　D. $\left(\dfrac{3\pi}{2}, -\dfrac{3\pi}{2}\right)$

6. 曲线 $\begin{cases} x = t^2 + 7, \\ y = t^2 + 4t + 1 \end{cases}$ 上对应于 $t = 1$ 的点处的曲率半径是(　　).

   A. $\dfrac{\sqrt{10}}{50}$　　　B. $\dfrac{\sqrt{10}}{100}$　　　C. $10\sqrt{10}$　　　D. $5\sqrt{10}$

7. 设函数 $y=f(x)$ 由方程 $e^{2x+y}-\cos xy=e-1$ 所确定,则曲线 $y=f(x)$ 在点 $(0,1)$ 处的法线方程为____.

8. 已知函数 $y=\dfrac{x^3}{(x-1)^2}$,求:

(1) 函数的增减区间及极值;

(2) 函数图象的凹凸区间及拐点;

(3) 函数图象的渐近线.

9. 设 $y=f(x)$ 在 $(-1,1)$ 内具有二阶连续导数且 $f''(x)\neq 0$,试证:

(1) 对于 $(-1,1)$ 内的任一 $x\neq 0$,存在唯一的 $\theta(x)\in(0,1)$,使 $f(x)=f(0)+xf'[\theta(x)x]$ 成立;

(2) $\lim\limits_{x\to\infty}\theta(x)=\dfrac{1}{2}$.

10. 已知函数 $f(x)$ 在 $[0,1]$ 上连续,在 $(0,1)$ 内可导,且 $f(0)=0$, $f(1)=1$. 证明:

(1) 存在 $\xi\in(0,1)$,使得 $f(\xi)=1-\xi$;

(2) 存在两个不同的点 $\eta,\zeta\in(0,1)$,使得 $f'(\eta)f'(\zeta)=1$.

11. 试用拉格朗日中值定理证明不等式: $f(a+b)\leqslant f(a)+f(b)$,其中常数 a、b 满足 $0\leqslant a\leqslant b\leqslant a+b\leqslant c$.

12. 设函数 $f(x)$ 在 $[a,b]$ 上连续,在 (a,b) 内可导,且 $f'(x)\neq 0$. 试证存在 $\xi,\eta\in(a,b)$,使得 $\dfrac{f'(\xi)}{f'(\eta)}=\dfrac{e^b-e^a}{b-a}\cdot e^{-\eta}$.

总复习题4 B组

1. 设函数 $f(x)=\arctan x$. 若 $f(x)=xf'(\xi)$,则 $\lim\limits_{x\to 0}\dfrac{\xi^2}{x^2}=$ ( ).

A. 1　　　　B. $\dfrac{2}{3}$　　　　C. $\dfrac{1}{2}$　　　　D. $\dfrac{1}{3}$

2. 设 $f(x)=|x(1-x)|$,则( ).

A. $x=0$ 是 $f(x)$ 的极值点,但点 $(0,0)$ 不是曲线 $y=f(x)$ 的拐点

B. $x=0$ 不是 $f(x)$ 的极值点,但点 $(0,0)$ 是曲线 $y=f(x)$ 的拐点

C. $x=0$ 是 $f(x)$ 的极值点,且点 $(0,0)$ 是曲线 $y=f(x)$ 的拐点

D. $x=0$ 不是 $f(x)$ 的极值点,点 $(0,0)$ 也不是曲线 $y=f(x)$ 的拐点

3. 下列曲线中有渐近线的是( ).

A. $y=x+\sin x$　　　　　　　　B. $y=x^2+\sin x$

C. $y = x + \sin \dfrac{1}{x}$ D. $y = x^2 + \sin \dfrac{1}{x}$

4. 已知 $f(x)$、$g(x)$ 二阶可导且二阶导函数在 $x = a$ 处连续,则 $\lim\limits_{x \to a} \dfrac{f(x) - g(x)}{(x-a)^2} = 0$ 是曲线 $y = f(x)$ 和 $y = g(x)$ 在 $x = a$ 对应的点处相切且曲率相等的(　　).

A. 充分非必要条件   B. 充分必要条件

C. 必要非充分条件   D. 既非充分又非必要条件

5. 试证:当 $x > 0$ 时,$(x^2 - 1)\ln x \geq (x-1)^2$.

6. 已知曲线 L 的方程为 $\begin{cases} x = t^2 + 1, \\ y = 4t - t^2 \end{cases} (t \geq 0)$:

(1) 讨论 L 的凹凸性;

(2) 过点 $(-1, 0)$ 引 L 的切线,求切点 (x_0, y_0),并写出切线方程.

7. 曲线 $\begin{cases} x = \cos^3 t, \\ y = \sin^3 t \end{cases}$ 在 $t = \dfrac{\pi}{4}$ 对应点处的曲率为 _____.

8. 设函数 $f(x)$、$g(x)$ 在 $[a, b]$ 上连续,在 (a, b) 内具有二阶导数且存在相等的最大值,$f(a) = g(a)$,$f(b) = g(b)$,证明:存在 $\xi \in (a, b)$,使得 $f''(\xi) = g''(\xi)$.

9. 设函数 $f(x)$ 在闭区间 $[-1, 1]$ 上具有三阶连续导数,且 $f(-1) = 0$,$f(1) = 1$,$f'(0) = 0$,证明:在开区间 $(-1, 1)$ 内至少存在一点 ξ,使 $f'''(\xi) = 3$.

10. 设奇函数 $f(x)$ 在 $[-1, 1]$ 上具有二阶导数,且 $f(1) = 1$. 证明:

(1) 存在 $\xi \in (0, 1)$,使得 $f'(\xi) = 1$;

(2) 存在 $\eta \in (-1, 1)$,使得 $f''(\eta) + f'(\eta) = 1$.

11. 设函数 $f(x)$ 在区间 $[0, 1]$ 上连续,在 $(0, 1)$ 内可导,且 $f(0) = f(1) = 0$,$f\left(\dfrac{1}{2}\right) = 1$. 试证:

(1) 存在 $\eta \in \left(\dfrac{1}{2}, 1\right)$,使 $f(\eta) = \eta$;

(2) 对任意实数 λ,必存在 $\xi \in (0, \eta)$,使得 $f'(\xi) - \lambda[f(\xi) - \xi] = 1$.

12. 求函数 $u = x^2 + y^2 + z^2$ 在约束条件 $z = x^2 + y^2$ 和 $x + y + z = 4$ 下的最大值与最小值.

13. 设函数 $f(x)$ 在闭区间 $[0, 1]$ 上连续,在开区间 $(0, 1)$ 内可导,且 $f(0) = 0$,$f(1) = \dfrac{1}{3}$. 证明:存在 $\xi \in \left(0, \dfrac{1}{2}\right)$,$\eta \in \left(\dfrac{1}{2}, 1\right)$,使得 $f'(\xi) + f'(\eta) = \xi^2 + \eta^2$.

14. 求曲线 $x^3 - xy + y^3 = 1$ $(x \geq 0, y \geq 0)$ 上的点到坐标原点的最长距离和最短距离.

第5章 不定积分

在第3章中,我们讨论了如何求一个函数的导函数问题,本章将讨论它的反问题,即寻求一个可导函数,使它的导函数等于已知函数. 这是积分学的基本问题之一.

5.1 不定积分的概念与性质

5.1.1 原函数与不定积分的概念

定义1 如果在区间 I 上,可导函数 $F(x)$ 的导函数为 $f(x)$,即对任 $x \in I$,都有
$$F'(x) = f(x) \text{ 或 } dF(x) = f(x)dx,$$
那么函数 $F(x)$ 就称为 $f(x)$[或 $f(x)dx$]在区间 I 上的一个原函数.

例如,因 $(\cos x)' = -\sin x$,故 $\cos x$ 是 $-\sin x$ 的一个原函数.

关于原函数,我们首先要问:一个函数具备什么条件,能保证它的原函数一定存在? 这个问题将在下一章中讨论,这里先介绍一个结论.

原函数存在定理 如果函数 $f(x)$ 在区间 I 上连续,那么在区间 I 上存在可导函数 $F(x)$,使对任一 $x \in I$ 都有
$$F'(x) = f(x).$$

简单地说就是,连续函数一定有原函数.

显然,从定义可知,如果 $f(x)$ 在区间 I 上有原函数,即有一个函数 $F(x)$,使对任一 $x \in I$,都有 $F'(x) = f(x)$,那么,对任何常数 C,显然也有
$$[F(x) + C]' = f(x),$$
即对任何常数 C,函数 $F(x) + C$ 也是 $f(x)$ 的原函数. 这说明,如果 $f(x)$ 有一个原函

数,那么 $f(x)$ 就有无限多个原函数.

如果在区间 I 上 $F(x)$ 是 $f(x)$ 的一个原函数,那么 $f(x)$ 的其他原函数与 $F(x)$ 有什么关系?

设 $\Phi(x)$ 是 $f(x)$ 的另一个原函数,即对任一 $x \in I$ 有
$$\Phi'(x) = f(x).$$
于是
$$[\Phi(x) - F(x)]' = \Phi'(x) - F'(x) = f(x) - f(x) = 0.$$
在 4.1 中已经知道,在一个区间上导数恒为零的函数必为常数,所以
$$\Phi(x) - F(x) = C_0 \ (C_0 \text{ 为某个常数}).$$
这表明 $\Phi(x)$ 与 $F(x)$ 只差一个常数. 因此,当 C 为任意的常数时,表达式
$$F(x) + C$$
就可表示 $f(x)$ 的任意一个原函数.

由以上两点说明,我们引进下述定义.

定义 2 在区间 I 上,函数 $f(x)$ 的带有任意常数项的原函数称为 $f(x)$ [或 $f(x)\mathrm{d}x$] 在区间 I 上的不定积分,记作
$$\int f(x)\mathrm{d}x.$$

其中记号 $\int$ 称为积分号,$f(x)$ 称为被积函数,$f(x)\mathrm{d}x$ 称为被积表达式,x 称为积分变量.

由此定义及前面的说明可知,如果 $F(x)$ 是 $f(x)$ 在区间 I 上的一个原函数,那么 $F(x) + C$ 就是 $f(x)$ 的不定积分,即
$$\int f(x)\mathrm{d}x = F(x) + C.$$

因而不定积分 $\int f(x)\mathrm{d}x$ 可以表示 $f(x)$ 的任意一个原函数.

例 1 求 $\int x^3 \mathrm{d}x$.

解 由于 $\left(\dfrac{x^4}{4}\right)' = x^3$,所以 $\dfrac{x^4}{4}$ 是 x^3 的一个原函数. 因此
$$\int x^3 \mathrm{d}x = \frac{x^4}{4} + C.$$

例 2 求 $\int \dfrac{1}{x} \mathrm{d}x$.

解 当 $x > 0$ 时,由于 $(\ln x)' = \dfrac{1}{x}$,所以 $\ln x$ 是 $\dfrac{1}{x}$ 在 $(0, +\infty)$ 内的一个原函数. 因

此,在$(0,+\infty)$内,
$$\int \frac{1}{x} dx = \ln x + C.$$

当 $x<0$ 时,由于 $[\ln(-x)]' = \frac{1}{-x}(-1) = \frac{1}{x}$,所以 $\ln(-x)$ 是 $\frac{1}{x}$ 在 $(-\infty,0)$ 内的一个原函数. 因此,在 $(-\infty,0)$ 内,
$$\int \frac{1}{x} dx = \ln(-x) + C.$$

把 $x>0$ 及 $x<0$ 内的结果合起来,可写作
$$\int \frac{1}{x} dx = \ln|x| + C.$$

例3 设曲线通过点 $(1,2)$,且其上任一点处的切线斜率等于这点横坐标的两倍,求此曲线的方程.

解 设所求的曲线方程为 $y=f(x)$,按题设,曲线上任一点 (x,y) 处的切线斜率为
$$\frac{dy}{dx} = 2x,$$
即 $f(x)$ 是 $2x$ 的一个原函数.

因为 $\int 2x dx = x^2 + C$,故必有某个常数 C 使 $f(x) = x^2 + C$,即曲线方程为 $y = x^2 + C$. 因所求曲线通过点 $(1,2)$,故
$$2 = 2 + C, C = 1.$$
于是所求曲线方程为
$$y = x^2 + 1.$$

函数 $f(x)$ 的原函数的图形称为 $f(x)$ 的积分曲线. 本例即是求函数 $2x$ 的通过点 $(1,2)$ 的那条积分曲线. 显然,这条积分曲线可以由另一条积分曲线(例如 $y = x^2 + 1$)经 y 轴方向平移而得(图 5-1).

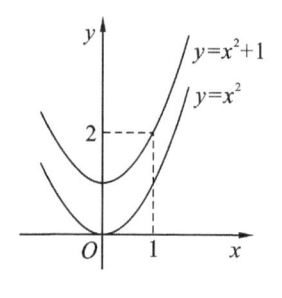

图 5-1

例4 质点以初速度 v_0 铅直上抛,不计阻力,求它的运动规律.

解 所谓运动规律,是指质点的位置关于时间 t 的函数关系. 为表示质点的位置,取坐标系如下:把质点所在的铅直线取作坐标轴,指向朝上,轴与地面的交点取作坐标原点. 设质点抛出时刻为 $t=0$,当 $t=0$ 时质点所在位置的坐标为 x_0,在时刻 t 时坐标为 x(图 5-2),$x = x(t)$ 就是要求的函数.

由导数的物理意义知道,

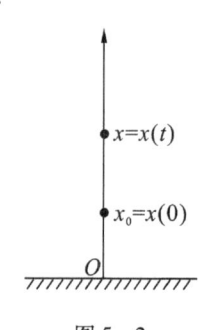

图 5-2

$$\frac{dx}{dt} = v(t)$$

即为质点在时刻 t 时向上运动的速度[如果 $v(t) < 0$,那么运动方向实际朝下].

又知

$$\frac{d^2 x}{dt^2} = \frac{dv}{dt} = a(t)$$

即为质点在时刻 t 时向上运动的加速度,按题意,有 $a(t) = -g$,即

$$\frac{dv}{dt} = -g \ \text{或} \ \frac{d^2 x}{dt^2} = -g.$$

先求 $v(t)$. 由于 $\frac{dv}{dt} = -g$,即 $v(t)$ 是 $-g$ 的原函数,故

$$v(t) = \int (-g) dt = -gt + C_1,$$

由 $v(0) = v_0$,得 $C_1 = v_0$,于是

$$v(t) = -gt + v_0.$$

再求 $x(t)$. 由于 $\frac{dx}{dt} = v(t)$,即 $x(t)$ 是 $v(t)$ 的原函数,故

$$x(t) = \int v(t) dt = \int (-gt + v_0) dt = -\frac{1}{2} g t^2 + v_0 t + C_2,$$

由 $x(0) = x_0$,得 $C_2 = x_0$,于是所求运动规律为

$$x = -\frac{1}{2} g t^2 + v_0 t + x_0, t \in [0, T],$$

其中 T 表示质点落地的时刻.

从不定积分的定义,即可知下述关系:

由于 $\int f(x) dx$ 是 $f(x)$ 的原函数,所以

$$\frac{d}{dx}\left[\int f(x) dx \right] = f(x),$$

或

$$d\left[\int f(x) dx \right] = f(x) dx.$$

又由于 $F(x)$ 是 $F'(x)$ 的原函数,所以

$$\int F'(x) dx = F(x) + C,$$

或记作

$$\int dF(x) = F(x) + C.$$

由此可见，微分运算（以记号 d 表示）与求不定积分的运算（简称积分运算，以记号 $\int$ 表示）是互逆的. 当记号 $\int$ 与 d 连在一起时，或者抵消，或者抵消后差一个常数.

5.1.2 基本积分表

既然积分运算是微分运算的逆运算，那么很自然地可以从导数公式得到相应的积分公式.

例如，因为 $\left(\dfrac{x^{\mu+1}}{\mu+1}\right)' = x^\mu$，所以 $\dfrac{x^{\mu+1}}{\mu+1}$ 是 x^μ 的一个原函数，于是

$$\int x^\mu dx = \dfrac{x^{\mu+1}}{\mu+1} + C (\mu \neq -1).$$

类似地可以得到其他积分公式. 下面我们把一些基本的积分公式列成一个表，这个表通常叫作基本积分表.

(1) $\int k dx = kx + C$（k 是常数）；

(2) $\int x^\mu dx = \dfrac{x^{\mu+1}}{\mu+1} + C (\mu \neq -1, x > 0)$；

(3) $\int \dfrac{dx}{x} = \ln|x| + C (x \neq 0)$；

(4) $\int \dfrac{dx}{1+x^2} = \arctan x + C$；

(5) $\int \dfrac{dx}{\sqrt{1-x^2}} = \arcsin x + C$；

(6) $\int \cos x dx = \sin x + C$；

(7) $\int \sin x dx = -\cos x + C$；

(8) $\int \dfrac{dx}{\cos^2 x} = \int \sec^2 x dx = \tan x + C$；

(9) $\int \dfrac{dx}{\sin^2 x} = \int \csc^2 x dx = -\cot x + C$；

(10) $\int \sec x \tan x dx = \sec x + C$；

(11) $\int \csc x \cot x dx = -\csc x + C$；

(12) $\int e^x dx = e^x + C$；

(13) $\int a^x dx = \dfrac{a^x}{\ln a} + C.$

以上 13 个基本积分公式是求不定积分的基础,必须熟记,下面举几个应用幂函数积分公式(2)的例子.

例 5 求 $\int \dfrac{dx}{x^4}$.

解 $\int \dfrac{dx}{x^4} = \int x^{-4} dx = \dfrac{x^{-4+1}}{-4+1} + C = -\dfrac{1}{3x^3} + C.$

例 6 求 $\int x^3 \sqrt{x} dx$.

解 $\int x^3 \sqrt{x} dx = \int x^{\frac{7}{2}} dx = \dfrac{x^{\frac{7}{2}+1}}{\frac{7}{2}+1} + C = \dfrac{2}{9} x^{\frac{9}{2}} + C = \dfrac{2}{9} x^4 \sqrt{x} + C.$

例 7 求 $\int \dfrac{dx}{x \sqrt[4]{x}}$.

解 $\int \dfrac{dx}{x \sqrt[4]{x}} = \int x^{-\frac{5}{4}} dx = \dfrac{x^{-\frac{5}{4}+1}}{-\frac{5}{4}+1} + C = -4 x^{-\frac{1}{4}} + C = -\dfrac{4}{\sqrt[4]{x}} + C.$

上面三个例子表明,有时被积函数实际是幂函数,但用分式或根式表示.遇此情形,应先把它化为 x^μ 的形式,然后应用幂函数的积分公式(2)来求不定积分.

5.1.3 不定积分的性质

根据不定积分的定义,可以推得它有如下两个性质:

性质 1 设函数 $f(x)$ 及 $g(x)$ 的原函数存在,则
$$\int [f(x) + g(x)] dx = \int f(x) dx + \int g(x) dx.$$

证明 将原式右端求导,得
$$\left[\int f(x) dx + \int g(x) dx \right]' = \left[\int f(x) dx \right]' + \left[\int g(x) dx \right]' = f(x) + g(x).$$

这表示,原式右端是 $f(x) + g(x)$ 的原函数,又原式右端有两个积分记号,形式上含两个任意常数,由于任意常数之和仍为任意常数,故实际上含一个任意常数,因此原式右端是 $f(x) + g(x)$ 的不定积分.

性质 1 对于有限个函数都是成立的.

类似地可以证明不定积分的第二个性质.

性质 2 设函数 $f(x)$ 的原函数存在,k 为非零常数,则
$$\int k f(x) dx = k \int f(x) dx.$$

利用基本积分公式以及不定积分的这两个性质,可以求出一些简单函数的不定积分.

例 8 求 $\int \sqrt{x}(x^2-7)dx$.

解 $\int \sqrt{x}(x^2-7)dx = \int(x^{\frac{5}{2}}-7x^{\frac{1}{2}})dx = \int x^{\frac{5}{2}}dx - \int 7x^{\frac{1}{2}}dx$

$= \int x^{\frac{5}{2}}dx - 7\int x^{\frac{1}{2}}dx = \frac{2}{7}x^{\frac{7}{2}} - 7 \cdot \frac{2}{3}x^{\frac{3}{2}} + C$

$= \frac{2}{7}x^3\sqrt{x} - \frac{14}{3}x\sqrt{x} + C$.

注意检验积分结果是否正确,只要对结果求导,看它的导数是否等于被积函数,相等时结果是正确的,否则结果是错误的. 如就例 8 的结果来看,由于

$$\left(\frac{2}{7}x^3\sqrt{x} - \frac{14}{3}x\sqrt{x} + C\right)' = \left(\frac{2}{7}x^{\frac{7}{2}} - \frac{14}{3}x^{\frac{3}{2}} + C\right)' = x^{\frac{5}{2}} - 7x^{\frac{1}{2}} = \sqrt{x}(x^2-7),$$

所以结果是正确的.

例 9 求 $\int \frac{(x-1)^2}{x^2}dx$.

解 $\int \frac{(x-1)^2}{x^2}dx = \int \frac{x^2-2x+1}{x^2}dx$

$= \int\left(1 - \frac{2}{x} + \frac{1}{x^2}\right)dx$

$= \int 1 dx - 2\int \frac{dx}{x} + \int \frac{dx}{x^2}$

$= x - 2\ln|x| - \frac{1}{x} + C$.

例 10 求 $\int(e^x - 3\sin x)dx$.

解 $\int(e^x - 3\sin x)dx = \int e^x dx - 3\int \sin x dx = e^x + 3\cos x + C$.

例 11 求 $\int 3^x e^x dx$.

解 因为

$$3^x e^x = (3e)^x,$$

所以,可把 3e 看作 a,并利用积分公式(13),使得

$$\int 3^x e^x dx = \int(3e)^x dx = \frac{(3e)^x}{\ln(3e)} + C = \frac{3^x e^x}{1+\ln 3} + C.$$

例 12 求 $\int \tan^2 x dx$.

解 基本积分公式中没有这种类型的积分,先利用三角恒等式化成基本积分公式中的积分,然后再逐项求积分.

$$\int \tan^2 x \mathrm{d}x = \int (\sec^2 x - 1) \mathrm{d}x = \int \sec^2 x \mathrm{d}x - \int 1 \mathrm{d}x = \tan x - x + C.$$

例 13 求 $\int \sin^2 x \mathrm{d}x$.

解 基本积分公式中也没有这种类型的积分,同上例一样,可以先利用三角恒等式变形,然后再逐项求积分.

$$\int \sin^2 x \mathrm{d}x = \int \frac{1}{2}(1 - \cos 2x) \mathrm{d}x = \frac{1}{2} \int (1 - \cos 2x) \mathrm{d}x$$

$$= \frac{1}{2} \left(\int 1 \mathrm{d}x - \int \cos 2x \mathrm{d}x \right) = \frac{1}{2} \left(x - \frac{1}{2} \sin 2x \right) + C.$$

例 14 求 $\int \frac{1}{\sin^2 x \cos^2 x} \mathrm{d}x$.

解 同上例一样,先利用三角恒等式变形,然后再求积分.

$$\int \frac{1}{\sin^2 x \cos^2 x} \mathrm{d}x = \int \frac{\sin^2 x + \cos^2 x}{\sin^2 x \cos^2 x} \mathrm{d}x$$

$$= \int \frac{1}{\cos^2 x} \mathrm{d}x + \int \frac{1}{\sin^2 x} \mathrm{d}x = \tan x - \cot x + C.$$

例 15 求 $\int \frac{2x^4 + x^2 + 3}{x^2 + 1} \mathrm{d}x$.

解 被积函数的分子和分母都是多项式,通过多项式的除法,可以把它化成基本积分公式中的积分,然后再逐项求积分.

$$\int \frac{2x^4 + x^2 + 3}{x^2 + 1} \mathrm{d}x = \int \left(2x^2 - 1 + \frac{4}{x^2 + 1} \right) \mathrm{d}x$$

$$= 2 \int x^2 \mathrm{d}x - \int 1 \mathrm{d}x + 4 \int \frac{1}{x^2 + 1} \mathrm{d}x$$

$$= \frac{2}{3} x^3 - x + 4 \arctan x + C.$$

习题 5-1

1. 利用求导运算验证下列等式:

(1) $\int \frac{1}{\sqrt{x^2 + 1}} \mathrm{d}x = \ln(x + \sqrt{x^2 + 1}) + C$;

(2) $\int \dfrac{2x}{(x^2+1)(x+1)^2}dx = \arctan x + \dfrac{1}{x+1} + C$;

(3) $\int \sec x dx = \ln|\tan x + \sec x| + C$;

(4) $\int e^x \sin x dx = \dfrac{1}{2}e^x(\sin x - \cos x) + C$.

2. 求下列不定积分：

(1) $\int \dfrac{dx}{x^2}$;

(2) $\int x\sqrt{x}dx$;

(3) $\int \sqrt[m]{x^n}dx$;

(4) $\int 5x^3 dx$;

(5) $\int(x^2 - 3x + 2)dx$;

(6) $\int(x^2+1)^2 dx$;

(7) $\int(\sqrt{x}+1)(\sqrt{x^3}-1)dx$;

(8) $\int \dfrac{(1-x)^2}{\sqrt{x}}dx$;

(9) $\int\left(\dfrac{3}{1+x^2} - \dfrac{2}{\sqrt{1-x^2}}\right)dx$;

(10) $\int e^x\left(1 - \dfrac{e^{-x}}{\sqrt{x}}\right)dx$;

(11) $\int 3^x e^x dx$;

(12) $\int \sec x(\sec x - \tan x)dx$;

(13) $\int \cos^2 \dfrac{x}{2}dx$;

(14) $\int \dfrac{dx}{1+\cos 2x}$;

(15) $\int \dfrac{\cos 2x}{\cos x - \sin x}dx$;

(16) $\int \dfrac{\cos 2x}{\cos^2 x \sin^2 x}dx$;

(17) $\int \dfrac{3x^4 + 2x^2}{x^2+1}dx$;

(18) $\int \cos\theta(\tan\theta + \sec\theta)d\theta$.

3. 一曲线通过点 $(e^2, 3)$，且在任一点处的切线的斜率等于该点横坐标的倒数，求该曲线的方程．

4. 证明函数 $\arcsin(2x-1)$，$\arccos(1-2x)$ 和 $2\arctan\sqrt{\dfrac{x}{1-x}}$ 都是 $\dfrac{1}{\sqrt{x-x^2}}$ 的原函数．

5. 求不定积分 $\int e^{2x}\arctan\sqrt{e^x-1}\,dx$.

6. 求不定积分 $\int \dfrac{3x+6}{(x-1)^2(x^2+x+1)}dx$.

5.2 换元积分法

利用基本积分公式与积分的性质,所能计算的不定积分是非常有限的. 因此,有必要进一步来研究不定积分的求法. 本节把复合函数的微分法反过来用于求不定积分,利用中间变量的代换,得到复合函数的积分法,称为换元积分法,简称换元法. 换元法通常分为两类,下面先讲第一类换元法.

5.2.1 第一类换元法

设 $f(u)$ 具有原函数 $F(u)$,即

$$F'(u) = f(u), \int f(u) \mathrm{d}u = F(u) + C.$$

如果 u 是中间变量:$u = \varphi(x)$,且设 $\varphi(x)$ 可微,那么,根据复合函数微分法,有

$$\mathrm{d}F[\varphi(x)] = f[\varphi(x)]\varphi'(x)\mathrm{d}x,$$

从而根据不定积分的定义就得

$$\int f[\varphi(x)]\varphi'(x)\mathrm{d}x = F[\varphi(x)] + C = \left[\int f(u)\mathrm{d}u\right]_{u=\varphi(x)}.$$

于是有下述定理:

定理 1 设 $f(u)$ 具有原函数,$u = \varphi(x)$ 可导,则有换元公式

$$\int f[\varphi(x)]\varphi'(x)\mathrm{d}x = \left[\int f(u)\mathrm{d}u\right]_{u=\varphi(x)}.$$

由此定理可见,虽然 $\int f[\varphi(x)]\varphi'(x)\mathrm{d}x$ 是一个整体的记号,但从形式上看,被积表达式中的 $\mathrm{d}x$ 也可当作变量 x 的微分来对待,从而微分等式 $\varphi'(x)\mathrm{d}x = \mathrm{d}u$ 可以方便地应用到被积表达式中来,我们在 5.1.1 中已经这样用了,那里把积分 $\int F'(x)\mathrm{d}x$ 记作 $\int \mathrm{d}F(x)$,就是按微分 $F'(x)\mathrm{d}x = \mathrm{d}F(x)$,把被积表达式 $F'(x)\mathrm{d}x$ 记作 $\mathrm{d}F(x)$.

如何应用第一换元法积分公式来求不定积分? 设要求 $\int g(x)\mathrm{d}x$,如果函数 $g(x)$ 可以化为 $g(x) = f[\varphi(x)]\varphi'(x)$ 的形式,那么

$$\int g(x)\mathrm{d}x = \int f[\varphi(x)]\varphi'(x)\mathrm{d}x = \left[\int f(u)\mathrm{d}u\right]_{u=\varphi(x)}.$$

这样,函数 $g(x)$ 的积分即转化为函数 $f(u)$ 的积分. 如果能求得 $f(u)$ 的原函数,那么也就得到了 $g(x)$ 的原函数.

例 1 求 $\int 2\sin 2x \, dx$.

解 被积函数中,$\sin 2x$ 是一个由 $\sin 2x = \sin u, u = 2x$ 复合而成的复合函数,常数因子恰好是中间变量 u 的导数. 因此,作变换 $u = 2x$,便有

$$\int 2\sin 2x \, dx = \int \sin 2x \cdot 2 \, dx = \int \sin 2x \cdot (2x)' \, dx$$

$$= \int \sin u \, du = -\cos u + C.$$

再以 $u = 2x$ 代入,即得

$$\int 2\sin 2x \, dx = -\cos 2x + C.$$

例 2 求 $\int \dfrac{1}{4+3x} \, dx$.

解 被积函数 $\dfrac{1}{4+3x} = \dfrac{1}{u}, u = 4 + 3x$. 这里缺少 $\dfrac{du}{dx} = 3$ 这样一个因子,但由于 $\dfrac{du}{dx}$ 是个常数,故可改变系数凑出这个因子:

$$\frac{1}{4+3x} = \frac{1}{3} \cdot \frac{1}{4+3x} \cdot 3 = \frac{1}{3} \cdot \frac{1}{4+3x}(4+3x)'.$$

从而令 $u = 4 + 3x$,便有

$$\int \frac{1}{4+3x} \, dx = \int \frac{1}{3} \cdot \frac{1}{4+3x}(4+3x)' \, dx = \int \frac{1}{3} \cdot \frac{1}{u} \, du$$

$$= \frac{1}{3} \ln|u| + C = \frac{1}{3} \ln|4+3x| + C.$$

一般地,对于积分 $\int f(ax+b) \, dx \, (a \neq 0)$,总可作变换 $u = ax + b$,把它化为

$$\int f(ax+b) \, dx = \int \frac{1}{a} f(ax+b) \, d(ax+b) = \frac{1}{a} \left[\int f(u) \, du \right]_{u=ax+b}.$$

例 3 求 $\int \dfrac{x^2}{(x+3)^3} \, dx$.

解 令 $u = x + 3$,则 $x = u - 3, dx = du$. 于是

$$\int \frac{x^2}{(x+3)^3} \, dx = \int \frac{(u-3)^2}{u^3} \, du = \int (u^2 - 6u + 9) u^{-3} \, du$$

$$= \int (u^{-1} - 6u^{-2} + 9u^{-3}) \, du$$

$$= \ln|u| + 6u^{-1} - \frac{9}{2}u^{-2} + C$$

$$= \ln|x+3| + \frac{6}{x+3} - \frac{9}{2(x+3)^2} + C.$$

例 4 求 $\int 3x^2 e^{x^3} dx$.

解 被积函数中的一个因子为 $e^{x^3} = e^u, u = x^3$,剩下的因子 $3x^2$ 恰好是中间变量 $u = x^3$ 的导数,于是有

$$\int 3x^2 e^{x^3} dx = \int e^{x^3} d(x^3) = \int e^u du = e^u + C = e^{x^3} + C.$$

例 5 求 $\int 2x \sqrt{1-x^2}\, dx$.

解 设 $u = 1 - x^2$,则 $du = -2x dx$,即 $-\dfrac{1}{2} du = x dx$,因此,

$$\int 2x \sqrt{1-x^2}\, dx = \int 2u^{\frac{1}{2}} \cdot \left(-\frac{1}{2}\right) du = -\frac{2u^{\frac{3}{2}}}{2} \cdot \frac{2}{3} + C$$

$$= -\frac{2}{3} u^{\frac{3}{2}} + C = -\frac{2}{3}(1-x^2)^{\frac{3}{2}} + C.$$

对变量代换比较熟练以后,就不一定写出中间变量 u.

例 6 求 $\int \dfrac{1}{a^2 + x^2} dx\, (a \neq 0)$.

解 $\int \dfrac{1}{a^2 + x^2} dx = \int \dfrac{1}{a^2} \cdot \dfrac{1}{1 + \left(\dfrac{x}{a}\right)^2} dx$

$$= \frac{1}{a} \int \frac{1}{1 + \left(\dfrac{x}{a}\right)^2}\, d\frac{x}{a} = \frac{1}{a} \arctan \frac{x}{a} + C.$$

在上例中,我们实际上已经用了变量代换 $u = \dfrac{x}{a}$,并在求出积分 $\dfrac{1}{a} \int \dfrac{1}{1+u^2} du$ 之后,代回了原积分变量 x,只是没有把这些步骤写出来而已.

例 7 求 $\int \dfrac{dx}{\sqrt{a^2 - x^2}}\, (a > 0)$.

解 $\int \dfrac{dx}{\sqrt{a^2 - x^2}} = \int \dfrac{dx}{a\sqrt{1 - \left(\dfrac{x}{a}\right)^2}} = \int \dfrac{d\dfrac{x}{a}}{\sqrt{1 - \left(\dfrac{x}{a}\right)^2}} = \arcsin \dfrac{x}{a} + C.$

例 8 求 $\int \dfrac{1}{x^2 - a^2} dx\, (a \neq 0)$.

解 由于 $\dfrac{1}{x^2 - a^2} = \dfrac{1}{2a}\left(\dfrac{1}{x-a} - \dfrac{1}{x+a}\right),$

所以

$$\int \frac{1}{x^2-a^2}dx = \frac{1}{2a}\int\left(\frac{1}{x-a}-\frac{1}{x+a}\right)dx$$

$$=\frac{1}{2a}\left(\int\frac{1}{x-a}dx-\int\frac{1}{x+a}dx\right)$$

$$=\frac{1}{2a}\left[\int\frac{1}{x-a}d(x-a)-\int\frac{1}{x+a}d(x+a)\right]$$

$$=\frac{1}{2a}(\ln|x-a|-\ln|x+a|)+C=\frac{1}{2a}\ln\left|\frac{x-a}{x+a}\right|+C.$$

例9 求 $\int\dfrac{dx}{x(1+3\ln x)}$.

解 $\int\dfrac{dx}{x(1+3\ln x)} = \int\dfrac{d(\ln x)}{1+3\ln x}$

$$=\frac{1}{3}\int\frac{d(1+3\ln x)}{1+3\ln x}=\frac{1}{3}\ln|1+3\ln x|+C.$$

例10 求 $\int\dfrac{e^{\sqrt[3]{x}}}{\sqrt{x}}dx$.

解 由于 $d\sqrt{x}=\dfrac{1}{2}\dfrac{dx}{\sqrt{x}}$，因此，

$$\int\frac{e^{\sqrt[3]{x}}}{\sqrt{x}}dx=2\int e^{\sqrt[3]{x}}d\sqrt{x}=\frac{2}{3}\int e^{\sqrt[3]{x}}d(3\sqrt{x})=\frac{2}{3}e^{\sqrt[3]{x}}+C.$$

下面再举一些积分的例子，它们的被积函数中含有三角函数，在计算这种积分的过程中，往往要用到一些三角恒等式.

例11 求 $\int\cos^3 x\,dx$.

解 $\int\cos^3 x\,dx = \int\cos^2 x\cos x\,dx = \int(1-\sin^2 x)d(\sin x)$

$$=\int 1\,d(\sin x)-\int\sin^2 x\,d(\sin x)=\sin x-\frac{1}{3}\sin^3 x+C.$$

例12 求 $\int\sin^2 x\cos^3 x\,dx$.

解 $\int\sin^2 x\cos^3 x\,dx = \int\sin^2 x\cos^2 x\cos x\,dx$

$$=\int\sin^2 x(1-\sin^2 x)d(\sin x)$$

$$=\int(\sin^2 x-\sin^4 x)d(\sin x)$$

$$=\frac{1}{3}\sin^3 x-\frac{1}{5}\sin^5 x+C.$$

一般地,对于 $\sin^{2k+1}x\cos^n x$ 或 $\sin^n x\cos^{2k+1}x$(其中 $k,n \in \mathbf{N}^+$)型函数的积分,总可依次作变换 $u = \cos x$ 或 $u = \sin x$,求得结果.

例 13 求 $\int \tan x \mathrm{d}x$.

解 $\int \tan x \mathrm{d}x = \int \dfrac{\sin x}{\cos x} \mathrm{d}x = -\int \dfrac{1}{\cos x} \mathrm{d}(\cos x) = -\ln|\cos x| + C.$

类似地可得

$$\int \cot x \mathrm{d}x = \ln|\sin x| + C.$$

例 14 求 $\int \sin^2 x \mathrm{d}x$.

解 $\int \sin^2 x \mathrm{d}x = \int \dfrac{1 - \cos 2x}{2} \mathrm{d}x = \dfrac{1}{2}\left(\int 1 \mathrm{d}x - \int \cos 2x \mathrm{d}x\right)$

$\qquad = \dfrac{1}{2}\int 1 \mathrm{d}x - \dfrac{1}{4}\int \cos 2x \mathrm{d}(2x) = \dfrac{x}{2} - \dfrac{\sin 2x}{4} + C.$

例 15 求 $\int \cos^2 x \sin^4 x \mathrm{d}x$

解 $\int \cos^2 x \sin^4 x \mathrm{d}x = \dfrac{1}{8}\int (1 + \cos 2x)(1 - \cos 2x)^2 \mathrm{d}x$

$= \dfrac{1}{8}\int (1 - \cos 2x - \cos^2 2x + \cos^3 2x) \mathrm{d}x$

$= \dfrac{1}{8}\int \cos^3 2x \mathrm{d}x - \dfrac{1}{16}\int \cos 2x \mathrm{d}(2x) + \dfrac{1}{8}\int \dfrac{1}{2}(1 - \cos 4x) \mathrm{d}x$

$= \dfrac{1}{16}\int (1 - \sin^2 2x) \mathrm{d}(\sin 2x) - \dfrac{1}{16}\int \cos 2x \mathrm{d}(2x) + \dfrac{1}{8}\int \dfrac{1}{2}(1 - \cos 4x) \mathrm{d}x$

$= -\dfrac{1}{48}\sin^3 2x + \dfrac{x}{16} - \dfrac{1}{64}\sin 4x + C.$

一般地,对于 $\sin^{2k}x\cos^{2l}x(k,l \in \mathbf{N}^+)$ 型函数的积分,总可利用三角恒等式:$\sin^2 x = \dfrac{1}{2}(1 - \cos 2x), \cos^2 x = \dfrac{1}{2}(1 + \cos 2x)$ 化成 $\cos 2x$ 的多项式,然后采用例 15 中所用的方法求得积分的结果.

例 16 求 $\int \sec^6 x \mathrm{d}x$.

解 $\int \sec^6 x \mathrm{d}x = \int (\sec^2 x)^2 \sec^2 x \mathrm{d}x = \int (1 + \tan^2 x)^2 \mathrm{d}(\tan x)$

$\qquad = \int (1 + 2\tan^2 x + \tan^4 x) \mathrm{d}(\tan x)$

$\qquad = \tan x + \dfrac{2}{3}\tan^3 x + \dfrac{1}{5}\tan^5 x + C.$

例 17 求 $\int \tan^5 x \sec^3 x \, dx$.

解 $\int \tan^5 x \sec^3 x \, dx = \int \tan^4 x \sec^2 x \sec x \tan x \, dx$

$$= \int (\sec^2 x - 1)^2 \sec^2 x \, d(\sec x)$$

$$= \int (\sec^6 x - 2\sec^4 x + \sec^2 x) \, d(\sec x)$$

$$= \frac{1}{7} \sec^7 x - \frac{2}{5} \sec^5 x + \frac{1}{3} \sec^3 x + C.$$

一般地,对于 $\tan^n x \sec^{2k} x$ 或 $\tan^{2k-1} x \sec^n x$ ($n, k \in \mathbf{N}^+$) 型函数的积分,可依次作变换 $u = \tan u$ 或 $u = \sec x$,求得结果.

例 18 求 $\int \csc x \, dx$.

解 $\int \csc x \, dx = \int \frac{dx}{\sin x} = \int \frac{dx}{2\sin \frac{x}{2} \cos \frac{x}{2}}$

$$= \int \frac{d\left(\frac{x}{2}\right)}{\tan \frac{x}{2} \cos^2 \frac{x}{2}} = \int \frac{d\left(\tan \frac{x}{2}\right)}{\tan \frac{x}{2}} = \ln \left| \tan \frac{x}{2} \right| + C.$$

又因为

$$\tan \frac{x}{2} = \frac{\sin \frac{x}{2}}{\cos \frac{x}{2}} = \frac{2\sin^2 \frac{x}{2}}{\sin x} = \frac{1 - \cos x}{\sin x} = \csc x - \cot x,$$

所以上述不定积分又可表示为

$$\int \csc x \, dx = \ln | \csc x - \cot x | + C.$$

例 19 求 $\int \sec x \, dx$.

解 利用上例的结果,有

$$\int \sec x \, dx = \int \csc\left(x + \frac{\pi}{2}\right) d\left(x + \frac{\pi}{2}\right)$$

$$= \ln \left| \csc\left(x + \frac{\pi}{2}\right) - \cot\left(x + \frac{\pi}{2}\right) \right| + C$$

$$= \ln | \sec x + \tan x | + C.$$

例 20 求 $\int \cos 3x \cos 2x \, dx$.

解 利用三角函数的积化和差公式

$$\cos A\cos B = \frac{1}{2}[\cos(A-B)+\cos(A+B)]$$

得

$$\cos 3x\cos 2x = \frac{1}{2}(\cos x + \cos 5x).$$

于是

$$\begin{aligned}\int \cos 3x\cos 2x\,\mathrm{d}x &= \frac{1}{2}\int(\cos x + \cos 5x)\,\mathrm{d}x \\ &= \frac{1}{2}\left[\int\cos x\,\mathrm{d}x + \frac{1}{5}\int\cos 5x\,\mathrm{d}(5x)\right] \\ &= \frac{1}{2}\sin x + \frac{1}{10}\sin 5x + C.\end{aligned}$$

上面所举的例子,可以使我们认识到第一换元法积分公式在求不定积分中所起的作用. 像复合函数的求导法则在微分学中一样,第一换元法积分公式在积分学中也是经常使用的. 但利用第一换元法积分公式来求不定积分,一般却比利用复合函数的求导法则求函数的导数要来得困难,因为其中需要一定的技巧,而且如何适当地选择变量代换 $u = \varphi(x)$ 没有一般规律可循,因此要掌握换元法,除了熟悉一些典型的例子外,还要做较多的练习才行.

上述各例用的都是第一类换元法,即形如 $u = \varphi(x)$ 的变量代换. 下面介绍另一种形式的变量代换 $x = \psi(t)$,即所谓第二类换元法.

5.2.2 第二类换元法

上面介绍的第一类换元法是通过变量代换 $u = \varphi(x)$,将积分 $\int f[\varphi(x)]\cdot\varphi'(x)\,\mathrm{d}x$ 化为积分 $\int f(u)\,\mathrm{d}u$.

下面将介绍的第二类换元法是,适当地选择变量代换 $x = \psi(t)$,将积分 $\int f(x)\,\mathrm{d}x$ 化为积分 $\int f[\psi(t)]\psi'(t)\,\mathrm{d}t$. 这是另一种形式的变量代换,换元公式可表达为

$$\int f(x)\,\mathrm{d}x = \int f[\psi(t)]\psi'(t)\,\mathrm{d}t$$

这一公式的成立是需要一定条件的. 首先,等式右边的不定积分要存在,即 $f[\psi(t)]\psi'(t)$ 有原函数;其次,$\int f[\psi(t)]\psi'(t)\,\mathrm{d}t$ 求出后必须用 $x = \psi(t)$ 的反函数 $t = \psi^{-1}(x)$ 代回去,为了保证这一反函数存在而且是可导的,我们假定直接函数 $x =$

$\psi(t)$ 在 t 的某一个区间(这区间和所考虑的 x 的积分区间相对应)上是单调的、可导的,并且 $\psi'(t) \neq 0$.

归纳上述,我们给出下面的定理.

定理 2 设 $x = \psi(t)$ 是单调的可导函数,并且 $\psi'(t) \neq 0$. 又设 $f[\psi(t)]\psi'(t)$ 具有原函数,则有换元公式

$$\int f(x)\mathrm{d}x = \left[\int f[\psi(t)]\psi'(t)\mathrm{d}t\right]_{t=\psi^{-1}(x)},$$

其中 $\psi^{-1}(x)$ 是 $x = \psi(t)$ 的反函数.

证明 设 $f[\psi(t)]\psi'(t)$ 的原函数为 $\Phi(t)$,记 $\Phi[\psi^{-1}(x)] = F(x)$,利用复合函数及反函数的求导法则,得到

$$F'(x) = \frac{\mathrm{d}\Phi}{\mathrm{d}t} \cdot \frac{\mathrm{d}t}{\mathrm{d}x} = f[\psi(t)]\psi'(t) \cdot \frac{1}{\psi'(t)} = f[\psi(t)] = f(x),$$

即 $F(x)$ 是 $f(x)$ 的原函数. 所以有

$$\int f(x)\mathrm{d}x = F(x) + C = \Phi[\psi^{-1}(x)] + C = \left[\int f[\psi(t)]\psi'(t)\mathrm{d}t\right]_{t=\varphi^{-1}(x)}.$$

这就证明了第二换元法积分公式.

下面举例说明第二换元法积分公式的应用.

例 21 求 $\int \sqrt{a^2 - x^2}\mathrm{d}x \,(a > 0)$.

解 求这个积分的困难在于有根式 $\sqrt{a^2 - x^2}$,但我们可以利用三角公式

$$\sin^2 t + \cos^2 t = 1$$

来化去根式.

设 $x = a\sin t$,$-\frac{\pi}{2} < t < \frac{\pi}{2}$,则 $\sqrt{a^2 - x^2} = \sqrt{a^2 - a^2\sin^2 t} = a\cos t$,$\mathrm{d}x = a\cos t\mathrm{d}t$,于是根式化成了三角式,所求积分化为

$$\int \sqrt{a^2 - x^2}\,\mathrm{d}x = \int a\cos t \cdot a\cos t\mathrm{d}t = a^2\int \cos^2 t\mathrm{d}t.$$

由 $\int \cos^2 t\mathrm{d}t = \int \frac{1 + \cos 2t}{2}\mathrm{d}t = \frac{t}{2} + \frac{\sin 2t}{4} + C$ 可得

$$\int \sqrt{a^2 - x^2}\,\mathrm{d}x = a^2\left(\frac{t}{2} + \frac{\sin 2t}{4}\right) + C = \frac{a^2}{2}t + \frac{a^2}{2}\sin t\cos t + C.$$

由于 $x = a\sin t$,$-\frac{\pi}{2} < t < \frac{\pi}{2}$,所以

$$t = \arcsin \frac{x}{a},$$

$$\cos t = \sqrt{1 - \sin^2 t} = \sqrt{1 - \left(\frac{x}{a}\right)^2} = \frac{\sqrt{a^2 - x^2}}{a}.$$

于是所求积分为
$$\int \sqrt{a^2 - x^2}\, dx = \frac{a^2}{2} \arcsin \frac{x}{a} + \frac{1}{2} x \sqrt{a^2 - x^2} + C.$$

例 22 求 $\int \dfrac{dx}{\sqrt{x^2 + a^2}} (a > 0)$.

解 和上例类似，可以利用三角公式
$$1 + \tan^2 t = \sec^2 t$$
来化去根式.

设 $x = a \tan t$，$-\dfrac{\pi}{2} < t < \dfrac{\pi}{2}$，则
$$\sqrt{x^2 + a^2} = \sqrt{a^2 \tan^2 t + a^2} = a\sqrt{\tan^2 t + 1} = a\sec t,\ dx = a\sec^2 t\, dt,$$
于是
$$\int \frac{dx}{\sqrt{x^2 + a^2}} = \int \frac{a\sec^2 t}{a \sec t}\, dt = \int \sec t\, dt.$$

利用例 19 的结果得
$$\int \frac{dx}{\sqrt{x^2 + a^2}} = \ln|\sec t + \tan t| + C.$$

为了把 $\sec t$ 及 $\tan t$ 换成 x 的函数，可以根据 $\tan t = \dfrac{x}{a}$ 作辅助三角形（图 5-3），便有
$$\sec t = \frac{\sqrt{x^2 + a^2}}{a},$$

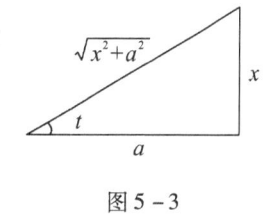

图 5-3

且 $\sec t + \tan t > 0$，因此，
$$\int \frac{dx}{\sqrt{x^2 + a^2}} = \ln\left(\frac{x}{a} + \frac{\sqrt{x^2 + a^2}}{a}\right) + C$$
$$= \ln(x + \sqrt{x^2 + a^2}) + C_1,$$
其中
$$C_1 = C - \ln a.$$

例 23 求 $\int \dfrac{dx}{\sqrt{x^2 - a^2}} (a > 0)$.

解 和以上两例类似，可以利用公式
$$\sec^2 t - 1 = \tan^2 t$$
来化去根式. 注意到被积函数的定义域是 $x > a$ 和 $x < -a$ 两个区间，我们在两个区间内分别求不定积分.

当 $x>a$ 时,设 $x=a\sec t, 0<t<\dfrac{\pi}{2}$,那么

$$\sqrt{x^2-a^2} = \sqrt{a^2\sec^2 t - a^2}$$
$$= a\sqrt{\sec^2 t - 1}$$
$$= a\tan t,$$
$$\mathrm{d}x = a\sec t\tan t\mathrm{d}t,$$

于是
$$\int\dfrac{\mathrm{d}x}{\sqrt{x^2-a^2}} = \int\dfrac{a\sec t\tan t}{a\tan t}\mathrm{d}t = \int\sec t\mathrm{d}t$$
$$= \ln(\sec t + \tan t) + C.$$

为了把 $\sec t$ 及 $\tan t$ 换成 x 的函数,我们根据 $\sec t = \dfrac{x}{a}$ 作辅助三角形(图 5-4),得到

$$\tan t = \dfrac{\sqrt{x^2-a^2}}{a}.$$

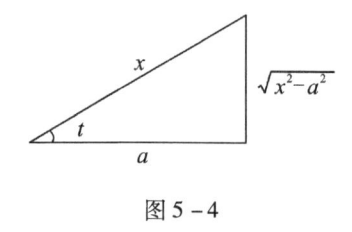

图 5-4

因此
$$\int\dfrac{\mathrm{d}x}{\sqrt{x^2-a^2}} = \ln\left(\dfrac{x}{a} + \dfrac{\sqrt{x^2-a^2}}{a}\right) + C$$
$$= \ln(x + \sqrt{x^2-a^2}) + C_1.$$

其中 $C_1 = C - \ln a$.

当 $x<-a$ 时,令 $x=-u$,那么 $u>a$. 由上段结果,有
$$\int\dfrac{\mathrm{d}x}{\sqrt{x^2-a^2}} = -\int\dfrac{\mathrm{d}u}{\sqrt{u^2-a^2}} = -\ln(u + \sqrt{u^2-a^2}) + C$$
$$= -\ln(-x + \sqrt{x^2-a^2}) + C = \ln\dfrac{-x-\sqrt{x^2-a^2}}{a^2} + C$$
$$= \ln(-x - \sqrt{x^2-a^2}) + C_1,$$

其中 $C_1 = C - 2\ln a$.

把 $x>a$ 及 $x<-a$ 的结果合起来,可写作
$$\int\dfrac{\mathrm{d}x}{\sqrt{x^2-a^2}} = \ln|x + \sqrt{x^2-a^2}| + C.$$

从上面的三个例子可以看出,如果被积函数含有 $\sqrt{a^2-x^2}$,可以作代换 $x=a\sin t$ 化去根式;如果被积函数含有 $\sqrt{x^2+a^2}$,可以作代换 $x=a\tan t$ 化去根式;如果被积函数含有 $\sqrt{x^2-a^2}$,可以作代换 $x=\pm a\sec t$ 化去根式. 但具体解题时要分析被积函数的

具体情况,选取尽可能简捷的代换,不要拘泥于上述的变量代换(如例5、例7).

当被积函数含有 $\sqrt{x^2 \pm a^2}$ 时,为了化去根式,除采用三角代换 $x = a\tan t$ 或 $x = \pm a\sec t$ 外,还可利用公式
$$\text{ch}^2 t - \text{sh}^2 t = 1,$$
采用双曲代换 $x = a\text{sh } t, x = \pm a\text{ch } t$ 来化去根式.

例如,在例 22 中,可设 $x = a\text{sh } t$,则
$$\sqrt{x^2 + a^2} = \sqrt{a^2\text{sh}^2 t + a^2} = a\text{ch } t, \mathrm{d}x = a\text{ch } t\mathrm{d}t,$$
于是
$$\int \frac{\mathrm{d}x}{\sqrt{x^2 + a^2}} = \int \frac{a\text{ch } t}{a\text{ch } t} \mathrm{d}t = \int 1 \mathrm{d}t = t + C$$
$$= \text{arsh} \frac{x}{a} + C = \ln\left[\frac{x}{a} + \sqrt{\left(\frac{x}{a}\right)^2 + 1}\right] + C$$
$$= \ln(x + \sqrt{x^2 + a^2}) + C_1,$$
其中 $C_1 = C - \ln a$.

在例 23 中,当 $x > a$ 时,可设 $x = a\text{ch } t (t > 0)$,则
$$\sqrt{x^2 - a^2} = \sqrt{a^2\text{ch}^2 t - a^2} = a\text{sh } t,$$
$$\mathrm{d}t = a\text{sh } t\mathrm{d}t.$$
于是当 $x > a$ 时,
$$\int \frac{\mathrm{d}x}{\sqrt{x^2 - a^2}} = \int \frac{a\text{sh } t}{a\text{sh } t} \mathrm{d}t = \int 1 \mathrm{d}t = t + C = \text{arch} \frac{x}{a} + C$$
$$= \ln\left[\frac{x}{a} + \sqrt{\left(\frac{x}{a}\right)^2 - 1}\right] + C = \ln(x + \sqrt{x^2 - a^2}) + C_1,$$
其中 $C_1 = C - \ln a$.

当 $x < -a$ 时,令 $x = -a\text{ch } t(t > 0)$,类似可得
$$\int \frac{\mathrm{d}x}{\sqrt{x^2 - a^2}} = \ln(-x - \sqrt{x^2 - a^2}) + C_1.$$

5.1.2 中所列基本积分公式中没有双曲函数的积分公式,现添加两个常用的双曲函数积分公式:

(14) $\int \text{sh } x\mathrm{d}x = \text{ch } x + C$;

(15) $\int \text{ch } x\mathrm{d}x = \text{sh } x + C$.

下面我们通讨例子来介绍一种也很有用的代换——倒代换,利用它常可消去被

积函数分母中的变量因子 x.

例 24 求 $\int \dfrac{\sqrt{a^2-x^2}}{x^4}\mathrm{d}x\,(a\neq 0)$.

解 设 $x=\dfrac{1}{t}$,则 $\mathrm{d}x=-\dfrac{\mathrm{d}t}{t^2}$,于是

$$\int \frac{\sqrt{a^2-x^2}}{x^4}\mathrm{d}x = \int \frac{\sqrt{a^2-\dfrac{1}{t^2}}\cdot\left(-\dfrac{\mathrm{d}t}{t^2}\right)}{\dfrac{1}{t^4}} = -\int (a^2t^2-1)^{\frac{1}{2}}|t|\mathrm{d}t.$$

当 $x>0$ 时,有

$$\int \frac{\sqrt{a^2-x^2}}{x^4} = -\frac{1}{2a^2}\int (a^2t^2-1)^{\frac{1}{2}}\mathrm{d}(a^2t^2-1)$$

$$= -\frac{(a^2t^2-1)^{\frac{3}{2}}}{3a^2}+C = -\frac{(a^2-x^2)^{\frac{3}{2}}}{3a^2x^3}+C.$$

当 $x<0$ 时,有相同的结果.

在本节的例题中,有几个积分是以后经常会遇到的,所以它们通常也被当作公式使用. 这样,常用的积分公式,除了基本积分表中的几个外,再添加下面几个(其中常数 $a>0$):

(16) $\int \tan x\mathrm{d}x = -\ln|\cos x|+C$;

(17) $\int \cot x\mathrm{d}x = \ln|\sin x|+C$;

(18) $\int \sec x\mathrm{d}x = \ln|\sec x+\tan x|+C$;

(19) $\int \csc x\mathrm{d}x = \ln|\csc x-\cot x|+C$;

(20) $\int \dfrac{\mathrm{d}x}{a^2+x^2} = \dfrac{1}{a}\arctan\dfrac{x}{a}+C$;

(21) $\int \dfrac{\mathrm{d}x}{x^2-a^2} = \dfrac{1}{2a}\ln\left|\dfrac{x-a}{x+a}\right|+C$;

(22) $\int \dfrac{\mathrm{d}x}{\sqrt{a^2-x^2}} = \arcsin\dfrac{x}{a}+C$;

(23) $\int \dfrac{\mathrm{d}x}{\sqrt{x^2+a^2}} = \ln(x+\sqrt{x^2+a^2})+C$;

(24) $\int \dfrac{\mathrm{d}x}{\sqrt{x^2-a^2}} = \ln|x+\sqrt{x^2-a^2}|+C$.

例 25 求 $\int \dfrac{\mathrm{d}x}{\sqrt{4x^2+9}}$.

解 $\int \dfrac{\mathrm{d}x}{\sqrt{4x^2+9}} = \int \dfrac{\mathrm{d}x}{\sqrt{(2x)^2+3^2}} = \dfrac{1}{2}\int \dfrac{\mathrm{d}(2x)}{\sqrt{(2x)^2+3^2}}$.

利用公式(23),便得
$$\int \dfrac{\mathrm{d}x}{\sqrt{4x^2+9}} = \dfrac{1}{2}\ln(2x+\sqrt{4x^2+9}) + C.$$

例 26 求 $\int \dfrac{\mathrm{d}x}{\sqrt{1+x-x^2}}$.

解 $\int \dfrac{\mathrm{d}x}{\sqrt{1+x-x^2}} = \int \dfrac{\mathrm{d}\left(x-\dfrac{1}{2}\right)}{\sqrt{\left(\dfrac{\sqrt{5}}{2}\right)^2-\left(x-\dfrac{1}{2}\right)^2}}$.

利用公式(22),便得
$$\int \dfrac{\mathrm{d}x}{\sqrt{1+x-x^2}} = \arcsin\dfrac{2x-1}{\sqrt{5}} + C.$$

习题 5-2

1. 求下列不定积分:

(1) $\int e^{5x}\mathrm{d}x$;

(2) $\int (3-2x)^3 \mathrm{d}x$;

(3) $\int \dfrac{\mathrm{d}x}{1-2x}$;

(4) $\int \dfrac{\sin\sqrt{x}}{\sqrt{x}}\mathrm{d}x$;

(5) $\int xe^{-x^2}\mathrm{d}x$;

(6) $x\cos\int (x^2)\mathrm{d}x$;

(7) $\int \dfrac{x}{\sqrt{2-3x^2}}\mathrm{d}x$;

(8) $\int \dfrac{3x^3}{1-x^4}\mathrm{d}x$;

(9) $\int \dfrac{x+1}{x^2+2x+5}\mathrm{d}x$;

(10) $\int \dfrac{\sin x}{\cos^3 x}\mathrm{d}x$;

(11) $\int \dfrac{\sin x + \cos x}{\sqrt[3]{\sin x - \cos x}}\mathrm{d}x$;

(12) $\int \tan x \sec^2 x \mathrm{d}x$;

(13) $\int \dfrac{\mathrm{d}x}{(\arcsin x)^2 \sqrt{1-x^2}}$;

(14) $\int \dfrac{\mathrm{d}x}{x\ln x \ln\ln x}$;

(15) $\int \dfrac{\arctan\sqrt{x}}{\sqrt{x}(1+x)}\mathrm{d}x$;

(16) $\int \dfrac{1+\ln x}{(x\ln x)^2}\mathrm{d}x$;

(17) $\int \dfrac{\ln \tan x}{\cos x \sin x} dx$;

(18) $\int \sin 2x \cos 3x \, dx$;

(19) $\int \cos x \cos \dfrac{x}{2} dx$;

(20) $\int \tan^3 x \sec x \, dx$;

(21) $\int \dfrac{dx}{e^x + e^{-x}}$;

(22) $\int \dfrac{1-x}{\sqrt{9-4x^2}} dx$;

(23) $\int \dfrac{x^3}{9+x^2} dx$;

(24) $\int \dfrac{dx}{2x^2-1}$;

(25) $\int \dfrac{x}{x^2-x-2} dx$;

(26) $\int \dfrac{x^2 dx}{\sqrt{a^2-x^2}} (a>0)$;

(27) $\int \dfrac{dx}{x\sqrt{x^2-1}}$;

(28) $\int \dfrac{dx}{\sqrt{(x^2+1)^3}}$;

(29) $\int \dfrac{\sqrt{x^2-9}}{x} dx$;

(30) $\int \dfrac{dx}{1+\sqrt{2x}}$;

(31) $\int \dfrac{dx}{x+\sqrt{1-x^2}}$;

(32) $\int \dfrac{x^3+1}{(x^2+1)^2} dx$.

2. 求下列不定积分:

(1) $\int \sqrt{1+\cos x} \, dx$;

(2) $\int \dfrac{\sec^2 x}{4+\tan^2 x} dx$;

(3) $\int \dfrac{dx}{1+\sin x}$;

(4) $\int \dfrac{dx}{1+4\cos x}$;

(5) $\int \dfrac{dx}{\cos x \sin^3 x}$;

(6) $\int \dfrac{dx}{2+\cos x + \sin x}$.

3. 求 $\int \dfrac{\arctan e^x}{e^{2x}} dx$.

4. 求 $\int \dfrac{\arcsin e^x}{e^x} dx$.

5.3 分部积分法

前面我们在复合函数求导法则的基础上,得到了换元积分法. 现在我们利用两个函数乘积的求导法则,来推得另一个求积分的基本方法——分部积分法. 设函数 $u = u(x)$ 及 $v = v(x)$ 具有连续导数,则两个函数乘积的导数公式为

$$(uv)' = u'v + uv',$$

移项,得
$$uv' = (uv)' - u'v.$$

对这个等式两边求不定积分,得
$$\int uv'dx = uv - \int u'vdx.$$

上式称为分部积分公式. 如果求 $\int uv'dx$ 有困难,而求 $\int u'vdx$ 比较容易时,分部积分公式就可以发挥作用了.

为简便起见,也可把分部积分公式写成下面的形式:
$$\int udv = uv - \int vdu.$$

现在通过例子说明如何运用这个重要公式.

例1 求 $\int x\sin xdx$.

解 这个积分用换元积分法不易求得结果,现在试用分部积分法来求它. 但是怎样选取 u 和 dv 呢? 如果设 $u = x, dv = \sin xdx$,则 $du = dx, v = -\cos x$,代入分部积分公式,得
$$\int x\sin xdx = -x\cos x - \int -\cos xdx,$$

而 $\int vdu = -\int \cos xdx$ 容易积出,所以
$$\int x\sin xdx = -x\cos x + \sin x + C.$$

求这个积分时,如果设 $u = \sin x, dv = xdx$,则
$$du = \cos xdx, v = \frac{x^2}{2}.$$

于是
$$\int x\sin xdx = \frac{x^2}{2}\sin x + \int \frac{x^2}{2}\cos xdx.$$

上式右端的积分比原积分更不容易求出.

由此可见,如果 u 和 dv 选取不当,就求不出结果,所以应用分部积分法时,恰当选取 u 和 dv 是关键. 选取 u 和 dv 一般要考虑下面两点:

(1) v 要容易求得;

(2) $\int vdu$ 要比 $\int udv$ 容易积出.

例2 求 $\int xe^xdx$.

解 设 $u=x, dv=e^x dx$,则 $du=dv, v=e^x$. 于是

$$\int xe^x dx = xe^x - \int e^x dx = xe^x - e^x + C = e^x(x-1) + C.$$

运用分部积分公式第二种形式,例 1、例 2 的求解过程也可表述为

$$\int x\sin x dx = \int x d(\cos x) = -x\cos x - \int -\cos x dx$$
$$= -x\cos x + \sin x + C.$$

$$\int xe^x dx = \int x d(e^x) = xe^x - \int e^x dx$$
$$= xe^x - e^x + C = (x-1)e^x + C.$$

例 3 求 $\int x^2 e^x dx$.

解 设 $u=x^2, dv=e^x dx=d(e^x)$,则

$$\int x^2 e^x dx = \int x^2 d(e^x) = x^2 e^x - \int e^x d(x^2) = x^2 e^x - 2\int xe^x dx.$$

这里 $\int xe^x dx$ 比 $\int x^2 e^x dx$ 容易积出,因为被积函数中的幂次前者比后者降低了一次. 由例 2 可知,对 $\int xe^x dx$ 再使用一次分部积分法就可以了. 于是

$$\int x^2 e^x dx = x^2 e^x - 2\int xe^x dx = x^2 e^x - 2\int x d(e^x)$$
$$= x^2 e^x - 2(xe^x - e^x) + C = e^x(x^2 - 2x + 2) + C.$$

总结上面三个例子可以知道,如果被积函数是幂函数和正(余)弦函数或幂函数和指数函数的乘积,就可以考虑用分部积分法,并设幂函数为 u. 这样用一次分部积分法就可以使幂函数的幂次降低一次. 这里假定幂指数是正整数.

例 4 求 $\int x\ln x dx$.

解 设 $u=\ln x, dv=x dx$,则

$$\int x\ln x dx = \int \ln x d\frac{x^2}{2} = \frac{x^2}{2}\ln x - \int \frac{x^2}{2} d(\ln x)$$
$$= \frac{x^2}{2}\ln x - \frac{1}{2}\int x dx = \frac{x^2}{2}\ln x - \frac{x^2}{4} + C.$$

例 5 求 $\int \arcsin x dx$.

解 设 $u=\arcsin x, dv=dx$,则

$$\int \arcsin x dx = x\arcsin x - \int x d(\arcsin x)$$
$$= x\arcsin x - \int \frac{x}{\sqrt{1-x^2}} dx$$

$$= x\arcsin x + \frac{1}{2}\int (1-x^2)^{-\frac{1}{2}} d(1-x^2)$$

$$= x\arcsin x + \sqrt{1-x^2} + C.$$

在分部积分法运用比较熟练以后,就不必再写出哪一部分选作 u,哪一部分选作 dv. 只要把被积表达式凑成 $\varphi(x)d\psi(x)$ 的形式,便可使用分部积分公式.

例 6 求 $\int x\arctan x dx$.

解
$$\int x\arctan x dx = \frac{1}{2}\int \arctan x d(x^2)$$

$$= \frac{x^2}{2}\arctan x - \frac{1}{2}\int \frac{x^2}{1+x^2} dx$$

$$= \frac{x^2}{2}\arctan x - \frac{1}{2}\int \frac{1+x^2-1}{1+x^2} dx$$

$$= \frac{x^2}{2}\arctan x - \frac{1}{2}\int \left(1 - \frac{1}{1+x^2}\right) dx$$

$$= \frac{x^2}{2}\arctan x - \frac{1}{2}(x - \arctan x) + C$$

$$= \frac{1}{2}(x^2+1)\arctan x - \frac{1}{2}x + C.$$

总结上面三个例子可以知道,如果被积函数是幂函数和对数函数或幂函数和反三角函数的乘积,就可以考虑用分部积分法,并设对数函数或反三角函数为 u.

下面几个例子中所用的方法也是比较典型的.

例 7 求 $\int e^x \cos x dx$.

解 $\int e^x \cos x dx = \int \cos x d(e^x) = e^x \cos x + \int e^x \sin x dx,$

等式右端的积分与等式左端的积分是同一类型的. 对积分 $\int e^x \sin x dx$ 再用一次分部积分法,得

$$\int e^x \sin x dx = e^x \sin x + \int \cos x d(e^x)$$

$$= e^x \sin x - \int e^x \cos x dx.$$

由于上式右端的第二项就是所求的积分 $\int e^x \cos x dx$,把它移到等号左端去,等式两端再同除以 2,便得

$$\int e^x \cos x dx = \frac{1}{2}e^x(\sin x + \cos x) + C.$$

因上式右端已不包含积分项,所以必须加上任意常数 C.

例 8 求 $\int \sec^3 x \mathrm{d}x$.

解 $\int \sec^3 x \mathrm{d}x = \int \sec x \mathrm{d}(\tan x)$

$= \sec x \tan x - \int \sec x \tan^2 x \mathrm{d}x$

$= \sec x \tan x - \int \sec x (\sec^2 x - 1) \mathrm{d}x$

$= \sec x \tan x - \int \sec^3 x \mathrm{d}x + \int \sec x \mathrm{d}x$

$= \sec x \tan x + \ln|\sec x + \tan x| - \int \sec^3 x \mathrm{d}x$.

由于上式右端的第三项就是所求的积分 $\int \sec^3 x \mathrm{d}x$,把它移到等号左端去,等式两端再同时除以 2,便得

$$\int \sec^3 x \mathrm{d}x = \frac{1}{2}(\sec x \tan x + \ln|\sec x + \tan x|) + C.$$

在积分的过程中往往要兼用换元法与分部积分法,如例 5,下面再来举一个例子.

例 9 求 $\int e^{\sqrt{x}} \mathrm{d}x$.

解 令 $\sqrt{x} = t$,则 $x = t^2$,$\mathrm{d}x = 2t \mathrm{d}t$. 于是

$$\int e^{\sqrt{x}} \mathrm{d}x = 2 \int t e^t \mathrm{d}t.$$

利用例 2 的结果,并用 $t = \sqrt{x}$ 代回,便得所求积分:

$$\int e^{\sqrt{x}} \mathrm{d}x = 2 \int t e^t \mathrm{d}t = 2e^t(t-1) + C = 2e^{\sqrt{x}}(\sqrt{x} - 1) + C.$$

习题 5-3

1. 求下列不定积分:

(1) $\int x \sin x \mathrm{d}x$;

(2) $\int \ln x \mathrm{d}x$;

(3) $\int \arcsin x \mathrm{d}x$;

(4) $\int e^x \cos x \mathrm{d}x$;

(5) $\int e^{-2x} \sin \frac{x}{2} \mathrm{d}x$;

(6) $\int x^2 \arctan x \mathrm{d}x$;

(7) $\int x\mathrm{e}^{-2x}\mathrm{d}x$;   (8) $\int x\sin x\cos x\mathrm{d}x$;

(9) $\int x^2\cos^2\dfrac{x}{2}\mathrm{d}x$;   (10) $\int x\ln(x-1)\mathrm{d}x$;

(11) $\int(x^2-1)\sin 2x\mathrm{d}x$;   (12) $\int\dfrac{\ln^3 x}{x^2}\mathrm{d}x$;

(13) $\int \mathrm{e}^{\sqrt[3]{x}}\mathrm{d}x$;   (14) $\int\cos\ln x\mathrm{d}x$;

(15) $\int \mathrm{e}^x\sin^2 x\mathrm{d}x$;   (16) $\int x\ln^2 x\mathrm{d}x$.

2. 设 n 为自然数,求下列不定积分的递推公式.

(1) $I_n=\int\tan^n x\mathrm{d}x$,并计算 $\int\tan^4 x\mathrm{d}x$;

(2) $I_n=\int x^n\cos x\mathrm{d}x$,并计算 $\int x^3\cos x\mathrm{d}x$;

(3) $I_n\int(\ln x)^n\mathrm{d}x$,并计算 $\int\ln^2 x\mathrm{d}x$.

3. 求 $\int \mathrm{e}^x\sin 2x\mathrm{d}x$.

4. 求 $\int x\mathrm{e}^x\cos x\mathrm{d}x,\int x\mathrm{e}^x\sin x\mathrm{d}x$.

5.4 有理函数的积分

前面已经介绍了求不定积分的两个基本方法——换元积分法和分部积分法,下面简要地介绍一下有理函数的积分及可化为有理函数的积分.

两个多项式的商 $\dfrac{P(x)}{Q(x)}$ 称为有理函数,又称有理分式. 我们总假定分子多项式 $P(x)$ 与分母多项式 $Q(x)$ 之间没有公因式. 当分子多项式 $P(x)$ 的次数小于分母多项式 $Q(x)$ 的次数时,称这有理函数为真分式,否则称为假分式.

利用多项式的除法,总可以将一个假分式化成一个多项式与一个真分式之和的形式,例如被积函数

$$\dfrac{2x^4+x^2+3}{x^2+1}=2x^2-1+\dfrac{4}{x^2+1}.$$

对于真分式 $\dfrac{P(x)}{Q(x)}$,如果分母可分解为两个多项式的乘积

$$Q(x) = Q_1(x)Q_2(x),$$

且 $Q_1(x)$ 与 $Q_2(x)$ 没有公因式,那么它可分拆成两个真分式之和

$$\frac{P(x)}{Q(x)} = \frac{P_1(x)}{Q_1(x)} + \frac{P_2(x)}{Q_2(x)}.$$

上述步骤称为把真分式化成部分分式之和. 如果 $Q_1(x)$ 或 $Q_2(x)$ 还能再分解成两个没有公因式的多项式的乘积,那么就可再分拆成更简单的部分分式. 最后,有理函数的分解式中只出现多项式 $\frac{P_1(x)}{(x-a)^k}$、$\frac{P_2(x)}{(x^2+px+q)^l}$ 等三类函数[这里 $p^2 - 4q < 0$,$P_1(x)$ 为小于 k 次的多项式,$P_2(x)$ 为小于 $2l$ 次的多项式]. 多项式的积分容易求得,第二类真分式的积分可参看5.2中的例3.

下面举几个真分式的积分例子.

例1 求 $\int \frac{x+1}{x^2-5x+6} dx$.

解 被积函数的分母可分解成 $(x-3)(x-2)$,故可设

$$\frac{x+1}{x^2-5x+6} = \frac{A}{x-3} + \frac{B}{x-2},$$

其中 A、B 为待定系数. 上式两端去分母后,得

$$x+1 = A(x-2) + B(x-3),$$

即

$$x+1 = (A+B)x - 2A - 3B.$$

比较上式两端同次幂的系数,即有

$$\begin{cases} A + B = 1, \\ 2A + 3B = -1. \end{cases}$$

从而解得 $A = 4, B = -3$. 于是

$$\int \frac{x+1}{x^2-5x+6} dx = \int \left(\frac{4}{x-3} - \frac{3}{x-2} \right) dx$$
$$= 4\ln|x-3| - 3\ln|x-2| + C.$$

例2 求 $\int \frac{x+2}{(2x+1)(x^2+x+1)} dx$.

解 设 $\frac{x+2}{(2x+1)(x^2+x+1)} = \frac{A}{2x+1} + \frac{Bx+D}{x^2+x+1}$,则

$$x+2 = A(x^2+x+1) + (Bx+D)(2x+1),$$

即

$$x+2 = (A+2B)x^2 + (A+B+2D)x + A + D.$$

比较上式两端同次幂的系数,即有

$$\begin{cases} A + 2B = 0, \\ A + B + 2D = 1, \\ A + D = 2. \end{cases}$$

从而解得 $\begin{cases} A = 2, \\ B = -1, \\ D = 0. \end{cases}$ 于是

$$\int \frac{x+2}{(2x+1)(x^2+x+1)} dx$$

$$= \int \left(\frac{2}{2x+1} - \frac{x}{x^2+x+1} \right) dx = \ln|2x+1| - \frac{1}{2} \int \frac{(2x+1)-1}{x^2+x+1} dx$$

$$= \ln|2x+1| - \frac{1}{2} \int \frac{d(x^2+x+1)}{x^2+x+1} + \frac{1}{2} \int \frac{dx}{\left(x+\frac{1}{2}\right)^2 + \frac{3}{4}}$$

$$= \ln|2x+1| - \frac{1}{2} \ln(x^2+x+1) + \frac{1}{\sqrt{3}} \arctan \frac{2x+1}{\sqrt{3}} + C.$$

例 3 求 $\int \frac{x-3}{(x-1)(x^2-1)} dx$.

解 被积函数分母的两个因式 $x-1$ 与 x^2-1 有公因式,故需要再分解成 $(x-1)^2(x+1)$. 设

$$\frac{x-3}{(x-1)^2(x+1)} = \frac{Ax+B}{(x-1)^2} + \frac{D}{x+1},$$

则 $\qquad x - 3 = (Ax + B)(x+1) + D(x-1)^2,$

即 $\qquad x - 3 = (A+D)x^2 + (A+B-2D)x + B + D,$

比较上式两端同次幂的系数,即有

$$\begin{cases} A + D = 0, \\ A + B - 2D = 1, \\ B + D = -3. \end{cases}$$

从而解得 $\begin{cases} A = 1, \\ B = -2, \\ D = -1. \end{cases}$ 于是

$$\int \frac{x-3}{(x-1)(x^2-1)} dx$$

$$= \int \frac{x-3}{(x-1)^2(x+1)} dx = \int \left[\frac{x-2}{(x-1)^2} - \frac{1}{x+1} \right] dx$$

$$= \int \frac{x-1-1}{(x-1)^2} dx - \ln|x+1|$$

$$= \ln|x-1| + \frac{1}{x-1} - \ln|x+1| + C.$$

习题 5-4

1. 求下列不定积分：

(1) $\int \frac{x^3}{x+3} dx$;

(2) $\int \frac{2x+3}{x^2+3x-10} dx$;

(3) $\int \frac{dx}{x(x^2+1)}$;

(4) $\int \frac{x^2+1}{(x+1)^2(x-1)} dx$;

(5) $\int \frac{x dx}{(x+1)(x+2)(x+3)}$;

(6) $\int \frac{x^5+x^4-8}{x^3-x} dx$;

(7) $\int \frac{dx}{(x^2+1)(x^2+x)}$;

(8) $\int \frac{1}{x^4-1} dx$;

(9) $\int \frac{dx}{(x^2+1)(x^2+x+1)}$;

(10) $\int \frac{(x+1)^2}{(x^2+1)^2} dx$;

(11) $\int \frac{-x^2-2}{(x^2+x+1)^2} dx$;

(12) $\int \frac{dx}{3+\sin^2 x}$;

(13) $\int \frac{dx}{3+\cos x}$;

(14) $\int \frac{dx}{1+\sin x + \cos x}$;

(15) $\int \frac{dx}{1+\sqrt[3]{x+1}}$;

(16) $\int \frac{(\sqrt{x})^3 - 1}{\sqrt{x}+1} dx$;

(17) $\int \frac{\sqrt{x+1}-1}{\sqrt{x+1}+1} dx$;

(18) $\int \frac{dx}{\sqrt{x}+\sqrt[4]{x}}$.

复习题 5　A 组

1. 已知函数 $f(x) = \begin{cases} 2(x-1), & x < 1, \\ \ln x, & x \geq 1, \end{cases}$ 则 $f(x)$ 的一个原函数是(　　).

A. $F(x) = \begin{cases} (x-1)^2, & x < 1, \\ x(\ln x - 1), & x \geq 1 \end{cases}$

B. $F(x) = \begin{cases} (x-1)^2, & x < 1, \\ x(\ln x - 1) - 1, & x \geq 1 \end{cases}$

C. $F(x) = \begin{cases} (x-1)^2, & x < 1, \\ x(\ln x + 1) + 1, & x \geq 1 \end{cases}$

D. $F(x) = \begin{cases} (x-1)^2, & x < 1, \\ x(\ln x - 1)^2 + 1, & x \geq 1 \end{cases}$

2. 在下列等式中，结果正确的是(　　).

A. $\int f'(x)\,dx = f(x)$ B. $\int d f(x) = f(x)$

C. $\dfrac{d}{dx}\int f(x)\,dx = f(x)$ D. $d\int f(x)\,dx = f(x)$

3. 已知 $f'(e^x) = xe^{-x}$,且 $f(1) = 0$,则 $f(x) = $ _____.

4. 设 $f(\ln x) = \dfrac{\ln(1+x)}{x}$,计算 $\int f(x)\,dx$.

5. 求 $\int \dfrac{dx}{(2x^2+1)\sqrt{x^2+1}}$.

总复习题 5 B 组

1. 求下列不定积分:

(1) $\int \dfrac{\arcsin\sqrt{x} + \ln x}{\sqrt{x}}\,dx$;

(2) $\int \dfrac{xe^{\arctan x}}{(1+x^2)^{3/2}}\,dx$;

(3) $\int \ln\left(1 + \sqrt{\dfrac{1+x}{x}}\right)dx\ (x>0)$;

(4) $\int e^{2x}\arctan\sqrt{e^x - 1}\,dx$;

(5) $\int e^{\sin x}\dfrac{x\cos^3 x - \sin x}{\cos^2 x}\,dx$;

(6) $\int \dfrac{\ln \sin x}{\sin^2 x}\,dx$.

第6章 定积分

本章讨论积分学的另一个基本问题——定积分问题. 我们先从几何与力学问题出发引进定积分的定义,然后讨论它的性质与计算方法,最后介绍定积分的应用.

6.1 定积分的概念

6.1.1 定积分的起源与定义

1. 定积分问题举例

(1) 曲边梯形的面积.

设 $y=f(x)$ 在区间 $[a,b]$ 上非负、连续. 由直线 $x=a,x=b,y=0$ 及曲线 $y=f(x)$ 所围成的图形称为曲边梯形(如图 6-1 所示),其中曲线弧称为曲边.

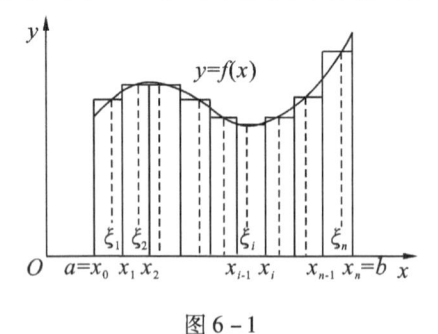

图 6-1

我们知道,矩形的高是不变的,它的面积可按公式

$$矩形面积 = 高 \times 底$$

来定义和计算. 而曲边梯形在底边上各点处的高 $f(x)$ 在区间 $[a,b]$ 上是变动的,故它

的面积不能直接按上述公式来定义和计算. 然而, 由于曲边梯形的高 $f(x)$ 在区间 $[a,b]$ 上是连续变化的, 在很小一段区间上它的变化很小, 近似于不变.

因此, 如果把区间 $[a,b]$ 划分为许多小区间, 在每个小区间上用其中某一点处的高来近似代替同一个小区间上的窄曲边梯形的变高, 那么, 每个窄曲边梯形就可近似地看成这样得到的窄矩形. 我们就以所有这些窄矩形面积之和作为曲边梯形面积的近似值, 并把区间 $[a,b]$ 无限细分下去, 即使每个小区间的长度都趋于零, 这时所有窄矩形面积之和的极限就可定义为曲边梯形的面积. 这个定义同时也给出了计算曲边梯形面积的方法, 现详述于下.

在区间 $[a,b]$ 中任意插入若干个分点
$$a = x_0 < x_1 < x_2 < \cdots < x_{n-1} < x_n = b,$$
把 $[a,b]$ 分成 n 个小区间
$$[x_0, x_1], [x_1, x_2], \cdots, [x_{n-1}, x_n].$$
它们的长度依次为
$$\Delta x_1 = x_1 - x_0, \Delta x_2 = x_2 - x_1, \cdots, \Delta x_n = x_n - x_{n-1}.$$

经过每一个分点作平行于 y 轴的直线段, 把曲边梯形分成 n 个窄曲边梯形. 在每个小区间 $[x_{i-1}, x_i]$ 上任取一点 ξ_i, 以 $[x_{i-1}, x_i]$ 为底、$f(\xi_i)$ 为高的窄矩形近似替代第 i 个窄曲边梯形 ($i = 1, 2, \cdots, n$), 把这样得到的 n 个窄矩形面积之和作为所求曲边梯形面积 A 的近似值, 即
$$A \approx f(\xi_1)\Delta x_1 + f(\xi_2)\Delta x_2 + \cdots + f(\xi_n)\Delta x_n = \sum_{i=1}^{n} f(\xi_i)\Delta x_i.$$

为了保证所有小区间的长度都无限缩小, 我们要求小区间长度中的最大者趋于零, 如记 $\lambda = \max\{\Delta x_1, \Delta x_2, \cdots, \Delta x_n\}$, 则上述条件可表示为 $\lambda \to 0$. 当 $\lambda \to 0$ 时 (这时分段数 n 无限增多, 即 $n \to \infty$), 取上述和式的极限, 便得曲边梯形的面积
$$A = \lim_{\lambda \to 0} \sum_{i=1}^{n} f(\xi_i)\Delta x_i.$$

(2) 变速直线运动的路程.

设某物体做直线运动, 已知速度 $v = v(t)$ 是时间间隔 $[T_1, T_2]$ 上 t 的连续函数, 且 $v(t) \geqslant 0$, 计算在这段时间内物体所经过的路程 s.

我们知道, 对于等速直线运动, 有公式
$$路程 = 速度 \times 时间.$$

但是, 在现在讨论的问题中, 速度不是常量而是随时间变化的变量, 因此, 所求路程不能直接按等速直线运动的路程公式来计算. 然而, 物体运动的速度函数 $v = v(t)$ 是连续变化的, 在很短一段时间内, 速度的变化很小, 近似于等速.

因此, 如果把时间间隔分小, 在小段时间内, 以等速运动代替变速运动, 那么, 就

可算出部分路程的近似值.再求和,得到整个路程的近似值.最后,通过对时间间隔无限细分的极限过程,所有部分路程的近似值之和的极限,就是所求变速直线运动的路程的精确值.

在时间间隔$[T_1,T_2]$内任意插入若干个分点
$$T_1 = t_0 < t_1 < t_2 < \cdots < t_{n-1} < t_n = T_2,$$
把$[T_1,T_2]$分成n个小时段
$$[t_0,t_1],[t_1,t_2],\cdots,[t_{n-1},t_n],$$
各小时段时间的长依次为
$$\Delta t_1 = t_1 - t_0, \Delta t_2 = t_2 - t_1, \cdots, \Delta t_n = t_n - t_{n-1}.$$
相应地,在各段时间内物体经过的路程依次为
$$\Delta s_1, \Delta s_2, \cdots, \Delta s_n.$$

在时间间隔$[t_{i-1},t_i]$上任取一个时刻$\tau_i(t_{i-1} \leqslant \tau_i \leqslant t_i)$,以$\tau_i$时的速度$v(\tau_i)$来代替$[t_{i-1},t_i]$上各个时刻的速度,得到部分路程$\Delta s_i$的近似值,即
$$\Delta s_i \approx v(\tau_i)\Delta t_i (i=1,2,\cdots,n).$$
于是这n段部分路程的近似值之和就是所求变速直线运动路程的近似值,即
$$s \approx v(\tau_1)\Delta t_1 + v(\tau_2)\Delta t_2 + \cdots + v(\tau_n)\Delta t_n = \sum_{i=1}^{n} v(\tau_i)\Delta t_i.$$
记$\lambda = \max\{\Delta t_1, \Delta t_2, \cdots, \Delta t_n\}$,当$\lambda \to 0$时,取上述和式的极限,即得变速直线运动的路程
$$s = \lim_{\lambda \to 0} \sum_{i=1}^{n} v(\tau_i)\Delta t_i.$$

2. 定积分的定义

从上面两个例子可以看到,所要计算的量,即曲边梯形的面积A及变速直线运动的路程s的实际意义虽然不同,前者是几何量,后者是物理量,但是它们都由一个函数及其自变量的变化区间所决定,如:曲边梯形的高度$y=f(x)$及其底边上的点x的变化区间$[a,b]$,直线运动的速度$v=v(t)$及时间t的变化区间$[T_1,T_2]$.

其次,计算这些量的方法与步骤都是相同的,并且它们都归结为具有相同结构的一种特定和的极限,如:
$$面积\ A = \lim_{\lambda \to 0} \sum_{i=1}^{n} f(\xi_i)\Delta x_i;$$
$$路程\ s = \lim_{\lambda \to 0} \sum_{i=1}^{n} v(\tau_i)\Delta t_i.$$

抛开这些问题的具体意义,抓住它们在数量关系上共同的本质与特性加以概括,我们就可以抽象出下述定积分的定义.

定义 设函数 $f(x)$ 在 $[a,b]$ 上有界,在 $[a,b]$ 中任意插入若干个分点
$$a = x_0 < x_1 < x_2 < \cdots < x_{n-1} < x_n = b,$$
把区间 $[a,b]$ 分成 n 个小区间
$$[x_0, x_1], [x_1, x_2], \cdots, [x_{n-1}, x_n],$$
各个小区间的长度依次为
$$\Delta x_1 = x_1 - x_0, \Delta x_2 = x_2 - x_1, \cdots, \Delta x_n = x_n - x_{n-1}.$$
在每个小区间 $[x_{i-1}, x_i]$ 上任取一点 $\xi_i (x_{i-1} \leq \xi_i \leq x_i)$,作函数值 $f(\xi_i)$ 与小区间长度 Δx_i 的乘积 $f(\xi_i) \Delta x_i (i=1, 2, \cdots, n)$,并作出和
$$S = \sum_{i=1}^{n} f(\xi_i) \Delta x_i. \tag{1}$$
记 $\lambda = \max\{\Delta x_1, \Delta x_2, \cdots, \Delta x_n\}$,如果当 $\lambda \to 0$ 时,这和的极限总存在,且与闭区间 $[a,b]$ 的分法及点 ξ_i 的取法无关,那么称这个极限 I 为函数 $f(x)$ 在区间 $[a,b]$ 上的定积分(简称积分),记作 $\int_a^b f(x) \mathrm{d}x$,即
$$\int_a^b f(x) \mathrm{d}x = I = \lim_{\lambda \to 0} \sum_{i=1}^{n} f(\xi_i) \Delta x_i, \tag{2}$$
其中 $f(x)$ 叫作被积函数,$f(x) \mathrm{d}x$ 叫作被积表达式,x 叫作积分变量,a 叫作积分下限,b 叫作积分上限,$[a,b]$ 叫作积分区间.

利用"$\varepsilon - \delta$"的说法,上述定积分的定义可以表述如下:

设有常数 I,如果对于任意给定的正数 ε,总存在一个正数 δ,使得对于区间 $[a,b]$ 的任何分法,不论 ξ_i 在区间 $[x_{i-1}, x_i]$ 中怎样选取,只要 $\lambda = \max\{\Delta x_1, \cdots, \Delta x_n\} < \delta$,总有
$$\left| \sum_{i=1}^{n} f(\xi_i) \Delta x_i - I \right| < \varepsilon$$
成立,那么称 I 是 $f(x)$ 在区间 $[a,b]$ 上的定积分,记作 $\int_a^b f(x) \mathrm{d}x$.

注意:当和式 $\sum_{i=1}^{n} f(\xi_i) \Delta x_i$ 的极限存在时,其极限 I 仅与被积函数 $f(x)$ 及积分区间 $[a,b]$ 有关. 如果既不改变被积函数 f,也不改变积分区间 $[a,b]$,而只把积分变量 x 改写成其他字母,例如 t 或 u,那么,这时和的极限 I 不变,也就是定积分的值不变,即
$$\int_a^b f(x) \mathrm{d}x = \int_a^b f(t) \mathrm{d}t = \int_a^b f(u) \mathrm{d}u.$$
这就是说,定积分的值只与被积函数及积分区间有关,而与积分变量的记号无关.

和 $\sum_{i=1}^{n} f(\xi_i) \Delta x_i$ 通常称为 $f(x)$ 的积分和. 如果 $f(x)$ 在 $[a,b]$ 上的定积分存在,那么就说 $f(x)$ 在 $[a,b]$ 上可积.

对于定积分,有这样一个重要问题:函数 $f(x)$ 在 $[a,b]$ 上满足怎样的条件,$f(x)$ 在 $[a,b]$ 上一定可积. 这个问题我们不作深入讨论,而只给出以下两个充分条件.

定理 1 设 $f(x)$ 在区间 $[a,b]$ 上连续,则 $f(x)$ 在 $[a,b]$ 上可积.

定理 2 设 $f(x)$ 在区间 $[a,b]$ 上有界,且只有有限个间断点,则 $f(x)$ 在 $[a,b]$ 上可积.

利用定积分的定义,前面所讨论的两个实际问题可以分别表述如下:

曲线 $y=f(x)[f(x)\geq 0]$、x 轴及两条直线 $x=a$、$x=b$ 所围成的曲边梯形的面积 A 等于函数 $f(x)$ 在区间 $[a,b]$ 上的定积分,即

$$A = \int_a^b f(x)\,dx.$$

物体以变速 $v=v(t)[t(t)\geq 0]$ 做直线运动,从时刻 $t=T_1$ 到时刻 $t=T_2$,物体经过的路程 s 等于函数 $v(t)$ 在区间 $[T_1,T_2]$ 上的定积分,即

$$s = \int_{T_1}^{T_2} v(t)\,dt.$$

下面讨论定积分的几何意义. 在 $[a,b]$ 上 $f(x)\geq 0$ 时,我们已经知道,定积分 $\int_a^b f(x)\,dx$ 表示由曲线 $y=f(x)$、两条直线 $x=a$、$x=b$ 与 x 轴所围成的曲边梯形的面积. 在 $[a,b]$ 上 $f(x)\leq 0$ 时,由曲线 $y=f(x)$、两条直线 $x=a$、$x=b$ 与 x 轴所围成的曲边梯形位于 x 轴的下方,定积分

$$\int_a^b f(x)\,dx$$

表示上述曲边梯形面积的负值. 在 $[a,b]$ 上 $f(x)$ 既取得正值又取得负值时,$f(x)$ 函数的图形某些部分在 x 轴的上方,而其他部分在 x 轴下方(图 6-2),此时定积分 $\int_a^b f(x)\,dx$ 表示 x 轴上方图形面积减去 x 轴下方图形面积所得之差.

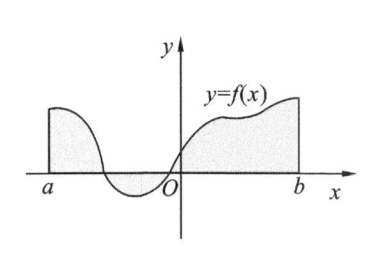

图 6-2

最后,举一个按定义计算定积分的例子.

例 1 利用定义计算定积分 $\int_0^1 x^2\,dx$.

解 因为被积函数 $f(x)=x^2$ 在积分区间 $[0,1]$ 上连续,而连续函数是可积的,所以积分与区间 $[0,1]$ 的分法及点 ξ_i 的取法无关. 因此,为了便于计算,不妨把区间 $[0,1]$ 分成 n 等份,分点为 $x_i = \dfrac{i}{n}, i=1,2,\cdots,n-1$. 这样,每个小区间 $[x_{i-1},x_i]$ 的长度 $\Delta x_i = \dfrac{1}{n}, i=1,2,\cdots,n$. 取 $\xi_i = x_i, i=1,2,\cdots,n$. 于是,得和式

$$\sum_{i=1}^{n} f(\xi_i) \Delta x_i = \sum_{i=1}^{n} \xi_i^2 \Delta x_i = \sum_{i=1}^{n} x_i^2 \Delta x_i$$

$$= \sum_{i=1}^{n} \left(\frac{i}{n}\right)^2 \cdot \frac{1}{n} = \frac{1}{n^3} \sum_{i=1}^{n} i^2$$

$$= \frac{1}{n^3} \cdot \frac{1}{6} n(n+1)(2n+1)$$

$$= \frac{1}{6}\left(1 + \frac{1}{n}\right)\left(2 + \frac{1}{n}\right).$$

当 $\lambda \to 0$ 即 $n \to \infty$ 时,取上式右端的极限. 由定积分的定义,即得所要计算的积分为

$$\int_0^1 x^2 \mathrm{d}x = \lim_{\lambda \to 0} \sum_{i=1}^{n} \xi_i^2 \Delta x_i = \lim_{n \to \infty} \frac{1}{6}\left(1 + \frac{1}{n}\right)\left(2 + \frac{1}{n}\right) = \frac{1}{3}.$$

6.1.2 定积分的近似计算

从例 1 的计算过程中可以看到,对于任一确定的正整数 n,积分和

$$\sum_{i=1}^{n} f(\xi_i) \Delta x_i = \frac{1}{6}\left(1 + \frac{1}{n}\right)\left(2 + \frac{1}{n}\right)$$

都是定积分 $\int_0^1 x^2 \mathrm{d}x$ 的近似值. 当 n 取不同值时,可得到定积分 $\int_0^1 x^2 \mathrm{d}x$ 精度不同的近似值. 一般说来,n 取得越大,近似程度越好.

下面就一般情形,讨论定积分的近似计算问题. 设 $f(x)$ 在 $[a,b]$ 上连续,这时定积分 $\int_a^b f(x) \mathrm{d}x$ 存在. 如同例 1,采取把区间 $[a,b]$ 等分的分法,即用分点 $a = x_0, x_1, x_2, \cdots, x_n = b$ 将 $[a,b]$ 分成 n 个长度相等的小区间,每个小区间的长为

$$\Delta x = \frac{b-a}{n}.$$

在小区间 $[x_{i-1}, x_i]$ 上,取 $\xi_i = x_{i-1}$,应有

$$\int_a^b f(x) \mathrm{d}x = \lim_{n \to \infty} \frac{b-a}{n} \sum_{i=1}^{n} f(x_{i-1}).$$

从而对于任一确定的正整数 n,有

$$\int_a^b f(x) \mathrm{d}x \approx \frac{b-a}{n} \sum_{i=1}^{n} f(x_{i-1}).$$

记 $f(x_i) = y_i (i = 0, 1, 2, \cdots, n)$,上式可记作

$$\int_a^b f(x) \mathrm{d}x \approx \frac{b-a}{n}(y_0 + y_1 + \cdots + y_{n-1}). \tag{3}$$

如果取 $\xi_i = x_i$,则可得近似公式

$$\int_a^b f(x)\,dx \approx \frac{b-a}{n}(y_1 + y_2 + \cdots + y_n). \tag{4}$$

以上求定积分近似值的方法称为矩形法,公式(3)(4)称为矩形法公式.

矩形法的几何意义:用窄条矩形的面积作为窄条曲边梯形面积的近似值. 整体上用台阶形的面积作为曲边梯形面积的近似值. 如图 6-3 所示.

求定积分近似值的方法,常用的还有梯形法和抛物线法(又称辛普森法),简单介绍如下.

和矩形法一样,将区间 $[a,b]$ 等分. 设 $f(x_i) = y_i$,曲线 $y = f(x)$ 上的点 (x_i, y_i) 记作 $M_i (i = 0, 1, 2, \cdots, n)$.

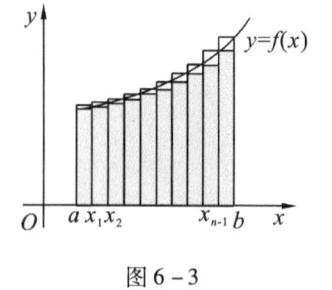

图 6-3

梯形法的原理:将曲线 $y = f(x)$ 上的小弧段 $\overparen{M_{i-1}M_i}$ 用直线段 $\overline{M_{i-1}M_i}$ 代替,也就是把窄条曲边梯形用窄条梯形代替[图 6-4(a)],由此得到定积分的近似值为

$$\int_a^b f(x)\,dx \approx \frac{b-a}{n}\left(\frac{y_0 + y_1}{2} + \frac{y_1 + y_2}{2} + \cdots + \frac{y_{n-1} + y_n}{2}\right)$$

$$= \frac{b-a}{n}\left(\frac{y_0 + y_n}{2} + y_1 + y_2 + \cdots + y_{n-1}\right). \tag{5}$$

显然,梯形法公式(5)所得近似值就是矩形法公式(3)(4)所得两个近似值的平均值.

(a)

(b)

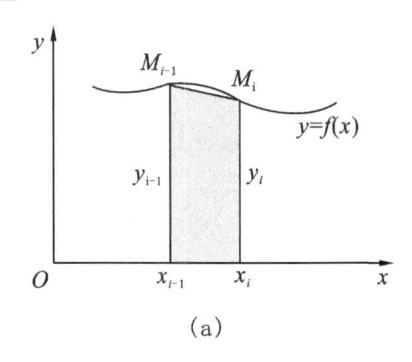

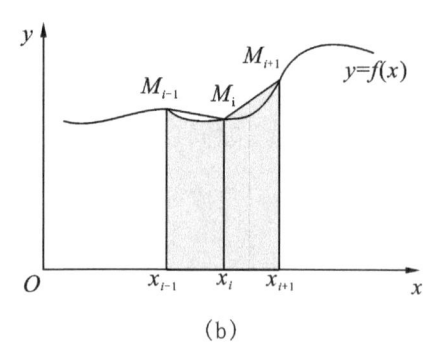

图 6-4

抛物线法的原理:将曲线 $y = f(x)$ 上的两个小弧段 $\overparen{M_{i-1}M_i}$ 和 $\overparen{M_iM_{i+1}}$ 合起来,用过 M_{i-1}, M_i, M_{i+1} 三点的抛物 $y = px^2 + qx + r$ 线代替[图 6-4(b)]. 经推导可得,以此抛物线弧段为曲边、以 $[x_{i-1}, x_{i+1}]$ 为底的曲边梯形面积为

$$\frac{1}{6}(y_{i-1} + 4y_i + y_{i+1}) \cdot 2\Delta x = \frac{b-a}{3n}(y_{i-1} + 4y_i + y_{i+1}).$$

取 n 为偶数,得到定积分的近似值为

$$\int_a^b f(x)\,\mathrm{d}x \approx \frac{b-a}{3n}[(y_0+4y_1+y_2)+(y_2+4y_3+y_4)+\cdots+(y_{n-2}+4y_{n-1}+y_n)]$$

$$=\frac{b-a}{3n}[y_0+y_n+4(y_1+y_3+\cdots+y_{n-1})+2(y_2+y_4+\cdots+y_{n-2})]. \quad (6)$$

例2 按梯形法公式(5)和抛物线法公式(6)计算定积分 $\int_0^1 \frac{4}{1+x^2}\mathrm{d}x$ 的近似值（取 $n=10$,计算时取 5 位小数）.

解 计算 y_i 并列表,见表 6-1.

表 6-1 不同 x_i 取值下 y_i 的值

i	x_i	y_i
0	0.0	4.000 00
1	0.1	3.960 40
2	0.2	3.846 15
3	0.3	3.669 72
4	0.4	3.448 28
5	0.5	3.200 00
6	0.6	2.941 18
7	0.7	2.684 56
8	0.8	2.439 02
9	0.9	2.209 94
10	1.0	2.000 00

按梯形法公式(5)求得近似值为

$$S_1 = 3.13993;$$

按抛物线法公式求得近似值为

$$S_2 = 3.14159.$$

本例所给积分的精确值为

$$\int_0^1 \frac{4}{1+x^2}\,\mathrm{d}x = \pi = 3.1415926\cdots,$$

用 S_2 作为所给积分的近似值,误差小于 10^{-5}.

计算定积分的近似值的方法很多,这里不再作介绍. 随着计算机应用的普及,定积分的近似计算已变得更为方便,现在已有很多现成的数学软件可用于定积分的近似计算.

习题 6-1

1. 利用定积分的定义计算由抛物线 $y = x^2 + 1$、两直线 $x = a$、$x = b(b > a)$ 及 x 轴所围成的图形的面积.

2. 利用定积分的定义计算下列积分：

   (1) $\int_a^b x \, dx \, (a < b)$；

   (2) $\int_0^1 e^x \, dx$.

3. 利用定积分的几何意义证明下列等式：

   (1) $\int_0^1 2x \, dx = 1$；

   (2) $\int_0^1 \sqrt{1-x^2} \, dx = \dfrac{\pi}{4}$；

   (3) $\int_{-2}^{\pi} \sin x \, dx = 0$.

4. 利用定积分的几何意义求下列积分：

   (1) $\int_0^1 x \, dx \, (t > 0)$；

   (2) $\int_{-2}^{4} \left(\dfrac{x}{2} + 3 \right) dx$；

   (3) $\int_{-1}^{2} |x| \, dx$；

   (4) $\int_{-3}^{3} \sqrt{9 - x^2} \, dx$.

5. 设 $a < b$，问 a、b 取什么值时，积分 $\int_a^b (x - x^2) \, dx$ 取得最大值？

6. 设 $\int_{-1}^{1} 3f(x) \, dx = 18$，$\int_{-1}^{3} f(x) \, dx = 4$，$\int_{-1}^{3} g(x) \, dx = 3$. 求：

   (1) $\int_{-1}^{1} f(x) x$；

   (2) $\int_1^3 f(x) \, dx$；

   (3) $\int_3^{-1} g(x) \, dx$；

   (4) $\int_{-1}^{3} \dfrac{1}{5} [4f(x) + 3g(x)] \, dx$.

6.2 定积分的性质

为了以后计算及应用方便起见,对定积分作以下两点补充规定:

(1) 当 $b = a$ 时, $\int_a^b f(x) \mathrm{d}x = 0$;

(2) 当 $a > b$ 时, $\int_a^b f(x) \mathrm{d}x = -\int_b^a f(x) \mathrm{d}x$.

由上式可知,交换定积分的上下限时,定积分的绝对值不变而符号相反.

下面讨论定积分的性质.下列各性质中积分上下限的大小,如不特别指明,均不加限制,并假定各性质中所列出的定积分都是存在的.

性质 1 设 α 与 β 均为常数,则

$$\int_a^b [\alpha f(x) \pm \beta g(x)] \mathrm{d}x = \alpha \int_a^b f(x) \mathrm{d}x \pm \beta \int_a^b g(x) \mathrm{d}x.$$

证明

$$\begin{aligned}\int_a^b [\alpha f(x) \pm \beta g(x)] \mathrm{d}x &= \lim_{\lambda \to 0} \sum_{i=1}^n [\alpha f(\xi_i) \pm \beta g(\xi_i)] \Delta x_i \\ &= \alpha \lim_{\lambda \to 0} \sum_{i=1}^n f(\xi_i) \Delta x_i \pm \beta \lim_{\lambda \to 0} \sum_{i=1}^n g(\xi_i) \Delta x_i \\ &= \alpha \int_a^b f(x) \mathrm{d}x \pm \beta \int_a^b g(x) \mathrm{d}x.\end{aligned}$$

性质 1 对于任意有限个函数的线性组合也是成立的.

性质 2 设 $a < c < b$,则

$$\int_a^b f(x) \mathrm{d}x = \int_a^c f(x) \mathrm{d}x + \int_c^b f(x) \mathrm{d}x.$$

证明 因为函数 $f(x)$ 在区间 $[a,b]$ 上可积,所以不论把 $[a,b]$ 怎样分,积分和的极限总是不变的.因此,在分区间时,可以使 c 永远是个分点.那么,$[a,b]$ 上的积分和等于 $[a,c]$ 上的积分和加 $[c,b]$ 上的积分和,记为

$$\sum_{[a,b]} f(\xi_i) \Delta x_i = \sum_{[a,c]} f(\xi_i) \Delta x_i + \sum_{[c,b]} f(\xi_i) \Delta x_i.$$

令 $\lambda \to 0$,上式两端同时取极限,即得

$$\int_a^b f(x) \mathrm{d}x = \int_a^c f(x) \mathrm{d}x + \int_c^b f(x) \mathrm{d}x.$$

这个性质表明定积分对于积分区间具有可加性.

按定积分的补充规定,我们有:不论 a、b、c 的相对位置如何,总有等式

$$\int_a^b f(x)\,dx = \int_a^c f(x)\,dx + \int_c^b f(x)\,dx$$

成立. 例如,当 $a<b<c$ 时,由于

$$\int_a^c f(x)\,dx = \int_a^b f(x)\,dx + \int_b^c f(x)\,dx,$$

于是得

$$\int_a^b f(x)\,dx = \int_a^c f(x)\,dx - \int_b^c f(x)\,dx = \int_a^c f(x)\,dx + \int_c^b f(x)\,dx.$$

性质 3 如果在区间 $[a,b]$ 上 $f(x) \equiv 1$,那么

$$\int_a^b 1\,dx = b - a.$$

这个性质的证明请读者自己完成.

性质 4 如果在区间 $[a,b]$ 上 $f(x) \geq 0$,那么

$$\int_a^b f(x)\,dx \geq 0 \quad (a<b).$$

证明 因为 $f(x) \geq 0$,所以

$$f(\xi_i) \geq 0 \quad (i=1,2,\cdots,n).$$

又由于 $\Delta x_i \geq 0 (i=1,2,\cdots,n)$,因此

$$\sum_{i=1}^{n} f(\xi_i)\Delta x_i \geq 0,$$

令 $\lambda = \max\{\Delta x_1, \cdots, \Delta x_n\} \to 0$,便得要证的不等式.

推论 1 如果在区间 $[a,b]$ 上 $f(x) \leq g(x)$,那么

$$\int_a^b f(x)\,dx \leq \int_a^b g(x)\,dx \quad (a<b).$$

证明 因为 $g(x) - f(x) \geq 0$,由性质 4 得

$$\int_a^b [g(x) - f(x)]\,dx \geq 0.$$

再利用性质 1,便得要证的不等式.

推论 2 $\left|\int_a^b f(x)\,dx\right| \leq \int_a^b |f(x)|\,dx \quad (a<b)$.

证明 因为

$$-|f(x)| \leq f(x) \leq |f(x)|,$$

所以由推论 1 及性质 1 可得

$$-\int_a^b |f(x)|\,dx \leq \int_a^b f(x)\,dx \leq \int_a^b |f(x)|\,dx,$$

即

$$\left|\int_a^b f(x)\,dx\right| \leq |f(x)|\,dx.$$

性质 5 设 M 及 m 分别是函数 $f(x)$ 在区间 $[a,b]$ 上的最大值及最小值,则

$$m(b-a) \leqslant \int_a^b f(x)\mathrm{d}x \leqslant M(b-a) \quad (a<b).$$

证明 因为 $m \leqslant f(x) \leqslant M$,所以由性质 4 的推论 1,得

$$\int_a^b m\mathrm{d}x \leqslant \int_a^b f(x)\mathrm{d}x \leqslant \int_a^b M\mathrm{d}x.$$

再由性质 1 及性质 3,即得所要证的不等式.

这个性质说明,由被积函数在积分区间上的最大值及最小值,可以估计积分值的大致范围. 例如,定积分 $\int_{\frac{1}{2}}^1 x^4 \mathrm{d}x$,它的被积函数 $f(x)=x^4$ 在积分区间 $\left[\frac{1}{2},1\right]$ 上是单调增加的,于是有最小值 $m=\left(\frac{1}{2}\right)^4=\frac{1}{16}$、最大值 $m=(1)^4=1$. 由性质 5,得

$$\frac{1}{16} \cdot \left(1-\frac{1}{2}\right) \leqslant \int_{\frac{1}{2}}^1 x^4 \mathrm{d}x \leqslant 1 \cdot \left(1-\frac{1}{2}\right),$$

即

$$\frac{1}{32} \leqslant \int_{\frac{1}{2}}^1 x^4 \mathrm{d}x \leqslant \frac{1}{2}.$$

性质 6(定积分中值定理) 如果函数 $f(x)$ 在积分区间 $[a,b]$ 上连续,那么在 $[a,b]$ 上至少存在一点 ξ,使下式成立:

$$\int_a^b f(x)\mathrm{d}x = f(\xi)(b-a) \quad (a \leqslant \xi \leqslant b).$$

这个公式叫作积分中值公式.

证明 把性质 5 中的不等式两边各除以 $b-a$,得

$$m \leqslant \frac{1}{b-a}\int_a^b f(x)\mathrm{d}x \leqslant M.$$

这表明,确定的数值 $\frac{1}{b-a}\int_a^b f(x)\mathrm{d}x \in [m,M]$. 根据闭区间上连续函数的介值定理的推论,在 $[a,b]$ 上至少存在一点 ξ,使得函数 $f(x)$ 在点 ξ 处的值与这个确定的数值相等,即应有

$$\frac{1}{b-a}\int_a^b f(x)\mathrm{d}x = f(\xi) \quad (a \leqslant \xi \leqslant b).$$

两端各乘 $b-a$,即得所要证的等式.

显然,积分中值公式

$$\int_a^b f(x)\mathrm{d}x = f(\xi)(b-a) \quad (\xi \text{ 在 } a \text{ 与 } b \text{ 之间})$$

不论 $a<b$ 或 $a>b$ 都是成立的.

积分中值公式有如下的几何解释:在区间$[a,b]$上至少存在一点ξ,使得以区间$[a,b]$为底边、以曲线$y=f(x)$为曲边的曲边梯形的面积等于同一底边而高为$f(\xi)$的一个矩形的面积(图6-5).

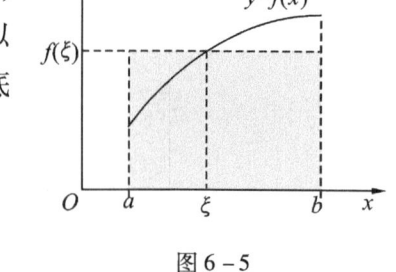

按积分中值公式所得

$$f(\xi)=\frac{1}{b-a}\int_a^b f(x)\mathrm{d}x$$

图6-5

称为函数$f(x)$在区间$[a,b]$上的平均值. 例如由图6-5可知,$f(\xi)$可看作图中曲边梯形的平均高度. 又如物体以变速$v(t)$做直线运动,在时间区间$[T_1,T_2]$上经过的路程为$\int_{T_1}^{T_2}v(t)\mathrm{d}t$,因此,

$$v(\xi)=\frac{1}{T_2-T_1}\int_{T_1}^{T_2}v(t)\mathrm{d}t,\xi\in[T_1,T_2]$$

便是运动物体在$[T_1,T_2]$这段时间内的平均速度.

习题 6-2

1. 证明下列定积分的性质:

(1) $\int_a^b kf(x)\mathrm{d}x = k\int_a^b f(x)\mathrm{d}x$ (k是常数);

(2) $\int_a^b 1\mathrm{d}x = b-a$.

2. 估计下列定积分的值:

(1) $\int_1^4 (x^2+1)\mathrm{d}x$;

(2) $\int_{\frac{\pi}{4}}^{\frac{5}{4}\pi}(1+\sin^2 x)\mathrm{d}x$;

(3) $\int_{\frac{1}{\sqrt{3}}}^{\sqrt{3}} x\arctan x\mathrm{d}x$;

(4) $\int_2^0 e^{x^2-x}\mathrm{d}x$.

3. 设$f(x)$在$[0,1]$上连续,证明$\int_0^1 f^2(x)\mathrm{d}x \geq (\int_0^1 f(x)\mathrm{d}x)^2$.

4. 设$f(x)$及$g(x)$在$[a,b]$上连续,证明:

(1) 若在$[a,b]$上$f(x)\geq 0$,且$f(x)\not\equiv 0$,则$\int_a^b f(x)\mathrm{d}x > 0$;

(2) 若在$[a,b]$上$f(x)\geq 0$,且$\int_a^b f(x)\mathrm{d}x = 0$,则在$[a,b]$上$f(x)=0$;

(3) 若在$[a,b]$上$f(x)\leq g(x)$,且$\int_a^b f(x)\mathrm{d}x = \int_a^b g(x)\mathrm{d}x$,则在$[a,b]$上$f(x)=g(x)$.

5. 根据定积分的性质及第 4 题的结论,说明下列各对积分中哪一个的值较大:

(1) $\int_0^1 x^2 dx$ 还是 $\int_0^1 x^3 dx$?

(2) $\int_1^2 x^2 dx$ 还是 $\int_1^2 x^3 dx$?

(3) $\int_1^2 \ln x dx$ 还是 $\int_1^2 (\ln x)^2 dx$?

(4) $\int_0^1 x dx$ 还是 $\int_0^1 \ln(1+x) dx$?

(5) $\int_0^1 e^x dx$ 还是 $\int_0^1 (1+x) dx$?

6.3 定积分基本公式

在 6.1 中有一个应用定积分的定义计算积分的例子. 从这个例子我们看到,被积函数虽然是简单的二次幂函数 $f(x)=x^2$,但直接按定义来计算它的定积分已经不是很容易的事. 如果被积函数是其他复杂的函数,其困难就更大了. 因此,我们必须寻求计算定积分的新方法.

下面先从实际问题中寻找解决问题的线索. 为此,我们对变速直线运动中遇到的位置函数 $s(t)$ 及速度函数 $v(t)$ 之间的联系作进一步的研究.

1. 变速直线运动中位置函数与速度函数之间的联系

有一物体在一直线上运动. 在这直线上取定原点、正方向及长度单位,使它成一数轴. 设时刻 t 时物体所在位置为 $s(t)$,速度为 $v(t)$ [为了讨论方便起见,可以设 $v(t) \geqslant 0$].

从 6.1 中知道,物体在时间间隔 $[T_1, T_2]$ 内经过的路程可以用速度函数 $v(t)$ 在 $[T_1, T_2]$ 上的定积分

$$\int_{T_1}^{T_2} v(t) dt$$

来表达. 另一方面,这段路程又可以通过位置函数 $s(t)$ 在区间 $[T_1, T_2]$ 上的增量

$$s(T_2) - s(T_1)$$

来表达. 由此可见,位置函数 $s(t)$ 与速度函数 $v(t)$ 之间有如下关系:

$$\int_{T_1}^{T_2} v(t) dt = s(T_2) - s(T_1). \tag{1}$$

因为 $s'(t) = v(t)$,即位置函数 $s(t)$ 是速度函数 $v(t)$ 的原函数,所以关系式(1)表示,速度函数 $v(t)$ 在区间 $[T_1, T_2]$ 上的定积分等于 $v(t)$ 的原函数 $s(t)$ 在区间 $[T_1, T_2]$

上的增量
$$s(T_2) - s(T_1).$$

上述从变速直线运动的路程这个特殊问题中得出来的关系,在一定条件下具有普遍性.事实上,我们将在后面证明,如果函数 $f(x)$ 在区间 $[a,b]$ 上连续,那么 $f(x)$ 在区间 $[a,b]$ 上的定积分就等于 $f(x)$ 的原函数[设为 $F(x)$]在区间 $[a,b]$ 上的增量
$$F(b) - F(a).$$

2. 积分上限的函数及其导数

设函数 $f(x)$ 在区间 $[a,b]$ 上连续,并且设 x 为 $[a,b]$ 上的一点.我们来考察 $f(x)$ 在部分区间 $[a,x]$ 上的定积分
$$\int_a^x f(x)\,dx.$$

首先,由于 $f(x)$ 在 $[a,x]$ 上仍旧连续,因此这个定积分存在.这里,x 既表示定积分的上限,又表示积分变量.因为定积分与积分变量的记法无关,所以,为了明确起见,可以把积分变量改用其他符号,例如用 t 表示,则上面的定积分可以写成
$$\int_a^x f(t)\,dt.$$

如果上限 x 在区间 $[a,b]$ 上任意变动,那么对于每一个取定的 x 值,定积分有一个对应值,所以它在 $[a,b]$ 上定义了一个函数,记作 $\Phi(x)$:
$$\Phi(x) = \int_a^x f(t)\,dt \quad (a \leq x \leq b).$$

这个函数 $\Phi(x)$ 具有下面定理 1 所指出的重要性质.

定理 1 如果函数 $f(x)$ 在区间 $[a,b]$ 上连续,那么积分上限的函数
$$\Phi(x) = \int_a^x f(t)\,dt$$
在 $[a,b]$ 上可导,并且它的导数
$$\Phi'(x) = \frac{d}{dx}\int_a^x f(t)\,dt = f(x) \quad (a \leq x \leq b). \tag{2}$$

证明 若 $x \in (a,b)$,设 x 获得增量 Δx,其绝对值 $|y|$ 足够地小,使得 $x + \Delta x \in (a,b)$,则 $\Phi(x)$(图 6-6,$\Delta x > 0$)在 $x + \Delta x$ 处的函数值为
$$\Phi(x + \Delta x) = \int_a^{x+\Delta x} f(t)\,dt.$$

由此得函数的增量
$$\Delta\Phi = \Phi(x + \Delta x) - \Phi(x)$$

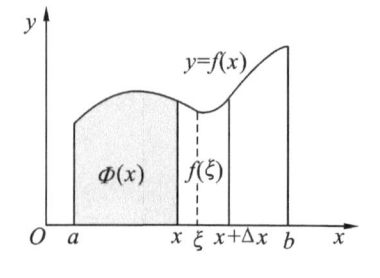

图 6-6

$$= \int_a^{x+\Delta x} f(t)\,\mathrm{d}t - \int_a^x f(t)\,\mathrm{d}t$$

$$= \int_a^x f(t)\,\mathrm{d}t + \int_x^{x+\Delta x} f(t)\,\mathrm{d}t - \int_a^x f(t)\,\mathrm{d}t$$

$$= \int_x^{x+\Delta x} f(t)\,\mathrm{d}t.$$

再应用积分中值定理,即有等式

$$\Delta \Phi = f(\xi)\Delta x.$$

这里,ξ 在 x 与 $x+\Delta x$ 之间. 把上式两端各除以 Δx,得函数增量与自变量增量的比值

$$\frac{\Delta \Phi}{\Delta x} = f(\xi).$$

由于假设 $f(x)$ 在 $[a,b]$ 上连续,而 $\Delta x \to 0$ 时,$\xi \to x$,因此 $\lim_{\Delta x \to 0} f(\xi) = f(x)$. 于是,令 $\Delta x \to 0$ 对上式两端取极限时,左端的极限也应该存在且等于 $f(x)$. 这就是说,函数 $\Phi(x)$ 的导数存在,并且

$$\Phi'(x) = f(x).$$

若 $x=a$,取 $\Delta x > 0$,则同理可证 $\Phi'_+(a) = f(a)$. 若 $x=b$,取 $\Delta x < 0$,则同理可证 $\Phi'_-(b) = f(b)$.

定理 1 证毕.

这个定理指出了一个重要结论:连续函数 $f(x)$ 取变上限 x 的定积分然后求导,其结果还原为 $f(x)$ 本身. 联想到原函数的定义,就可以从定理 1 推知 $\Phi(x)$ 是连续函数 $f(x)$ 的一个原函数. 因此,我们引出如下的原函数存在定理.

定理 2　如果函数 $f(x)$ 在区间 $[a,b]$ 上连续,那么函数

$$\Phi(x) = \int_a^x f(t)\,\mathrm{d}t \tag{3}$$

就是 $f(x)$ 在 $[a,b]$ 上的一个原函数.

这个定理的重要意义是,一方面肯定了连续函数的原函数是存在的,另一方面初步地揭示了积分学中的定积分与原函数之间的联系. 因此,我们就有可能通过原函数来计算定积分.

3. 牛顿 – 莱布尼茨公式

现在我们根据定理 2 来证明一个重要定理——微积分基本定理,它给出了用原函数计算定积分的公式.

定理 3(微积分基本定理)　如果函数 $F(x)$ 是连续函数 $f(x)$ 在区间 $[a,b]$ 上的一个原函数,那么

$$\int_a^b f(x)\,\mathrm{d}x = F(b) - F(a). \tag{4}$$

证明 已知函数 $F(x)$ 是连续函数 $f(x)$ 的一个原函数,又根据定理 2 知道,积分上限的函数

$$\Phi(x) = \int_a^x f(t)dt \tag{5}$$

也是 $f(x)$ 的一个原函数. 于是这两个原函数之差 $F(x) - \Phi(x)$ 在 $[a,b]$ 上必定是某一个常数 C,即

$$F(x) - \Phi(x) = C \quad (a \leqslant x \leqslant b). \tag{6}$$

在上式中令 $x = a$,得 $F(a) - \Phi(a) = C$. 又由 $\Phi(x)$ 的定义式(3)及上节定积分的补充规定(1)可知 $\Phi(a) = 0$,因此,$C = F(a)$. 以 $F(a)$ 代入(6)式中的 C,以 $\int_a^x f(t)dt$ 代入(6)式中的 $\Phi(x)$,可得

$$\int_a^x f(t)dt = F(x) - F(a).$$

在上式中令 $x = b$,就得到所要证明的公式(4).

由上节定积分的补充规定(2)可知,(4)式对 $a > b$ 的情形同样成立.

为了方便起见,以后把 $F(b) - F(a)$ 记成 $[F(x)]_a^b$,于是(4)式又可写成

$$\int_a^b f(x)dx = [F(x)]_a^b. \tag{7}$$

公式(7)叫作牛顿-莱布尼茨公式,也叫作微积分基本公式. 这个公式进一步揭示了定积分与被积函数的原函数或不定积分之间的联系. 它表明,一个连续函数在区间 $[a,b]$ 上的定积分等于它的任一个原函数在区间 $[a,b]$ 上的增量. 这就给定积分提供了一个有效而简便的计算方法,大大简化了定积分的计算手续.

下面我们举几个应用公式(4)来计算定积分的简单例子.

例 1 计算 6.1 中的定积分 $\int_0^1 x^2 dx$.

解 由于 $\dfrac{x^3}{3}$ 是 x^2 的一个原函数,所以按牛顿-莱布尼茨公式,有

$$\int_0^1 x^2 dx = \left[\frac{x^3}{3}\right]_0^1 = \frac{1^3}{3} - \frac{0^3}{3} = \frac{1}{3} - 0 = \frac{1}{3}.$$

例 2 计算 $\int_{-1}^{\frac{\sqrt{3}}{3}} \dfrac{dx}{1+x^2}$.

解 由于 $\arctan x$ 是 $\dfrac{1}{1+x^2}$ 的一个原函数,所以

$$\int_{-1}^{\frac{\sqrt{3}}{3}} \frac{dx}{1+x^2} = [\arctan x]_{-1}^{\frac{\sqrt{3}}{3}} = \arctan \frac{\sqrt{3}}{3} - \arctan(-1)$$

$$= \frac{\pi}{6} - \left(-\frac{\pi}{4}\right) = \frac{5}{12}\pi.$$

例3 计算 $\int_{-2}^{-1} \frac{\mathrm{d}x}{x}$.

解 当 $x < 0$ 时，$\frac{1}{x}$ 的一个原函数是 $\ln|x|$，现在积分区间是 $[-2,-1]$，所以按牛顿-莱布尼茨公式，有

$$\int_{-2}^{-1} \frac{\mathrm{d}x}{x} = [\ln|x|]_{-2}^{-1} = \ln 1 - \ln 2 = -\ln 2.$$

通过例3，我们应该特别注意，公式(4)中的函数 $F(x)$ 必须是 $f(x)$ 在该积分区间 $[a,b]$ 上的原函数.

例4 计算正弦曲线 $y = \sin x$ 在 $[0,\pi]$ 上与 x 轴所围成的平面图形（图6-7）的面积.

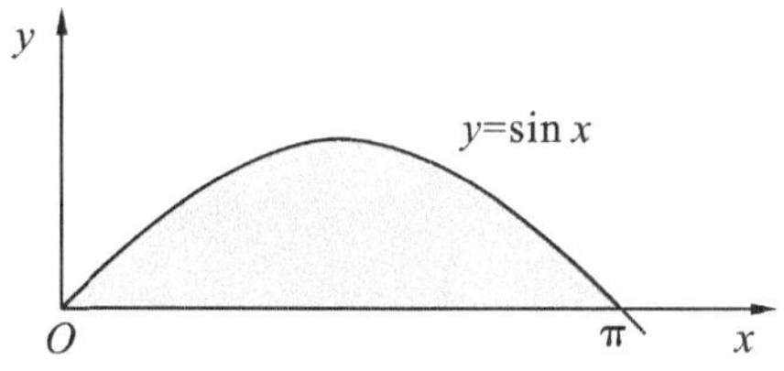

解 这图形是曲边梯形的一个特例. 它的面积

$$A = \int_0^\pi \sin x \mathrm{d}x.$$

图6-7

由于 $-\cos x$ 是 $\sin x$ 的一个原函数，所以

$$A = \int_0^\pi \sin x \mathrm{d}x = [-\cos x]_0^\pi = -(-1) - (-1) = 2.$$

例5 汽车以每小时 36 km 的速度在直道上行驶，到某处需要减速停车. 设汽车以等加速度 $a = -5$ m/s² 刹车. 问从开始刹车到停车，汽车驶过了多少距离？

解 首先要算出从开始刹车到停车经过的时间. 设开始刹车的时刻为 $t = 0$，此时汽车速度

$$v_0 = 36 \text{ km/h} = \frac{36 \times 1000}{3600} \text{ m/s} = 10 \text{ m/s}.$$

刹车后汽车减速行驶，其速度为

$$v(t) = v_0 + at = 10 - 5t.$$

当汽车停住时，速度 $v(t) = 0$，故从

$$v(t) = 10 - 5t = 0$$

解得

$$t = \frac{10}{5} = 2(\text{s}).$$

于是在这段时间内，汽车所驶过的距离为

$$s = \int_0^2 v(t) \mathrm{d}t = \int_0^2 (10 - 5t) \mathrm{d}t = \left[10t - 5 \times \frac{t^2}{2}\right]_0^2 = 10(\text{m}).$$

即在刹车后,汽车需驶过 10 m 才能停住.

例 6 证明积分中值定理:若函数 $f(x)$ 在闭区间 $[a,b]$ 上连续,则在开区间 (a,b) 内至少存在一点 ξ,使
$$\int_a^b f(x)\,dx = f(\xi)(b-a) \quad (a < \xi < b).$$

证明 因 $f(x)$ 连续,故它的原函数存在,设为 $F(x)$,即设在 $[a,b]$ 上 $F'(x) = f(x)$. 根据牛顿-莱布尼茨公式,有
$$\int_a^b f(x)\,dx = F(b) - F(a).$$

显然函数 $F(x)$ 在区间 $[a,b]$ 上满足微分中值定理的条件,因此按微分中值定理,在开区间 (a,b) 内至少存在一点,使
$$F(b) - F(a) = F'(\xi)(b-a),\ \xi \in (a,b),$$
故
$$\int_a^b f(x)\,dx = f(\xi)(b-a),\ \xi \in (a,b).$$

本例的结论是上一节所述积分中值定理的改进. 从本例的证明中不难看出积分中值定理与微分中值定理的联系.

下面再举几个应用公式(2)的例子.

例 7 设 $f(x)$ 在 $[0,+\infty)$ 内连续且 $f(x) > 0$. 证明函数
$$F(x) = \frac{\int_0^x t f(t)\,dt}{\int_0^x f(t)\,dt}$$
在 $(0,+\infty)$ 内为单调增加函数.

证明 由公式(2)得
$$\frac{d}{dx}\int_0^x t f(t)\,dt = x f(x),\ \frac{d}{dx}\int_0^x f(t)\,dt = f(x),$$
故
$$F'(x) = \frac{x f(x) \int_0^x f(t)\,dt - f(x) \int_0^x t f(t)\,dt}{\left[\int_0^x f(t)\,dt\right]^2}$$
$$= \frac{f(x) \int_0^x (x-t) f(t)\,dt}{\left[\int_0^x f(t)\,dt\right]^2}$$

按照假设,当 $0 < t < x$ 时 $f(t) > 0$,$(x-t) f(t) > 0$,按例 6 所述积分中值定理可知
$$\int_0^x f(t)\,dt > 0,\ \int_0^x (x-t) f(t)\,dt > 0,$$

所以 $F'(x)>0(x>0)$,从而 $F(x)$ 在 $(0,+\infty)$ 内为单调增加函数.

例 8 求 $\lim\limits_{x\to 0}\dfrac{\int_{\sin x}^{0}e^{-t^2}dt}{x}$.

解 易知这是一个 $\dfrac{0}{0}$ 型的未定式,我们利用洛必达法则来计算. 分子可看成 $-\int_{0}^{\sin x}e^{-t^2}dt$ 复合函数,由公式(2)有

$$\dfrac{d}{dx}\int_{\sin x}^{0}e^{-t^2}dt = -\dfrac{d}{dx}\int_{0}^{\sin x}e^{-t^2}dt$$

$$= -\dfrac{d}{du}\int_{0}^{u}e^{-t^2}dt\bigg|_{u=\sin x}\cdot(\sin x)'$$

$$= -e^{-\sin^2 x}\cdot\cos x = \cos x e^{-\sin^2 x}.$$

因此

$$\lim_{x\to 0}\dfrac{\int_{\sin x}^{0}e^{-t^2}dt}{x} = \lim_{x\to 0}\dfrac{-\cos x e^{-\sin^2 x}}{1} = -e^0 = -1.$$

习题 6-3

1. 试求函数 $y=\int_{0}^{x}\sin t\,dt$ 当 $x=0$ 及 $x=\dfrac{\pi}{4}$ 时的导数.

2. 求由参数表达式 $x=\int_{0}^{t}\sin u\,du, y=\int_{0}^{t}\cos u\,du$ 所确定的函数对 x 的导数 $\dfrac{dy}{dx}$.

3. 当 x 为何值时,函数 $I(x)=\int_{0}^{x}te^{-t^2}dt$ 有极值?

4. 计算下列各导数:

(1) $\dfrac{d}{dx}\int_{0}^{x^2}\sqrt{1+t^2}\,dt$;

(2) $\dfrac{d}{dx}\int_{x^2}^{x^3}\dfrac{dt}{\sqrt{1+t^4}}$;

(3) $\dfrac{d}{dx}\int_{\sin x}^{\cos x}\cos(\pi t^2)\,dt$.

5. 证明 $f(x)=\int_{1}^{x}\sqrt{1+t^2}\,dt$ 在 $[-1,+\infty]$ 上是单调增加函数,并求 $(f^{-1})'(0)$.

6. 计算下列各定积分:

(1) $\int_{1}^{2}\sqrt{x^2-1}\,dx$;

(2) $\int_{0}^{2a}x\sqrt{2ax-x^2}\,dx$;

(3) $\int_0^2 \sqrt{x^3 - 2x^2 + x}\, dx$;

(4) $\int_0^a x^2 \sqrt{\dfrac{a-x}{a+x}}\, dx\,(a>0)$;

(5) $\int_0^1 \dfrac{2}{\sqrt{1-x^2}}\, dx$;

(6) $\int_{-2}^2 e^{-|x|}|1-x|\, dx$;

(7) $\int_1^3 \sqrt{|x(x-2)|}\, dx$;

(8) $\int_1^{n+1} \ln[x]\, dx,\ n \in \mathbf{N}^+$;

(9) $\int_0^2 [e^x]\, dx$;

(10) $\int_{-1}^2 \min\left\{\dfrac{1}{2}, \dfrac{1}{2}x^2\right\} dx$;

(11) $\int_{-2}^2 \max\{1, x^2\}\, dx$;

7. 设 $k, l \in \mathbf{N}^+$，且 $k \neq l$. 证明：

(1) $\int_{-\pi}^{\pi} \cos kx \sin lx\, dx = 0$;

(2) $\int_{-\pi}^{\pi} \cos kx \cos lx\, dx = 0$;

(3) $\int_{-\infty}^{\pi} \cos kx \sin lx\, dx = 0.$

8. 设 $F(x) = \int_0^t \dfrac{\sin t}{t}\, dt$，求 $F'(0)$.

9. 设函数 $f(x)$ 具有二阶连续导数. 若曲线 $y = f(x)$ 过点 $(0,0)$ 且与曲线 $y = 2^x$ 在点 $(1,2)$ 处相切，则 $\int_0^1 x f''(x)\, dx = \underline{\hspace{3cm}}$.

10. 设 $f(x)$ 连续，求 $\dfrac{d}{dx} \int_0^x t f(x^2 - t^2)\, dt$.

11. 设函数 $f(x)$ 连续，$\varphi(x) = \int_0^{x^2} x f(t)\, dt$. 若 $\varphi(1) = 1, \varphi'(1) = 5$，求 $f(1)$ 的值.

6.4 定积分的计算

由上节结果知道，计算定积分 $\int_a^b f(x)\, dx$ 的简便方法是把它转化为求 $f(x)$ 的原函数的增量. 在第 4 章中，我们知道用换元积分法和分部积分法可以求出一些函数的原函数. 因此，在一定条件下，可以用换元积分法和分部积分法来计算定积分.

下面就来讨论定积分的这两种计算方法.

6.4.1 定积分的换元法

为了说明如何用换元法来计算定积分，先证明下面的定理.

定理 假设函数 $f(x)$ 在区间 $[a,b]$ 上连续,函数 $x=\varphi(t)$ 满足条件:

(1) $\varphi(\alpha)=a,\varphi(\beta)=b$.

(2) $\varphi(t)$ 在 $[\alpha,\beta]$(或 $[\beta,\alpha]$)上具有连续导数,且其值域 $R_\varphi=[a,b]$,则有

$$\int_a^b f(x)\mathrm{d}x = \int_\alpha^\beta f[\varphi(t)]\varphi'(t)\mathrm{d}t. \tag{1}$$

公式(1)叫作定积分的换元公式.

证明 由假设可以知道,上式两边的被积函数都是连续的,因此不仅上式两边的定积分都存在,而且由上节的定理 2 知道,被积函数的原函数也都存在. 所以,(1)式两边的定积分都可应用牛顿－莱布尼茨公式. 假设 $F(x)$ 是 $f(x)$ 的一个原函数,则

$$\int_a^b f(x)\mathrm{d}x = F(b)-F(a).$$

另一方面,记 $\varPhi(t)=F[\varphi(t)]$,它是由 $F(x)$ 与 $x=\varphi(t)$ 复合而成的函数. 由复合函数求导法则,得

$$\varPhi'(t) = \frac{\mathrm{d}F}{\mathrm{d}x}\cdot\frac{\mathrm{d}x}{\mathrm{d}t} = f(x)\varphi'(t) = f[\varphi(t)]\varphi'(t).$$

这表明 $\varPhi(t)$ 是 $f[\varphi(t)]\varphi'(t)$ 的一个原函数. 因此有

$$\int_\alpha^\beta f[\varphi(t)]\varphi'(t)\mathrm{d}t = \varPhi(\beta)-\varPhi(\alpha).$$

又由 $\varPhi(t)=F[\varphi(t)]$ 及 $\varphi(\alpha)=a,\varphi(\beta)=b$ 可知

$$\varPhi(\beta)-\varPhi(\alpha) = F[\varphi(\beta)]-F[\varphi(\alpha)] = F(b)-F(a).$$

所以

$$\int_a^b f(x)\mathrm{d}x = F(b)-F(a) = \varPhi(\beta)-\varPhi(\alpha)$$
$$= \int_\alpha^\beta f[\varphi(t)]\varphi'(t)\mathrm{d}t.$$

这就证明了换元公式.

定积分 $\int_a^b f(x)\mathrm{d}x$ 中的 $\mathrm{d}x$,本来是整个定积分记号中不可分割的一部分,但由上述定理可知,在一定条件下,它确实可以作为微分记号来对待. 这就是说,应用换元公式时,如果把 $\int_a^b f(x)\mathrm{d}x$ 中的 x 换成 $\varphi(t)$,则 $\mathrm{d}x$ 就换成 $\varphi'(t)\mathrm{d}t$,这正好是 $x=\varphi(t)$ 的微分 $\mathrm{d}x$.

应用换元公式时有两点值得注意:(1) 用 $x=\varphi(t)$ 把原来变量 x 代换成新变量 t 时,积分限也要换成相应于新变量 t 的积分限. (2) 求出 $f[\varphi(t)]\varphi'(t)$ 的一个原函数 $\varPhi(t)$ 后,不必像计算不定积分那样再把 $\varPhi(t)$ 变换成原来变量 x 的函数,而只要把新变量 t 的上、下限分别代入 $\varPhi(t)$ 中然后相减就行了.

例1 计算 $\int_0^a \sqrt{a^2-x^2}\,dx\,(a>0)$.

解 设 $x=a\sin t$,则 $dx=a\cos t\,dt$,且当 $x=0$ 时,取 $t=0$;当 $x=a$ 时,取 $t=\dfrac{\pi}{2}$.

于是

$$\int_0^a \sqrt{a^2-x^2}\,dx = a^2\int_0^{\frac{\pi}{2}}\cos^2 t\,dt = \frac{a^2}{2}\int_0^{\frac{\pi}{2}}(1+\cos 2t)\,dt$$

$$=\frac{a^2}{2}\left[t+\frac{1}{2}\sin 2t\right]_0^{\frac{\pi}{2}}=\frac{\pi a^2}{4}.$$

换元公式也可反过来使用. 为使用方便起见, 把换元公式中左右两边对调位置, 同时把 t 改记为 x, 而 x 改记为 t, 得

$$\int_a^b f[\varphi(x)]\varphi'(x)\,dx=\int_\alpha^\beta f(t)\,dt.$$

这样,我们可用 $t=\varphi(x)$ 来引入新变量 t,而 $\alpha=\varphi(a),\beta=\varphi(b)$.

例2 计算 $\int_0^\pi \cos^5 x\sin x\,dx$.

解 设 $t=\cos x$,则 $dt=-\sin x\,dx$,且当 $x=0$ 时,$t=1$;当 $x=\pi$ 时,$t=-1$.
于是

$$\int_0^\pi \cos^5 x\,dx = -\int_1^{-1}t^5\,dt=\int_{-1}^1 t^5\,dt=\left[\frac{t^6}{6}\right]_{-1}^1=0.$$

在例2中,如果我们不明显地写出新变量 t,那么定积分的上、下限就不要变更. 现在用这种记法写出计算过程如下:

$$\int_0^\pi \cos^5 x\sin x\,dx = -\int_0^\pi \cos^5 x\,d(\cos x)$$

$$=-\left[\frac{\cos^6 x}{6}\right]_0^\pi=-\left(\frac{1}{6}-\frac{1}{6}\right)=0.$$

例3 计算 $\int_0^\pi \sqrt{\sin^3 x-\sin^5 x}\,dx$.

解 由于 $\sqrt{\sin^3 x-\sin^5 x}=\sqrt{\sin^3 x(1-\sin^2 x)}=\sin^{\frac{3}{2}}x\cdot|\cos x|$, 在 $\left[0,\dfrac{\pi}{2}\right]$ 上, $|\cos x|=\cos x$; 在 $\left[\dfrac{\pi}{2},\pi\right]$ 上, $|\cos x|=-\cos x$.

所以,

$$\int_0^\pi \sqrt{\sin^3 x-\sin^5 x}\,dx = \int_0^{\frac{\pi}{2}}\sin^{\frac{3}{2}}x\cos x\,dx+\int_{\frac{\pi}{2}}^\pi \sin^{\frac{3}{2}}x(-\cos x)\,dx$$

$$=\int_0^{\frac{\pi}{2}}\sin^{\frac{3}{2}}x\,d(\sin x)-\int_{\frac{\pi}{2}}^\pi \sin^{\frac{3}{2}}x\,d(\sin x)$$

$$= \left[\frac{2}{5}\sin^{\frac{5}{2}}x\right]_0^{\frac{\pi}{2}} - \left[\frac{2}{5}\sin^{\frac{5}{2}}x\right]_{\frac{\pi}{2}}^{\pi}$$

$$= \frac{2}{5} - \left(-\frac{2}{5}\right)$$

$$= \frac{4}{5}.$$

例 4 计算 $\int_0^{\frac{3}{2}} \frac{x+2}{\sqrt{2x+1}} \mathrm{d}x$.

解 设 $\sqrt{2x+1} = t$,则 $x = \frac{t^2-1}{2}$, $\mathrm{d}x = t\mathrm{d}t$,且当 $x = 0$ 时,$t = 1$;当 $x = \frac{3}{2}$ 时,$t = 2$. 于是

$$\int_0^{\frac{3}{2}} \frac{x+2}{\sqrt{2x+1}}\mathrm{d}x = \int_1^2 \frac{\frac{t^2-1}{2}+2}{t}t\mathrm{d}t = \frac{1}{2}\int_1^2 (t^2+3)\mathrm{d}t$$

$$= \frac{1}{2}\left[\frac{t^3}{3}+3t\right]_1^2 = \frac{1}{2}\left[\left(\frac{8}{3}+6\right)-\left(\frac{1}{3}+3\right)\right] = \frac{8}{3}.$$

例 5 证明:

(1) 若 $f(x)$ 在 $[-a,a]$ 上连续且为偶函数,则

$$\int_{-a}^{a} f(x)\mathrm{d}x = 2\int_0^a f(x)\mathrm{d}x;$$

(2) 若 $f(x)$ 在 $[-a,a]$ 上连续且为奇函数,则

$$\int_{-a}^{a} f(x)\mathrm{d}x = 0.$$

证明 因为

$$\int_{-a}^{a} f(x)\mathrm{d}x = \int_{-a}^{0} f(x)\mathrm{d}x + \int_0^a f(x)\mathrm{d}x,$$

对积分 $\int_{-a}^{0} f(x)\mathrm{d}x$ 作代换 $x = -t$,则得

$$\int_{-a}^{0} f(x)\mathrm{d}x = -\int_a^0 f(-t)\mathrm{d}t = \int_0^a f(-t)\mathrm{d}t = \int_0^a f(-x)\mathrm{d}x.$$

于是

$$\int_{-a}^{a} f(x)\mathrm{d}x = \int_0^a f(-x)\mathrm{d}x + \int_0^a f(x)\mathrm{d}x$$

$$= \int_0^a [f(x)+f(-x)]\mathrm{d}x.$$

(1) 若 $f(x)$ 为偶函数,则

$$f(x)+f(-x) = 2f(x),$$

从而
$$\int_{-a}^{a} f(x)\,dx = 2\int_{0}^{a} f(x)\,dx.$$

(2) 若 $f(x)$ 为奇函数,则
$$f(x) + f(-x) = 0,$$
从而
$$\int_{-a}^{a} f(x)\,dx = 0.$$

利用例 5 的结论,常可简化计算偶函数、奇函数在对称于原点的区间上的定积分.

例 6 设 $f(x)$ 在 $[0,1]$ 上连续,证明:

(1) $\int_{0}^{\frac{\pi}{2}} f(\sin x)\,dx = \int_{0}^{\frac{\pi}{2}} f(\cos x)\,dx$;

(2) $\int_{0}^{\pi} x f(\sin x)\,dx = \frac{\pi}{2}\int_{0}^{\pi} f(\sin x)\,dx$,由此计算

$$\int_{0}^{\pi} \frac{x\sin x}{1+\cos^{2} x}\,dx.$$

证明 (1) 设 $x = \frac{\pi}{2} - t$,则 $dx = -dt$,且当 $x = 0$ 时,$t = \frac{\pi}{2}$;当 $x = \frac{\pi}{2}$ 时,$t = 0$. 于是

$$\int_{0}^{\frac{\pi}{2}} f(\sin x)\,dx = -\int_{\frac{\pi}{2}}^{0} f\left[\sin\left(\frac{\pi}{2} - t\right)\right]dt$$
$$= \int_{0}^{\frac{\pi}{2}} f(\cos t)\,dt = \int_{0}^{\frac{\pi}{2}} f(\cos x)\,dx.$$

(2) 设 $x = \pi - t$,则 $dx = -dt$,且当 $x = 0$ 时,$t = \pi$;当 $x = \pi$ 时,$t = 0$. 于是

$$\int_{0}^{\pi} x f(\sin x)\,dx = -\int_{\pi}^{0} (\pi - t) f[\sin(\pi - t)]\,dt$$
$$= \int_{0}^{\pi} (\pi - t) f(\sin t)\,dt$$
$$= \pi \int_{0}^{\pi} f(\sin t)\,dt - \int_{0}^{\pi} t f(\sin t)\,dt$$
$$= \pi \int_{0}^{\pi} f(\sin x)\,dx - \int_{0}^{\pi} x f(\sin x)\,dx,$$

所以
$$\int_{0}^{\pi} x f(\sin x)\,dx = \frac{\pi}{2}\int_{0}^{\pi} f(\sin x)\,dx.$$

利用上述结论,即得

$$\int_0^\pi \frac{x\sin x}{1+\cos^2 x}dx = \frac{\pi}{2}\int_0^\pi \frac{\sin x}{1+\cos^2 x}dx = -\frac{\pi}{2}\int_0^\pi \frac{d(\cos x)}{1+\cos^2 x}$$

$$= -\frac{\pi}{2}\big[\arctan(\cos x)\big]_0^\pi$$

$$= -\frac{\pi}{2}\Big(-\frac{\pi}{4}-\frac{\pi}{4}\Big) = \frac{\pi^2}{4}.$$

例7 设 $f(x)$ 是连续的周期函数,周期为 T,证明:

(1) $\int_a^{a+T} f(x)dx = \int_0^T f(x)dx$;

(2) $\int_0^{a+nT} f(x)dx = n\int_0^T f(x)dx (n\in \mathbf{N})$,由此计算

$$\int_0^{n\pi}\sqrt{1+\sin 2x}\,dx.$$

证明 (1) 记 $\Phi(a) = \int_a^{a+T} f(x)dx$,则

$$\Phi'(a) = \Big[\int_0^{a+T} f(x)dx - \int_0^a f(x)dx\Big]' = f(a+T) - f(a) = 0,$$

知 $\Phi(a)$ 与 a 无关,因此 $\Phi(a) = \Phi(0)$,即

$$\int_0^{a+T} f(x)dx = \int_0^T f(x)dx.$$

(2) $\int_0^{a+nT} f(x)dx = \sum_{k=0}^{n-1}\int_{a+kT}^{a+kT+T} f(x)dx$,由(1)知 $\int_{a+kT}^{a+kT+T} f(x)dx = \int_0^T f(x)dx$,因此

$$\int_a^{a+nT} f(x)dx = n\int_0^T f(x)dx.$$

由于 $\sqrt{1+\sin 2x}$ 是以 π 为周期的周期函数,利用上述结论,有

$$\int_0^{n\pi}\sqrt{1+\sin 2x}\,dx = n\int_0^\pi \sqrt{1+\sin 2x}\,dx = n\int_0^\pi |\sin x + \cos x|dx$$

$$= \sqrt{2}n\int_0^\pi \Big|\sin\Big(x+\frac{\pi}{4}\Big)\Big|dx = \sqrt{2}n\int_{\frac{\pi}{4}}^{\frac{5\pi}{4}}|\sin t|dt$$

$$= \sqrt{2}n\int_0^\pi |\sin t|dt = \sqrt{2}n\int_0^\pi \sin t\,dt = 2\sqrt{2}n.$$

例8 计算 $\int_1^2 \frac{x^2}{(x^2-3x+3)^2}dx$.

解 $x^2 - 3x + 3 = \Big(x-\frac{3}{2}\Big)^2 + \frac{3}{4}$,令 $x - \frac{3}{2} = \frac{\sqrt{3}}{2}\tan u\Big(|u|<\frac{\pi}{2}\Big)$,则

$$(x^2-3x+3)^2 = \left(\frac{3}{4}\sec^2 u\right)^2 = \frac{9}{16}\sec^4 u, dx = \frac{\sqrt{3}}{2}\sec^2 u\,du.$$

当 $x=1$ 时, $u=-\dfrac{\pi}{6}$; $x=2$ 时, $u=\dfrac{\pi}{6}$.

于是

$$\begin{aligned}\int_1^2 \frac{x^2}{(x^2-3x+3)^2}dx &= \int_{-\frac{\pi}{6}}^{\frac{\pi}{6}}\left(\frac{3}{4}\tan^2 u+\frac{3\sqrt{3}}{2}\tan u+\frac{9}{4}\right)\cdot\frac{16}{9}\cdot\frac{\sqrt{3}}{2}\cos^2 u\,du \\ &= \frac{8}{3\sqrt{3}}\cdot 2\int_0^{\frac{\pi}{6}}\left(\frac{3}{4}\tan^2 u+\frac{9}{4}\right)\cos^2 u\,du \\ &= \frac{4}{\sqrt{3}}\int_0^{\frac{\pi}{6}}(\sin^2 u+3\cos^2 u)\,du = \frac{4}{\sqrt{3}}\int_0^{\frac{\pi}{6}}(2+\cos 2u)\,du \\ &= \frac{4}{\sqrt{3}}\left[2u+\frac{1}{2}\sin 2u\right]_0^{\frac{\pi}{6}} = \frac{4\pi}{3\sqrt{3}}+1.\end{aligned}$$

例 9 设函数

$$f(x) = \begin{cases} \dfrac{1}{1+\cos x}, & -\pi < x < 0, \\ x\mathrm{e}^{-x^2}, & x \geqslant 0. \end{cases}$$

计算 $\int_1^3 f(x-2)\,dx$.

解 设 $x-2=t$, 则 $dx=dt$, 且当 $x=1$ 时, $t=-1$; 当 $x=3$ 时, $t=1$.

于是

$$\begin{aligned}\int_1^3 f(x-2)\,dx &= \int_{-1}^1 f(t)\,dt = \int_{-1}^0 \frac{dt}{1+\cos t} + \int_0^1 t\mathrm{e}^{-t^2}dt \\ &= \left[\tan\frac{t}{2}\right]_{-1}^0 - \left[\frac{1}{2}\mathrm{e}^{-t^2}\right]_0^1 = \tan\frac{1}{2}-\frac{1}{2}\mathrm{e}^{-1}+\frac{1}{2}.\end{aligned}$$

6.4.2 定积分的分部积分法

依据不定积分的分部积分法,可得

$$\begin{aligned}\int_a^b u(x)v'(x)\,dx &= \left[\int u(x)v'(x)\,dx\right]_a^b \\ &= \left[u(x)v(x)-\int v(x)u'(x)\,dx\right]_a^b \\ &= \left[u(x)v(x)\right]_a^b - \int_a^b v(x)u'(x)\,dx, \end{aligned} \qquad (2)$$

简记作
$$\int_a^b uv' \mathrm{d}x = [uv]_a^b - \int_a^b vu' \mathrm{d}x,$$
或
$$\int_a^b u\mathrm{d}v = [uv]_a^b - \int_a^b v\mathrm{d}u.$$

公式(2)叫作定积分的分部积分公式. 公式表明原函数已经积出的部分可以先用上、下限代入.

例 10 计算 $\int_0^1 \arcsin x \mathrm{d}x$.

解 $\int_0^1 \arcsin x \mathrm{d}x = [x\arcsin x]_0^1 - \int_0^1 \frac{x}{\sqrt{1-x^2}} \mathrm{d}x$

$= \frac{\pi}{2} + [\sqrt{1-x^2}]_0^1 = \frac{\pi}{2} - 1.$

例 11 计算 $\int_0^4 \mathrm{e}^{\sqrt{x}} \mathrm{d}x$.

解 先用换元法. 令 $\sqrt{x} = t$, 则 $x = t^2$, $\mathrm{d}x = 2t\mathrm{d}t$, 且当 $x = 0$ 时, $t = 0$; 当 $x = 4$ 时, $t = 2$.

于是
$$\int_0^4 \mathrm{e}^{\sqrt{x}} \mathrm{d}x = 2\int_0^2 t\mathrm{e}^t \mathrm{d}t = 2\int_0^2 t\mathrm{d}(\mathrm{e}^t) = 2([t\mathrm{e}^t]_0^2 - \int_0^2 \mathrm{e}^t \mathrm{d}t)$$
$$= 2(2\mathrm{e}^2 - [\mathrm{e}^t]_0^2) = 2(2\mathrm{e}^2 - \mathrm{e}^2 + 1) = 2(\mathrm{e}^2 + 1).$$

例 12 证明定积分公式：

$$I_n = \int_0^{\frac{\pi}{2}} \sin^n x \mathrm{d}x = \int_0^{\frac{\pi}{2}} \cos^n x \mathrm{d}x$$

$$= \begin{cases} \dfrac{n-1}{n} \cdot \dfrac{n-3}{n-2} \cdot \cdots \cdot \dfrac{3}{4} \cdot \dfrac{1}{2} \cdot \dfrac{\pi}{2}, n \text{ 为正偶数,} \\ \dfrac{n-1}{n} \cdot \dfrac{n-3}{n-2} \cdot \cdots \cdot \dfrac{4}{5} \cdot \dfrac{2}{3}, n \text{ 为大于 1 的正奇数.} \end{cases}$$

证明
$$I_n = -\int_0^{\frac{\pi}{2}} \sin^{n-1} x \mathrm{d}(\cos x)$$

$$= [-\cos x \sin^{n-1} x]_0^{\frac{\pi}{2}} + (n-1)\int_0^{\frac{\pi}{2}} \sin^{n-2} x \cos^2 x \mathrm{d}x.$$

右端第一项等于零. 将第二项里的 $\cos^2 x$ 写成 $1 - \sin^2 x$, 并把积分分成两个, 得

$$I_n = (n-1)\int_0^{\frac{\pi}{2}} \sin^{n-2} x \mathrm{d}x - (n-1)\int_0^{\frac{\pi}{2}} \sin^n x \mathrm{d}x$$

$$= (n-1)I_{n-2} - (n-1)I_n,$$

由此得

$$I_n = \frac{n-1}{n} I_{n-2}.$$

这个等式叫作积分 I_n 关于下标的递推公式.

如果把 n 换成 $n-2$,那么得

$$I_{n-2} = \frac{n-3}{n-2} I_{n-4}.$$

同样地依次进行下去,直到 I_n 的下标递减到 0 或 1 为止. 于是,

$$I_{2m} = \frac{2m-1}{2m} \cdot \frac{2m-3}{2m-2} \cdot \cdots \cdot \frac{5}{6} \cdot \frac{3}{4} \cdot \frac{1}{2} I_0,$$

$$I_{2m+1} = \frac{2m}{2m+1} \cdot \frac{2m-2}{2m-1} \cdot \cdots \cdot \frac{6}{7} \cdot \frac{4}{5} \cdot \frac{2}{3} I_1 \ (m=1,2,\cdots),$$

而

$$I_0 = \int_0^{\frac{\pi}{2}} \mathrm{d}x = \frac{\pi}{2}, \quad I_1 = \int_0^{\frac{\pi}{2}} \sin x \mathrm{d}x = 1,$$

因此

$$I_{2m} = \frac{2m-1}{2m} \cdot \frac{2m-3}{2m-2} \cdot \cdots \cdot \frac{5}{6} \cdot \frac{3}{4} \cdot \frac{1}{2} \cdot \frac{\pi}{2},$$

$$I_{2m+1} = \frac{2m}{2m+1} \cdot \frac{2m-2}{2m-1} \cdot \cdots \cdot \frac{6}{7} \cdot \frac{4}{5} \cdot \frac{2}{3} \ (m=1,2,\cdots).$$

至于定积分 $\int_0^{\frac{\pi}{2}} \cos^n x \mathrm{d}x$ 与 $\int_0^{\frac{\pi}{2}} \sin^n x \mathrm{d}x$ 相等,由本节例 6 中的(1)即可知道,证毕.

习题 6-4

1. 计算下列定积分:

(1) $\int_{\frac{\pi}{3}}^{\pi} \sin\left(x + \frac{\pi}{3}\right) \mathrm{d}x$;

(2) $\int_{-2}^{1} \frac{\mathrm{d}x}{(11+5x)^3}$;

(3) $\int_0^{\frac{\pi}{2}} \sin\varphi \cos^3\varphi \mathrm{d}\varphi$;

(4) $\int_0^{\pi} (1 - \sin^3\theta) \mathrm{d}\theta$;

(5) $\int_0^a x^2 \sqrt{a^2 - x^2} \mathrm{d}x \ (a > 0)$;

(6) $\int_1^{\sqrt{3}} \frac{\mathrm{d}x}{x^2 \sqrt{1+x^2}}$;

(7) $\int_{-1}^{1} \frac{x \mathrm{d}x}{\sqrt{5-4x}}$;

(8) $\int_0^{\sqrt{2}a} \frac{x \mathrm{d}x}{\sqrt{3a^2 - x^2}} \ (a > 0)$;

(9) $\int_1^{e^2} \dfrac{dx}{x\sqrt{1+\ln x}}$;

(10) $\int_0^2 \dfrac{x dx}{(x^2-2x+2)^2}$;

(11) $\int_{-\pi}^{\pi} x^4 \sin x dx$;

(12) $\int_{-\frac{\pi}{2}}^{\frac{\pi}{2}} 4\cos^4\theta d\theta$;

(13) $\int_{-\frac{1}{2}}^{\frac{1}{2}} \dfrac{(\arcsin x)^2}{\sqrt{1-x^2}} dx$;

(14) $\int_{-5}^{5} \dfrac{x^3 \sin^2 x}{x^4+2x^2+1} dx$;

(15) $\int_{-\frac{\pi}{2}}^{\frac{\pi}{2}} \cos x \cos 2x dx$;

(16) $\int_{-\frac{\pi}{2}}^{\frac{\pi}{2}} \sqrt{\cos x - \cos^3 x} dx$;

(17) $\int_0^{\pi} \sqrt{1+\cos 2x} dx$;

(18) $\int_0^{2\pi} |\sin(x+1)| dx$;

(19) $\int_{\frac{\pi}{4}}^{\frac{\pi}{3}} \dfrac{x}{\sin^2 x} dx$;

(20) $\int_1^4 \dfrac{\ln x}{\sqrt{x}} dx$;

(21) $\int_0^1 x \arctan x dx$;

(22) $\int_0^{\frac{\pi}{2}} e^{2x} \cos x dx$.

2. 设 $f(x)$ 在 $[a,b]$ 上连续，证明：

$$\int_a^b f(x) dx = \int_a^b f(a+b-x) dx.$$

3. 证明：$\int_x^1 \dfrac{dx}{1+t^2} = \int_1^{\frac{1}{x}} \dfrac{dt}{1+t^2} (x>0)$.

4. 证明：$\int_0^1 x^m (1-x)^n dx = \int_0^1 x^n (1-x)^m dx (m,n \in \mathbf{N})$.

5. 设 $f(x)$ 在 $[0,1]$ 上连续，$n \in \mathbf{Z}$，证明：

$$\int_{\frac{n}{2}\pi}^{\frac{n+1}{2}\pi} f(|\sin x|) dx = \int_{\frac{n}{2}\pi}^{\frac{n+1}{2}\pi} f(|\cos x|) dx = \int_0^{\frac{\pi}{2}} f(\sin x) dx.$$

6. 若 $f(t)$ 是连续的奇函数，证明 $\int_0^x f(t) dt$ 是偶函数. 若 $f(t)$ 是连续的偶函数，证明 $\int_0^x f(t) dt$ 是奇函数.

7. (1) 设函数 $f(x)$ 在区间 $[0,a]$ 上严格递增且可导，$f(0)=0$，$g(x)$ 为 $f(x)$ 的反函数，证明 $\int_0^a f(x) dx = \int_0^{f(a)} [a - g(x)] dx$；

(2) 设函数 $y=f(x)$ 是由 $y - \dfrac{1}{2}\sin y = 2x$ 所确定的隐函数，证明 $y=f(x)$ 在 $(-\infty, +\infty)$ 上严格递增，并求 $\int_0^1 f(x) dx$；

(3) 设 $f(x)$ 在 $[0, +\infty)$ 可导，$f(0)=0$. 若 $f(x)$ 的反函数 $g(x)$ 满足 $\int_0^{f(x)} g(t) dt =$

$x^2 e^x$,求 $f(x)$.

8. (1) 设 $f(x) = \ln x - \int_1^e f(x) dx$,求 $\int_1^e f(x) dx$;

(2) 设 $f(x) = 3x^2 + 2\int_0^1 f(x) dx$,求 $\int_1^2 f(x) dx$;

(3) 设 $f(x)$ 连续,$\int_0^1 tf(2x-t) dt = \frac{1}{2}\arctan x^2$,$f(1) = 1$,求 $\int_0^2 f(x) dx$;

(4) 设 $f(x)$ 连续,$\int_0^x tf(x-t) dt = 1 - \cos x$,求 $\int_0^{\frac{\pi}{2}} f(x) dx$;

(5) 设 $F(x)$ 为 $f(x)$ 的一个原函数,$F(0) = 1$,$F(x)f(x) = \cos 2x$,求 $\int_0^\pi |f(x)| dx$;

(6) 设 $f'(\tan x) = \sin x$,且 $f(0) = 1$,则 $\int_0^1 xf(x) dx$;

(7) 设 $f(x) = \frac{1}{1+x^2} + \sqrt{1-x^2}\int_0^1 f(x) dx$,求 $\int_0^1 f(x) dx$;

(8) 设 $F(x) > 0$ 为 $f(x)$ 的一个原函数,$F(0) = 1$,$F(x)f(x) = \sin^2 2x$,求 $f(x)$;

(9) 设 $f(2) = \frac{1}{2}$,$f'(2) = 0$,$\int_0^2 f(x) dx = 1$,求 $\int_0^1 x^2 f''(2x) dx$.

9. 求下列积分:

(1) 设 $f(x) = \begin{cases} 1+x^2, & x \leq 0, \\ e^{-x}, & x > 0, \end{cases}$ 则 $\int_1^3 f(x-2) dx$;

(2) 当 $x > 0$ 时,$f\left(\frac{\ln x}{2}\right) = \sqrt{x}$ 且 $f[g(x)] = (1+x)^{\frac{1}{x^2}}$,计算积分 $\int_1^2 g(x) dx$;

(3) 设 $f(x) = \begin{cases} \dfrac{1}{x+1}, & x \geq 0, \\ \dfrac{e^x}{1+e^x}, & x < 0, \end{cases}$ 求 $\int_0^2 f(x-1) dx$.

6.5 反常积分

6.5.1 反常积分的定义

在一些实际问题中,常会遇到积分区间为无穷区间,或者被积函数为无界函数的积分,它们已经不属于前面所说的定积分了. 因此,我们对定积分作如下两种推广,从而形成反常积分的概念.

1. 无穷限的反常积分

设函数 $f(x)$ 在区间 $[a, +\infty)$ 上连续,任取 $t > a$,作定积分 $\int_a^t f(x)dx$,再求极限:

$$\lim_{t \to +\infty} \int_a^t f(x)dx, \tag{1}$$

这个对变上限定积分的算式(1)称为函数 $f(x)$ 在无穷区间 $[a, +\infty)$ 上的反常积分,记为 $\int_a^{+\infty} f(x)dx$,即

$$\int_a^{+\infty} f(x)dx = \lim_{t \to +\infty} \int_a^t f(x)dx. \tag{1'}$$

根据算式(1)的结果是否存在,可引入反常积分 $\int_a^{+\infty} f(x)dx$ 收敛与发散的定义如下:

定义 1 (1)设函数 $f(x)$ 在区间 $[a, +\infty)$ 上连续,如果极限(1)存在,那么称反常积分 $\int_a^{+\infty} f(x)dx$ 收敛,并称此极限为该反常积分的值. 如果极限(1)不存在,那么称反常积分 $\int_a^{+\infty} f(x)dx$ 发散.

类似地,设函数 $f(x)$ 在区间 $(-\infty, b]$ 上连续,任取 $t < b$,算式

$$\lim_{t \to -\infty} \int_t^b f(x)dx \tag{2}$$

称为函数 $f(x)$ 在无穷区间 $(-\infty, b]$ 上的反常积分,记为 $\int_{-\infty}^b f(x)dx$,即

$$\int_{-\infty}^b f(x)dx = \lim_{t \to -\infty} \int_t^b f(x)dx. \tag{2'}$$

(2)设函数 $f(x)$ 在区间 $(-\infty, b]$ 上连续,如果极限(2)存在,那么称反常积分 $\int_{-\infty}^b f(x)dx$ 收敛,并称此极限为该反常积分的值. 如果极限(2)不存在,那么称反常积分 $\int_{-\infty}^b f(x)dx$ 发散.

设函数 $f(x)$ 在区间 $(-\infty, +\infty)$ 上连续,反常积分 $\int_{-\infty}^0 f(x)dx$ 与反常积分 $\int_0^{+\infty} f(x)dx$ 之和称为函数 $f(x)$ 在无穷区间 $(-\infty, +\infty)$ 上的反常积分,记为 $\int_{-\infty}^{+\infty} f(x)dx$,即

$$\int_{-\infty}^{+\infty} f(x)dx = \int_{-\infty}^0 f(x)dx + \int_0^{+\infty} f(x)dx. \tag{3}$$

(3)设函数 $f(x)$ 在区间 $(-\infty, +\infty)$ 上连续,如果反常积分 $\int_{-\infty}^0 f(x)dx$ 与 $\int_0^{+\infty} f(x)dx$

均收敛,那么称反常积分 $\int_{-\infty}^{+\infty} f(x)\mathrm{d}x$ 收敛,并称反常积分 $\int_{-\infty}^{0} f(x)\mathrm{d}x$ 与 $\int_{0}^{+\infty} f(x)\mathrm{d}x$ 之和为反常积分 $\int_{-\infty}^{+\infty} f(x)\mathrm{d}x$ 的值,否则就称反常积分 $\int_{-\infty}^{+\infty} f(x)\mathrm{d}x$ 发散.

上述反常积分统称为无穷限的反常积分. 由上述定义及牛顿-莱布尼茨公式,可得如下结果:设 $F(x)$ 为 $f(x)$ 在 $[a, +\infty)$ 上的一个原函数,若 $\lim\limits_{x\to+\infty} F(x)$ 存在,则反常积分

$$\int_{a}^{+\infty} f(x)\mathrm{d}x = \lim_{x\to+\infty} F(x) - F(a);$$

若 $\lim\limits_{x\to+\infty} F(x)$ 不存在,则反常积分 $\int_{a}^{+\infty} f(x)\mathrm{d}x$ 发散.

若记 $F(+\infty) = \lim\limits_{x\to+\infty} F(x)$,$[F(x)]_{a}^{+\infty} = F(+\infty) - F(a)$,则当 $F(+\infty)$ 存在时,

$$\int_{a}^{+\infty} f(x)\mathrm{d}x = [F(x)]_{a}^{+\infty};$$

当 $F(+\infty)$ 不存在时,反常积分 $\int_{a}^{+\infty} f(x)\mathrm{d}x$ 发散.

类似地,若在 $(-\infty, b]$ 上 $F'(x) = f(x)$,则当 $F(-\infty)$ 存在时,

$$\int_{-\infty}^{b} f(x)\mathrm{d}x = [F(x)]_{-\infty}^{b};$$

当 $F(-\infty)$ 不存在时,反常积分 $\int_{-\infty}^{b} f(x)\mathrm{d}x$ 发散.

若在 $(-\infty, +\infty)$ 内 $F'(x) = f(x)$,则当 $F(-\infty)$ 与 $F(+\infty)$ 都存在时,

$$\int_{-\infty}^{+\infty} f(x)\mathrm{d}x = [F(x)]_{-\infty}^{+\infty};$$

当 $F(-\infty)$ 与 $F(+\infty)$ 有一个不存在时,反常积分 $\int_{-\infty}^{+\infty} f(x)\mathrm{d}x$ 发散.

例1 计算反常积分 $\int_{-\infty}^{+\infty} \dfrac{\mathrm{d}x}{1+x^2}$.

解 $\int_{-\infty}^{+\infty} \dfrac{\mathrm{d}x}{1+x^2} = [\arctan x]_{-\infty}^{+\infty} = \lim\limits_{x\to+\infty} \arctan x - \lim\limits_{x\to-\infty} \arctan x$

$$= \dfrac{\pi}{2} - \left(-\dfrac{\pi}{2}\right) = \pi.$$

这一反常积分值的几何意义:当 $a \to -\infty$、$b \to +\infty$ 时,虽然图 6-8 中阴影部分向左、右无限延伸,但其面积却有极限

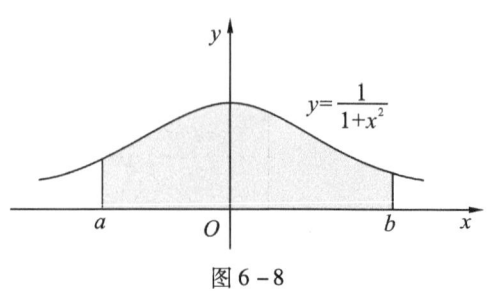

图 6-8

值 π. 简单地说,它是位于曲线 $y = \dfrac{1}{1+x^2}$ 的下方,x 轴上方的图形面积.

例 2 计算反常积分 $\int_0^{+\infty} t\mathrm{e}^{-pt}\mathrm{d}t$,其中 p 是常数,且 $p > 0$.

解
$$\int_0^{+\infty} t\mathrm{e}^{-pt}\mathrm{d}t = \left[\int t\mathrm{e}^{-pt}\mathrm{d}t\right]_0^{+\infty} = \left[-\dfrac{1}{p}\int t\mathrm{d}(\mathrm{e}^{-pt})\right]_0^{+\infty}$$
$$= \left[-\dfrac{t}{p}\mathrm{e}^{-pt} + \dfrac{1}{p}\int \mathrm{e}^{-pt}\mathrm{d}t\right]_0^{+\infty}$$
$$= \left[-\dfrac{t}{p}\mathrm{e}^{-pt}\right]_0^{+\infty} - \left[\dfrac{1}{p^2}\mathrm{e}^{-pt}\right]_0^{+\infty}$$
$$= -\dfrac{1}{p}\lim_{t\to+\infty} t\mathrm{e}^{-pt} - 0 - \dfrac{1}{p^2}(0-1) = \dfrac{1}{p^2}.$$

注意:上式中的极限 $\lim\limits_{t\to+\infty} t\mathrm{e}^{-pt}$ 是未定式,可用洛必达法则确定.

例 3 证明反常积分 $\int_a^{+\infty} \dfrac{\mathrm{d}x}{x^p} (a > 0)$ 当 $p > 1$ 时收敛,当 $p \leqslant 1$ 时发散.

证明 当 $p = 1$ 时,
$$\int_a^{+\infty} \dfrac{\mathrm{d}x}{x^p} = \int_a^{+\infty} \dfrac{\mathrm{d}x}{x} = [\ln x]_a^{+\infty} = +\infty.$$

当 $p \neq 1$ 时,
$$\int_a^{+\infty} \dfrac{\mathrm{d}x}{x^p} = \left[\dfrac{x^{1-p}}{1-p}\right]_a^{+\infty} = \begin{cases} +\infty, & p < 1, \\ \dfrac{a^{1-p}}{p-1}, & p > 1. \end{cases}$$

因此,当 $p > 1$ 时,这反常积分收敛,其值为 $\dfrac{a^{1-p}}{p-1}$;当 $p \leqslant 1$ 时,这反常积分发散.

2. 无界函数的反常积分

现在我们把定积分推广到被积函数为无界函数的情形.

如果函数 $f(x)$ 在点 a 的任一邻域内都无界,那么点 a 称为函数 $f(x)$ 的瑕点(也称为无界间断点).无界函数的反常积分又称为瑕积分.

设函数 $f(x)$ 在区间 $(a,b]$ 上连续,点 a 为 $f(x)$ 的瑕点.任取 $t > a$,作定积分 $\int_t^b f(x)\mathrm{d}x$,再求极限
$$\lim_{t\to a^+}\int_t^b f(x)\mathrm{d}x, \tag{4}$$

这个对变下限的定积分求极限的算式(4)称为函数 $f(x)$ 在区间 $(a,b]$ 上的反常积分,仍然记为 $\int_a^b f(x)\mathrm{d}x$,即

$$\int_a^b f(x)\,\mathrm{d}x = \lim_{t\to a^+}\int_t^b f(x)\,\mathrm{d}x. \tag{4'}$$

根据算式(4)的结果是否存在,可引入反常积分 $\int_a^b f(x)\,\mathrm{d}x$ 收敛与发散的定义如下:

定义 2 (1) 设函数 $f(x)$ 在区间 $(a,b]$ 上连续,点 a 为 $f(x)$ 的瑕点,如果极限(4)存在,那么称反常积分 $\int_a^b f(x)\,\mathrm{d}x$ 收敛,并称此极限为该反常积分的值. 如果极限(4)不存在,那么称反常积分 $\int_a^b f(x)\,\mathrm{d}x$ 发散.

类似地,设函数 $f(x)$ 在区间 $[a,b)$ 上连续,点 b 为 $f(x)$ 的瑕点. 任取 $t<b$,算式

$$\lim_{t\to b^-}\int_a^t f(x)\,\mathrm{d}x \tag{5}$$

称为函数 $f(x)$ 在区间 $[a,b]$ 上的反常积分,仍然记为 $\int_a^b f(x)\,\mathrm{d}x$,即

$$\int_a^b f(x)\,\mathrm{d}x = \lim_{t\to b^-}\int_a^t f(x)\,\mathrm{d}x.$$

(2) 设函数 $f(x)$ 在区间 $[a,b)$ 上连续,点 b 为 $f(x)$ 的瑕点,如果极限(5)存在,那么称反常积分 $\int_a^b f(x)\,\mathrm{d}x$ 收敛,并称此极限为该反常积分的值. 如果极限(5)不存在,那么称反常积分 $\int_a^b f(x)\,\mathrm{d}x$ 发散.

设函数 $f(x)$ 在区间 $[a,c)$ 及区间 $(c,b]$ 上连续,点 c 为 $f(x)$ 的瑕点. 反常积分 $\int_a^c f(x)\,\mathrm{d}x$ 与 $\int_c^b f(x)\,\mathrm{d}x$ 之和称为函数 $f(x)$ 在区间 $[a,b]$ 上的反常积分,仍然记为 $\int_a^b f(x)\,\mathrm{d}x$,即

$$\int_a^b f(x)\,\mathrm{d}x = \int_a^c f(x)\,\mathrm{d}x + \int_c^b f(x)\,\mathrm{d}x. \tag{6}$$

(3) 设函数 $f(x)$ 在区间 $[a,c)$ 及区间 $(c,b]$ 上连续,点 c 为 $f(x)$ 的瑕点. 如果反常积分 $\int_a^c f(x)\,\mathrm{d}x$ 与反常积分 $\int_c^b f(x)\,\mathrm{d}x$ 均收敛,那么称反常积分 $\int_a^b f(x)\,\mathrm{d}x$ 收敛,并称反常积分 $\int_a^c f(x)\,\mathrm{d}x$ 与 $\int_c^b f(x)\,\mathrm{d}x$ 之和为反常积分 $\int_a^b f(x)\,\mathrm{d}x$ 的值. 否则,就称反常积分 $\int_a^b f(x)\,\mathrm{d}x$ 发散.

计算无界函数的反常积分,也可借助于牛顿-莱布尼茨公式.

设 $x=a$ 为 $f(x)$ 的瑕点,在 $(a,b]$ 上 $F'(x)=f(x)$,如果极限 $\lim\limits_{x\to a^+}F(x)$ 存在,那么反

常积分

$$\int_a^b f(x)\,dx = F(b) - \lim_{x \to a^+} F(x) = F(b) - F(a^+).$$

如果 $\lim_{x \to a^+} F(x)$ 不存在,那么反常积分 $\int_a^b f(x)\,dx$ 发散.

我们仍用记号 $[F(x)]_a^b$ 来表示 $F(b) - F(a^+)$,从而形式上仍有

$$\int_a^b f(x)\,dx = [F(x)]_a^b.$$

对于 $f(x)$ 在 $[a,b)$ 上连续,b 为瑕点的反常积分,也有类似的计算公式,这里不再详述.

例4 计算反常积分

$$\int_0^a \frac{dx}{\sqrt{a^2 - x^2}} \quad (a > 0).$$

解 因为

$$\lim_{x \to a^-} \frac{1}{\sqrt{a^2 - x^2}} = +\infty,$$

所以点 a 是瑕点,于是

$$\int_0^a \frac{dx}{\sqrt{a^2 - x^2}} = \left[\arcsin \frac{x}{a}\right]_0^a = \lim_{x \to a^-} \arcsin \frac{x}{a} - 0 = \frac{\pi}{2}.$$

这个反常积分值的几何意义是,位于曲线 $y = \dfrac{1}{\sqrt{a^2 - x^2}}$ 之下,x 轴之上,直线 $x = 0$ 与 $x = a$ 之间的图象的面积.

例5 讨论反常积分 $\int_{-2}^{2} \dfrac{dx}{x^2}$ 的收敛性.

解 被积函数 $f(x) = \dfrac{1}{x^2}$ 在积分区间 $[-2, 2]$ 上除 $x = 0$ 外连续,且 $\lim_{x \to 0} \dfrac{1}{x^2} = \infty$.

由于

$$\int_{-2}^{0} \frac{dx}{x^2} = \left[-\frac{1}{x}\right]_{-2}^{0} = \lim_{x \to 0^-}\left(-\frac{1}{x}\right) - \frac{1}{2} = +\infty,$$

即反常积分 $\int_{-2}^{0} \dfrac{dx}{x^2}$ 发散,所以反常积分 $\int_{-2}^{2} \dfrac{dx}{x^2}$ 发散.

注意:如果疏忽了 $x = 0$ 是被积函数的瑕点,就会得到以下的错误结果:

$$\int_{-2}^{2} \frac{dx}{x^2} = \left[-\frac{1}{x}\right]_{-2}^{2} = -\frac{1}{2} - \frac{1}{2} = -1.$$

例6 证明反常积分 $\int_a^b \dfrac{dx}{(x-a)^q}$ 当 $0 < q < 1$ 时收敛,当 $q \geqslant 1$ 时发散.

证明 当 $q=1$ 时,

$$\int_a^b \frac{\mathrm{d}x}{(x-a)^q} = \int_a^b \frac{\mathrm{d}x}{x-a} = [\ln(x-a)]_a^b$$
$$= \ln(b-a) - \lim_{x \to a^+} \ln(x-a) = +\infty.$$

当 $q \neq 1$ 时,

$$\int_a^b \frac{\mathrm{d}x}{(x-a)^q} = \left[\frac{(x-a)^{1-q}}{1-q}\right]_a^b = \begin{cases} \dfrac{(b-a)^{1-q}}{1-q}, & 0 < q < 1, \\ +\infty, & q > 1. \end{cases}$$

因此,当 $0 < q < 1$ 时,这反常积分收敛,其值为 $\dfrac{(b-a)^{1-q}}{1-q}$;当 $q \geq 1$ 时,这反常积分发散.

设有反常积分 $\int_a^b f(x)\mathrm{d}x$,其中 $f(x)$ 在开区间 (a,b) 内连续,a 可以是 $-\infty$,b 可以是 $+\infty$,a、b 也可以是 $f(x)$ 的瑕点. 对于这样的反常积分,在另加换元函数单调的假定下,可以像定积分一样作换元.

6.5.2 反常积分的收敛性

反常积分的收敛性,可以通过求被积函数的原函数,然后按定义取极限,根据极限的存在与否来判定. 本节中我们来建立不通过被积函数的原函数判定反常积分收敛性的判定法.

1. 无穷限反常积分的审敛法

定理 1 设函数 $f(x)$ 在区间 $[a, +\infty)$ 上连续,且 $f(x) \geq 0$. 若函数

$$F(x) = \int_a^x f(t)\mathrm{d}t$$

在 $[a, +\infty)$ 上有上界,则反常积分 $\int_a^{+\infty} f(x)\mathrm{d}x$ 收敛.

事实上,因为 $f(x) \geq 0$,$F(x)$ 在 $[a, +\infty)$ 上单调增加,又 $F(x)$ 在 $[a, +\infty)$ 上有上界,故 $F(x)$ 在 $[a, +\infty)$ 上是单调有界的函数. 按照"$[a, +\infty)$ 上的单调有界函数 $F(x)$ 必有极限 $\lim\limits_{x \to +\infty} F(x)$"的准则,就可知道极限

$$\lim_{x \to +\infty} \int_a^x f(t)\mathrm{d}t$$

存在,即反常积分 $\int_a^{+\infty} f(x)\mathrm{d}x$ 收敛.

根据定理 1,对于非负函数的无穷限的反常积分,有以下的比较审敛原理.

定理 2(比较审敛原理) 设函数 $f(x)$、$g(x)$ 在区间 $[a, +\infty)$ 上连续. 如果 $0 \leq$

$f(x) \leqslant g(x)(a \leqslant x < +\infty)$,并且 $\int_a^{+\infty} g(x) dx$ 收敛,那么 $\int_a^{+\infty} f(x) dx$ 也收敛. 如果 $0 \leqslant g(x) \leqslant f(x)(a \leqslant x < +\infty)$,并且 $\int_a^{+\infty} g(x) dx$ 发散,那么 $\int_a^{+\infty} f(x) dx$ 也发散.

证明 设 $a < t < +\infty$,由 $0 \leqslant f(x) \leqslant g(x)$ 及 $\int_a^{+\infty} g(x) dx$ 收敛,得

$$\int_a^t f(x) dx \leqslant \int_a^t g(x) dx \leqslant \int_a^{+\infty} g(x) dx.$$

这表明作为积分上限 t 的函数

$$F(t) = \int_a^t f(x) dx,$$

在 $[a, +\infty)$ 上有上界. 由定理 1 即知反常积分 $\int_a^{+\infty} f(x) dx$ 收敛.

如果 $0 \leqslant g(x) \leqslant f(x)$,且 $\int_a^{+\infty} g(x) dx$ 发散,那么 $\int_a^{+\infty} f(x) dx$ 必定发散. 因为如果 $\int_a^{+\infty} f(x) dx$ 收敛,由定理的第一部分即知 $\int_a^{+\infty} g(x) dx$ 也收敛,这与假设相矛盾. 证毕.

由上节例 3 知道,反常积分 $\int_a^{+\infty} \frac{dx}{x^p}(a > 0)$ 当 $p > 1$ 时收敛,当 $p \leqslant 1$ 时发散. 因此,取 $g(x) = \frac{A}{x^p}(A > 0)$,立即可得下面的反常积分的比较审敛法.

定理 3(比较审敛法 1) 设函数 $f(x)$ 在区间 $[a, +\infty)(a > 0)$ 上连续,且 $f(x) \geqslant 0$. 如果存在常数 $M > 0$ 及 $p > 1$,使得 $f(x) \leqslant \frac{M}{x^p}(a \leqslant x < +\infty)$,那么反常积分 $\int_a^{+\infty} f(x) dx$ 收敛;如果存在常数 $N > 0$,使得 $f(x) \geqslant \frac{N}{x}(a \leqslant x < +\infty)$,那么反常积分 $\int_a^{+\infty} f(x) dx$ 发散.

例 7 判定反常积分 $\int_1^{+\infty} \frac{dx}{\sqrt[3]{x^5 + 1}}$ 的收敛性.

解 由于

$$0 < \frac{1}{\sqrt[3]{x^5 + 1}} < \frac{1}{\sqrt[3]{x^5}} = \frac{1}{x^{5/3}},$$

根据比较审敛法 1,这个反常积分收敛.

以比较审敛法 1 为基础,可以得到在应用上较为方便的极限审敛法.

定理 4(极限审敛法 1) 设函数 $f(x)$ 在区间 $[a, +\infty)$ 上连续,且 $f(x) \geqslant 0$. 如果存在常数 $p > 1$,使得 $\lim_{x \to +\infty} x^p f(x) = c < +\infty$,那么,反常积分 $\int_a^{+\infty} f(x) dx$ 收敛;如果 $\lim_{x \to +\infty} x f(x) = d > 0$(或 $\lim_{x \to +\infty} x f(x) = +\infty$),那么反常积分 $\int_a^{+\infty} f(x) dx$ 发散.

证明 由假设 $\lim\limits_{x\to+\infty} x^p f(x) = c\,(p>1)$,根据极限的定义,存在充分大的 $x_1\,(x_1 \geqslant a,\ x_1 > 0)$,当 $x > x_1$ 时,必有
$$|x^p f(x) - c| < 1,$$
由此得
$$0 \leqslant x^p f(x) < 1 + c.$$

令 $1 + c = M > 0$,于是在区间 $x_1 < x < +\infty$ 内不等式 $0 \leqslant f(x) < \dfrac{M}{x^p}$ 成立. 由比较审敛法 1 知 $\displaystyle\int_{x_1}^{+\infty} f(x)\,\mathrm{d}x$ 收敛,而
$$\begin{aligned}
\int_a^{+\infty} f(x)\,\mathrm{d}x &= \lim_{t\to+\infty}\int_a^t f(x)\,\mathrm{d}x = \lim_{t\to+\infty}\left[\int_a^{x_1} f(x)\,\mathrm{d}x + \int_{x_1}^t f(x)\,\mathrm{d}x\right]\\
&= \int_a^{x_1} f(x)\,\mathrm{d}x + \lim_{t\to+\infty}\int_{x_1}^t f(x)\,\mathrm{d}x = \int_a^{x_1} f(x)\,\mathrm{d}x + \int_{x_1}^{+\infty} f(x)\,\mathrm{d}x,
\end{aligned}$$
故反常积分 $\displaystyle\int_a^{+\infty} f(x)\,\mathrm{d}x$ 收敛.

如果 $\lim\limits_{x\to+\infty} x f(x) = d > 0\,(\text{或}\ +\infty)$,那么存在充分大的 x_1,当 $x > x_1$ 时,必有
$$|x f(x) - d| < \dfrac{d}{2},$$
由此得
$$x f(x) > \dfrac{d}{2}.$$

[当 $\lim\limits_{x\to\infty} x f(x) = +\infty$ 时,可取任意正数作为 d.]令 $\dfrac{d}{2} = N > 0$,于是在区间 $x_1 < x < +\infty$ 内不等式 $f(x) \geqslant \dfrac{N}{x}$ 成立. 根据比较审敛法 1 知 $\displaystyle\int_{x_1}^{+\infty} f(x)\,\mathrm{d}x$ 发散,从而反常积分 $\displaystyle\int_a^{+\infty} f(x)\,\mathrm{d}x$ 发散.

例 8 判定反常积分 $\displaystyle\int_1^{+\infty} \dfrac{\mathrm{d}x}{x\,\sqrt{1+x^2}}$ 的收敛性.

解 由于
$$\lim_{x\to+\infty} x^2 \cdot \dfrac{1}{x\,\sqrt{1+x^2}} = \lim_{x\to+\infty} \dfrac{1}{\sqrt{\dfrac{1}{x^2} + 1}} = 1,$$
根据极限审敛法 1,知所给反常积分收敛.

例 9 判定反常积分 $\displaystyle\int_1^{+\infty} \dfrac{x^{7/2}}{1+x^2}\,\mathrm{d}x$ 的收敛性.

解 由于

$$\lim_{x\to+\infty} x\,\frac{x^{7/2}}{1+x^2} = \lim_{x\to+\infty}\frac{x^4\sqrt{x}}{1+x^2} = +\infty,$$

根据极限审敛法 1,知所给反常积分发散.

例 10 判定反常积分 $\int_2^{+\infty}\frac{\arctan x}{x}\,\mathrm{d}x$ 的收敛性.

解 由于

$$\lim_{x\to+\infty} x\,\frac{\arctan x}{x} = \lim_{x\to+\infty}\arctan x = \frac{\pi}{2},$$

根据极限审敛法 1,知所给反常积分发散.

假定反常积分的被积函数在所讨论的区间可取正值也可取负值,对于这类反常积分的收敛性,有如下的结论.

定理 5 设函数 $f(x)$ 在区间 $[a,+\infty)$ 上连续. 如果反常积分 $\int_a^{+\infty}|f(x)|\,\mathrm{d}x$ 收敛,那么反常积分 $\int_a^{+\infty}f(x)\,\mathrm{d}x$ 也收敛.

证明 令 $\varphi(x)=\dfrac{1}{2}(f(x)+|f(x)|)$. 于是 $\varphi(x)\geqslant 0$,且 $\varphi(x)\leqslant|f(x)|$,而 $\int_a^{+\infty}|f(x)|\,\mathrm{d}x$ 收敛,由比较审敛法 1 知 $\int_a^{+\infty}\varphi(x)\,\mathrm{d}x$ 也收敛. 但 $f(x)=2\varphi(x)-|f(x)|$,因此

$$\int_a^{+\infty}f(x)\,\mathrm{d}x = 2\int_a^{+\infty}\varphi(x)\,\mathrm{d}x - \int_a^{+\infty}|f(x)|\,\mathrm{d}x.$$

可见反常积分 $\int_a^{+\infty}f(x)\,\mathrm{d}x$ 是两个收敛的反常积分的差,因此它是收敛的. 证毕.

通常称满足定理 5 条件的反常积分 $\int_a^{+\infty}f(x)\,\mathrm{d}x$ 绝对收敛. 于是,定理 5 可简单地表达为:绝对收敛的反常积分 $\int_a^{+\infty}f(x)\,\mathrm{d}x$ 必定收敛.

例 11 判定反常积分 $\int_2^{+\infty}\mathrm{e}^{-ax}\sin bx\,\mathrm{d}x\,(a\text{、}b$ 都是常数,且 $a>0)$ 的收敛性.

解 因为 $|\mathrm{e}^{-ax}\sin bx|\leqslant \mathrm{e}^{-ax}$,而 $\int_2^{+\infty}\mathrm{e}^{-ax}\,\mathrm{d}x$ 收敛,根据比较审敛法 1,反常积分 $\int_2^{+\infty}|\mathrm{e}^{-ax}\sin bx|\,\mathrm{d}x$ 收敛. 由定理 5 可知所给反常积分收敛.

2. 无界函数的反常积分的审敛法

对于无界函数的反常积分,也有类似的审敛法. 由 6.5.1 中例 6 知道,反常积分

$$\int_a^b\frac{\mathrm{d}x}{(x-a)^q}$$

当 $q<1$ 时收敛,当 $q\geq 1$ 时发散. 于是,与定理3、定理4类似可得如下两个审敛法.

定理6(比较审敛法2) 设函数 $f(x)$ 在区间 $(a,b]$ 上连续,且 $f(x)\geq 0$, $x=a$ 为 $f(x)$ 的瑕点. 如果存在常数 $M>0$ 及 $q<1$,使得 $f(x)\leq \dfrac{M}{(x-a)^q}(a<x\leq b)$,那么反常积分 $\int_a^b f(x)\,\mathrm{d}x$ 收敛;如果存在常数 $N>0$,使得 $f(x)\geq \dfrac{N}{x-a}(a<x\leq b)$,那么反常积分 $\int_a^b f(x)\,\mathrm{d}x$ 发散.

定理7(极限审敛法2) 设函数 $f(x)$ 在区间 $(a,b]$ 上连续,且 $f(x)\geq 0$, $x=a$ 为 $f(x)$ 的瑕点. 如果存在常数 $0<q<1$,使得 $\lim\limits_{x\to a^+}(x-a)^q f(x)$ 存在,那么反常积分 $\int_a^b f(x)\,\mathrm{d}x$ 收敛;如果 $\lim\limits_{x\to a^+}(x-a)f(x)=d>0$[或 $\lim\limits_{x\to a^+}(x-a)f(x)=+\infty$],那么反常积分 $\int_a^b f(x)\,\mathrm{d}x$ 发散.

例12 判定反常积分 $\int_1^4 \dfrac{\mathrm{d}x}{\ln x}$ 的收敛性.

解 这里 $x=1$ 是被积函数的瑕点. 由洛必达法则知

$$\lim_{x\to 1^+}(x-1)\frac{1}{\ln x}=\lim_{x\to 1^+}\frac{1}{\dfrac{1}{x}}=1>0,$$

根据极限审敛法2,知所给反常积分发散.

例13 判定椭圆积分

$$\int_0^1 \frac{\mathrm{d}x}{\sqrt{(1-x^2)(1-k^4x^2)}}\,(k^4<1)$$

的收敛性.

解 这里 $x=1$ 是被积函数的瑕点. 由于

$$\lim_{x\to 1^-}(1-x)^{\frac{1}{2}}\frac{1}{\sqrt{(1-x^2)(1-k^4x^2)}}=\lim_{x\to 1^-}\frac{1}{\sqrt{(1+x)(1-k^4x^2)}}=\frac{1}{\sqrt{2(1-k^4)}},$$

根据极限审敛法2,知所给反常积分收敛.

对于无界函数的反常积分,当被积函数在所讨论的区间上可取正值也可取负值时,有与定理5相类似的结论,在此不再详述.

例14 判定反常积分 $\int_0^1 \dfrac{2}{\sqrt{x}}\sin\dfrac{2}{x}\,\mathrm{d}x$ 的收敛性.

解 因为 $\left|\dfrac{2}{\sqrt{x}}\sin\dfrac{2}{x}\right|\leq \dfrac{2}{\sqrt{x}}$,而 $\int_0^1 \dfrac{2\mathrm{d}x}{\sqrt{x}}$ 收敛,根据比较审敛法2,知反常积分

$\int_0^1 \left|\dfrac{2}{\sqrt{x}}\sin\dfrac{2}{x}\right|\mathrm{d}x$ 收敛,从而反常积分 $\int_0^1 \dfrac{2}{\sqrt{x}}\sin\dfrac{2}{x}\mathrm{d}x$ 也收敛.

6.5.3 Γ 函数

下面介绍在理论上和应用上都有重要意义的 Γ 函数. 这函数的定义是

$$\Gamma(s) = \int_0^{+\infty} \mathrm{e}^{-x} x^{s-1} \mathrm{d}x \, (s>0).$$

首先讨论(1)式右端积分的收敛性问题. 这个积分的积分区间为无穷,又当 $s-1<0$ 时 $x=0$ 是被积函数的瑕点. 为此,分别讨论下列两个积分

$$I_1 = \int_0^1 \mathrm{e}^{-x} x^{s-1} \mathrm{d}x, \quad I_2 = \int_1^{+\infty} \mathrm{e}^{-x} x^{s-1} \mathrm{d}x$$

的收敛性.

先讨论 I_1. 当 $s \geqslant 1$ 时,I_1 是定积分. 当 $0<s<1$ 时,因为

$$\mathrm{e}^{-x} \cdot x^{s-1} = \dfrac{1}{\mathrm{e}^x} \dfrac{1}{x^{1-s}} < \dfrac{1}{x^{1-s}},$$

而 $1-s<1$,根据比较审敛法 2,反常积分 I_1 收敛.

再讨论 I_2. 因为

$$\lim_{x\to+\infty} x^2 \cdot (\mathrm{e}^{-x} x^{s-1}) = \lim_{x\to+\infty} \dfrac{x^{s+1}}{\mathrm{e}^x} = 0,$$

根据极限审敛法 1,I_2 也收敛.

由以上讨论即得反常积分 $\int_0^{+\infty} \mathrm{e}^{-x} x^{s-1} \mathrm{d}x$ 对 $s>0$ 均收敛. Γ 函数的图形如图 6-9 所示.

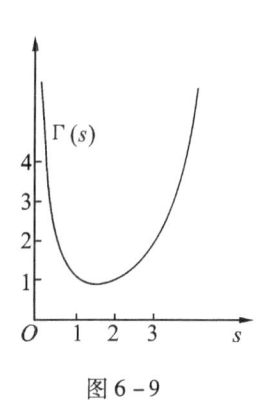

其次讨论 Γ 函数的几个重要性质.

(1) 递推公式:$\Gamma(s+1) = s\Gamma(s)\,(s>0)$.

证明 应用分部积分法,有

$$\Gamma(s+1) = \int_0^{+\infty} \mathrm{e}^{-x} x^s \mathrm{d}x = -\int_0^{+\infty} x^s \mathrm{d}(\mathrm{e}^{-x})$$

$$= \left[-x^s \mathrm{e}^{-x}\right]_0^{+\infty} + s\int_0^{+\infty} \mathrm{e}^{-x} x^{s-1} \mathrm{d}x = s\Gamma(s),$$

图 6-9

其中 $\lim\limits_{x\to+\infty} x^s \mathrm{e}^{-x} = 0$ 可由洛必达法则求得.

显然,$\Gamma(1) = \int_0^{+\infty} \mathrm{e}^{-x} \mathrm{d}x = 1$.

反复运用递推公式,便有

$$\Gamma(2) = 1 \cdot \Gamma(1) = 1,$$
$$\Gamma(3) = 2 \cdot \Gamma(2) = 2!,$$

$$\Gamma(4) = 3 \cdot \Gamma(3) = 3!$$
$$\vdots$$

一般地,对任何正整数 n,有
$$\Gamma(n+1) = n!,$$
所以,我们可以把 Γ 函数看成是阶乘的推广.

(2) 当 $s \to 0^+$ 时,$\Gamma(s) \to +\infty$.

证明 因为
$$\Gamma(s) = \frac{\Gamma(s+1)}{s}, \Gamma(1) = 1,$$
所以当 $s \to 0^+$ 时,$\Gamma(x) \to +\infty$.

(3) $\Gamma(s)\Gamma(1-s) = \dfrac{\pi}{\sin \pi s} (0 < s < 1)$.

这个公式称为余元公式,在此我们不作证明.

当 $s = \dfrac{1}{2}$ 时,由余元公式可得
$$\Gamma\left(\frac{1}{2}\right) = \sqrt{\pi}.$$

(4) 在 $\Gamma(s) = \int_0^{+\infty} e^{-x} x^{s-1} dx$ 中,作代换 $x = u^2$,有
$$\Gamma(s) = 2\int_0^{+\infty} e^{-u^2} u^{2s-1} du. \tag{2}$$

再令 $2s - 1 = t$ 或 $s = \dfrac{1+t}{2}$,即有
$$\int_0^{+\infty} e^{-u^2} u^t du = \frac{1}{2}\Gamma\left(\frac{1+t}{2}\right)(t > -1).$$

上式左端是实际应用中常见的积分,它的值可以通过上式用 Γ 函数计算出来.

在(2)中,令 $s = \dfrac{1}{2}$,得
$$2\int_0^{+\infty} e^{-u^2} du = \Gamma\left(\frac{1}{2}\right) = \sqrt{\pi}.$$

从而
$$\int_0^{+\infty} e^{-u^2} du = \frac{\sqrt{\pi}}{2}.$$

上式左端的积分是在概率论中常用的积分.

习题 6-5

1. 判定下列各反常积分的收敛性，如果收敛，计算反常积分的值：

(1) $\int_1^{+\infty} \dfrac{\mathrm{d}x}{x^4}$;

(2) $\int_1^{+\infty} \dfrac{\mathrm{d}x}{\sqrt{x}}$;

(3) $\int_0^{+\infty} \mathrm{e}^{-ax}\mathrm{d}x \, (a>0)$;

(4) $\int_0^{+\infty} \dfrac{\mathrm{d}x}{(1+x)(1+x^2)}$;

(5) $\int_{-\infty}^{+\infty} \dfrac{\mathrm{d}x}{x^2+2x+2}$;

(6) $\int_0^1 \dfrac{x\mathrm{d}x}{\sqrt{1-x^2}}$;

(7) $\int_0^2 \dfrac{\mathrm{d}x}{(1-x)^2}$;

(8) $\int_1^{\mathrm{e}} \dfrac{\mathrm{d}x}{x\sqrt{1-(\ln x)^2}}$.

2. 当 k 为何值时，反常积分 $\int_2^{+\infty} \dfrac{\mathrm{d}x}{x(\ln x)^k}$ 收敛？当 k 为何值时，这反常积分发散？又当 k 为何值时，这反常积分取得最小值？

3. 判定下列反常积分的收敛性：

(1) $\int_0^{+\infty} \dfrac{x^2}{x^4+x^2+1}\mathrm{d}x$;

(2) $\int_1^{+\infty} \dfrac{\mathrm{d}x}{x\sqrt[3]{x^2+1}}$;

(3) $\int_1^{+\infty} \sin\dfrac{1}{x^2}\mathrm{d}x$;

(4) $\int_0^{+\infty} \dfrac{\mathrm{d}x}{1+x|\sin x|}$;

(5) $\int_1^{+\infty} \dfrac{x\arctan x}{1+x^3}\mathrm{d}x$;

(6) $\int_1^2 \dfrac{\mathrm{d}x}{(\ln x)^3}$;

(7) $\int_0^1 \dfrac{4}{\sqrt{1-x^4}}\mathrm{d}x$;

(8) $\int_1^2 \dfrac{\mathrm{d}x}{\sqrt[3]{x^2-3x+2}}$.

4. 用 Γ 函数表示下列积分，并指出这些积分的收敛范围：

(1) $\int_0^{+\infty} \mathrm{e}^{-x^n}\mathrm{d}x \,(n>0)$;

(2) $\int_0^1 \left(\ln\dfrac{1}{n}\right)^p \mathrm{d}x$;

(3) $\int_0^{+\infty} x^m \mathrm{e}^{-x^n}\mathrm{d}x \,(n\neq 0)$.

5. 证明以下各式（其中 $n\in \mathbf{N}^+$）：

(1) $2\cdot 4\cdot 6\cdots 2n = 2^n \Gamma(n+1)$;

(2) $1\cdot 3\cdot 5\cdots (2n-1) = \dfrac{\Gamma(2n)}{2^{n-1}\Gamma(n)}$.

6. 填空：

(1) 函数 $f(x)$ 在 $[a,b]$ 上有界是 $f(x)$ 在 $[a,b]$ 上可积的_____条件，而 $f(x)$ 在

$[a,b]$ 上连续是 $f(x)$ 在 $[a,b]$ 上可积的 _____ 条件;

(2) 对 $[a,+\infty)$ 上非负、连续的函数 $f(x)$,它的变上限积分 $\int_a^x f(t)dt$ 在 $[a,+\infty)$ 上有界是反常积分 $\int_a^{+\infty} f(x)dx$ 收敛的 _____ 条件;

(3) 绝对收敛的反常积分 $\int_a^{\pi} f(x)dx \to$ _____;

(4) 函数 $f(x)$ 在 $[a,b]$ 上有定义且 $|f(x)|$ 在 $[a,b]$ 上可积,此时积分 $\int_a^b f(x)dx$ _____ 存在;

(5) 设函数 $f(x)$ 连续,则 $\dfrac{d}{dx}\int_0^x tf(t^2-x^2)dt =$ _____.

7. 利用定积分的定义计算下列极限:

(1) $\lim\limits_{n\to\infty}\dfrac{1}{n}\sum\limits_{i=1}^{n}\sqrt{1+\dfrac{i}{n}}$;

(2) $\lim\limits_{n\to\infty}\dfrac{1^p+2^p+\cdots+n^p}{n^{p+1}}$ $(p>0)$.

8. 判定下列反常积分的收敛性:

(1) $\int_0^{+\infty}\dfrac{\sin x}{\sqrt{x^3}}dx$;

(2) $\int_2^{+\infty}\dfrac{dx}{x\cdot\sqrt[3]{x^2-3x+2}}$;

(3) $\int_2^{+\infty}\dfrac{\cos x}{\ln x}dx$;

(4) $\int_2^{+\infty}\dfrac{dx}{\sqrt[3]{x^2(x-1)(x-2)}}$.

6.6 定积分的应用

本节我们将应用前面学过的定积分理论来分析和解决一些几何、物理中的问题,其目的不仅在于建立计算这些几何、物理量的公式,更重要的还在于介绍运用元素法将一个量表达成为定积分的分析方法.

6.6.1 定积分的元素法

在定积分的应用中,经常采用所谓元素法. 为了说明这种方法,我们先回顾一下 6.1 中讨论过的曲边梯形的面积问题.

设 $f(x)$ 在区间 $[a,b]$ 上连续且 $f(x)\geqslant 0$,求以曲线 $y=f(x)$ 为曲边、底为 $[a,b]$ 的曲边梯形的面积 A. 把这个面积 A 表示为定积分

$$A = \int_a^b f(x)\,\mathrm{d}x$$

的步骤如下：

(1) 用任意一组分点把区间 $[a,b]$ 分成长度为 $\Delta x_i (i = 1,2,\cdots,n)$ 的 n 个小区间，相应地把曲边梯形分成 n 个窄曲边梯形，第 i 个窄曲边梯形的面积设为 ΔA_i，于是有

$$A = \sum_{i=1}^n \Delta A_i;$$

(2) 计算 ΔA_i 的近似值

$$\Delta A_i \approx f(\xi_i)\Delta x_i \ (x_{i-1} \leqslant \xi_i \leqslant x_i);$$

(3) 求和，得 A 的近似值

$$A \approx \sum_{i=1}^n f(\xi_i)\Delta x_i;$$

(4) 求极限，记 $\lambda = \max\{\Delta x_1, \Delta x_2, \cdots, \Delta x_n\}$，得

$$A = \lim_{\lambda \to 0} \sum_{i=1}^n f(\xi_i)\Delta x_i = \int_a^b f(x)\,\mathrm{d}x.$$

在上述问题中我们注意到，所求量（即面积 A）与区间 $[a,b]$ 有关。如果把区间 $[a,b]$ 分成许多部分区间，那么所求量相应地分成许多部分量（即 ΔA_i），而所求量等于所有部分量之和（即 $A = \sum_{i=1}^n \Delta A_i$），这一性质称为所求量对于区间 $[a,b]$ 具有可加性。此外，以 $f(\xi_i)\Delta x_i$ 近似代替部分量 ΔA_i 时，要求它们只相差一个比 Δx_i 高阶的无穷小，以使和式 $\sum_{i=1}^n f(\xi_i)\Delta x_i$ 的极限是 A 的精确值，从而 A 可以表示为定积分

$$A = \int_a^b f(x)\,\mathrm{d}x.$$

在引出 A 的积分表达式的四个步骤中，主要的是第二步，这一步是要确定 ΔA_i 的近似值 $f(\xi_i)\Delta x_i$，使得

$$A = \lim_{\lambda \to 0} \sum_{i=1}^n f(\xi_i)\Delta x_i = \int_a^b f(x)\,\mathrm{d}x.$$

在实用中，为了简便起见，省略下标 i，用 ΔA 表示任一小区间 $[x, x+\mathrm{d}x]$ 上窄曲边梯形的面积，这样

$$A = \sum \Delta A.$$

取 $[x, x+\mathrm{d}x]$ 的左端点 x 为 ξ，以点 x 处的函数值 $f(x)$ 为高、$\mathrm{d}x$ 为底的矩形的面积 $f(x)\mathrm{d}x$ 为 ΔA 的近似值（如图 6-10 阴影部分所示），即

$$\Delta A \approx f(x)\mathrm{d}x.$$

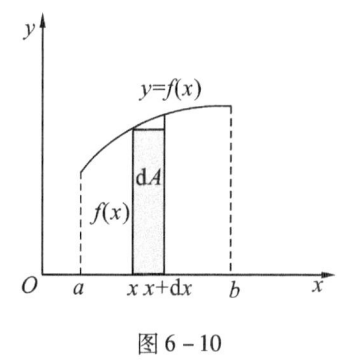

图 6-10

上式右端 $f(x)dx$ 叫作面积元素,记为 $dA = f(x)dx$. 于是
$$A \approx \sum f(x)dx,$$
因此
$$A = \lim \sum f(x)dx = \int_a^b f(x)dx.$$

一般地,如果某一实际问题中的所求量 U 符合下列条件:

(1) U 是与一个变量 x 的变化区间 $[a,b]$ 有关的量;

(2) U 对于区间 $[a,b]$ 具有可加性,就是说,如果把区间 $[a,b]$ 分成许多部分区间,则 U 相应地分成许多部分量,而 U 等于所有部分量之和;

(3) 部分量 ΔU_i 的近似值可表示为 $f(\xi_i)\Delta x_i$.

那么就可考虑用定积分来表达这个量 U. 通常写出这个量 U 的积分表达式的步骤:

(i) 根据问题的具体情况,选取一个变量例如 x 为积分变量,并确定它的变化区间 $[a,b]$.

(ii) 设想把区间 $[a,b]$ 分成个 n 小区间,取其中任一小区间并记作 $[x, x+dx]$,求出相应于这个小区间的部分量 ΔU 的近似值. 如果 ΔU 能近似地表示为 $[a,b]$ 上的一个连续函数在 x 处的值 $f(x)$ 与 dx 的乘积,就把 $f(x)dx$ 称为量 U 的元素且记作 dU,即
$$dU = f(x)dx.$$

(iii) 以所求量 U 的元素 $f(x)dx$ 为被积表达式,在区间 $[a,b]$ 上作定积分,得
$$U = \int_a^b f(x)dx.$$

这就是所求量 U 的积分表达式,这个方法通常叫作元素法. 下面我们将应用这个方法来讨论几何、物理中的一些问题.

6.6.2 平面图形的面积

1. 直角坐标情形

在 6.1 中我们已经知道,由曲线 $y = f(x) [f(x) \geq 0]$ 及直线 $x = a$、$x = b(a<b)$ 与 x 轴所围成的曲边梯形的面积 A 是定积分
$$A = \int_a^b f(x)dx,$$
其中被积表达式 $f(x)dx$ 就是直角坐标下的面积元素,它表示高为 $f(x)$、底为 dx 的一个矩形面积.

应用定积分,不但可以计算曲边梯形面积,还可以计算一些比较复杂的平面图形

的面积.

例1 计算由两条抛物线:$y^2 = x, y = x^2$ 所围成的图形的面积.

解 这两条抛物线所围成的图形如图 6-11 所示. 为了具体定出图形的所在范围,先求出这两条抛物线的交点. 为此,解方程组

$$\begin{cases} y^2 = x, \\ y = x^2, \end{cases}$$

得到两个解

$$x = 0, y = 0 \text{ 及 } x = 1, y = 1.$$

即这两抛物线的交点为 $(0,0)$ 及 $(1,1)$,从而知道这图形在直线 $x = 0$ 与 $x = 1$ 之间.

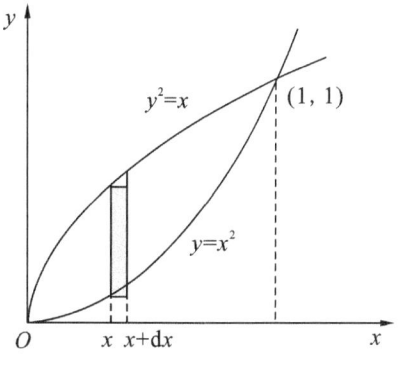

图 6-11

取横坐标 x 为积分变量,它的变化区间为 $[0,1]$. 相应于 $[0,1]$ 上的任一小区间 $[x, x + dx]$ 的窄条的面积近似于高为 $\sqrt{x} - x^2$、底为 dx 的窄矩形的面积,从而得到面积元素

$$dA = (\sqrt{x} - x^2) dx.$$

以 $(\sqrt{x} - x^2) dx$ 为被积表达式,在闭区间 $[0,1]$ 上作定积分,便得所求面积为

$$A = \int_0^1 (\sqrt{x} - x^2) dx = \left[\frac{2}{3} x^{3/2} - \frac{x^3}{3} \right]_0^1 = \frac{1}{3}.$$

例2 计算抛物线 $y^2 = 2x$ 与直线 $y = x - 4$ 所围成的图形的面积.

解 这个图形如图 6-12 所示. 为了定出图形所在的范围,先求出所给抛物线和直线的交点. 解方程组

$$\begin{cases} y^2 = 2x, \\ y = x - 4, \end{cases}$$

得交点 $(2, -2)$ 和 $(8, 4)$,从而知道这图形在直线 $y = -2$ 及 $y = 4$ 之间.

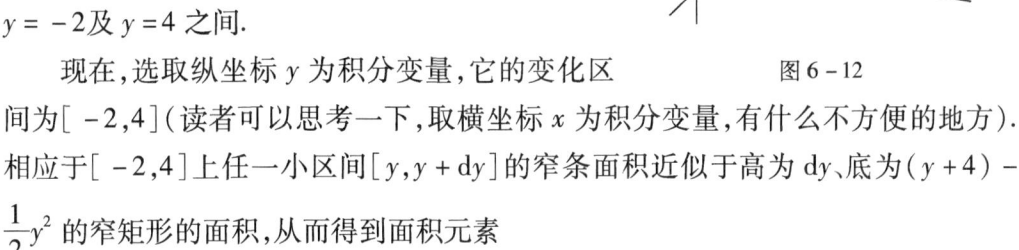

现在,选取纵坐标 y 为积分变量,它的变化区间为 $[-2, 4]$ (读者可以思考一下,取横坐标 x 为积分变量,有什么不方便的地方). 相应于 $[-2, 4]$ 上任一小区间 $[y, y + dy]$ 的窄条面积近似于高为 dy、底为 $(y + 4) - \frac{1}{2} y^2$ 的窄矩形的面积,从而得到面积元素

图 6-12

$$dA = \left(y + 4 - \frac{1}{2} y^2 \right) dy.$$

以 $\left(y+4-\dfrac{1}{2}y^2\right)\mathrm{d}y$ 为被积表达式,在闭区间 $[-2,4]$ 上作定积分,便得所求的面积为

$$A=\int_{-2}^{4}\left(y+4-\dfrac{1}{2}y^2\right)\mathrm{d}y=\left[\dfrac{y^2}{2}+4y-\dfrac{y^3}{6}\right]_{-2}^{4}=18.$$

由例 2 可以看到,积分变量选得适当,可使计算方便.

例 3 求椭圆所围成的图形的面积.

解 该椭圆关于两坐标轴都对称(图 6-13),所以椭圆所围成的图形的面积为

$$A=4A_1,$$

其中 A_1 为该椭圆在第一象限部分与两坐标轴所围图形的面积,因此

$$A=4A_1=4\int_0^a y\mathrm{d}x.$$

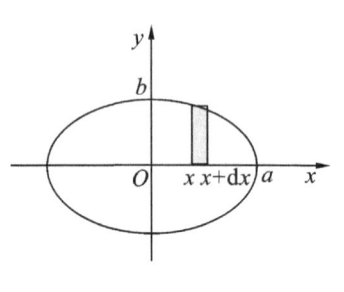

利用椭圆的参数方程

$$\begin{cases}x=a\cos t,\\y=b\sin t\end{cases}\left(0\leqslant t\leqslant\dfrac{\pi}{2}\right).$$

应用定积分换元法,令 $x=a\cos t$,则

$$y=b\sin t,\ \mathrm{d}x=-a\sin t\mathrm{d}t.$$

当 x 由 0 变到 a 时,t 由 $\dfrac{\pi}{2}$ 变到 0,所以

$$A=4\int_{\pi/2}^{0}b\sin t(-a\sin t)\mathrm{d}t=-4ab\int_{\pi/2}^{0}\sin^2 t\mathrm{d}t$$
$$=4ab\int_0^{\pi/2}\sin^2 t\mathrm{d}t=4ab\cdot\dfrac{1}{2}\cdot\dfrac{\pi}{2}=\pi ab.$$

当 $a=b$ 时,就得到大家所熟悉的圆面积的公式 $A=\pi a^2$.

2. 极坐标情形

某些平面图形,用极坐标来计算它们的面积比较方便.

设由曲线 $\rho=\rho(\theta)$ 及射线 $\theta=\alpha$、$\theta=\beta$ 围成一图形(简称曲边扇形),现在要计算它的面积(图 6-14).

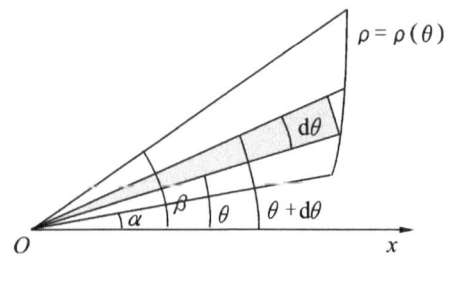

这里,$\rho(\theta)$ 在 $[\alpha,\beta]$ 上连续,且 $\rho(\theta)\geqslant 0,0<\beta-\alpha\leqslant 2\pi$.

由于当 θ 在 $[\alpha,\beta]$ 上变动时,极径 $\rho=\rho(\theta)$ 也随之变动,因此所求图形的面积不

能直接利用扇形面积的公式 $A = \dfrac{1}{2}R^2\theta$ 来计算.

取极角 θ 为积分变量,它的变化区间为 $[\alpha,\beta]$. 相应于任一小区间 $[\theta,\theta+\mathrm{d}\theta]$ 的窄曲边扇形的面积可以用半径为 $\rho = \rho(\theta)$、中心角为 $\mathrm{d}\theta$ 的扇形的面积来近似代替,从而得到这窄曲边扇形面积的近似值,即曲边扇形的面积元素

$$\mathrm{d}A = \dfrac{1}{2}[\rho(\theta)]^2\mathrm{d}\theta.$$

以 $\dfrac{1}{2}[\rho(\theta)]^2\mathrm{d}\theta$ 为被积表达式,在闭区间 $[\alpha,\beta]$ 上作定积分,便得所求曲边扇形的面积为

$$A = \int_\alpha^\beta \dfrac{1}{2}[\rho(\theta)]^2\mathrm{d}\theta.$$

例 4 计算阿基米德螺线 $\rho = a\theta \, (a>0)$ 上相应于 θ 从 0 变到 2π 的一段弧与极轴所围成的图形(图 6 – 15)的面积.

解 在指定的这段螺线上,θ 的变化区间为 $[0, 2\pi]$. 相应于 $[0,2\pi]$ 上任一小区间 $[\theta,\theta+\mathrm{d}\theta]$ 的窄曲边扇形的面积近似于半径为 $a\theta$、中心角为 $\mathrm{d}\theta$ 的扇形的面积,从而得到面积元素

$$\mathrm{d}A = \dfrac{1}{2}(a\theta)^2\mathrm{d}\theta.$$

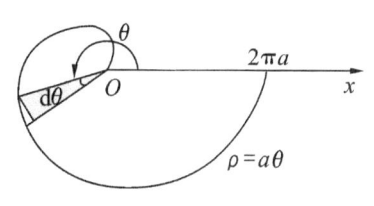

图 6 – 15

于是所求面积为

$$A = \int_0^{2\pi} \dfrac{a^2}{2}\theta^2\mathrm{d}\theta = \dfrac{a^2}{2}\left[\dfrac{\theta^3}{3}\right]_0^{2\pi} = \dfrac{4}{3}a^2\pi^3.$$

例 5 计算心形线

$$\rho = a(1+\cos\theta) \, (a>0)$$

所围成的图形的面积.

解 心形线所围成的图形如图 6 – 16 所示. 这个图形对称于极轴,因此所求图形的面积 A 是极轴以上部分图形面积 A_1 的 2 倍.

对于极轴以上部分的图形,θ 的变化区间为 $[0,\pi]$. 相应于 $[0,\pi]$ 上任一小区间 $[\theta,\theta+\mathrm{d}\theta]$ 的窄曲边扇形的面积近似于半径为 $a(1+\cos\theta)$、中心角为 $\mathrm{d}\theta$ 的扇形的面积. 从而得到面积元素

图 6 – 16

$$\mathrm{d}A = \dfrac{1}{2}a^2(1+\cos\theta)^2\mathrm{d}\theta,$$

于是
$$A_1 = \int_0^\pi \frac{1}{2}a^2(1+\cos\theta)^2 d\theta = \frac{a^2}{2}\int_0^\pi (1+2\cos\theta+\cos^2\theta)d\theta$$
$$= \frac{a^2}{2}\int_0^\pi \left(\frac{3}{2}+2\cos\theta+\frac{1}{2}\cos 2\theta\right)d\theta$$
$$= \frac{a^2}{2}\left[\frac{3}{2}\theta+2\sin\theta+\frac{1}{4}\sin 2\theta\right]_0^\pi = \frac{3}{4}\pi a^2,$$

因而所求面积为
$$A = 2A_1 = \frac{3}{2}\pi a^2.$$

6.6.3 旋转体的体积

1. 旋转体的体积

旋转体是由一个平面图形绕着平面内一条直线旋转一周而成的立体. 这直线叫作旋转轴. 圆柱、圆锥、圆台、球体可以分别看成是由矩形绕它的一条边、直角三角形绕它的直角边、直角梯形绕它的直角腰、半圆绕它的直径旋转一周而成的立体, 所以它们都是旋转体.

上述旋转体都可以看作是由连续曲线 $y=f(x)$, 直线 $x=a$、$x=b$ 及 x 轴所围成的曲边梯形绕 x 轴旋转一周而成的立体. 现在我们考虑用定积分来计算这种旋转体的体积.

取横坐标 x 为积分变量, 它的变化区间为 $[a,b]$. 相应于 $[a,b]$ 上的任一小区间 $[x,x+dx]$ 的窄曲边梯形绕 x 轴旋转而成的薄片的体积近似于以 $f(x)$ 为底半径、dx 为高的扁圆柱体的体积(图 6-17), 即体积元素

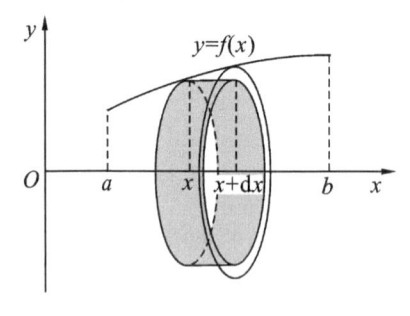

图 6-17

$$dV = \pi[f(x)]^2 dx.$$

以 $\pi[f(x)]^2 dx$ 为被积表达式, 在闭区间 $[a,b]$ 上作定积分, 便得所求旋转体体积为
$$V = \int_a^b \pi[f(x)]^2 dx.$$

例6 连接坐标原点 O 及点 $P(h,r)$ 的直线、直线 $x=h$ 及 x 轴围成一个直角三角形(图 6-18).将它绕 x 轴旋转一周构成一个底半径为 r、高为 h 的圆锥体.计算这一圆锥体的体积.

解 过原点 O 及点 $P(h,r)$ 的直线方程为

$$y = \frac{r}{h}x.$$

取横坐标 x 为积分变量,它的变化区间为 $[0,h]$.圆锥体中相应于 $[0,h]$ 上任一小区间 $[x,x+\mathrm{d}x]$ 的薄片的体积近似于底半径为 $\frac{r}{h}x$、高为 $\mathrm{d}x$ 的扁圆柱体的体积,即体积元素

$$\mathrm{d}V = \pi\left[\frac{r}{h}x\right]^2\mathrm{d}x.$$

图 6-18

于是所求圆锥体的体积为

$$V = \int_0^h \pi\left(\frac{r}{h}x\right)^2\mathrm{d}x = \frac{\pi r^2}{h^2}\left[\frac{x^3}{3}\right]_0^h = \frac{\pi r^2 h}{3}.$$

例7 计算由椭圆

$$\frac{x^2}{a^2} + \frac{y^2}{b^2} = 1$$

所围成的图形绕 x 轴旋转一周而成的旋转体(叫作旋转椭球体)的体积.

解 这个旋转椭球体也可以看作是由半个椭圆

$$y = \frac{b}{a}\sqrt{a^2 - x^2}$$

及 x 轴围成的图形绕 x 轴旋转一周而成的立体.

取 x 为积分变量,它的变化区间为 $[-a,a]$.旋转椭球体中相应于 $[-a,a]$ 上任一小区间 $[x,x+\mathrm{d}x]$ 的薄片的体积,近似于底半径为 $\frac{b}{a}\sqrt{a^2-x^2}$、高为 $\mathrm{d}x$ 的扁圆柱体的体积(图 6-19),即体积元素

$$\mathrm{d}V = \frac{\pi b^2}{a^2}(a^2 - x^2)\mathrm{d}x.$$

图 6-19

于是所求旋转椭球体的体积为

$$V = \int_{-a}^{a} \pi\frac{b^2}{a^2}(a^2 - x^2)\mathrm{d}x = \frac{2\pi b^2}{a^2}\int_0^a (a^2 - x^2)\mathrm{d}x$$

$$= 2\pi \frac{b^2}{a^2} \left[a^2 x - \frac{x^3}{3} \right]_0^a = \frac{4}{3}\pi ab^2.$$

当 $a=b$ 时,旋转椭球体就成为半径为 a 的球,它的体积为 $\frac{4}{3}\pi a^3$.

用与上面类似的方法可以推出:由曲线 $x=\varphi(y)$,直线 $y=c$、$y=d(c<d)$ 与 y 轴所围成的曲边梯形,绕 y 轴旋转一周而成的旋转体(图 6-20)的体积为

$$V = \pi \int_c^d [\varphi(y)]^2 \mathrm{d}y.$$

例 8 计算由摆线 $x=a(t-\sin t)$,$y=a(1-\cos t)$ 相应于 $0 \le t \le 2\pi$ 的一拱与直线 $y=0$ 所围成的图形分别绕 x 轴、y 轴旋转而成的旋转体的体积.

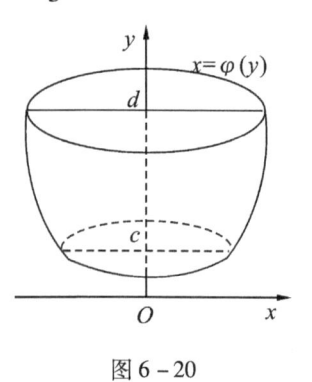

图 6-20

解 按旋转体的体积公式,所述图形绕 x 轴旋转而成的旋转体的体积为

$$V_x = \int_0^{2\pi a} \pi y^2(x) \mathrm{d}x = \pi \int_0^{2\pi} a^2 (1-\cos t)^2 \cdot a(1-\cos t) \mathrm{d}t$$

$$= \pi a^3 \int_0^{2\pi} (1 - 3\cos t + 3\cos^2 t - \cos^3 t) \mathrm{d}t = 5\pi^2 a^3.$$

所述图形绕 y 轴旋转而成的旋转体的体积可看成平面图形 $OABC$ 与 OBC(图 6-21)分别绕 y 轴旋转而成的旋转体的体积之差.

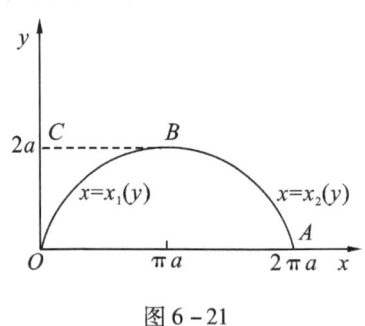

图 6-21

因此所求的体积为

$$V_y = \int_0^{2a} \pi x_2^2(y) \mathrm{d}y - \int_0^{2a} \pi x_1^2(y) \mathrm{d}y$$

$$= \pi \int_{2\pi}^{\pi} a^2 (t - \sin t)^2 \cdot a\sin t \mathrm{d}t - \pi \int_0^{\pi} a^2 (t - \sin t)^2 \cdot a\sin t \mathrm{d}t$$

$$= -\pi a^3 \int_0^{2\pi} (t - \sin t)^2 \sin t \mathrm{d}t = 6\pi^3 a^3.$$

2. 平行截面面积为已知的立体的体积

从计算旋转体体积的过程中可以看出,如果一个立体不是旋转体,但却知道该立体

上垂直于一定轴的各个截面的面积,那么,这个立体的体积也可以用定积分来计算.

如图 6-22 所示,取上述定轴为 x 轴,并设该立体在过点 $x=a$、$x=b$ 且垂直于 x 轴的两个平面之间. 以 $A(x)$ 表示过点 x 且垂直于 x 轴的截面面积. 假定 $A(x)$ 为已知的 x 的连续函数. 这时,取 x 为积分变量,它的变化区间为 $[a,b]$;立体中相应于 $[a,b]$ 上任一小区间 $[x,x+\mathrm{d}x]$ 的一薄片的体积,近似于底面积为 $A(x)$、高为 $\mathrm{d}(x)$ 的扁柱体的体积,即体积元素

$$\mathrm{d}V = A(x)\mathrm{d}x.$$

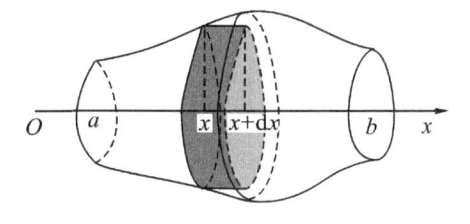

图 6-22

以 $A(x)\mathrm{d}x$ 为被积表达式,在闭区间 $[a,b]$ 上作定积分,便得所求立体的体积

$$V = \int_a^b A(x)\mathrm{d}x.$$

例9 一平面经过半径为 R 的圆柱体的底圆中心,并与底面交成角 α(图 6-23). 计算这平面截圆柱体所得立体的体积.

解 取这平面与圆柱体的底面的交线为 x 轴,底面上过圆心、且垂直于 x 轴的直线为 y 轴. 那么,底圆的方程为 $x^2+y^2=R^2$. 立体中过 x 轴上的点 x 且垂直于 x 轴的截面是一个直角三角形. 它的两条直角边的长分别为 y 及 $y\tan\alpha$,即 $\sqrt{R^2-x^2}$ 及 $\sqrt{R^2-x^2}\tan\alpha$. 因而截面积为 $A(x) = \frac{1}{2}(R^2-x^2)\tan\alpha$,于是所求立体体积为

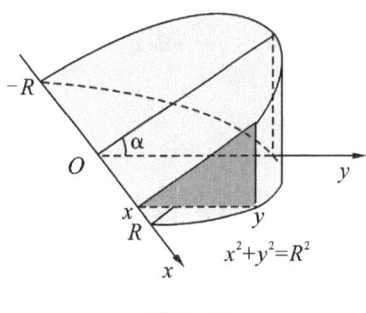

图 6-23

$$V = \int_{-R}^R \frac{1}{2}(R^2-x^2)\tan\alpha\,\mathrm{d}x = \int_0^R (R^2-x^2)\tan\alpha\,\mathrm{d}x$$

$$= \tan\alpha\left[R^2 x - \frac{1}{3}x^3\right]_0^R = \frac{2}{3}R^3\tan\alpha.$$

例10 求以半径为 R 的圆为底、平行且等于底圆直径的线段为顶、高为 h 的正劈锥体的体积.

解 取底圆所在的平面为 xOy 平面,圆心 O 为原点,并使 x 轴与正劈锥的顶平行(图 6-24). 底圆的方程为 $x^2+y^2=R^2$. 过 x 轴上的点 x($-R \leqslant x \leqslant R$) 作垂直于 x 轴的平面,截正劈锥体得等腰三角形. 这截面的面积为

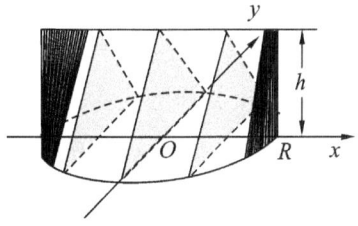

图 6-24

$$A(x) = h \cdot y = h\sqrt{R^2 - x^2}.$$

于是所求正劈锥体的体积为

$$V = \int_{-R}^{R} A(x)\,dx = h\int_{-R}^{R}\sqrt{R^2 - x^2}\,dx = 2h\int_{0}^{R}\sqrt{R^2 - x^2}\,dx.$$

令 $x = R\sin\theta$,从而有

$$V = 2R^2 h \int_{0}^{\pi/2} \cos^2\theta\,d\theta = \frac{\pi R^2 h}{2}.$$

由此可知正劈锥体的体积等于同底同高的圆柱体体积的一半.

6.6.4 平面曲线的弧长

我们知道,圆的周长可以利用圆的内接正多边形的周长当边数无限增多时的极限来确定. 现在用类似的方法来建立平面的连续曲线弧长的概念,从而应用定积分来计算弧长.

设 A、B 是曲线弧的两个端点. 在弧 $\overparen{AB}$ 上依次任取分点 $A = M_0, M_1, M_2, \cdots, M_{i-1}, M_i, \cdots, M_{n-1}, M_n = B$,并依次连接相邻的分点得一折线(图 6 – 25). 当分点的数目无限增加且每个小段 $\overparen{M_{i-1}M_i}$ 都缩向一点时,如果此折线的长 $\sum_{i=1}^{n}|M_{i-1}M_i|$ 的极限存在,那么称此极限为曲线弧 $\overparen{AB}$ 的弧长,并称此曲线弧 $\overparen{AB}$ 是可求长的.

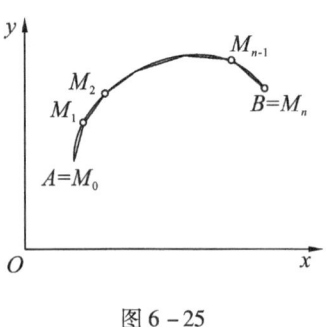

图 6 – 25

对光滑的曲线弧,有如下结论:

定理 光滑曲线弧是可求长的.

这个定理我们不加证明. 由于光滑曲线弧是可求长的,故可应用定积分来计算弧长. 下面我们利用定积分的元素法来讨论平面光滑曲线弧长的计算公式.

设曲线弧由参数方程

$$\begin{cases} x = \varphi(t), \\ y = \psi(t) \end{cases} \quad (\alpha \leq t \leq \beta)$$

给出,其中 $\varphi(t)$、$\psi(t)$ 在 $[\alpha,\beta]$ 上具有连续导数,且 $\varphi'(t)$、$\psi'(t)$ 不同时为零. 现在来计算这曲线弧的长度.

取参数 t 为积分变量,它的变化区间为 $[\alpha,\beta]$. 相应于 $[\alpha,\beta]$ 上任一小区间 $[t, t+dt]$ 的小弧段的长度 Δs 近似等于对应的弦的长度 $\sqrt{(\Delta x)^2 + (\Delta y)^2}$,因为

$$\Delta x = \varphi(t+dt) - \varphi(t) \approx dx = \varphi'(t)\,dt,\quad \Delta y = \psi(t+dt) - \psi(t) \approx dy = \psi'(t)\,dt,$$

所以,Δx 的近似值(弧微分)即弧长元素为

$$ds = \sqrt{(dx)^2 + (dy)^2} = \sqrt{\varphi'^2(t)(dt)^2 + \psi'^2(t)(dt)^2}$$
$$= \sqrt{\varphi'^2(t) + \psi'^2(t)}\,dt.$$

于是所求弧长为
$$s = \int_\alpha^\beta \sqrt{\varphi'^2(t) + \psi'^2(t)}\,dt.$$

当曲线弧由直角坐标方程
$$y = f(x) \quad (a \leq x \leq b)$$

给出,其中 $f(x)$ 在 $[a,b]$ 上具有一阶连续导数,这时曲线弧有参数方程
$$\begin{cases} x = x, \\ y = f(x) \end{cases} (a \leq x \leq b).$$

从而所求的弧长为
$$s = \int_a^b \sqrt{1 + y'^2}\,dx.$$

当曲线弧由极坐标方程
$$\rho = \rho(\theta)(\alpha \leq \theta \leq \beta)$$

给出,其中 $\rho(\theta)$ 在 $[\alpha,\beta]$ 上具有连续导数,则由直角坐标与极坐标的关系可得
$$\begin{cases} x = x(\theta) = \rho(\theta)\cos\theta, \\ y = y(\theta) = \rho(\theta)\sin\theta \end{cases} (\alpha \leq \theta \leq \beta).$$

这就是以极角为参数的曲线弧的参数方程. 于是,弧长元素为
$$ds = \sqrt{x'^2(\theta) + y'^2(\theta)}\,d\theta = \sqrt{\rho^2(\theta) + \rho'^2(\theta)}\,d\theta,$$

从而所求弧长为
$$s = \int_\alpha^\beta \sqrt{\rho^2(\theta) + \rho'^2(\theta)}\,d\theta.$$

例 11 计算曲线 $y = \dfrac{2}{3}x^{3/2}$ 上相应于 $a \leq x \leq b$ 的一段弧(图 6-26)的长度.

解 因 $y' = x^{1/2}$,从而弧长元素
$$ds = \sqrt{1 + (x^{1/2})^2}\,dx = \sqrt{1 + x}\,dx.$$

因此,所求弧长为
$$s = \int_a^b \sqrt{1+x}\,dx = \left[\frac{2}{3}(1+x)^{3/2}\right]_a^b$$
$$= \frac{2}{3}[(1+b)^{3/2} - (1+a)^{3/2}].$$

图 6-26

例 12 计算摆线(图 6-27)
$$\begin{cases} x = a(\theta - \sin\theta), \\ y = a(1 - \cos\theta) \end{cases}$$

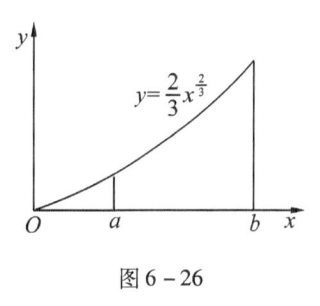

的一拱($0\leqslant\theta\leqslant 2\pi$)的长度.

图 6-27

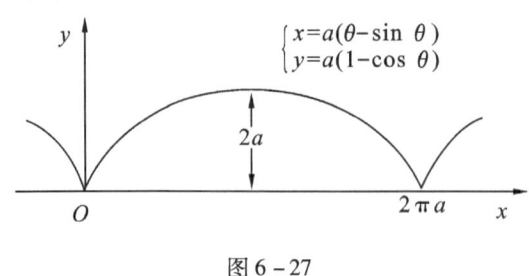

解 弧长元素为

$$ds = \sqrt{a^2(1-\cos\theta)^2 + a^2\sin^2\theta}\,d\theta$$
$$= a\sqrt{2(1-\cos\theta)}\,d\theta = 2a\sin\frac{\theta}{2}\,d\theta.$$

从而,所求弧长

$$s = \int_0^{2\pi} 2a\sin\frac{\theta}{2}\,d\theta = 2a\left[-2\cos\frac{\theta}{2}\right]_0^{2\pi} = 8a.$$

例 13 求阿基米德螺线 $\rho = a\theta(a>0)$ 相应于 $0\leqslant\theta\leqslant 2\pi$ 一段(图 6-15)的弧长.

解 弧长元素为

$$ds = \sqrt{a^2\theta^2 + a^2}\,d\theta = a\sqrt{1+\theta^2}\,d\theta,$$

于是所求弧长为

$$s = a\int_0^{2\pi}\sqrt{1+\theta^2}\,d\theta = \frac{a}{2}\left[2\pi\sqrt{1+4\pi^2} + \ln(2\pi + \sqrt{1+4\pi^2})\right].$$

6.6.5 定积分在物理学上的应用

1. 变力沿直线所做的功

由物理学知识知道,如果物体在做直线运动的过程中有一个不变的力 F 作用在这物体上,且这力的方向与物体运动的方向一致,那么,在物体移动了距离 s 时,力 F 对物体所做的功为

$$W = F \cdot s.$$

如果物体在运动过程中所受到的力是变化的,这就会遇到变力对物体做功的问题.下面通过具体例子说明如何计算变力所做的功.

例 14 把一个带电荷量 $+q$ 的点电荷放在 r 轴上坐标原点 O 处,它产生一个电场.这个电场对周围的电荷有作用力.由物理学知识知道,如果有一个单位正电荷放在这个电场中距离原点 O 为 r 的地方,那么电场对它的作用力的大小为 $F = k\dfrac{q}{r^2}$(k 为常数).求电场力对点电荷所做的功.

解 如图 6-28 所示,在上述移动过程中,电场对这单位正电荷的作用力是变的.取 r 为积分变量,它的变化区间为 $[a,b]$. 设 $[r,r+\mathrm{d}r]$ 为 $[a,b]$ 上的任一小区间.当单位正电荷从 r 移动到 $r+\mathrm{d}r$ 时,电场力对它所做的功近似于 $\dfrac{kq}{r^2}\mathrm{d}r$, 即功元素为

$$\mathrm{d}W = \dfrac{kq}{r^2}\mathrm{d}r.$$

图 6-28

于是所求的功为

$$W = \int_a^b \dfrac{kq}{r^2}\mathrm{d}r = kq\left[-\dfrac{1}{r}\right]_a^b = kq\left(\dfrac{1}{a}-\dfrac{1}{b}\right).$$

在计算静电场中某点的电位时,要考虑将单位正电荷从该点处 $(r=a)$ 移到无穷远处时电场力所做的功 W. 此时,电场力对单位正电荷所做的功就是反常积分

$$W = \int_a^{+\infty} \dfrac{kq}{r^2}\mathrm{d}r = \left[-\dfrac{kq}{r}\right]_a^{+\infty} = \dfrac{kq}{a}.$$

例 15 在底面积为 S 的圆柱形容器中盛有一定量的气体.在等温条件下,由于气体的膨胀,把容器中的一个活塞(面积为 S)从点 a 处推移到点 b 处(图 6-29).计算在移动过程中,气体压力所做的功.

解 取坐标系如图 6-29 所示.

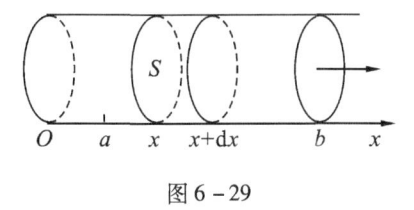

图 6-29

活塞的位置可以用坐标 x 来表示.由物理学知识知道,一定量的气体在等温条件下,压强 p 与体积 V 的乘积是常数,即

$$pV = k \text{ 或 } p = \dfrac{k}{V}.$$

因为 $V = xS$,所以

$$p = \dfrac{k}{xS}.$$

于是,作用在活塞上的力

$$F = p \cdot S = \dfrac{k}{xS} \cdot S = \dfrac{k}{x}.$$

在气体膨胀过程中,体积 V 是变的,因而 x 也是变的,所以作用在活塞上的力也

是变的. 取 x 为积分变量,它的变化区间为 $[a,b]$. 设 $[x,x+dx]$ 为 $[a,b]$ 上任一小区间,当活塞从 x 移动到 $x+dx$ 时,变力 F 所做的功近似于 $\frac{k}{x}dx$,即功元素为

$$dW = \frac{k}{x} dx.$$

于是所求的功为

$$W = \int_a^b \frac{k}{x} dx = k[\ln x]_a^b = k\ln \frac{b}{a}.$$

下面再举一个计算功的例子,它虽不是一个变力做功问题,但也可用积分来计算.

例 16 一圆柱形的饮水桶高为 5 m,底圆半径为 3 m,桶内盛满了水. 试问要把桶内的水全部吸出需做多少功?

解 作 x 轴如图 6-30 所示. 取深度 x(单位为 m)为积分变量,它的变化区间为 $[0,5]$,相应于 $[0,5]$ 上任一小区间 $[x,x+dx]$ 的一薄层水的高度为 dx. 若重力加速度 g 取 9.8 m/s^2,则这薄层水的重力为 $9.8\pi \cdot 3^2 dx$ kN. 把这薄层水吸出桶外需做的功近似地为

$$dW = 88.2\pi x dx,$$

此即功元素. 于是所求的功为

$$W = \int_0^5 88.2\pi x dx = 88.2\pi \left[\frac{x^2}{2}\right]_0^5 = 88.2\pi \cdot \frac{25}{2} \approx 3462 (\text{kJ}).$$

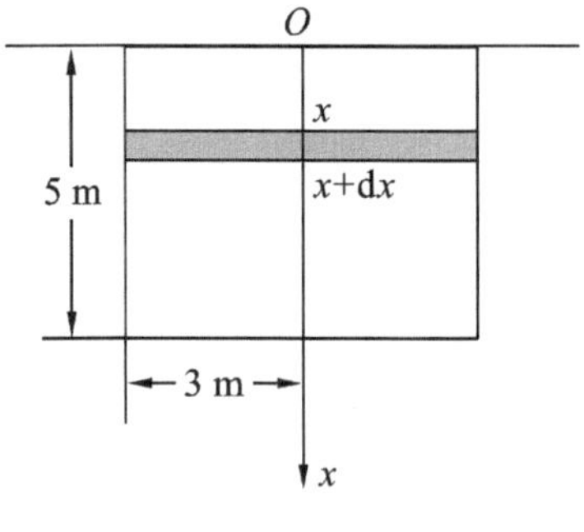

图 6-30

2. 水压力

由物理学知识知道,在水深为 h 处的压强为 $p = \rho g h$,这里 ρ 是水的密度,g 是重力加速度. 如果有一面积为 A 的平板水平地放置在水深为 h 处,那么,平板一侧所受的水压力为

$$P = pA.$$

如果平板铅直放置在水中,那么,由于水深不同的点处压强 p 不相等,平板一侧

所受的水压力就不能用上述方法计算. 下面举例说明它的计算方法.

例 17 一个横放着的圆柱形水桶, 桶内盛有半桶水[图 6-31(a)]. 设桶的底半径为 R, 水的密度为 ρ, 计算桶的一个端面上所受的压力.

(a) (b)

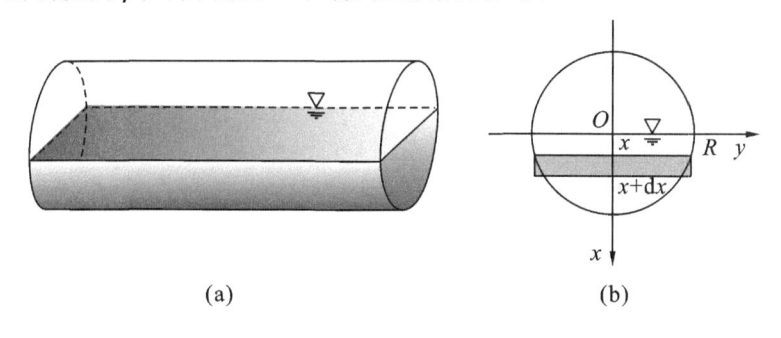

图 6-31

解 桶的一个端面是圆片, 所以现在要计算的是当水平面通过圆心时, 铅直放置的一个半圆片的一侧所受到的水压力. 如图 6-31(b) 所示, 在这个圆片上取过圆心且铅直向下的直线为 x 轴, 过圆心的水平线为 y 轴. 对这个坐标系来讲, 所讨论的半圆的方程为 $x^2 + y^2 = R^2 (0 \leqslant x \leqslant R)$. 取 x 为积分变量, 它的变化区间为 $[0, R]$. 设 $[x, x+dx]$ 为 $[0, R]$ 上的任一小区间, 半圆片上相应于 $[x, x+dx]$ 的窄条上各点处的压强近似于 $\rho g x$, 这窄条的面积近似于 $2\sqrt{R^2 - x^2}\, dx$. 因此, 这窄条一侧所受水压力的近似值, 即压力元素为

$$dP = 2\rho g x \sqrt{R^2 - x^2}\, dx.$$

于是所求压力为

$$P = \int_0^R 2\rho g x \sqrt{R^2 - x^2}\, dx = -\rho g \int_0^R (R^2 - x^2)^{1/2}\, d(R^2 - x^2)$$

$$= -\rho g \left[\frac{2}{3}(R^2 - x^2)^{3/2} \right]_0^R = \frac{2\rho g}{3} R^3.$$

3. 引力

由物理学知识知道, 质量分别为 m_1、m_2, 相距为 r 的两质点间的引力的大小为

$$F = G\frac{m_1 m_2}{r_2},$$

其中 G 为引力系数, 引力的方向沿着两质点的连线方向. 如要计算一根细棒对一个质点的引力, 那么, 由于细棒上各点与该质点的距离是变化的, 且各点对该质点的引力的方向也是变化的, 因此就不能用上述公式来计算. 下面举例说明它的计算方法.

例 18 设有一长度为 l、线密度为 μ 的均匀细直棒, 在其中垂线上距棒 a 单位处有一质量为 m 的质点 M. 试计算该棒对质点 M 的引力.

解 取坐标系如图 6-32 所示,使棒位于 y 轴上,质点 M 位于 x 轴上,棒的中点为原点 O. 取 y 为积分变量,它的变化区间为 $\left[-\dfrac{l}{2}, \dfrac{l}{2}\right]$. 设 $[y, y+\mathrm{d}y]$ 为 $\left[-\dfrac{l}{2}, \dfrac{l}{2}\right]$ 上任一小区间,把细直棒上相应于 $[y, y+\mathrm{d}y]$ 的一小段近似地看成质点,其质量为 $\mu \mathrm{d}y$,与 M 相距 $r = \sqrt{a^2 + y^2}$.

因此可以按照两质点间的引力计算公式求出这小段细直棒对质点 M 的引力 ΔF 的大小为

$$\Delta F \approx G \dfrac{m\mu \mathrm{d}y}{a^2 + y^2},$$

从而求出 ΔF 在水平方向分力 ΔF_x 的近似值,即细直棒对质点 M 的引力在水平方向上的分力 F_x 的元素为

$$\mathrm{d}F_x = -G \dfrac{am\mu \mathrm{d}y}{(a^2 + y^2)^{\frac{3}{2}}}.$$

于是得引力在水平方向上的分力为

$$F_x = -\int_{-\frac{l}{2}}^{\frac{l}{2}} \dfrac{Gam\mu}{(a^2 + y^2)^{\frac{3}{2}}} \mathrm{d}y = -\dfrac{2Gm\mu l}{a} \cdot \dfrac{1}{\sqrt{4a^2 + l^2}}.$$

由对称性知,引力在铅直方向上的分力为 $F_y = 0$.

当细直棒的长度 l 很大时,可视 l 趋于无穷. 此时,引力的大小为 $\dfrac{2Gm\mu}{a}$,方向与细棒垂直且由 M 指向细棒.

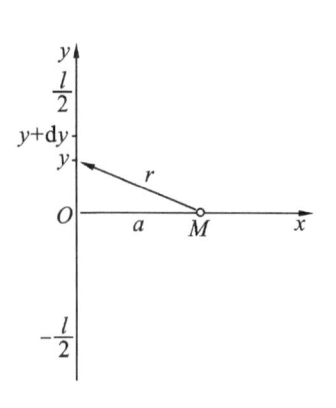

图 6-32

习题 6-6

1. 求图 6-33 中各阴影部分的面积.

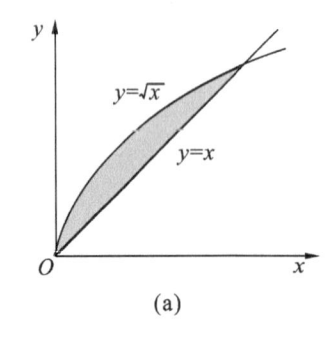

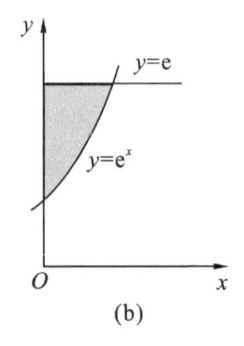

(c)　　　　　　　　　　(d)

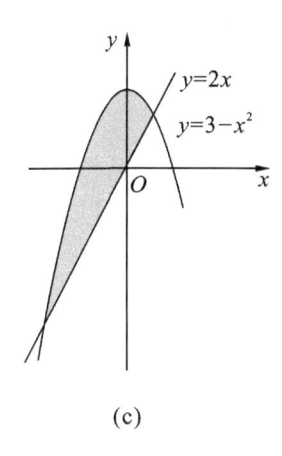

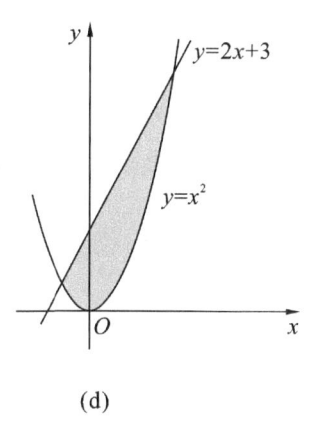

图 6-33

2. 求由下列各组曲线所围成的图形的面积：

(1) $y = \dfrac{1}{2}x^2$ 与 $x^2 + y^2 = 8$（两部分都要计算）；

(2) $y = \dfrac{1}{x}$ 与直线 $y = x$ 及 $x = 2$；

(3) $y = e^x$、$y = e^{-x}$ 与直线 $x = 1$；

(4) $y = \ln x$，y 轴与直线 $y = \ln a$、$y = \ln b (b > a > 0)$.

3. 求抛物线 $y^2 = 2px$ 及其在点 $\left(\dfrac{p}{2}, p\right)$ 处的法线所围成的图形的面积.

4. 求对数螺线 $\rho = ae^{\theta}(-\pi \leqslant \theta \leqslant \pi)$ 及射线 $\theta = \pi$ 所围成的图形的面积.

5. 求下列各曲线所围成图形的公共部分的面积：

(1) $\rho = 3\cos\theta$ 及 $\rho = 1 + \cos\theta$；

(2) $\rho = \sqrt{2}\sin\theta$ 及 $\rho^2 = \cos 2\theta$.

6. 求位于曲线 $y = e^x$ 下方、该曲线过原点的切线的左方以及 x 轴上方之间的图形的面积.

7. 求由抛物线 $y^2 = 4ax$ 与过焦点的弦所围成的图形面积的最小值.

8. 已知抛物线 $y = px^2 + qx$（其中 $p < 0, q > 0$）在第一象限内与直线 $x + y = 5$ 相切，且此抛物线与 x 轴所围成的图形的面积为 A. 问 p 和 q 为何值时，A 达到最大值，并求出此最大值.

9. 由 $y = x^3$、$x = 2$、$y = 0$ 所围成的图形分别绕 x 轴及 y 轴旋转，计算所得两个旋转体的体积.

10. 计算半立方抛物线 $y^2 = \dfrac{2}{3}(x-1)^3$ 被抛物线 $y = \dfrac{x}{3}$ 截得的一段弧的长度.

11. 计算星形线 $x = a\cos^3 t$、$y = a\sin^3 t$（图 6-34）的全长.

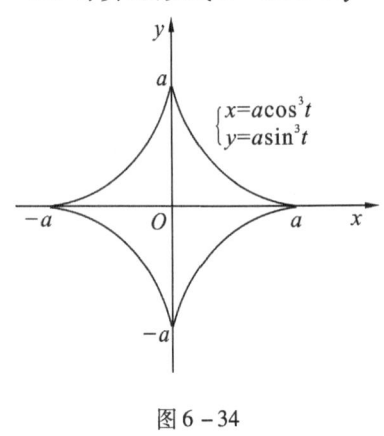

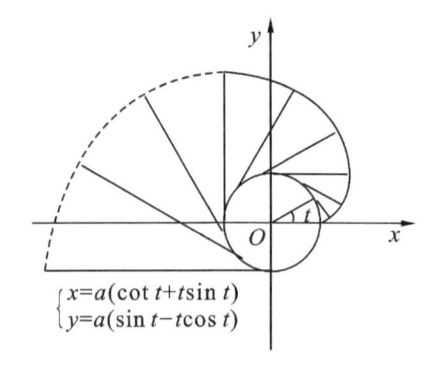

图 6-34

图 6-35

12. 将绕在圆(半径为 a)上的细线放开拉直,使细线与圆周始终相切(图 6-35), 细线轴点画出的轨迹叫作圆的渐伸线,它的方程为
$$x = a(\cos t + t\sin t), y = a(\sin t - t\cos t).$$
算出这曲线上相应于 $0 \leq t \leq \pi$ 的一段弧的长度.

13. 在摆线 $x = a(t - \sin t), y = a(1 - \cos t)$ 上求分摆线第一拱成 $1:3$ 的点的坐标.

总复习题 6　A 组

1. 设 $F(x) = \int_x^{x+2\pi} e^{\sin t} \sin t \, dt$, 则 $F(x)$ (　　).

   A. 为正常数　　　B. 为负常数　　　C. 恒为零　　　D. 不为常数

2. 设 $I_1 = \int_0^{\frac{\pi}{4}} \frac{\tan x}{x} dx, I_2 = \int_0^{\frac{\pi}{4}} \frac{x}{\tan x} dx$ 则(　　).

   A. $I_1 > I_2 > 1$　　B. $1 > I_1 > I_2$　　C. $I_2 > I_1 > 1$　　D. $1 > I_2 > I_1$

3. $\int_2^{+\infty} \frac{dx}{(x+7)\sqrt{x-2}} = $ ＿＿＿＿＿.

4. 设 $z = (x + e^y)^x$, 则 $\left.\frac{\partial z}{\partial x}\right|_{(1,0)} = $ ＿＿＿＿＿.

5. $\int_1^{+\infty} \frac{\ln x}{(1+x)^2} dx = $ ＿＿＿＿＿.

6. 设 $\int_0^a x e^{2x} dx = \frac{1}{4}$, 则 $a = $ ＿＿＿＿＿.

7. $\int e^x \arcsin \sqrt{1 - e^{2x}} \, dx = $ ＿＿＿＿＿.

8. 已知函数 $f(x) = x\int_1^x \dfrac{\sin t^2}{t}\,dt$，则 $\int_0^1 f(x)\,dx = $ _____.

9. 设函数 $f(x)$ 在 $[0, +\infty)$ 上可导，$f(0) = 0$，且其反函数为 $g(x)$. 若 $\int_0^{f(x)} g(t)\,dt = x^2 e^x$，求 $f(x)$.

10. 函数 $f(x)$ 在 $[0, +\infty]$ 上可导，$f(0) = 1$，且满足等式 $f'(x) + f(x) - \dfrac{1}{x+1}\int_0^x f(t)\,dt = 0$. 求导数 $f'(x)$.

11. 求曲线 $y = \ln\cos\left(0 \leqslant x \leqslant \dfrac{\pi}{6}\right)$ 的弧长.

总复习题 6 B 组

1. 设 $f(x)$ 在 $[0,1]$ 上连续，证明：$\int_0^1 f^2(x)\,dx \geqslant \left[\int_0^1 f(x)\,dx\right]^2$.

2. 求 $\lim\limits_{n\to\infty}\sum\limits_{k=1}^{n} \dfrac{k}{n^2}\ln\left(1 + \dfrac{k}{n}\right)$.

3. $\int_0^2 \dfrac{2x-4}{x^2+2x+4}\,dx = $ _____.

4. 求极限 $\lim\limits_{x\to 0}\left(\dfrac{1 + \int_0^x e^{t^2}\,dt}{e^x - 1} - \dfrac{1}{\sin x}\right)$.

5. 求积分 $\int_0^2 \dfrac{2x-4}{x^2+2x+4}\,dx$.

6. 设 $f(x)$ 是周期为 4 的可导奇函数，且 $f'(x) = 2(x-1)$，$x \in [0,2]$，则 $f(7) = $ _____.

7. $\int_{-\infty}^{+\infty} |x| 3^{-x^2}\,dx = $ _____.

8. 设函数 $f(x)$ 连续，$\varphi(x) = \int_0^1 f(x)\,dt$，且 $\lim\limits_{x\to 0}\dfrac{f(x)}{x} = A$（$A$ 为常数），求 $\varphi'(x)$ 并讨论 $\varphi'(x)$ 在 $x=0$ 处的连续性.

9. 设 $f(x) = \begin{cases} 2x + \dfrac{3}{2}x^2, & -1 \leqslant x < 0, \\ \dfrac{xe^x}{(e^x+1)^2}, & 0 \leqslant x \leqslant 1, \end{cases}$ 求函数 $F(x) = \int_{-1}^x f(x)\,dx$ 的表达式.

10. 计算 $\int_0^1 \dfrac{x^2 \arcsin x}{\sqrt{1-x^2}}\,dx$.

11. 判断下列反常积分是否收敛？若收敛，求其积分值．

(1) $\int_0^1 \dfrac{x^2}{\sqrt{1-x^2}}\,dx$;

(2) $\int_0^1 \dfrac{\ln x}{x^a}\,dx, a<1$;

(3) $\int_0^{+\infty} \dfrac{xe^{-x}}{(1+e^{-x})}\,dx$;

(4) $\int_1^{+\infty} \dfrac{dx}{e^{1+x}+e^{3-x}}$;

(5) $\int_0^{\infty} \dfrac{dx}{(1+e^x)^2}$;

(6) $\int_1^2 \left[\dfrac{1}{x\ln^2 x} - \dfrac{1}{(x-1)^2}\right]dx$;

(7) $\int_1^{+\infty} \dfrac{\ln(1+x^2)}{x^3}\,dx$.

12. 证明等式 $\int_0^1 \dfrac{\ln \dfrac{1}{x}}{1-x}\,dx = \dfrac{\pi^2}{6}$.

13. 计算下列反常积分：

(1) $\int_0^{+\infty} \dfrac{\arctan(ax^2) - \arctan(bx^2)}{x}\,dx, b>a>0$;

(2) $\int_0^{+\infty} \dfrac{1-e^{-yx}}{xe^{2x}}\,dx, y>-2$;

(3) $\int_0^{+\infty} \dfrac{1-e^{-ax}}{xe^x}\,dx, a>-1$.

14. 设函数 $f(x)$ 的定义域为 $(0,+\infty)$ 且满足 $2f(x)+x^2 f\left(\dfrac{1}{x}\right) = \dfrac{x^2+2x}{\sqrt{1+x^2}}$，求 $f(x)$，并求曲线 $y=f(x)$、$y=\dfrac{1}{2}$、$y=\dfrac{\sqrt{3}}{2}$ 及 y 轴所围图形绕 x 轴旋转所成旋转体的体积．

第7章 微分方程

本章主要讨论微分方程的一些基本概念和几种常用微分方程的解法.

7.1 微分方程的基本概念

下面我们通过两个简单实例来说明微分方程的基本概念.

例1 一曲线通过点$(1,2)$,且在该曲线上任一点$M(x,y)$处的切线的斜率为$2x$,求这曲线的方程.

解 设所求曲线的方程为$y=y(x)$.根据导数的几何意义,可得如下关系:

$$\frac{\mathrm{d}y}{\mathrm{d}x}=2x. \tag{1}$$

此外,曲线方程$y=y(x)$还应满足下列条件:

$$x=1 \text{ 时}, y=2. \tag{2}$$

把(1)式两端积分,得

$$y=\int 2x\mathrm{d}x,$$

即

$$y=x^2+C, \tag{3}$$

其中C是任意常数.

把条件"$x=1$时,$y=2$"代入(3)式,得

$$2=1^2+C,$$

即$C=1$.把$C=1$代入(3)式,于是得所求曲线的方程为

$$y=x^2+1. \tag{4}$$

259

例2 列车在平直路线上以 25 m/s 的速度行驶,当制动时列车获得加速度 -0.5 m/s². 问开始制动后多少时间列车才能停住以及列车在这段时间里行驶了多少路程?

解 设列车在开始制动后 t s 时行驶了 s m. 根据题意,反映制动阶段列车运动规律的函数 $s = s(t)$ 应满足如下关系:

$$\frac{d^2s}{dt^2} = -0.5. \tag{5}$$

注意到,未知函数 $s = s(t)$ 还应满足下列条件:

$$t = 0 \text{ 时}, \ s = 0, \ v = \frac{ds}{dt} = 25. \tag{6}$$

把(5)式两端积分一次,得

$$v = \frac{ds}{dt} = -0.5t + C_1, \tag{7}$$

再积分一次,得

$$s = -0.25t^2 + C_1 t + C_2, \tag{8}$$

这里 C_1、C_2 都是任意常数.

把条件"$t = 0$ 时,$v = 25$"代入(7)式,得

$$C_1 = 25.$$

把条件"$t = 0$ 时,$s = 0$"代入(8)式,得

$$C_2 = 0.$$

把 C_1、C_2 的值代入(7)式及(8)式,得

$$v = -0.5t + 25, \tag{9}$$
$$s = -0.25t^2 + 25t. \tag{10}$$

在(9)式中令 $v = 0$,得

$$t = \frac{25}{0.5} = 50 \text{ (s)}.$$

再把 $t = 50$ 代入(10)式,得到列车在制动阶段行驶的路程

$$s = -0.25 \times 50^2 + 25 \times 50 = 625 \text{ (m)}.$$

上述两个例子中方程(1)和方程(5)都含有未知函数的导数. 一般地,凡表示未知函数、未知函数的导数与自变量之间的关系的方程,叫作微分方程.

微分方程中所出现的未知函数的最高阶导数的阶数,叫作微分方程的阶. 例如,方程(1)是一阶微分方程,方程(5)是二阶微分方程. 又如,方程

$$x^3 y''' + xy'' - 4xy' = x^2$$

是三阶微分方程,方程

$$y^{(4)} - 4y''' + 10y'' - 12y' + 5y = \sin 2x$$

是四阶微分方程.

一般地, n 阶微分方程的形式是
$$F[x,y,y',\cdots,y^{(n)}]=0. \tag{11}$$
在方程(11)中, $y^{(n)}$ 是必须出现的, 而 $x,y,y',\cdots,y^{(n-1)}$ 等变量则可以不出现.

设函数 $y=\varphi(x)$ 在区间 I 上有 n 阶连续导数, 若在区间 I 上
$$F[x,\varphi(x),\varphi'(x),\cdots,\varphi^{(n)}(x)]=0,$$
则函数 $y=\varphi(x)$ 叫作微分方程(11)在区间 I 上的解.

例如, 函数(3)和(4)都是微分方程(1)的解, 函数(8)和(10)都是微分方程(5)的解.

若微分方程的解中含有任意常数, 且任意常数的个数与微分方程的阶数相同, 这样的解叫作微分方程的通解. 例如, 函数(3)是方程(1)的解, 它含有一个任意常数, 而方程(1)是一阶的, 所以函数(3)是方程(1)的通解. 又如, 函数(8)是方程(5)的解, 它含有两个任意常数, 而方程(5)是二阶的, 所以函数(8)是方程(5)的通解.

有时候需要根据问题的实际情况, 提出确定任意常数的条件. 例如, 例 1 中的条件(2)及例 2 中的条件(6)便是这样的条件.

设微分方程中的未知函数 $y=\varphi(x)$, 若微分方程是一阶的, 通常用来确定任意常数的条件是
$$x=x_0 \text{ 时}, y=y_0,$$
或写成
$$y\big|_{x=x_0}=y_0,$$
其中 x_0、y_0 都是给定的值; 若微分方程是二阶的, 通常用来确定任意常数的条件是
$$x=x_0 \text{ 时}, y=y_0, y'=y'_0,$$
或写成
$$y\big|_{x=x_0}=y_0, y'\big|_{x=x_0}=y'_0,$$
其中 x_0、y_0 和 y'_0 都是给定的值. 上述这种条件叫作初值条件.

确定了通解中的任意常数以后, 就得到微分方程的特解. 例如(4)式是方程(1)满足条件(2)的特解, (10)式是方程(5)满足条件(6)的特解.

求微分方程 $y'=f(x,y)$ 满足初值条件 $y\big|_{x=x_0}=y_0$ 的特解的问题, 叫作一阶微分方程的初值问题, 记作
$$\begin{cases} y'=f(x,y), \\ y\big|_{x=x_0}=y_0. \end{cases} \tag{12}$$

微分方程的解的图形是一条曲线, 叫作微分方程的积分曲线. 初值问题(12)的几何意义是, 求微分方程的通过点的那条积分曲线. 二阶微分方程的初值问题

$$\begin{cases} y'' = f(x,y,y'), \\ y|_{x=x_0} = y_0, y'|_{x=x_0} = y'_0 \end{cases}$$

的几何意义是,求微分方程的通过点(x_0,y_0)且在该点处的切线斜率为y'_0的那条积分曲线.

例3 验证:函数
$$y = C_1 e^{\lambda_1 x} + C_2 e^{\lambda_2 x} \tag{13}$$
是微分方程
$$y'' - (\lambda_1 + \lambda_2)y' + \lambda_1\lambda_2 y = 0 \tag{14}$$
的解.

解 求出所给函数(13)的导数
$$y' = \lambda_1 C_1 e^{\lambda_1 x} + \lambda_2 C_2 e^{\lambda_2 x},$$
进而得
$$y'' = \lambda_1^2 C_1 e^{\lambda_1 x} + \lambda_2^2 C_2 e^{\lambda_2 x}.$$
于是
$$\begin{aligned} &y'' - (\lambda_1 + \lambda_2)y' + \lambda_1\lambda_2 y \\ &= \lambda_1^2 C_1 e^{\lambda_1 x} + \lambda_2^2 C_2 e^{\lambda_2 x} - \lambda_1(\lambda_1 + \lambda_2) C_1 e^{\lambda_1 x} - \lambda_2(\lambda_1 + \lambda_2) C_2 e^{\lambda_2 x} + \\ &\quad \lambda_1\lambda_2 C_1 e^{\lambda_1 x} + \lambda_1\lambda_2 C_2 e^{\lambda_2 x} = 0. \end{aligned}$$

函数(13)及其一阶导数、二阶导数代入方程(14)后成为一个恒等式,所以函数(13)是微分方程(14)的解.

例4 确定函数关系式$y = C_1 \sin(x - C_2)$中所含的参数,使函数满足初值条件
$$y|_{x=\pi} = 1, \quad y'|_{x=\pi} = 0.$$

解 由$y = C_1 \sin(x - C_2)$,得
$$y' = C_1 \cos(x - C_2).$$
将$x = \pi, y = 1$及$y' = 0$代入以上两式,得
$$\begin{cases} 1 = C_1 \sin(\pi - C_2) = C_1 \sin C_2, \\ 0 = C_1 \cos(\pi - C_2) = -C_1 \cos C_2. \end{cases}$$

由上面的方程组,得$C_1^2 = 1, C_1 = \pm 1, C_2 = 2k\pi \pm \dfrac{\pi}{2}$,

当$C_1 = 1$时,$C_2 = 2k\pi + \dfrac{\pi}{2}$,故$y = \sin\left(x - 2k\pi - \dfrac{\pi}{2}\right) = -\cos x$;

当$C_1 = -1$时,$C_2 = 2k\pi - \dfrac{\pi}{2}$,故$y = -\sin\left(x - 2k\pi + \dfrac{\pi}{2}\right) = -\cos x.$

综上
$$y = -\cos x.$$

习题 7-1

1. 试说出下列各微分方程的阶数：

   (1) $(y')^2 = e^x + \sin x$；

   (2) $xy'' - xy' + y = 0$；

   (3) $xy''' + 2y'' + x^2 y = 0$；

   (4) $(y''')^2 = \dfrac{x+y}{xy}$；

   (5) $\dfrac{dy}{dx} + \cos y + 2x = 0$；

   (6) $\sin\left(\dfrac{d^2 y}{dx^2}\right) + e^y = x$.

2. 指出下列各题中的函数是否为所给微分方程的解：

   (1) $xy' = 3y, y = 4x^3$；

   (2) $y'' + y = 0, y = 4\sin x + \cos x$；

   (3) $y'' = e^{-x}, y = e^{-x}$；

   (4) $y'' = x + \sin x, y = \dfrac{x^3}{6} - \sin x + x$；

   (5) $x^2 y' = x^2 y^2 + xy + 1, y = -\dfrac{1}{x}$.

3. 在下列各题中，验证所给二元方程所确定的函数为所给微分方程的解：

   (1) $(xy-x)y'' + xy'^2 + yy' - 2y' = 0, y = \ln(xy)$；

   (2) $y''' = xe^x, y = (x-3)e^x + x^2 + 2x$.

4. 在下列各题中，确定函数关系中所含的参数，使函数满足所给的初值条件：

   (1) $x^2 - y^2 = C, y|_{x=0} = 4$；

   (2) $y = (C_1 + C_2 x)e^x, y|_{x=0} = 0, y'|_{x=0} = 2$；

   (3) $y = C_1 \cos(x + C_2), y|_{x=0} = 1, y'|_{x=0} = 0$.

5. 给定一阶微分方程 $\dfrac{dy}{dx} = 2x$，求：

   (1) 它的通解；

   (2) 通过点 $(1,4)$ 的特解；

   (3) 与直线 $y = 2x + 3$ 相切的解；

   (4) 满足条件 $\int_0^1 y\,dx = 2$ 的解.

7.2 可分离变量的微分方程

形如
$$\frac{dy}{dx}=f(x)g(y) \tag{1}$$
的方程,称为可分离变量的微分方程.

当 $g(y)\neq 0$ 时,方程(1)可以写成
$$\frac{dy}{g(y)}=f(x)dx. \tag{2}$$
此时,方程的右端只含变量 x,左端只含变量 y,即方程中的变量已被分离.

然后,对(2)式两端分别积分,得
$$\int\frac{dy}{g(y)}=\int f(x)dx.$$

设 $\frac{1}{g(y)}$ 和 $f(x)$ 的原函数依次为 $G(y)$ 和 $F(x)$,则得
$$G(y)=F(x)+C,$$
由此二元方程所确定的隐函数 $y=f(x)$ 就是微分方程(1)的通解.

若存在,使 $g(y_0)=0$,代入方程(1)可知,$y=y_0$ 也是方程(1)的解.它可能不包含在通解中.

例1 求微分方程
$$\frac{dy}{dx}=xy \tag{3}$$
的通解.

解 方程(3)是可分离变量的,分离变量后得
$$\frac{dy}{y}=xdx,$$
两端积分
$$\int\frac{dy}{y}=\int xdx,$$
得
$$\ln|y|=\frac{1}{2}x^2+C_1,$$
从而

$$y = \pm e^{\frac{1}{2}x^2 + C_1} = \pm e^{C_1} e^{\frac{1}{2}x^2}.$$

因 $e^{\pm C_1}$ 是任意常数,又 $y = 0$ 也是方程(3)的解,故得方程(3)的通解为

$$y = Ce^{\frac{1}{2}x^2}.$$

例 2 求微分方程

$$\frac{dy}{dx} = -\frac{x}{y} \tag{4}$$

的通解.

解 方程(4)是可分离变量的,分离变量后得

$$ydy = -xdx,$$

两端积分

$$\frac{y^2}{2} = -\frac{x^2}{2} + \frac{C}{2},$$

从而通解为

$$x^2 + y^2 = C,$$

其中 C 是任意正常数. 或者解出 y,写出显函数形式的解

$$y = \pm \sqrt{C - x^2}.$$

例 3 求微分方程

$$\frac{dy}{dx} = P(x)y \tag{5}$$

的通解,其中 $P(x)$ 是 x 的连续函数.

解 方程(5)是可分离变量的,分离变量后得

$$\frac{dy}{y} = P(x)dx,$$

两边积分,即得

$$\ln|y| = \int P(x)dx + C_1,$$

其中 C_1 是任意常数. 由对数定义,即有

$$|y| = e^{\int P(x)dx + C_1},$$

即

$$y = \pm e^{C_1} \cdot e^{\int P(x)dx}.$$

令 $\pm e^{C_1} = C$,得到

$$y = Ce^{\int P(x)dx}.$$

例 4 一个带电物体,由于绝缘不完全而渐渐失掉自己的电荷. 设物体放电的速

度与当时所带电荷量成正比(比例系数为 $k > 0$),开始时($t = 0$)的电荷量等于 q_0,求电荷量 q 与时间的函数关系.

解 设电荷量 q 与时间 t 的函数关系为 $q = q(t)$,则物体的放电速度为 $\dfrac{\mathrm{d}q}{\mathrm{d}t}$,根据题意,得

$$\frac{\mathrm{d}q}{\mathrm{d}t} = -kq. \tag{6}$$

将方程(6)分离变量并两端积分,得

$$\int \frac{\mathrm{d}q}{q} = -\int k\mathrm{d}t,$$

因此

$$\ln q = -kt + C_1,$$

即

$$q = C\mathrm{e}^{-kt},$$

以初值条件 $q|_{t=0} = q_0$ 代入上式,得

$$C = q_0,$$

所以

$$q = q_0 \mathrm{e}^{-kt}.$$

习题 7-2

1. 求下列微分方程的通解:

(1) $\dfrac{\mathrm{d}y}{\mathrm{d}x} = xy + y$;

(2) $\dfrac{\mathrm{d}y}{\mathrm{d}x} = x^2 y^2$;

(3) $\dfrac{\mathrm{d}y}{\mathrm{d}x} = \dfrac{x(1 + y^2)}{(1 + x^2)y}$;

(4) $y' = \mathrm{e}^{y - 2x}$;

(5) $\dfrac{\mathrm{d}y}{\mathrm{d}x} = \dfrac{1 + y^2}{xy + x^3 y}$;

(6) $(1 + x)y\mathrm{d}x + (1 - y)x\mathrm{d}y = 0$;

(7) $x(\ln x - \ln y)\mathrm{d}y - y\mathrm{d}x = 0$;

(8) $y' + \sin(x + y) = \sin(x - y)$;

(9) $xy' - y\ln y = 0$;

(10) $3x^2 + 5x - 5y' = 0$;

(11) $\sqrt{1 - x^2}\, y' = \sqrt{1 - y^2}$;

(12) $y' - xy' = a(y^2 + y')$;

(13) $(\mathrm{e}^{x+3} - \mathrm{e}^x)\mathrm{d}x + (\mathrm{e}^{x+3} + \mathrm{e}^y)\mathrm{d}y = 0$;

(14) $\cos x \sin y\mathrm{d}x + \sin x \cos y\mathrm{d}y = 0$;

(15) $(y + 1)^2 \dfrac{\mathrm{d}y}{\mathrm{d}x} + x^3 = 0$;

(16) $x\mathrm{d}x + (x^2 - 4x)\mathrm{d}y = 0.$

2. 求下列微分方程满足所给初值条件的特解:

(1) $y' = y^2 \cos x, y|_{x=0} = 1$;

(2) $xy\mathrm{d}x + (x^2+1)\mathrm{d}y = 0, y|_{x=0} = 1$；

(3) $\dfrac{\mathrm{d}y}{x^2} = \dfrac{\mathrm{d}x}{y^2}, y|_{x=1} = 2$；

(4) $y^2\mathrm{d}x + (x+1)\mathrm{d}y = 0, y|_{x=0} = 1$.

3. 设降落伞从跳伞塔下落后，所受空气阻力与速度成正比，假定降落伞离开跳伞塔时($t=0$)速度为零，求降落伞下落速度与时间的函数关系.

4. 有高为 1 m 的半球形容器，水从它的底部小孔流出，小孔横截面面积为 1 cm²（图 7 – 1）. 开始时容器内盛满了水，求水从小孔流出过程中容器里水面的高度 h（水面与孔口中心间的距离）随时间 t 变化的规律，并求水流完所需的时间.

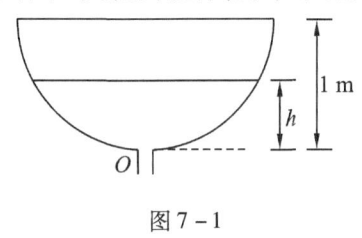

图 7 – 1

5. 有一个盛满了水的圆锥形漏斗，高为 10 cm，顶角为 60°，漏斗下面有面积为 0.5 cm² 的孔，求水面高度变化的规律及水流完所需的时间.

6. 镭的衰变有如下的规律：镭的衰变速度与它的现存量 R 成正比. 由经验材料得知，镭经过 1600 年后，只余原始量 R_0 的一半. 试求镭的现存量 R 与时间 t 的函数关系.

7. 一曲线通过点(2,3)，它在两坐标轴间的任一切线线段均被切点所平分，求这一曲线方程.

7.3 齐次方程

7.3.1 齐次方程

若一阶微分方程可化成

$$\frac{\mathrm{d}y}{\mathrm{d}x} = \varphi\left(\frac{y}{x}\right) \tag{1}$$

的形式，则称这一方程为齐次方程. 例如

$$x\mathrm{d}y - y\ln\frac{y}{x}\mathrm{d}x = 0$$

是齐次方程，因为它可化成

$$\frac{\mathrm{d}y}{\mathrm{d}x} = \frac{y}{x}\ln\frac{y}{x}.$$

在齐次方程

$$\frac{\mathrm{d}y}{\mathrm{d}x} = \varphi\left(\frac{y}{x}\right)$$

中,引进新的未知函数

$$u = \frac{y}{x}, \tag{2}$$

就可把它化为可分离变量的方程. 由(2)式有

$$y = ux, \frac{\mathrm{d}y}{\mathrm{d}x} = u + x\frac{\mathrm{d}u}{\mathrm{d}x},$$

代入方程(1),便得方程

$$u + x\frac{\mathrm{d}u}{\mathrm{d}x} = \varphi(u),$$

即

$$x\frac{\mathrm{d}u}{\mathrm{d}x} = \varphi(u) - u.$$

分离变量,得

$$\frac{\mathrm{d}u}{\varphi(u) - u} = \frac{\mathrm{d}x}{x}.$$

两端积分,得

$$\int\frac{\mathrm{d}u}{\varphi(u) - u} = \int\frac{\mathrm{d}x}{x}.$$

求出积分后,再以 $\frac{y}{x}$ 代替 u,便得所给齐次方程的通解.

例1 解方程

$$\frac{\mathrm{d}y}{\mathrm{d}x} = -\frac{x^2 + y^2}{3xy}.$$

解 原方程可写成

$$\frac{\mathrm{d}y}{\mathrm{d}x} = -\frac{1 + \left(\frac{y}{x}\right)^2}{3\frac{y}{x}},$$

因此是齐次方程. 令 $\frac{y}{x} = u$,则

$$y = xu, \frac{\mathrm{d}y}{\mathrm{d}x} = x\frac{\mathrm{d}u}{\mathrm{d}x} + u = -\frac{1 + u^2}{3u},$$

即
$$x\frac{\mathrm{d}u}{\mathrm{d}x} = -\frac{1+4u^2}{3u}.$$

分离变量,得
$$\frac{3u}{1+4u^2}\mathrm{d}u = -\frac{\mathrm{d}x}{x}.$$

两端积分,得
$$\frac{3}{8}\ln(1+4u^2) = -\ln|x| + \ln|C|,$$

或写为
$$x(1+4u^2)^{\frac{3}{8}} = C.$$

以 $\frac{y}{x}$ 代替上式中的 u,便得所给方程的通解为
$$x\left(\frac{x^2+4y^2}{x^2}\right)^{\frac{3}{8}} = C.$$

例2 解方程
$$\frac{\mathrm{d}y}{\mathrm{d}x} = \frac{y}{x} + \tan\frac{y}{x}.$$

解 这是齐次方程,令 $\frac{y}{x} = u$,则
$$y = xu, \frac{\mathrm{d}y}{\mathrm{d}x} = u + x\frac{\mathrm{d}u}{\mathrm{d}x},$$

于是原方程变为
$$x\frac{\mathrm{d}u}{\mathrm{d}x} + u = u + \tan u,$$

即
$$\frac{\mathrm{d}u}{\mathrm{d}x} = \frac{\tan u}{x}. \tag{3}$$

将上式分离变量,得
$$\cot u\,\mathrm{d}u = \frac{\mathrm{d}x}{x},$$

两边积分,得到
$$\ln|\sin u| = \ln|x| + C_1,$$

这里 C_1 是任意常数,整理后,得到
$$\sin u = Cx. \tag{4}$$

此外,方程(3)还有解

$$\tan u = 0,$$
即
$$\sin u = 0.$$

若在(4)中允许 $C=0$,则 $\sin u = 0$ 也就包括在(4)中,这就是说,方程(3)的通解为(4).

代回原来的变量,得到原方程的通解为
$$\sin \frac{y}{x} = Cx.$$

例3 探照灯的聚光镜的镜面是一张旋转曲面,它的形状由 xOy 坐标面上的一条曲线 L 绕 x 轴旋转而成. 按聚光镜性能的要求, 在其旋转轴 (x 轴)上一点 O 处发出的一切光线, 经它反射后都与旋转轴平行. 求曲线 L 的方程.

解 将光源所在 O 点取作坐标原点(如图 7-2 所示), 且曲线 L 位于 $y \geqslant 0$ 范围内.

设点 $M(x,y)$ 为 L 上的任一点, 点 O 发出的某条光线经点 M 反射后是一条与 x 轴平行的直线 MS. 假定经过点 M 的切线 AT 与 x 轴的夹角为 α. 根据题意, $\angle SMT = \alpha$. 另一方面, $\angle OMA$ 是入射角的余角, $\angle SMT$ 是反射角的余角, 由光学中的反射定律有 $\angle OMA = \angle SMT = \alpha$. 从而 $AO = OM$, 但 $AO = AP - OP = PM \cot \alpha - OP = \dfrac{y}{y'} - x$, 而 $OM = \sqrt{x^2 + y^2}$. 于是得微分方程

$$\frac{y}{y'} - x = \sqrt{x^2 + y^2}.$$

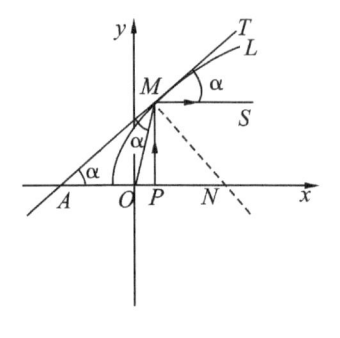

图 7-2

把 x 看作因变量, y 看作自变量, 当 $y > 0$ 时, 上式即为
$$\frac{dx}{dy} = \frac{x}{y} + \sqrt{\left(\frac{x}{y}\right)^2 + 1},$$

这是齐次方程. 令 $\dfrac{x}{y} = v$, 则 $x = yv$, $\dfrac{dx}{dy} = v + y\dfrac{dv}{dy}$. 代入上式, 得

$$v + y\frac{dv}{dy} = v + \sqrt{v^2 + 1},$$

即
$$y\frac{dv}{dy} = \sqrt{v^2 + 1}.$$

分离变量, 得
$$\frac{dv}{\sqrt{v^2 + 1}} = \frac{dy}{y}.$$

积分,得
$$\ln(v+\sqrt{v^2+1}) = \ln y - \ln C,$$

或
$$v+\sqrt{v^2+1} = \frac{y}{C}.$$

由
$$\left(\frac{y}{C}-v\right)^2 = v^2+1,$$

得
$$\frac{y^2}{C^2} - \frac{2yv}{C} = 1,$$

以 $yv = x$ 代入上式,得
$$y^2 = 2C\left(x+\frac{C}{2}\right).$$

这是以 x 轴为轴、焦点在原点的抛物线.

*7.3.2 可化为齐次的方程

方程
$$\frac{\mathrm{d}y}{\mathrm{d}x} = \frac{ax+by+c}{a_1x+b_1y+c_1} \tag{5}$$

称为准齐次方程.

若 $\dfrac{a}{a_1} = \dfrac{b}{b_1} = k$,设 $u = a_1x + b_1y$,方程(5)可化为

$$\frac{\frac{\mathrm{d}u}{\mathrm{d}x} - a_1}{b_1} = \frac{ku+c}{u+c_1}.$$

若 $\dfrac{a}{a_1} \neq \dfrac{b}{b_1}$,由 $\begin{cases} ax+by+c=0, \\ a_1x+b_1y+c_1 \end{cases}$ 求出 (x_0, y_0),

作变换
$$\begin{cases} u = x - x_0, \\ v = y - y_0. \end{cases}$$

方程(5)可化为
$$\frac{\mathrm{d}v}{\mathrm{d}u} = \frac{au+bv}{a_1u+b_1v},$$

再化为齐次方程.

以上所介绍的方法可以应用于更一般的方程

$$\frac{dy}{dx} = f\left(\frac{ax+by+c}{a_1x+b_1y+c_1}\right).$$

例 4 求微分方程

$$\frac{dy}{dx} = \frac{2y-x-5}{2x-y+4}$$

的通解.

解 解方程组 $\begin{cases} 2y-x-5=0, \\ 2x-y+4=0 \end{cases}$ 得 $\begin{cases} x=-1, \\ y=2. \end{cases}$

令 $\begin{cases} u=x+1, \\ v=y-2, \end{cases}$ 代入原方程,得

$$\frac{dv}{du} = \frac{2v-u}{2u-v} = \frac{2\dfrac{v}{u}-1}{2-\dfrac{v}{u}}.$$

再令 $z = \dfrac{v}{u}$,则原方程化为

$$z + u\frac{dz}{du} = \frac{2z-1}{2-z},$$

分离变量可得

$$\frac{du}{u} = \frac{2-z}{z^2-1}dz,$$

解得

$$Cu^2 = \frac{z-1}{(z+1)^3},$$

再将 $z = \dfrac{v}{u}$ 代入,得

$$C(u+v)^3 = v-u,$$

再代回 $\begin{cases} u=x+1, \\ v=y-2, \end{cases}$ 原方程的通解为 $y-x-3 = C(x+y-1)^3$.

习题 7-3

1. 求下列齐次方程的通解:

(1) $y^2 + x^2\dfrac{dy}{dx} = xy\dfrac{dy}{dx}$;

(2)$(2y^2 - xy)dx = (x^2 - xy + y^2)dy$;

(3)$xy' = y + xe^{\frac{y}{x}}(x > 0)$;

(4)$\left(x - y\cos\frac{y}{x}\right)dx + x\cos\frac{y}{x}dy = 0$.

2. 求下列齐次方程满足所给初值条件的特解：

(1)$(y^2 - 3x^2)dy + 2xydx = 0, y|_{x=0} = 1$;

(2)$y' = \frac{x}{y} + \frac{y}{x}, y|_{x=1} = 2$;

(3)$(x^2 + 2xy - y^2)dx + (y^2 + 2xy - x^2)dy = 0, y|_{x=1} = 1$.

3. 化下列方程为齐次方程，并求出通解：

(1)$(2x + y - 4)dx + (x + y - 1)dy = 0$;

(2)$(x - y - 1)dx + (4y + x - 1)dy = 0$;

(3)$(3y - 7x + 7)dx + (7y - 3x + 3)dy = 0$;

(4)$\frac{dy}{dx} = \frac{x - y + 1}{x + y - 3}$.

7.4 一阶线性微分方程

7.4.1 线性方程

方程

$$\frac{dy}{dx} + P(x)y = Q(x) \tag{1}$$

叫作一阶线性微分方程，若$Q(x) \equiv 0$，则方程(1)称为齐次的；若$Q(x) \not\equiv 0$，则方程(1)称为非齐次的.

设$Q(x) = 0$，则

$$\frac{dy}{dx} + P(x)y = 0. \tag{2}$$

方程(2)叫作对应于非齐次线性方程(1)的齐次线性方程. 方程(2)分离变量后得

$$\frac{dy}{y} = -P(x)dx,$$

两端积分，得

$$\ln|y| = -\int P(x)dx + C_1,$$

或

$$y = Ce^{-\int P(x)dx} \quad (C = \pm e^{C_1}),$$

这是对应的齐次线性方程(2)的通解[①].

现在使用所谓常数变易法来求非齐次线性方程(1)的通解. 此方法是把(2)的通解中的 C 换成 x 的未知函数 $u(x)$,即作变换

$$y = ue^{-\int P(x)dx}, \tag{3}$$

于是

$$\frac{dy}{dx} = u'e^{-\int P(x)dx} - uP(x)e^{-\int P(x)dx}. \tag{4}$$

将(3)和(4)代入方程(1)得

$$u'e^{-\int P(x)dx} - uP(x)e^{-\int P(x)dx} + P(x)ue^{-\int P(x)dx} = Q(x),$$

即

$$u'e^{-\int P(x)dx} = Q(x), u' = Q(x)e^{\int P(x)dx}.$$

两端积分,得

$$u = \int Q(x)e^{\int P(x)dx}dx + C.$$

把上式代入(3),便得非齐次线性方程(1)的通解为

$$y = e^{-\int P(x)dx}\left(\int Q(x)e^{\int P(x)dx}dx + C\right). \tag{5}$$

将(5)式改写成两项之和

$$y = Ce^{-\int P(x)dx} + e^{-\int P(x)dx}\int Q(x)e^{\int P(x)dx}dx,$$

上式右端第一项是对应的齐次线性方程(2)的通解,第二项是非齐次线性方程(1)的一个特解. 因此,一阶非齐次线性方程的通解等于对应的齐次方程的通解与非齐次线性方程的一个特解之和.

例1 求方程

$$\frac{dy}{dx} + y\tan x = 2x\cos x \tag{6}$$

的通解.

解 先求对应齐次方程

$$\frac{dy}{dx} + y\tan x = 0$$

---

① 这里记号 $\int P(x)dx$ 表示 $P(x)$ 的某个确定的原函数.

的通解.

$$\frac{dy}{dx} = -y\tan x.$$

分离变量后两端积分得

$$\int \frac{dy}{y} = -\int \tan x dx,$$

$$\ln|y| = \ln\cos x + \ln C,$$

$$y = C\cos x.$$

因此,齐次方程的通解为 $y = C\cos x$.

再求非齐次方程的通解,设为 $y = C(x)\cos x$,代入原方程(6)得

$$C'(x)\cos x - C(x)\sin x + C(x)\cos x\tan x = 2x\cos x,$$

$$C(x) = \int 2x dx = x^2 + C.$$

例2 有一个电路如图 7-3 所示,其中电源电动势为 $E = E_m\sin\omega t$(E_m、ω 都是常量),电阻 R 和电感 L 都是常量. 求电流 $i(t)$.

解 (i)列方程. 由电学知识可知,当电流变化时,L 上有感应电动势 $-L\dfrac{di}{dt}$. 由回路电压定律得出

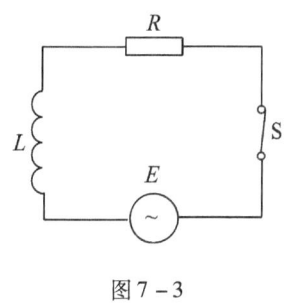

$$E - L\frac{di}{dt} - iR = 0,$$

图 7-3

即

$$\frac{di}{dt} + \frac{R}{L}i = \frac{E}{L}.$$

把 $E = E_m\sin\omega t$ 代入上式,得

$$\frac{di}{dt} + \frac{R}{L}i = \frac{E_m}{L}\sin\omega t. \tag{7}$$

未知函数 $i(t)$ 应满足方程(7). 此外,设开关 S 闭合的时刻为 $t = 0$,这时 $i(t)$ 还应满足初值条件

$$i\big|_{t=0} = 0. \tag{8}$$

(ii)解方程. 方程(7)是一个非齐次线性方程. 这里 $P(t) = \dfrac{R}{L}$,$Q(t) = \dfrac{E_m}{L}\sin\omega t$ 代入公式(5),得

$$i(t) = e^{-\frac{R}{L}t}\left(\int \frac{E_m}{L}e^{\frac{R}{L}t}\sin\omega t dt + C\right).$$

应用分部积分法,得

$$\int e^{\frac{R}{L}t}\sin \omega t\,dt = \frac{e^{\frac{R}{L}t}}{R^2+\omega^2 L^2}(RL\sin \omega t - \omega L^2\cos \omega t),$$

将上式代入前式并化简,得方程(7)的通解为

$$i(t) = \frac{E_m}{R^2+\omega^2 L^2}(R\sin \omega t - \omega L\cos \omega t) + Ce^{-\frac{R}{L}t},$$

其中 C 为任意常数.

将初值条件(8)代入上式,得

$$C = \frac{\omega L E_m}{R^2+\omega^2 L^2},$$

因此,所求函数 $i(t)$ 为

$$i(t) = \frac{\omega L E_m}{R^2+\omega^2 L^2}e^{-\frac{R}{L}t} + \frac{E_m}{R^2+\omega^2 L^2}(R\sin \omega t - \omega L\cos \omega t). \tag{9}$$

为了便于说明(9)式所反映的物理现象,下面把 $i(t)$ 中第二项的形式稍加改变.

$$\text{令}\ \cos \varphi = \frac{R}{\sqrt{R^2+\omega^2 L^2}},\ \sin \varphi = \frac{\omega L}{\sqrt{R^2+\omega^2 L^2}},$$

于是(9)式可写成

$$i(t) = \frac{\omega L E_m}{R^2+\omega^2 L^2}e^{-\frac{R}{L}t} + \frac{E_m}{\sqrt{R^2+\omega^2 L^2}}\sin(\omega t - \varphi),$$

其中

$$\varphi = \arctan \frac{\omega L}{R}.$$

当 t 增大时,上式右端第一项(叫作暂态电流)逐渐衰减而趋于零;第二项(叫作稳态电流)是正弦函数,它的周期和电动势的周期相同而相角落后 φ.

利用变量代换把一个微分方程化为可分离变量的方程,或化为已经知其求解步骤的方程,是解微分方程最常用的方法.下面再举一个例子.

例 3 解方程 $\dfrac{dy}{dx} = (x+y)^2$.

解 令 $u = x+y$,则 $\dfrac{du}{dx} = 1 + \dfrac{dy}{dx}$,且原方程变为 $\dfrac{du}{dx} = u^2 + 1$,分离变量,得

$$\frac{du}{1+u^2} = dx.$$

积分得

$$\arctan u = x + C,$$

即 $u = \tan(x+C)$,代入 $u = x+y$,得原方程的通解为

$$y = -x + \tan(x+C).$$

*7.4.2 伯努利方程

形如
$$\frac{dy}{dx} + P(x)y = Q(x)y^n \quad (n \neq 0,1) \tag{10}$$

的方程叫作伯努利(Bernoulli)方程. 以 y^n 除方程(10)的两端,得
$$y^{-n}\frac{dy}{dx} + P(x)y^{1-n} = Q(x). \tag{11}$$

上式左端第一项与 $\frac{d}{dx}(y^{1-n})$ 只差一个常数因子 $1-n$,因此引入新的因变量
$$z = y^{1-n},$$
则
$$\frac{dz}{dx} = (1-n)y^{-n}\frac{dy}{dx}.$$

用 $1-n$ 乘方程(11)的两端,再通过上述代换便得线性方程
$$\frac{dz}{dx} + (1-n)P(x)z = (1-n)Q(x).$$

求出这方程的通解后,以 y^{1-n} 代 z 便得到伯努利方程的通解.

例 4 求方程
$$\frac{dy}{dx} - \frac{4}{x}y = x\sqrt{y}$$

的通解.

解 这是伯努利方程,其中 $n = \frac{1}{2}$.

令
$$z = y^{1-\frac{1}{2}} = y^{\frac{1}{2}},$$

则 $y = z^2, \frac{dy}{dx} = 2z\frac{dz}{dx}$,代入所给方程得
$$\frac{dz}{dx} - \frac{2}{x}z = \frac{x}{2}.$$

这是一阶线性微分方程,利用通解公式求得其通解为
$$z = e^{\int \frac{2}{x}dx}\left(\int \frac{x}{2}e^{-\int \frac{2}{x}dx}dx + C\right) = e^{2\ln x}\left(\int \frac{x}{2}e^{-2\ln x}dx + C\right)$$
$$= x^2\left(\int \frac{x}{2}\cdot\frac{1}{x^2}dx + C\right) = x^2\left(\frac{1}{2}\ln x + C\right).$$

以 $z=y^{\frac{1}{2}}$ 代入上式,则所求方程的通解为
$$y=x^4\left(\frac{1}{2}\ln x+C\right)^2.$$

习题 7-4

1. 求下列微分方程的通解：

(1) $\dfrac{\mathrm{d}y}{\mathrm{d}x}+y=\mathrm{e}^{-x}$；

(2) $xy'+y=x^2+3x+2$；

(3) $\dfrac{\mathrm{d}y}{\mathrm{d}x}=y+\sin x$；

(4) $\dfrac{\mathrm{d}\rho}{\mathrm{d}\theta}+3\rho=2$；

(5) $(x+y^4)\mathrm{d}y=y\mathrm{d}x$；

(6) $y'+y\cos x=\mathrm{e}^{-\sin x}$；

(7) $\dfrac{\mathrm{d}y}{\mathrm{d}x}=\dfrac{y}{x+y^3}$；

(8) $(y\ln x-2)y\mathrm{d}x=x\mathrm{d}y$.

2. 求下列微分方程满足所给初值条件的特解：

(1) $y'+y\tan x=\sin 2x, y|_{x=0}=0$；

(2) $(x^2-1)y'+2xy-\cos x=0, y|_{x=0}=1$；

(3) $\dfrac{\mathrm{d}y}{\mathrm{d}x}+\dfrac{y}{x}=\dfrac{x+1}{x}, y|_{x=2}=3$；

(4) $(x-2)\dfrac{\mathrm{d}y}{\mathrm{d}x}=y+2(x-2)^3, y|_{x=1}=0$.

3. 求一曲线的方程,它通过原点且在点 (x,y) 处的切线斜率等于 $2x-y$.

4. 验证形如 $yf(xy)\mathrm{d}x+xg(xy)\mathrm{d}y=0$ 的微分方程可经变量代换 $v=xy$ 化为可分离变量的方程,并求其通解.

5. 求下列伯努利方程的通解：

(1) $\dfrac{\mathrm{d}y}{\mathrm{d}x}+\dfrac{y}{x}=a(\ln x)y^2$；

(2) $y'+2xy=2x^3y^3$；

(3) $y'+\dfrac{2}{x}=3x^2y^{\frac{4}{3}}$；

(4) $\dfrac{\mathrm{d}y}{\mathrm{d}x}-y=xy^5$.

7.5 可降阶的高阶微分方程

二阶及二阶以上的微分方程称作高阶微分方程. 对于有些高阶微分方程,可以通过代换将它化成较低阶的方程来求解.

下面介绍三种容易降阶的高阶微分方程的求解方法.

7.5.1 $y^{(n)}=f(x)$ 型

这类方程的特点是右端仅是自变量的函数,因此只需对方程两边连续积分 n 次,

即可得到其通解.

例1 求微分方程
$$y''' = e^{2x} - \cos x$$
的通解.

解 对方程两边连续积分三次,得
$$y'' = \frac{1}{2}e^{2x} - \sin x + C,$$
$$y' = \frac{1}{4}e^{2x} + \cos x + Cx + C_2,$$
$$y = \frac{1}{8}e^{2x} + \sin x + C_1 x^2 + C_2 x + C_3 \left(C_1 = \frac{C}{2}\right),$$

这就是所求的通解.

例2 求微分方程
$$y''' = xe^x$$
的通解.

解
$$y'' = \int xe^x dx = xe^x - e^x + C_1'$$
$$= (x-1)e^x + C_1',$$
$$y' = \int [(x-1)e^x + C_1'] dx,$$
$$= (x-2)e^x + C_1' x + C_2,$$
$$y = \int [(x-2)e^x + C_1' x + C_2] dx$$
$$= (x-3)e^x + C_1 x^2 + C_2 x + C_3.$$

例3 设有一单位质量的质点,在受到周期性回复力 $F = -A\omega^2 \sin \omega t$($A$、$\omega$ 均为常数)的作用后沿 Ox 轴做直线运动,且 $t=0$ 时 $x=0$,$x'=A\omega$,试求质点的运动方程.

解 由牛顿第二定律 $F = ma$,可得微分方程
$$\frac{d^2 x}{dt^2} = -A\omega^2 \sin \omega t,$$

对方程两边连续积分两次,得
$$\frac{dx}{dt} = \int (-A\omega^2 \sin \omega t) dt = A\omega \cos \omega t + C_1,$$
$$x = \int (A\omega \cos \omega t + C_1) dt = A\sin \omega t + C_1 t + C_2,$$

由 $t=0$ 时 $x=0$,可求得 $C_2 = 0$,由 $t=0$ 时 $\frac{dx}{dt} = A\omega$,可求得 $C_1 = 0$.

故所求的运动方程为
$$x = A\sin \omega t.$$

7.5.2 $y'' = f(x, y')$ 型

方程
$$y'' = f(x, y') \tag{1}$$
的右端不显含未知函数 y. 设 $y' = p$,则
$$y'' = \frac{\mathrm{d}p}{\mathrm{d}x} = p',$$
而方程(1)可变为
$$p' = f(x, p).$$
这是一个关于变量 x、p 的一阶微分方程. 设其通解为
$$p = \varphi(x, C_1),$$
注意到 $p = \frac{\mathrm{d}y}{\mathrm{d}x}$,所以
$$\frac{\mathrm{d}y}{\mathrm{d}x} = \varphi(x, C_1).$$
对它进行积分,得方程(1)的通解为
$$y = \int \varphi(x, C_1)\mathrm{d}x + C_2.$$

例 4 求微分方程
$$y'' + y'\tan x = \sin 2x$$
的通解.

解 方程不明显含 y,设 $y' = p$,则 $y'' = p'$,于是原方程化为
$$p' + p\tan x = \sin 2x,$$
这是一阶非齐次线性微分方程. 由求解公式得
$$\begin{aligned}p &= \mathrm{e}^{-\int \tan x \mathrm{d}x}\left(\int \sin 2x \mathrm{e}^{\int \tan x \mathrm{d}x}\mathrm{d}x + C_1\right) \\ &= \mathrm{e}^{\ln \cos x}\left(\int \sin 2x \mathrm{e}^{-\ln \cos x}\mathrm{d}x + C_1\right) \\ &= \cos x\left(\int 2\sin x\cos x \cdot \frac{1}{\cos x}\mathrm{d}x + C_1\right) \\ &= \cos x(-2\cos x + C_1).\end{aligned}$$
回代 y',得 $y' = -2\cos^2 x + C_1\cos x.$

于是原方程的通解为

$$y = \int(-2\cos^2 x + C_1\cos x)\mathrm{d}x$$

$$= \int(-1 - \cos 2x + C_1\cos x)\mathrm{d}x$$

$$= -x - \frac{1}{2}\sin 2x + C_1\sin x + C_2.$$

例5 求微分方程

$$y'' = y' + x$$

的通解.

解 令 $y' = p$,则 $y'' = p'$,且原方程可化为

$$p' - p = x.$$

利用一阶线性方程的求解公式,得

$$p = \mathrm{e}^{\int \mathrm{d}x}\left(\int x\, \mathrm{e}^{-\int \mathrm{d}x}\mathrm{d}x + C_1\right)$$

$$= \mathrm{e}^x\left(\int x\mathrm{e}^{-x}\mathrm{d}x + C_1\right)$$

$$= \mathrm{e}^x(-x\mathrm{e}^{-x} - \mathrm{e}^{-x} + C_1)$$

$$= -x - 1 + C_1\mathrm{e}^x.$$

积分得通解

$$y = \int(C_1\mathrm{e}^x - x - 1)\mathrm{d}x$$

$$= C_1\mathrm{e}^x - \frac{x^2}{2} - x + C_2.$$

7.5.3 $y'' = f(y, y')$ 型

方程

$$y'' = f(y, y') \tag{2}$$

中不明显地含自变量 x. 设 $y' = p$,则

$$y'' = \frac{\mathrm{d}p}{\mathrm{d}x} = \frac{\mathrm{d}p}{\mathrm{d}y} \cdot \frac{\mathrm{d}y}{\mathrm{d}x} = p\frac{\mathrm{d}p}{\mathrm{d}y}.$$

这样,方程(2)就成为

$$p\frac{\mathrm{d}p}{\mathrm{d}y} = f(y, p).$$

这是一个关于变量 y、p 的一阶微分方程. 设它的通解为

$$y' = p = \varphi(y, C_1),$$

分离变量并积分,得方程(2)的通解为
$$\int \frac{\mathrm{d}y}{\varphi(y,C_1)} = x + C_2.$$

例 6 求微分方程
$$yy'' + 2y'^2 = 0$$
的通解.

解 设 $y' = p$,则 $y'' = p' = \frac{\mathrm{d}p}{\mathrm{d}y} \cdot \frac{\mathrm{d}y}{\mathrm{d}x} = \frac{\mathrm{d}p}{\mathrm{d}y} p$,原方程可化为
$$yp \frac{\mathrm{d}p}{\mathrm{d}y} + 2p^2 = 0.$$

分离变量,得
$$\frac{\mathrm{d}p}{p} = -2 \frac{\mathrm{d}y}{y},$$

两端积分,得
$$\ln|p| = \ln \frac{1}{y^2} + \ln C_0,$$

即
$$y' = p = \frac{C_0}{y^2},$$

分离变量,得
$$y^2 \mathrm{d}y = C_0 \mathrm{d}x,$$

积分得
$$y^3 = 3C_0 x + C_2,$$

即通解为
$$y^3 = C_1 x + C_2.$$

习题 7-5

1. 求下列各微分方程的通解:

(1) $y'' = x + \sin x$; (2) $y'' = 1 + y'^2$;

(3) $y'' = \frac{1}{1+x^2}$; (4) $xy'' + y' = 0$;

(5) $yy'' - y'^2 = 0$; (6) $x^3 y'' - 1 = 0$;

(7) $y'' = \frac{1}{\sqrt{y}}$; (8) $y'' = (y')^3 + y'$;

$(9) y'' = \dfrac{1}{2y'}$; $\qquad\qquad\qquad (10) y'' + \sqrt{1-(x')^2} = 0.$

2. 求下列各微分方程满足所给初值条件的特解：

$(1) x^3 y'' + 1 = 0, y|_{x=4} = 2, y'|_{x=4} = -\dfrac{3}{2}$;

$(2) y'' - a y'^2 = 0, y|_{x=0} = 0, y'|_{x=0} = -1$;

$(3) y''' = e^{ax}, y|_{x=1} = y'|_{x=1} = y''|_{x=1} = 0$;

$(4) y'' = e^{2y}, y|_{x=0} = y'|_{x=0} = 0$;

$(5) y'' = \sqrt[3]{y}, y|_{x=0} = 1, y'|_{x=0} = 2$;

$(6) y'' + (y')^2 = 1, y|_{x=0} = 0, y'|_{x=0} = 0$;

$(7) (1+x^2) y'' = 2x y', y|_{x=0} = 1, y'|_{x=0} = 3.$

3. 试求满足 $y'' = x$ 的经过点 $M(0,1)$ 且在此点与直线 $y = \dfrac{x}{2} + 1$ 相切的积分曲线.

4. 质量为 m 的质点受力 F 的作用沿 Ox 轴做直线运动. 假设力 $F = F(t)$ 在开始时刻 $t=0$ 时 $F(0) = F_0$, 随着时间 t 的增大, 力 F 均匀地减少, 直到 $t = T$ 时, $F(T) = 0$. 若开始时质点位于原点, 且初速度为零, 求这质点的运动规律.

5. 一个离地面很高的物体, 受地球引力的作用由静止开始落向地面. 求它落到地面时的速度和所需的时间(不计空气阻力).

7.6 高阶线性微分方程

本节中主要讨论二阶线性微分方程的解的结构.

7.6.1 二阶线性微分方程

形如

$$\dfrac{d^2 y}{dx^2} + P(x) \dfrac{dy}{dx} + Q(x) y = f(x) \tag{1}$$

的方程叫作二阶线性微分方程. 当方程右端 $f(x) = 0$ 时, 方程叫作齐次的; 当 $f(x) \neq 0$ 时, 方程叫作非齐次的.

下面来讨论二阶线性微分方程的解的结构, 把它可以推广到 n 阶线性方程

$$y^{(n)} + a_1(x) y^{(n-1)} + \cdots + a_{n-1}(x) y' + a_n(x) y = f(x).$$

7.6.2 线性微分方程的解的结构

先讨论二阶齐次线性微分方程

$$y'' + P(x)y' + Q(x)y = 0. \tag{2}$$

定理 1 如果函数 $y_1(x)$ 与 $y_2(x)$ 是方程(2)的两个解,那么

$$y = C_1 y_1(x) + C_2 y_2(x) \tag{3}$$

也是方程(2)的解,其中 C_1、C_2 是任意常数.

证明 因为 y_1、y_2 是方程(2)的解,故有

$$[C_1 y_1'' + C_2 y_2''] + P(x)[C_1 y_1' + C_2 y_2'] + Q(x)[C_1 y_1 + C_2 y_2]$$
$$= C_1 [y_1'' + P(x)y_1' + Q(x)y_1] + C_2 [y_2'' + P(x)y_2' + Q(x)y_2]$$
$$= 0.$$

即(3)式是方程(2)的解.

(3)式从形式上来看含有 C_1 与 C_2 两个任意常数,但它不一定是方程(2)的通解. 例如,设 $y_1(x)$ 是方程(2)的一个解,则 $y_2(x) = 3y_1(x)$ 也是方程(2)的解. 这时(3)式成为 $y = C_1 y_1(x) + 3C_2 y_1(x)$,即 $y = C y_1(x)$,其中 $C = C_1 + 3C_2$. 显然,这不是方程(2)的通解. 那么在什么情况下(3)式是方程(2)的通解呢?为此,引入一个新的概念.

设 $y_1(x), y_2(x), \cdots, y_n(x)$ 为定义在区间 I 上的 n 个函数,如果存在 n 个不全为零的常数 $k_1, k_2, \cdots, k_n$,使得当 $x \in I$ 时有恒等式

$$k_1 y_1 + k_2 y_2 + \cdots + k_n y_n \equiv 0$$

成立,则称这 n 个函数在区间 I 上线性相关;否则称线性无关.

例如,函数 1、$\cos^2 x$、$\sin^2 x$ 在整个数轴上是线性相关的. 因为取 $k_1 = 1, k_2 = k_3 = -1$,就有恒等式

$$1 - \cos^2 x - \sin^2 x \equiv 0.$$

又如,函数 1、x、x^2 在任何区间 (a, b) 内是线性无关的. 事实上,如果 k_1、k_2、k_3 不全为零,则在该区间内至多只有两个 x 值能使二次三项式

$$k_1 + k_2 x + k_3 x^2$$

为零;要使它恒等于零,必须 k_1、k_2、k_3 全为零.

容易看出,对于两个函数的情形,它们线性相关与否,只需看它们的比是否为常数,如果比为常数,那么它们就线性相关;否则就线性无关.

有了一组函数线性相关或线性无关的概念后,我们有如下关于二阶齐次线性微分方程(2)的通解结构的定理.

定理 2 如果 $y_1(x)$ 与 $y_2(x)$ 是方程(2)的两个线性无关的特解,那么
$$y = C_1 y_1(x) + C_2 y_2(x) \quad (C_1 \text{、} C_2 \text{ 是任意常数})$$
就是方程(2)的通解.

例如,方程 $y'' + y = 0$ 是二阶齐次线性方程[这里 $P(x) \equiv 0, Q(x) \equiv 1$]. 容易验证, $y_1 = \cos x$ 与 $y_2 = \sin x$ 是所给方程的两个解,且 $\dfrac{y_2}{y_1} = \dfrac{\sin x}{\cos x} = \tan x \neq$ 常数,即它们是线性无关的. 因此方程 $y'' + y = 0$ 的通解为
$$y = C_1 \cos x + C_2 \sin x.$$

定理 2 不难推广到 n 阶齐次线性方程组.

推论 如果 $y_1(x), y_2(x), \cdots, y_n(x)$ 是 n 阶齐次线性方程
$$y^{(n)} + a_1(x) y^{(n-1)} + \cdots + a_{n-1}(x) y' + a_n(x) y = 0$$
的 n 个线性无关的解,那么,此方程的通解为
$$y = C_1 y_1(x) + C_2 y_2(x) + \cdots + C_n y_n(x),$$
其中 $C_1, C_2, \cdots, C_n$ 为任意常数.

下面讨论二阶非齐次线性方程(1). 我们把方程(2)叫作与非齐次方程(1)对应的齐次方程.

由 7.4 可知,一阶非齐次线性微分方程的通解由两部分构成:一部分是对应的齐次方程的通解,另一部分是非齐次方程本身的一个特解. 实际上,二阶及更高阶的非齐次线性微分方程的通解也具有同样的结构.

定理 3 设 $y^*(x)$ 是二阶非齐次线性方程
$$y'' + P(x) y' + Q(x) y = f(x) \tag{1}$$
的一个特解. $Y(x)$ 是与(1)对应的齐次方程(2)的通解,则
$$y = Y(x) + y^*(x) \tag{4}$$
是二阶非齐次线性微分方程(1)的通解.

证明 把(4)式代入方程(1)的左端,得
$$(Y'' + y^{*\prime\prime}) + P(x)(Y' + y^{*\prime}) + Q(x)(Y + y^*)$$
$$= [Y'' + P(x) Y' + Q(x) Y] + [y^{*\prime\prime} + P(x) y^{*\prime} + Q(x) y^*].$$

注意到,Y 是方程(2)的解,y^* 是(1)的解,可知第一个括号内的表达式恒等于零,第二个恒等于 $f(x)$. 因此,(4)式是方程(1)的解.

因为对应的齐次方程(2)的通解 $Y = C_1 y_1 + C_2 y_2$ 中含有两个任意常数,所以 $y = Y + y^*$ 中也含有两个任意常数. 故 $y = Y(x) + y^*(x)$ 是二阶非齐次线性方程(1)的通解.

例如,已知 $Y = C_1\cos x + C_2\sin x$ 是二阶非齐次线性微分方程 $y'' + y = x^2$ 对应的齐次方程 $y'' + y = 0$ 的通解;又注意到 $y^* = x^2 - 2$ 是方程 $y'' + y = x^2$ 的一个特解.因此它的通解为

$$y = C_1\cos x + C_2\sin x + x^2 - 2.$$

有时可用下述定理来求出非齐次线性微分方程(1)的特解.

定理 4 设非齐次线性方程(1)的右端 $f(x)$ 是两个函数之和,即

$$y'' + P(x)y' + Q(x)y = f_1(x) + f_2(x), \tag{5}$$

而 $y_1^*(x)$ 与 $y_2^*(x)$ 分别是方程

$$y'' + P(x)y' + Q(x)y = f_1(x)$$

与

$$y'' + P(x)y' + Q(x)y = f_2(x)$$

的特解,则 $y_1^*(x) + y_2^*(x)$ 就是原方程的特解.

证明 把 $y = y_1^* + y_2^*$ 代入方程(5)的左端,得

$$(y_1^* + y_2^*)'' + P(x)(y_1^* + y_2^*)' + Q(x)(y_1^* + y_2^*)$$
$$= [y_1^{*\prime\prime} + P(x)y_1^{*\prime} + Q(x)y_1^*] + [y_2^{*\prime\prime} + P(x)y_2^{*\prime} + Q(x)y_2^*]$$
$$= f_1(x) + f_2(x),$$

从而 $y_1^* + y_2^*$ 是方程(5)的一个特解.

把定理 4 通常称为线性微分方程的解的叠加原理.

定理 3 和定理 4 也可推广到 n 阶非齐次线性方程,这里不再赘述.

*7.6.3 常数变易法

在 7.4 中,为解一阶非齐次线性方程,我们用了常数变易法.这方法的特点是,如果 $Cy_1(x)$ 是齐次线性方程的通解,通过变换 $y = u(x)y_1(x)$ 去解非齐次线性方程.这一方法也适用于求高阶线性方程的解.下面就二阶线性方程来作讨论.

设

$$Y(x) = C_1 y_1(x) + C_2 y_2(x)$$

为齐次方程(2)的通解.

利用常数变易法,令

$$y = y_1(x)v_1(x) + y_2(x)v_2(x) \tag{6}$$

是非齐次方程(1)的通解,其中 $v_1(x)$、$v_2(x)$ 是未知函数.要确定 $v_1(x)$ 及 $v_2(x)$ 使(6)式所表示的函数满足非齐次方程(1).为此,对(6)式求导,得

$$y' = y_1 v_1' + y_2 v_2' + y_1' v_1 + y_2' v_2.$$

注意到,两个未知函数 v_1、v_2 只需使(6)式所表示的函数满足一个关系式(1),可规定它们再满足一个关系式. 从 y' 的上述表示式可看出,为了使 y'' 的表示式中不含 v_1'' 和 v_2'',可设

$$y_1 v_1' + y_2 v_2' = 0, \tag{7}$$

从而

$$y' = y_1' v_1 + y_2' v_2,$$

再求导,得

$$y'' = y_1' v_1' + y_2' v_2' + y_1'' v_1 + y_2'' v_2.$$

把 y、y'、y'' 代入方程(1),得

$$y_1' v_1' + y_2' v_2' + y_1'' v_1 + y_2'' v_2 + P(y_1' v_1 + y_2' v_2) + Q(y_1 v_1 + y_2 v_2) = f,$$

整理得

$$y_1' v_1' + y_2' v_2' + (y_1'' + P y_1' + Q y_1) v_1 + (y_2'' + P y_2' + Q y_2) v_2 = f.$$

因为 y_1 及 y_2 是齐次方程(2)的解,故上式可变为

$$y_1' v_1' + y_2' v_2' = f. \tag{8}$$

联立方程(7)与(8),当系数行列式

$$W = \begin{vmatrix} y_1 & y_2 \\ y_1' & y_2' \end{vmatrix} = y_1 y_2' - y_1' y_2 \neq 0$$

时,得

$$v_1' = -\frac{y_2 f}{W}, \quad v_2' = \frac{y_1 f}{W}.$$

对上两式积分[假定 $f(x)$ 连续],得

$$v_1 = C_1 + \int \left(-\frac{y_2 f}{W} \right) \mathrm{d}x, \quad v_2 = C_2 + \int \left(\frac{y_1 f}{W} \right) \mathrm{d}x.$$

因此,非齐次方程(1)的通解为

$$y = C_1 y_1 + C_2 y_2 - y_1 \int \frac{y_2 f}{W} \mathrm{d}x + y_2 \int \frac{y_1 f}{W} \mathrm{d}x.$$

例1 已知齐次方程 $(x-1)y'' - xy' + y = 0$ 的通解为 $Y(x) = C_1 x + C_2 \mathrm{e}^x$,求非齐次方程 $(x-1)y'' - xy' + y = (x-1)^2$ 的通解.

解 设 $y = x v_1 + \mathrm{e}^x v_2$ 是

$$y'' - \frac{x}{x-1} y' + \frac{1}{x-1} y = x - 1$$

的通解,则

$$\begin{cases} y_1 v_1' + y_2 v_2' = 0, \\ y_1' v_1' + y_2' v_2' = f. \end{cases}$$

所以

$$\begin{cases} x v_1' + e^x v_2' = 0, \\ v_1' + e^x v_2' = x - 1, \end{cases}$$

解得

$$v_1 = C_1 - x, v_2 = C_2 - (x+1)e^{-x}.$$

于是

$$y = C_1 x + C_2 e^x - (x^2 + x + 1)$$

为所求非齐次方程的通解.

如果只知齐次方程(2)的一个不恒为零的解 $y_1(x)$,那么,利用变换 $y = u(x)y_1(x)$,可把非齐次方程(1)化为一阶线性方程.

事实上,把

$$y = y_1 u, y' = y_1 u' + y_1' u, y'' = y_1 u'' + 2 y_1' u' + y_1'' u$$

代入方程(1),得

$$y_1 u'' + 2 y_1' u' + y_1'' u + P(y_1 u' + y_1' u) + Q y_1 u = f,$$

即

$$y_1 u'' + (2 y_1' + P y_1) u' + (y_1'' + P y_1' + Q y_1) u = f,$$

由于 $y_1'' + P y_1' + Q y_1 \equiv 0$,故上式变为

$$y_1 u'' + (2 y_1' + P y_1) u' = f.$$

令 $u' = z$,上式即化为

$$y_1 z' + (2 y_1' + P y_1) z = f. \tag{9}$$

把方程(1)化为方程(9)以后,按一阶线性方程的解法,设求得方程(9)的通解为

$$z = C_2 Z(x) + z^*(x),$$

积分得 $u = C_1 + C_2 U(x) + u^*(x)$ [其中 $U'(x) = Z(x), u^{*'}(x) = z^*(x)$],上式两端乘 $y_1(x)$,便得方程(1)的通解

$$y = C_1 y_1(x) + C_2 U(x) y_1(x) + u^*(x) y_1(x).$$

上述方法也适用于求齐次方程(2)的通解.

例2 已知 $y_1(x) = e^x$ 是齐次方程 $y'' - 2y' + y = 0$ 的解,求非齐次方程 $y'' - 2y' + y = \dfrac{1}{x} e^x$ 的通解.

解 令 $y = e^x u$,则 $y' = e^x (u' + u), y'' = e^x (u'' + 2u' + u)$,代入非齐次方程,得

$$e^x(u'' + 2u' + u) - 2e^x(u' + u) + e^x u = \frac{1}{x}e^x,$$

即

$$e^x u'' = \frac{1}{x}e^x, u'' = \frac{1}{x}.$$

直接积分,便得

$$u' = C + \ln|x|,$$

再积分得

$$u = C_1 + Cx + x\ln|x| - x,$$

即

$$u = C_1 + C_2 x + x\ln|x| \ (C_2 = C - 1).$$

于是所求通解为

$$y = C_1 e^x + C_2 x e^x + x e^x \ln|x|.$$

习题 7-6

1. 下列哪些函数组在其定义区间是线性无关的?

(1) x, x^3;　　　　　　　　　　　　(2) $2x, 3x$;

(3) $e^x, 2e^x$;　　　　　　　　　　　(4) $3^x, 3^{-x}$;

(5) $\cos x, \sin x$;　　　　　　　　　(6) e^x, xe^x;

(7) $\sin 2x, \cos x \sin x$;　　　　　　(8) $e^x \cos 2x, e^x \sin 2x$;

(9) $\ln x, x\ln x$;　　　　　　　　　(10) $e^{ax}, e^{bx} (a \neq b)$.

2. 验证 $y_1 = \cos 3x$ 及 $y_2 = \sin 3x$ 都是方程 $y'' + 9y = 0$ 的解,并写出该方程的通解.

3. 验证:

(1) $y = C_1 e^x + C_2 e^{2x} + \frac{1}{2}e^{3x}$ (C_1、C_2 是任意常数)是方程 $y'' - 3y' + 2y = e^{3x}$ 的通解;

(2) $y = C_1 \cos 2x + C_2 \sin 2x + x\sin x$ (C_1、C_2 是任意常数)是方程 $y'' + 4y^3 x\sin x + 2\cos x$ 的通解;

(3) $y = C_1 x^2 + C_2 x^2 \ln x$ (C_1、C_2 是任意常数)是方程 $x^2 y'' - 3xy' + 4y = 0$ 的通解;

(4) $y = C_1 x^5 + \frac{C_2}{x} - \frac{x^2}{9}\ln x$ (C_1、C_2 是任意常数)是方程 $x^2 y'' - 3xy' - 5y = x^2 \ln x$ 的通解;

(5) $y = \frac{1}{x}(C_1 e^x + C_2 e^{-x}) + \frac{e^x}{2}$ (C_1、C_2 是任意常数)是方程 $xy'' + 2y' - xy = e^x$ 的

通解.

*4. 已知 $y_{(1)} = e^x$ 是齐次线性方程
$$(2x-1)y'' - (2x+1)y' + 2y = 0$$
的一个解,求此方程的通解.

*5. 已知 $y_{(1)} = x$ 是齐次线性方程 $x^2 y'' - 2xy' + 2y = 0$ 的一个解,求非齐次线性方程 $x^2 y'' - 2xy' + 2y = 2x^3$ 的通解.

*6. 已知齐次线性方程 $y'' - y = 0$ 的通解为 $Y(x) = C_1 e^x + C_2 e^{-x}$,求非齐次线性方程 $y'' - y = \cos x$ 的通解.

*7. 已知齐次线性方程 $y'' + 4y = 0$ 的通解为 $Y(x) = C_1 \cos 2x + C_2 \sin 2x$,求非齐次线性方程 $y'' + 4y = x\cos x$ 的通解.

7.7 常系数齐次线性微分方程

对于二阶齐次线性微分方程
$$y'' + P(x)y' + Q(x)y = 0, \tag{1}$$
如果 y'、y 的系数 $P(x)$、$Q(x)$ 均为常数,即(1)式成为
$$y'' + py' + qy = 0, \tag{2}$$
其中 p、q 是常数,那么称(2)为二阶常系数齐次线性微分方程. 如果 p、q 不全为常数,称(1)为二阶变系数齐次线性微分方程.

由上节讨论可知,微分方程(2)的通解是由它的两个线性无关的特解叠加而成的.

当 r 为常数时,指数函数 $y = e^{rx}$ 和它的各阶导数都只差一个常数因子.因为指数函数有这个特点,所以我们用 $y = e^{rx}$ 来尝试,看能否选取适当的常数 r,使 $y = e^{rx}$ 满足方程(2).

将 $y = e^{rx}$ 求导,得到
$$y' = re^{rx}, \quad y'' = r^2 e^{rx}$$
把 y、y' 和 y'' 代入方程(2),得
$$(r^2 + pr + q)e^{rx} = 0.$$
由于 $e^{rx} \neq 0$,所以
$$r^2 + pr + q = 0. \tag{3}$$

当 r 为复数 $a + bi$,x 为实变数时,导数公式 $\dfrac{d}{dx} e^{rx} = re^{rx}$ 仍成立. 对欧拉公式

$$e^{(a+bi)x} = e^{ax}(\cos bx + i\sin bx)$$

两端求导,得

$$\frac{d}{dx}e^{(a+bi)x} = ae^{ax}(\cos bx + i\sin bx) + e^{ax}(-b\sin bx + ib\cos bx)$$

$$= (a+bi)e^{ax}(\cos bx + i\sin bx) = (a+bi)e^{(a+bi)x}.$$

可见,只要 r 满足代数方程(3),函数 $y = e^{rx}$ 就是微分方程(2)的解,则代数方程(3)叫作微分方程(2)的特征方程.

特征方程(3)是一个二次代数方程,其中 r^2、r 的系数及常数项恰好依次是微分方程(2)中 y''、y' 及 y 的系数.

特征方程(3)的两个根 r_1、r_2 可以用公式

$$r_{1,2} = \frac{-p \pm \sqrt{p^2 - 4q}}{2}$$

求出. 它们有三种不同的情形:

(i) 当 $p^2 - 4q > 0$ 时,r_1、r_2 是两个不相等的实根:

$$r_1 = \frac{-p + \sqrt{p^2 - 4q}}{2}, \quad r_2 = \frac{-p - \sqrt{p^2 - 4q}}{2}.$$

(ii) 当 $p^2 - 4q = 0$ 时,r_1、r_2 是两个相等的实根:

$$r_1 = r_2 = -\frac{p}{2}.$$

(iii) 当 $p^2 - 4q < 0$ 时,r_1, r_2 是一对共轭复根:

$$r_1 = \alpha + \beta i, \quad r_2 = \alpha - \beta i,$$

其中

$$\alpha = -\frac{p}{2}, \quad \beta = \frac{\sqrt{4q - p^2}}{2}.$$

相应地,微分方程(2)的通解也有三种不同的情形. 分别讨论如下:

(i) 特征方程有两个不相等的实根:$r_1 \neq r_2$.

由上面的讨论可知,$y_1 = e^{r_1 x}$,$y_2 = e^{r_2 x}$ 是微分方程(2)的两个解,并且线性无关,因此微分方程(2)的通解为

$$y = C_1 e^{r_1 x} + C_2 e^{r_2 x}.$$

(ii) 特征方程有两个相等的实根:$r_1 = r_2$.

这时,只得到微分方程(2)的一个解

$$y_1 = e^{r_1 x}.$$

要得到微分方程(2)的通解,还需求出另一个解 y_2,并且要求 $\dfrac{y_2}{y_1}$ 不是常数. 设 $\dfrac{y_2}{y_1} =$

$u(x)$,即 $y_2 = e^{r_1 x} u(x)$. 下面来求 $u(x)$. 将 y_2 求导,得

$$y_2' = e^{r_1 x}(u' + r_1 u),$$
$$y_2'' = e^{r_1 x}(u'' + 2r_1 u' + r_1^2 u),$$

将 y_2、y_2' 和 y_2'' 代入微分方程(2),得

$$e^{r_1 x}[(u'' + 2r_1 u' + r_1^2 u) + p(u' + r_1 u) + qu] = 0,$$

约去 $e^{r_1 x}$,并合并同类项,得

$$u'' + (2r_1 + p)u' + (r_1^2 + pr_1 + q)u = 0.$$

由于 r_1 是特征方程(3)的二重根. 因此 $r_1^2 + pr_1 + q = 0$,且 $2r_1 + p = 0$,于是得

$$u'' = 0.$$

容易验证,$u = u(x)$ 就是满足此要求的一个函数,因此微分方程(2)的另一个解

$$y_2 = x e^{r_1 x}.$$

从而微分方程(2)的通解为

$$y = C_1 e^{r_1 x} + C_2 x e^{r_1 x},$$

即

$$y = (C_1 + C_2 x) e^{r_1 x}.$$

(iii) 特征方程有一对共轭复根:$r_1 = \alpha + \beta i$,$r_2 = \alpha - \beta i$ ($\beta \neq 0$).

这时,$y_1 = e^{(\alpha + \beta i)x}$,$y_2 = e^{(\alpha - \beta i)x}$ 是微分方程(2)的两个解,但它们是复值函数形式,不便于应用. 为得出实值函数形式的解,利用欧拉公式 $e^{i\theta} = \cos\theta + i\sin\theta$ 把 y_1、y_2 改写为

$$y_1 = e^{(\alpha + \beta i)x} = e^{\alpha x} \cdot e^{\beta x i} = e^{\alpha x}(\cos\beta x + i\sin\beta x),$$
$$y_2 = e^{(\alpha - \beta i)x} = e^{\alpha x} \cdot e^{-\beta x i} = e^{\alpha x}(\cos\beta x - i\sin\beta x).$$

由于复值函数 y_1 与 y_2 之间成共轭关系,因此,取它们的和除以 2 就得到它们的实部,取它们的差除以 2i 就得到它们的虚部. 由于方程(2)的解符合叠加原理,所以实值函数

$$\bar{y}_1 = \frac{1}{2}(y_1 + y_2) = e^{\alpha x} \cos\beta x,$$
$$\bar{y}_2 = \frac{1}{2i}(y_1 - y_2) = e^{\alpha x} \sin\beta x$$

是微分方程(2)的解,且 $\dfrac{\bar{y}_1}{\bar{y}_2} = \dfrac{e^{\alpha x}\cos\beta x}{e^{\alpha x}\sin\beta x} = \cot\beta x$ 不是常数,所以微分方程(2)的通解为

$$y = e^{\alpha x}(C_1 \cos\beta x + C_2 \sin\beta x).$$

综上讨论,得到求二阶常系数齐次线性微分方程

$$y'' + py' + qy = 0 \tag{2}$$

的通解的步骤如下:

第一步,写出微分方程(2)的特征方程
$$r^2 + pr + q = 0. \tag{3}$$

第二步,求出特征方程(3)的两个根 r_1、r_2.

第三步,根据特征方程(3)的两个根的不同情形,按照表 7-1 写出微分方程(2)的通解.

表 7-1 不同特征根的方程(2)的通解

特征方程 $r^2 + pr + q = 0$ 的两个根 r_1、r_2	微分方程 $y'' + py' + qy = 0$ 的通解
两个不相等的实根:r_1、r_2	$y = C_1 e^{r_1 x} + C_2 e^{r_2 x}$
两个相等的实根:$r_1 = r_2$	$y = (C_1 + C_2 x) e^{r_1 x}$
一对共轭复根 $r_{1,2} = \alpha \pm \beta i$	$y = e^{\alpha x}(C_1 \cos \beta x + C_2 \sin \beta x)$

例1 求微分方程 $y'' - y' - 6y = 0$ 的通解.

解 特征方程为
$$r^2 - r - 6 = 0,$$
其根 $r_1 = 3, r_2 = -2$ 是两个不相等的实根,故所求通解为
$$y = C_1 e^{3x} + C_2 e^{-2x}.$$

例2 求方程 $y'' - 4y' + 3y = 0$ 满足初值条件 $y|_{x=0} = 6, y'|_{x=0} = 10$ 的特解.

解 特征方程为
$$r^2 - 4r + 3 = 0,$$
解得 $r_1 = 1, r_2 = 3$,因此所求微分方程的通解为
$$y = C_1 e^x + C_2 e^{3x}.$$
且有
$$y' = C_1 e^x + 3C_2 e^{3x}.$$
代入初值条件,得
$$\begin{cases} C_1 + C_2 = 6, \\ C_1 + 3C_2 = 10, \end{cases}$$
解得
$$\begin{cases} C_1 = 4, \\ C_2 = 2. \end{cases}$$
故所求特解为
$$y = 4e^x + 2e^{3x}.$$

例3 求微分方程 $y'' + 6y' + 13y = 0$ 的通解.

解 特征方程为

$$r^2 + 6r + 13 = 0,$$

其根 $r_1 = r_2 = -3 + 2i$,因此方程的通解为

$$y = e^{-3x}(C_1 \cos 2x + C_2 \sin 2x).$$

上面讨论二阶常系数齐次线性微分方程所用的方法以及方程的通解的形式,可推广到 n 阶常系数齐次线性微分方程上去,对此我们不再详细讨论,只简单地叙述于下.

n 阶常系数齐次线性微分方程的一般形式是

$$y^{(n)} + p_1 y^{(n-1)} + p_2 y^{(n-2)} + \cdots + p_{n-1} y' + p_n y = 0, \tag{4}$$

其中 $p_1, p_2, \cdots, p_{n-1}, p_n$ 都是常数.

为简便,用记号 D 表示对 x 求导的运算 $\dfrac{d}{dx}$,把 $\dfrac{dy}{dx}$ 记作 Dy,把 $\dfrac{d''y}{dx''}$ 记作 $D''y$,并把方程(4)记作

$$(D^n + p_1 D^{n-1} + \cdots + p_{n-1} D + p_n) y = 0. \tag{5}$$

记

$$L(D) = D^n + p_1 D^{n-1} + \cdots + p_{n-1} D + p_n,$$

$L(D)$ 叫作微分算子 D 的 n 次多项式. 于是方程(5)可记作

$$L(D)y = 0.$$

可见,如果选取 r 是 n 次代数方程 $L(r) = 0$,即

$$r^n + p_1 r^{n-1} + \cdots + p_{n-1} r + p_n = 0 \tag{6}$$

的根,那么函数 $y = e^{rx}$ 就是方程(5)的一个解.

方程(6)叫作方程(5)的特征方程.

根据特征方程的根,可以写出其对应的微分方程的解,见表 7-2.

表 7-2 不同特征根对应的微分方程的解

特征方程的根	微分方程通解中的对应项
单实根 r	给出一项:Ce^{rx}
一对单复根 $r_{1,2} = \alpha \pm \beta i$	给出两项:$e^{\alpha x}(C_1 \cos \beta x + C_2 \sin \beta x)$
k 重实根 r	给出 k 项:$e^{rx}(C_1 + C_2 x + \cdots + C_k x^{k-1})$
一对 k 重复根 $r_{1,2} = \alpha \pm \beta i$	给出 $2k$ 项:$e^{\alpha x}[(C_1 + C_2 x + \cdots + C_k x^{k-1}) \cos \beta x + (D_1 + D_2 x + \cdots + D_k x^{k-1}) \sin \beta x]$

从代数学知识知道,n 次代数方程有 n 个根(重根按重数计算),而特征方程的每一个根都对应着通解中的一项,且每项各含一个任意常数,这样就得到 n 阶常系数齐

次线性微分方程的通解
$$y = C_1 y_1 + C_2 y_2 + \cdots + C_n y_n.$$

例 4 求方程 $y^{(4)} - 2y''' + y'' = 0$ 的通解.

解 特征方程为
$$r^4 - 2r^3 + r^2 = 0,$$
即
$$r^2(r-1)^2 = 0.$$
它的根是 $r_1 = r_2 = 0$ 和 $r_3 = r_4 = 1$. 因此所给方程的通解为
$$y = C_1 + C_2 x + (C_3 + C_4 x) e^x.$$
其中 C_1、C_2、C_3、C_4 为任意常数.

例 5 求方程 $y^{(4)} + 5y'' - 36y = 0$ 的通解.

解 特征方程为
$$r^4 + 5r^2 - 36 = 0.$$
即
$$(r^2 + 9)(r^2 - 4) = 0.$$
它的根为 $r_1 = r_2 = \pm 2, r_3 = r_4 = \pm 3i$, 因此所给方程的通解为
$$y = C_1 e^{2x} + C_2 e^{-2x} + C_3 \cos 3x + C_4 \sin 3x.$$
其中 C_1、C_2、C_3、C_4 为任意常数.

例 6 求方程 $y^{(4)} + 2y'' + y = 0$ 的通解.

解 特征方程为 $r^4 + 2r^2 + 1 = 0$,
即
$$(r^2 + 1)^2 = 0,$$
解得
$$r_1 = r_2 = i, \ r_3 = r_4 = -i,$$
故所给方程的通解为
$$y = (C_1 + C_2 x) \cos x + (C_3 + C_4 x) \sin x,$$
其中 C_1、C_2、C_3、C_4 为任意常数.

习题 7-7

---

1. 求下列微分方程的通解：

(1) $y'' + y' - 2y = 0$；

(2) $y'' - 4y' = 0$；

(3) $y'' + y = 0$;

(4) $y'' - 2y' + 5y = 0$;

(5) $4\dfrac{d^2x}{dt^2} - 20\dfrac{dx}{dt} + 25x = 0$;

(6) $y'' - 4y' + 5y = 0$;

(7) $y^{(4)} - y = 0$;

(8) $\dfrac{d^4x}{dt^4} + 2\dfrac{d^2x}{dt^2} + x = 0$;

(9) $y^{(4)} - 2y''' + 5y'' = 0$;

(10) $\dfrac{d^2w}{dx^4} + \beta^4 w = 0$,其中 $\beta > 0$;

(11) $\dfrac{d^3x}{dt^3} + x = 0$;

(12) $\dfrac{d^3x}{dt^3} - 3\dfrac{d^2x}{dt^2} + 3\dfrac{dx}{dt} - x = 0$.

2. 求下列微分方程满足所给初值条件的特解：

(1) $\dfrac{d^2s}{dt^2} + 2\dfrac{ds}{dt} + s = 0$, $s|_{t=0} = 4$, $s'|_{t=0} = -2$;

(2) $4y'' + 4y' + y = 0$, $y|_{x=0} = 2$, $y'|_{x=0} = 0$;

(3) $y'' - 3y' - 4y = 0$, $y|_{x=0} = 0$, $y'|_{x=0} = -5$;

(4) $y'' + 4y' + 29y = 0$, $y|_{x=0} = 0$, $y'|_{x=0} = 15$;

(5) $y'' + 25y = 0$, $y|_{x=0} = 2$, $y'|_{x=0} = 5$;

(6) $y'' - 4y' + 13y = 0$, $y|_{x=0} = 0$, $y'|_{x=0} = 3$.

3. 一个单位质量的质点在数轴上运动，开始时质点在原点 O 处且速度为 v_0，在运动过程中，它受到一个力的作用，这个力的大小与质点到原点的距离成正比（比例系数 $k_1 > 0$）而方向与初速度一致. 又介质的阻力与速度成正比（比例系数 $k_2 > 0$）. 求反映这一质点的运动规律的函数.

4. 在图 7-4 所示的电路中先将开关 S 拨向 A，达到稳定状态后再将开关 S 拨向 B，求电压 $u_C(t)$ 及电流 $i(t)$. 已知 $E = 20$ V，$C = 0.5 \times 10^{-6}$ F，$L = 0.1$ H，$R = 2000$ Ω.

图 7-4

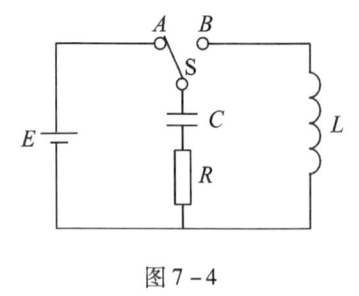

5. 设圆柱形浮筒的底面直径为 0.5 m，将它铅直放在水中，当稍向下压后突然放开，浮筒在水中上下振动的周期为 2 s，求浮筒的质量.

7.8 常系数非齐次线性微分方程

本节着重讨论二阶常系数非齐次线性微分方程的解法,并对 n 阶方程的解法作必要的说明.

二阶常系数非齐次线性微分方程的一般形式是
$$y'' + py' + qy = f(x), \tag{1}$$
其中 p、q 是常数.

由 7.6 中的定理 3 可知,求二阶常系数非齐次线性微分方程的通解,归结为求对应的齐次方程
$$y'' + py' + qy = 0 \tag{2}$$
的通解和非齐次方程(1)本身的一个特解. 由于二阶常系数齐次线性微分方程的通解的求法已在 7.7 中得到解决,所以这里只需讨论求二阶常系数非齐次线性微分方程的一个特解 y^* 的方法.

本节只介绍当方程(1)中的 $f(x)$ 取两种常见形式时求 y^* 的方法. 这种方法的特点是不用积分就可以求出 y^* 来,它叫作**待定系数法**.

(1) $f(x) = e^{\lambda x} P_m(x)$,其中 λ 是常数,$P_m(x)$ 是 x 的一个 m 次多项式:
$$P_m(x) = a_0 x^m + a_1 x^{m-1} + \cdots + a_{m-1} x + a_m.$$

(2) $f(x) = e^{\lambda x} [P_l(x) \cos \omega x + Q_n(x) \sin \omega x]$,其中 λ、ω 是常数,$\omega \neq 0$,$P_l(x)$、$Q_n(x)$ 分别是 x 的 l 次、n 次多项式,且仅有一个可为零.

下面分别介绍 $f(x)$ 为上述两种形式时 y^* 的求法.

7.8.1 $f(x) = e^{\lambda x} P_m(x)$ 型

我们知道,方程(1)的特解 y^* 是使(1)成为恒等式的函数. 怎样的函数能使(1)成为恒等式呢?因为(1)式右端 $f(x)$ 是多项式 $P_m(x)$ 与指数函数 $e^{\lambda x}$ 的乘积,而多项式与指数函数乘积的导数仍然是多项式与指数函数的乘积,因此,我们推测 $y^* = R(x) e^{\lambda x}$ [其中 $R(x)$ 是某个多项式]可能是方程(1)的特解,把 y^*、$y^{*\prime}$ 及 $y^{*\prime\prime}$ 代入方程(1),然后考虑能否选取适当的多项式 $R(x)$,使 $y^* = R(x) e^{\lambda x}$ 满足方程(1). 为此,将
$$y^* = R(x) e^{\lambda x},$$
$$y^{*\prime} = e^{\lambda x} [\lambda R(x) + R'(x)],$$

$$y^{*\prime\prime} = e^{\lambda x}[\lambda^2 R(x) + 2\lambda R'(x) + R''(x)]$$

代入方程(1)并消去 $e^{\lambda x}$,得

$$R''(x) + (2\lambda + p)R'(x) + (\lambda^2 + p\lambda + q)R(x) = P_m(x). \tag{3}$$

(i) 如果 λ 不是(2)式的特征方程 $r^2 + pr + q = 0$ 的根,即 $\lambda^2 + p\lambda + q \neq 0$,由于 $P_m(x)$ 是一个 m 次多项式,要使(3)的两端恒等,那么可令 $R(x)$ 为另一个 m 次多项式:

$$R_m(x) = b_0 x^m + b_1 x^{m-1} + \cdots + b_{m-1} x + b_m,$$

代入(3)式,比较等式两端 x 同次幂的系数,就得到以 $b_0, b_1, \cdots, b_m$ 作为未知数的 $m+1$ 个方程的联立方程组. 从而可以定出这些 $b_i (i = 0, 1, \cdots, m)$,并得到所求的特解 $y^* = R_m(x) e^{\lambda x}$.

(ii) 如果 λ 是特征方程 $r^2 + pr + q = 0$ 的单根,即 $\lambda^2 + p\lambda + q = 0$,但 $2\lambda + p \neq 0$,要使(3)的两端恒等,那么 $R'(x)$ 必须是 m 次多项式. 此时可令

$$R(x) = x R_m(x),$$

并且可用同样的方法来确定 $R_m(x)$ 的系数 $b_i (i = 0, 1, \cdots, m)$.

(iii) 如果 λ 是特征方程 $r^2 + pr + q = 0$ 的重根,即 $\lambda^2 + p\lambda + q = 0$,且 $2\lambda + p = 0$,要使(3)式的两端恒等,那么 $R''(x)$ 必须是 m 次多项式. 此时可令

$$R(x) = x^2 R_m(x),$$

并且可用同样的方法来确定 $R_m(x)$ 中的系数.

综上所述,我们有如下结论:

如果 $f(x) = e^{\lambda x} P_m(x)$,那么二阶常系数非齐次线性微分方程(1)具有形如

$$y^* = x^k R_m(x) e^{\lambda x} \tag{4}$$

的特解,其中 $R_m(x)$ 是与 $P_m(x)$ 同次(m 次)的多项式,而 k 按 λ 不是特征方程的根、是特征方程的单根或是特征方程的重根依次取为 0、1 或 2.

上述结论可推广到 n 阶常系数非齐次线性微分方程,但要注意(4)式中的 k 是特征方程含根 λ 的重复次数(即若 λ 不是特征方程的根,则 k 取为 0;若 λ 是特征方程的 s 重根,则 k 取为 s).

例 1 求微分方程 $y'' - y' - 2y = x + \dfrac{1}{2}$ 的一个特解.

解 这是二阶常系数非齐次线性微分方程,且函数 $f(x)$ 是 $e^{\lambda x} P_m(x)$ 型 [其中 $\lambda = 0, P_m(x) = x + \dfrac{1}{2}$].

与所给方程对应的齐次方程为

$$y'' - y' - 2y = 0,$$

它的特征方程为
$$r^2 - r - 2 = 0.$$

因为 $\lambda = 0$ 不是特征方程的根,所以应设特解为
$$y^* = b_0 x + b_1.$$

把它代入所给方程,得
$$-2b_0 x + (-b_0 - 2b_1) = x + \frac{1}{2},$$

比较两端 x 同次幂的系数,得
$$\begin{cases} -2b_0 = 1, \\ -b_0 - 2b_1 = \frac{1}{2}. \end{cases}$$

由此求得 $b_0 = -\frac{1}{2}, b_1 = 0$. 于是求得一个特解为
$$y^* = -\frac{1}{2}x.$$

例 2　求微分方程 $y'' - 2y' - 3y = e^{-x}$ 的通解.

解　对应的齐次线性微分方程的特征方程为
$$r^2 - 2r - 3 = 0.$$

有两个实根 $r_1 = 3, r_2 = -1$. 于是所给方程对应的齐次方程的通解为
$$Y = C_1 e^{3x} + C_2 e^{-x},$$

其中 C_1、C_2 为任意常数. 现求原方程的一个特解. 这里 $f(x)$ 是 $e^{\lambda x} P_m(x)$ 型(其中 $\lambda = -1, P_m(x) = 1$).

因为 $\lambda = -1$ 是特征方程的单根,故应设特解为
$$y^* = x(b_0 x + b_1) e^{-x}.$$

把它代入所给方程,得
$$-8b_0 x + 2b_0 - 4b_1 = 1.$$

比较等式两端同次幂的系数,得
$$\begin{cases} -8b_0 = 0, \\ 2b_0 - 4b_1 = 1. \end{cases}$$

解得 $b_0 = 0, b_1 = -\frac{1}{4}$. 因此求得一个特解为
$$y^* = -\frac{1}{4} x e^{-x}.$$

从而所求的通解为

$$y = C_1 e^{3x} + C_2 e^{-x} - \frac{1}{4} x e^{-x}.$$

例 3 求微分方程 $y'' - 5y' + 6y = x e^{2x}$ 的通解.

解 原方程为
$$f(x) = e^{\lambda x} P_m(x)$$
的非齐次方程,其中 $\lambda = 2, P_m(x) = x$.

其对应齐次方程为
$$y'' - 5y' + 6y = 0,$$
它的特征方程
$$r^2 - 5r + 6 = 0$$
有两个实根 $r_1 = 2, r_2 = 3$. 于是与所给方程对应的齐次方程的通解为
$$Y = C_1 e^{2x} + C_2 e^{3x}.$$

因为 $\lambda = 2$ 是特征方程的单根,所以应设 y^* 为
$$y^* = x(b_0 x + b_1) e^{2x}.$$
把它代入原方程,得
$$-2 b_0 x + 2 b_0 - b_1 = x.$$
比较等式两端同次幂的系数,得
$$\begin{cases} -2 b_0 = 1, \\ 2 b_0 - b_1 = 0. \end{cases}$$
解得 $b_0 = -\frac{1}{2}, b_1 = -1$. 因此求得一个特解为
$$y^* = x\left(-\frac{1}{2} x - 1\right) e^{2x}.$$

从而所求的通解为
$$y = C_1 e^{2x} + C_2 e^{3x} - \frac{1}{2}(x^2 + 2x) e^{2x}.$$

7.8.2 $f(x) = e^{\lambda x}[P_l(x) \cos \omega x + Q_n(x) \sin \omega x]$ 型

应用欧拉公式
$$\cos \theta = \frac{1}{2}(e^{i\theta} + e^{-i\theta}), \sin \theta = \frac{1}{2i}(e^{i\theta} - e^{-i\theta}),$$
把 $f(x)$ 表示成复变指数函数的形式,有
$$f(x) = e^{\lambda x}[P_l(x) \cos \omega x + Q_n(x) \sin \omega x]$$

$$= \mathrm{e}^{\lambda x}\left(P_l \frac{\mathrm{e}^{\omega x\mathrm{i}} + \mathrm{e}^{-\omega x\mathrm{i}}}{2} + Q_n \frac{\mathrm{e}^{\omega x\mathrm{i}} - \mathrm{e}^{-\omega x\mathrm{i}}}{2\mathrm{i}}\right)$$

$$= \left(\frac{P_l}{2} + \frac{Q_n}{2\mathrm{i}}\right)\mathrm{e}^{(\lambda+\omega\mathrm{i})x} + \left(\frac{P_l}{2} - \frac{Q_n}{2\mathrm{i}}\right)\mathrm{e}^{(\lambda-\omega\mathrm{i})x}$$

$$= P(x)\mathrm{e}^{(\lambda+\omega\mathrm{i})x} + \overline{P}(x)\mathrm{e}^{(\lambda-\omega\mathrm{i})x},$$

其中

$$P(x) = \frac{P_l}{2} + \frac{Q_n}{2\mathrm{i}} = \frac{P_l}{2} - \frac{Q_n}{2}\mathrm{i}, \quad \overline{P}(x) = \frac{P_l}{2} - \frac{Q_n}{2\mathrm{i}} = \frac{P_l}{2} + \frac{Q_n}{2}\mathrm{i}$$

是互成共轭的 m 次多项式(即它们对应项的系数是共轭复数),而 $m = \max\{l,n\}$.

应用 7.8.1 中的结果,对于 $f(x)$ 中的第一项 $P(x)\mathrm{e}^{(\lambda+\omega\mathrm{i})x}$,可求出一个 m 次多项式 $R_m(x)$,使得 $y_1^* = x^k R_m \mathrm{e}^{(\lambda+\omega\mathrm{i})x}$ 为方程

$$y'' + py' + qy = P(x)\mathrm{e}^{(\lambda+\omega\mathrm{i})x}$$

的特解,其中 k 按 $\lambda + \omega\mathrm{i}$ 不是特征方程的根或是特征方程的单根依次取 0 或 1. 由于 $f(x)$ 的第二项 $\overline{P}(x)\mathrm{e}^{(\lambda-\omega\mathrm{i})x}$ 与第一项成共轭,所以与 y_1^* 成共轭的函数 $y_2^* = x^k \overline{R}_m \mathrm{e}^{(\lambda+\omega\mathrm{i})x}$ 必然是方程

$$y'' + py' + qy = \overline{P}(x)\mathrm{e}^{(\lambda-\omega\mathrm{i})x}$$

的特解,这里 $\overline{R}_m$ 表示与 R_m 成共轭的 m 次多项式. 于是,根据 7.6 中的定理 4,方程 (1) 具有形如

$$y'' = x^k R_m \mathrm{e}^{(\lambda+\omega\mathrm{i})x} + x^k \overline{R}_m \mathrm{e}^{(\lambda-\omega\mathrm{i})x}$$

的特解. 上式可写为

$$y^* = x^k \mathrm{e}^{\lambda x}\left[R_m \mathrm{e}^{\omega x\mathrm{i}} + \overline{R}_m \mathrm{e}^{-\omega x\mathrm{i}}\right]$$

$$= x^k \mathrm{e}^{\lambda x}\left[R_m(\cos\omega x + \mathrm{i}\sin\omega x) + \overline{R}_m(\cos\omega x - \mathrm{i}\sin\omega x)\right],$$

由于括号内的两项是互成共轭的,相加后即无虚部,所以可写成实函数的形式

$$y^* = x^k \mathrm{e}^{\lambda x}\left[R_m^{(1)}(x)\cos\omega x + R_m^{(2)}(x)\sin\omega x\right].$$

综上所述,我们有如下结论:

如果 $f(x) = \mathrm{e}^{\lambda x}[P_l(x)\cos\omega x + Q_n(x)\sin\omega x]$,则二阶常系数非齐次线性微分方程(1)的特解可设为

$$y^* = x^k \mathrm{e}^{\lambda x}\left[R_m^{(1)}(x)\cos\omega x + R_m^{(2)}(x)\sin\omega x\right], \tag{5}$$

其中 $R_m^{(1)}(x)$、$R_m^{(2)}(x)$ 是 m 次多项式,$m = \max\{l,n\}$,而 k 按 $\lambda + \omega\mathrm{i}$ (或 $\lambda - \omega\mathrm{i}$) 不是特征方程的根、是特征方程的单根依次取 0 或 1.

上述结论可推广到 n 阶常系数非齐次线性微分方程,但要注意(5)式中的 k 是特征方程中含根 $\lambda + \omega\mathrm{i}$ (或 $\lambda - \omega\mathrm{i}$) 的重复次数.

例 4 求微分方程 $y'' + 4y = x\cos x$ 的一个特解.

解 原方程是二阶常系数非齐次线性微分方程,且 $f(x)$ 属于 $e^{\lambda x}[P_l(x)\cos \omega x + Q_n(x)\sin \omega x]$ 型[其中 $\lambda = 0, \omega = 1, P_l(x) = x, Q_n(x) = 0$].

与原方程对应的齐次方程为
$$y'' + 4y = 0,$$

它的特征方程为
$$r^2 + 4 = 0.$$

因为 $\lambda + \omega i = i$ 不是特征方程的根,所以应设特解为
$$y^* = (ax+b)\cos x + (cx+d)\sin x.$$

把它代入原方程,得
$$(3ax + 3b + 2c)\cos x + (3cx + 3d - 2a)\sin x = x\cos x.$$

比较系数有
$$\begin{cases} 3a = 1, \\ 3b + 2c = 0, \\ 3c = 0, \\ 3d - 2a = 0. \end{cases}$$

由此解得
$$a = \frac{1}{3}, b = 0, c = 0, d = \frac{2}{9}.$$

于是求得一个特解为
$$y^* = \frac{1}{3}x\cos x + \frac{2}{9}\sin x.$$

例 5 求微分方程 $y'' - 2y' + 5y = e^x \sin 2x$ 的一个特解.

解 这是二阶常系数非齐次线性方程,且 $f(x)$ 属 $e^{\lambda x}[P_l(x)\cos \omega x + Q_n(x)\sin \omega x]$ 型[其中 $\lambda = 1, \omega = 2, P_l(x) = 0, Q_n(x) = 1$].

原方程对应的齐次方程为
$$y'' - 2y' + 5y = 0,$$

它的特征方程为
$$r^2 - 2r + 5 = 0.$$

由于 $\lambda + \omega i = 1 + 2i$ 是特征方程的单根,故可设
$$y^* = xe^x(a\cos 2x + b\sin 2x)$$

是原方程的一个特解,代入原方程并消去 e^x,得
$$4b\cos 2x - 4a\sin 2x = \sin 2x.$$

比较系数,有

$$\begin{cases} -4a = 1, \\ 4b = 0, \end{cases}$$

由此解得

$$a = -\frac{1}{4}, b = 0.$$

于是求得一个特解为

$$y^* = x\mathrm{e}^x\left(-\frac{1}{4}\cos 2x\right) = -\frac{1}{4}x\mathrm{e}^x\cos 2x.$$

习题 7-8

1. 求下列各微分方程的通解:

(1) $2y'' + y' - y = 2\mathrm{e}^x$;

(2) $y'' + a^2 y = \mathrm{e}^x$;

(3) $2y'' + 5y' = 5x^2 - 2x - 1$;

(4) $y'' + 3y' + 2y = 3x\mathrm{e}^{-x}$;

(5) $y'' - 2y' + 5y = \mathrm{e}^x \sin 2x$;

(6) $y'' - y = \mathrm{e}^x \cos 2x$;

(7) $y'' - 6y' + 9y = (x+1)\mathrm{e}^{3x}$;

(8) $y'' + 5y' + 4y = 3 - 2x$;

(9) $y'' + y = x\cos 2x$;

(10) $y'' + y = \mathrm{e}^x + \cos x$;

(11) $y'' - y = \sin^2 x$;

(12) $y'' + 4y' + 4y = \cos 2x$;

(13) $y'' + y' - 2y = 8\sin 2x$;

(14) $y'' + 6y' + 5y = \mathrm{e}^{2x}$;

(15) $y'' + 9y = x\sin 3x$.

2. 求下列各微分方程满足已给初值条件的特解:

(1) $y'' + y + \sin 2x = 0, y|_{x=0} = 1, y'|_{x=\pi} = 1$;

(2) $y'' - 3y' + 2y = 5, y|_{x=0} = 1, y'|_{x=0} = 2$;

(3) $y'' - 10y' + 9y = \mathrm{e}^{2x}, y|_{x=0} = \dfrac{6}{7}, y'|_{x=0} = \dfrac{33}{7}$;

(4) $y'' - y = 4x\mathrm{e}^x, y|_{x=0} = 0, y'|_{x=0} = 1$;

(5) $y'' - 4y' = 5, y|_{x=0} = 1, y'|_{x=0} = 0$.

3. 设函数 $\varphi(x)$ 连续,且满足

$$\varphi(x) = \mathrm{e}^x + \int_0^x t\varphi(t)\,\mathrm{d}t - x\int_0^x \varphi(t)\,\mathrm{d}t,$$

求 $\varphi(x)$.

*7.9 欧拉方程

形如
$$x^n y^{(n)} + p_1 x^{n-1} y^{(n-1)} + \cdots + p_{n-1} x y' + p_n y = f(x) \tag{1}$$
的方程(其中 $p_1, p_2, \cdots, p_n$ 为常数),叫作**欧拉方程**. 此方程,可以通过变量代换化为常系数线性微分方程,因而求解问题可以得到解决.

作变换 $x = e^t$ 或 $t = \ln x$,将自变量 x 换成 t[①],有
$$\frac{dy}{dx} = \frac{dy}{dt} \cdot \frac{dt}{dx} = \frac{1}{x} \frac{dy}{dt},$$
$$\frac{d^2 y}{dx^2} = \frac{1}{x^2}\left(\frac{d^2 y}{dt^2} - \frac{dy}{dt}\right),$$
$$\frac{d^3 y}{dx^3} = \frac{1}{x^3}\left(\frac{d^3 y}{dt^3} - 3\frac{d^2 y}{dt^2} + 2\frac{dy}{dt}\right).$$

如果采用记号 D 表示对 t 求导的运算 $\frac{d}{dt}$,那么上述计算结果可以写成
$$xy' = Dy,$$
$$x^2 y'' = \frac{d^2 y}{dt^2} - \frac{dy}{dt} = \left(\frac{d^2}{dt^2} - \frac{d}{dt}\right)y = (D^2 - D)y = D(D-1)y,$$
$$x^3 y''' = \frac{d^3 y}{dt^3} - 3\frac{d^2 y}{dt^2} + 2\frac{dy}{dt} = (D^3 - 3D^2 + 2D)y = D(D-1)(D-2)y,$$

一般地,有
$$x^k y^{(k)} = D(D-1)\cdots(D-k+1)y.$$

把它代入欧拉方程(1),便得一个以 t 为自变量的常系数线性微分方程. 在求出这个方程的解后,把 t 换成 $\ln x$,即得原方程的解.

例 求欧拉方程 $x^3 y''' + x^2 y'' - 4xy' = 3x^2$ 的通解.

解 作变换 $x = e^t$ 或 $t = \ln x$,原方程化为
$$D(D-1)(D-2)y + D(D-1)y - 4Dy = 3e^{2t},$$
即
$$D^3 y - 2D^2 y - 3Dy = 3e^{2t},$$

[①] 这里仅在 $x>0$ 范围内求解. 如果要在 $x<0$ 内求解,那么可作变换 $x = -e^t$ 或 $t = \ln(-x)$,所得结果与 $x>0$ 内的结果类似.

或

$$\frac{d^3y}{dt^3} - 2\frac{d^2y}{dt^2} - 3\frac{dy}{dt} = 3e^{2t}. \tag{2}$$

方程(2)所对应的齐次方程为

$$\frac{d^3y}{dt^3} - 2\frac{d^2y}{dt^2} - 3\frac{dy}{dt} = 0, \tag{3}$$

其特征方程为

$$r^3 - 2r^2 - 3r = 0,$$

它有三个根：$r_1 = 0, r_2 = -1, r_3 = 3$. 于是方程(3)的通解为

$$Y = C_1 + C_2 e^{-t} + C_3 e^{3t} = C_1 + \frac{C_2}{x} + C_3 x^3.$$

根据7.8, 特解的形式为

$$y^* = be^{2t} = bx^2,$$

代入原方程, 求得 $b = -\frac{1}{2}$, 即

$$y^* = -\frac{x^2}{2}.$$

于是, 所给欧拉方程的通解为

$$y = C_1 + \frac{C_2}{x} + C_3 x^3 - \frac{1}{2}x^2.$$

这是在 $x > 0$ 内所求得的通解. 容易验证, 在 $x < 0$ 内, 它也是所给方程的通解.

习题 7-9

1. 求下列欧拉方程的通解：

(1) $x^2 y'' + xy' - y = 0$；

(2) $y'' - \frac{y'}{x} + \frac{y}{x^2} = \frac{2}{x}$；

(3) $x^3 y''' + 3x^2 y'' - 2xy' + 2y = 0$；

(4) $x^2 y'' - 2xy' + 2y = \ln^2 x - 2\ln x$；

(5) $x^2 y'' + xy' - 4y = x^3$；

(6) $x^2 y'' - xy' + 4y = x\sin(\ln x)$；

(7) $x^2 y'' - 3xy' + 4y = x + x^2 \ln x$；

(8) $x^3 y'' + 2xy' - 2y = x^2 \ln x + 3x$.

*7.10　常系数线性微分方程组解法举例

我们在研究某些实际问题时, 会遇到由几个微分方程联立起来共同确定几个具

有同一自变量的函数的情形.这些联立的微分方程称为微分方程组.

如果微分方程组中的每一个微分方程都是常系数线性微分方程,则这种微分方程组就叫常系数线性微分方程组.我们可以用下述方法求它的解:

第一步,从方程组中消去一些未知函数及其各阶导数,得到只含一个未知函数的高阶常系数线性微分方程.

第二步,解此高阶微分方程,求出满足该方程的未知函数.

第三步,把已求得的函数代入原方程组,可求出其余的未知函数.

例1 解微分方程组

$$\begin{cases} \dfrac{dy}{dx} = 3y - 2z, & (1) \\ \dfrac{dz}{dx} = 2y - z. & (2) \end{cases}$$

解 设法消去未知函数 y. 由(2)式得

$$y = \frac{1}{2}\left(\frac{dz}{dx} + z\right). \qquad (3)$$

对上式两端求导,有

$$\frac{dy}{dx} = \frac{1}{2}\left(\frac{d^2z}{dx^2} + \frac{dz}{dx}\right). \qquad (4)$$

把(3)(4)两式代入(1)式并化简,得

$$\frac{d^2z}{dx^2} - 2\frac{dz}{dx} + z = 0.$$

这是一个二阶常系数线性微分方程,它的通解是

$$z = (C_1 + C_2 x)e^x. \qquad (5)$$

再把(5)式代入(3)式,得

$$y = \frac{1}{2}(2C_1 + C_2 + 2C_2 x)e^x. \qquad (6)$$

将(5)(6)两式联立起来,就得到所给方程组的通解.

如果我们要得到方程组满足初值条件

$$y\big|_{x=0} = 1, z\big|_{x=0} = 0$$

的特解,只需将此条件代入(5)(6)两式,得

$$\begin{cases} 1 = \dfrac{1}{2}(2C_1 + C_2), \\ 0 = C_1. \end{cases}$$

由此求得

$$C_1 = 0, C_2 = 2.$$

于是所给微分方程组满足上述初值条件的特解为

$$\begin{cases} y = (1+2x)\mathrm{e}^x, \\ z = 2x\mathrm{e}^x. \end{cases}$$

例 2 解微分方程组

$$\begin{cases} \dfrac{\mathrm{d}^2 x}{\mathrm{d}t^2} + \dfrac{\mathrm{d}y}{\mathrm{d}t} - x = \mathrm{e}^t, \\ \dfrac{\mathrm{d}^2 y}{\mathrm{d}t^2} + \dfrac{\mathrm{d}x}{\mathrm{d}t} + y = 0. \end{cases}$$

解 用记号 D 表示 $\dfrac{\mathrm{d}}{\mathrm{d}t}$,则方程组可记作

$$\begin{cases} (\mathrm{D}^2 - 1)x + \mathrm{D}y = \mathrm{e}^t, & (7) \\ \mathrm{D}x + (\mathrm{D}^2 + 1)y = 0. & (8) \end{cases}$$

消去一个未知数,例如为消去 x,可作如下运算:

$$(7) - \mathrm{D}(8) = -x - \mathrm{D}^3 y = \mathrm{e}^t, \tag{9}$$

$$(8) + \mathrm{D}(9) = (-\mathrm{D}^4 + \mathrm{D}^2 + 1)y = \mathrm{D}\mathrm{e}^t,$$

即

$$(-\mathrm{D}^4 + \mathrm{D}^2 + 1)y = \mathrm{e}^t. \tag{10}$$

(10)式为四阶非齐次线性方程,其特征方程为

$$-r^4 + r^2 + 1 = 0,$$

解得特征根为

$$r_{1,2} = \pm\alpha = \pm\sqrt{\dfrac{1+\sqrt{5}}{2}},\ r_{3,4} = \pm\beta\mathrm{i} = \pm\mathrm{i}\sqrt{\dfrac{\sqrt{5}-1}{2}},$$

容易求得一个特解 $y^* = \mathrm{e}^t$,于是得(10)的通解为

$$y = C_1\mathrm{e}^{-\alpha t} + C_2\mathrm{e}^{\alpha t} + C_3\cos\beta t + C_4\sin\beta t + \mathrm{e}^t. \tag{11}$$

再求 x. 由(9)式,即有

$$x = -\mathrm{D}^3 y - \mathrm{e}^t,$$

以(11)式代入上式,即得

$$x = \alpha^3 C_1\mathrm{e}^{-\alpha t} - \alpha^3 C_2\mathrm{e}^{\alpha t} - \beta^3 C_3\sin\beta t + \beta^3 C_4\cos\beta t - 2\mathrm{e}^t. \tag{12}$$

将(11)(12)两个函数联立,就是所求方程组的通解.

这里要注意,在求得一个未知函数以后,再求另一个未知函数时,一般不再积分[积分就会出现新的任意常数,从(11)(12)两式可知两式中的任意常数之间有着确

定的关系].

我们也可用行列式解上述方程组,由(7)(8),有

$$\begin{vmatrix} D^2-1 & D \\ D & D^2+1 \end{vmatrix} y = \begin{vmatrix} D^2-1 & e^t \\ D & 0 \end{vmatrix},$$

即

$$(D^4 - D^2 - 1)y = -e^t.$$

这与(10)式是一样的. 但再求 x 时, 不宜再次应用行列式. 如再应用行列式, 得

$$\begin{vmatrix} D^2-1 & D \\ D & D^2+1 \end{vmatrix} x = \begin{vmatrix} e^t & D \\ 0 & D^2+1 \end{vmatrix},$$

即

$$(D^4 - D^2 - 1)x = 2e^t,$$

解得

$$x = A_1 e^{-\alpha t} + A_2 e^{\alpha t} + A_3 \cos \beta t + A_4 \sin \beta t - 2e^t,$$

则必须说明 A_1、A_2、A_3、A_4 与 C_1、C_2、C_3、C_4 之间的关系.

注意这里的"系数行列式"

$$\begin{vmatrix} D^2-1 & D \\ D & D^2+1 \end{vmatrix} = D^4 - D^2 - 1$$

是 D 的四次多项式,这就标志着微分方程组是四阶的,它的通解中一定含四个任意常数.

习题 7-10

1. 求下列微分方程组的通解：

(1) $\begin{cases} \dfrac{dy}{dx} = z, \\ \dfrac{dz}{dx} = y; \end{cases}$

(2) $\begin{cases} \dfrac{d^2 x}{dt^2} = y, \\ \dfrac{d^2 y}{dt^2} = x; \end{cases}$

(3) $\begin{cases} \dfrac{dx}{dt} + \dfrac{dy}{dt} = -x + y + 3, \\ \dfrac{dx}{dt} - \dfrac{dy}{dt} = x + y - 3; \end{cases}$

(4) $\begin{cases} \dfrac{dx}{dt} + 5x + y = e^t, \\ \dfrac{dy}{dt} - x - 3y = e^{2t}; \end{cases}$

(5) $\begin{cases} \dfrac{dx}{dt}+2x+\dfrac{dy}{dt}+y=t, \\ 5x+\dfrac{dy}{dt}+3y=t^2; \end{cases}$

(6) $\begin{cases} \dfrac{dy}{dt}-3x+2\dfrac{dy}{dt}+4y=2\sin t, \\ 2\dfrac{dx}{dt}+2x+\dfrac{dy}{dt}-y=\cos t. \end{cases}$

2. 求下列微分方程组满足所给初值条件的特解:

(1) $\begin{cases} \dfrac{dx}{dt}=y, x\big|_{t=0}=0, \\ \dfrac{dy}{dt}=-x, y\big|_{t=0}=1; \end{cases}$

(2) $\begin{cases} \dfrac{d^2x}{dt^2}+2\dfrac{dy}{dt}-x=0, x\big|_{t=0}=1, \\ \dfrac{dx}{dt}+y=0, y\big|_{t=0}=0; \end{cases}$

(3) $\begin{cases} \dfrac{dx}{dt}+3x-y=0, x\big|_{t=0}=1, \\ \dfrac{dy}{dt}-8x+y=0, y\big|_{t=0}=4; \end{cases}$

(4) $\begin{cases} 2\dfrac{dx}{dt}-4x+\dfrac{dy}{dt}-y=e^t, x\big|_{t=0}=\dfrac{3}{2}, \\ \dfrac{dx}{dt}+3x+y=0, y\big|_{t=0}=0; \end{cases}$

(5) $\begin{cases} \dfrac{dx}{dt}+2x-\dfrac{dy}{dt}=10\cos t, x\big|_{t=0}=2, \\ \dfrac{dx}{dt}+\dfrac{dy}{dt}+2y=4e^{-2t}, y\big|_{t=0}=0; \end{cases}$

(6) $\begin{cases} \dfrac{dx}{dt}-x+\dfrac{dy}{dt}+3y=e^{-t}-1, x\big|_{t=0}=\dfrac{48}{49}, \\ \dfrac{dx}{dt}+2x+\dfrac{dy}{dt}+y=e^{2t}+t, y\big|_{t=0}=\dfrac{95}{98}. \end{cases}$

总复习题7　A 组

1. 设 y_1、y_2 是一阶线性非齐次微分方程 $y'+p(x)y=q(x)$ 的两个特解,若常数 λ、μ 使 $\lambda y_1+\mu y_2$ 是该方程的解,$\lambda y_1-\mu y_2$ 是该方程对应的齐次方程的解,则(　　).

A. $\lambda=\dfrac{1}{2}, \mu=\dfrac{1}{2}$ \qquad B. $\lambda=-\dfrac{1}{2}, \mu=-\dfrac{1}{2}$

C. $\lambda=\dfrac{2}{3}, \mu=\dfrac{1}{3}$ \qquad D. $\lambda=\dfrac{2}{3}, \mu=\dfrac{2}{3}$

2. 已知微分方程 $y''+ay'+by=ce^x$ 的通解为 $y=(C_1+C_2x)e^{-x}+e^x$,则 a、b、c 依次为(　　).

A. 1,0,1 \qquad B. 1,0,2

C. 2,1,3 \qquad D. 2,1,4

3. 具有特解 $y_1 = e^{-x}, y_2 = 2xe^{-x}, y_3 = 3e^x$ 的三阶常系数齐次线性微分方程是 (　　).

　　A. $y''' - y'' - y' + y = 0$　　　　B. $y''' + y'' - y' - y = 0$

　　C. $y''' - 6y'' + 11y' - 6y = 0$　　D. $y''' - 2y'' - y' + 2y = 0$

4. 微分方程 $y' = \dfrac{y(1-x)}{x}$ 的通解是_____.

5. 微分方程 $y'' - y' + \dfrac{1}{4}y = 0$ 的通解为_____.

总复习题 7　B 组

1. 在下列微分方程中,以 $y = C_1 e^x + C_2 \cos 2x + C_3 \sin 2x$($C_1、C_2、C_3$ 为任意常数) 为通解的是(　　).

　　A. $y''' + y'' - 4y' - 4y = 0$　　　B. $y''' + y'' + 4y' + 4y = 0$

　　C. $y''' - y'' - 4y' + 4y = 0$　　　D. $y''' - y'' + 4y' - 4y = 0$

2. 微分方程 $y'' + y = x^2 + 1 + \sin x$ 的特解形式可设为(　　).

　　A. $y^* = ax^2 + bx + c + x(A\sin x + B\cos x)$

　　B. $y^* = x(ax^2 + bx + c + A\sin x + B\cos x)$.

　　C. $y^* = ax^2 + bx + c + A\sin x$.

　　D. $y^* = ax^2 + bx + c + A\cos x$.

3. 微分方程 $(y + x^3)dx - 2xdy = 0$ 满足 $y|_{x=1} = \dfrac{6}{5}$ 的特解为_____.

4. 微分方程 $xy' + 2y = x\ln x$ 满足 $y(1) = -\dfrac{1}{9}$ 的解为_____.

5. 设 $F(x) = f(x)g(x)$,其中 $f(x)、g(x)$ 在 $(-\infty, +\infty)$ 内满足以下条件:$f'(x) = g(x), g'(x) = f(x)$,且 $f(0) = 0, f(x) + g(x) = 2e^x$.

　　(1) 求 $F(x)$ 所满足的一阶微分方程;

　　(2) 求出 $F(x)$ 的表达式.

6. 已知 $y_1(x) = e^x, y_2(x) = \mu(x)e^x$ 是二阶微分方程 $(2x-1)y'' - (2x+1)y' + 2y = 0$ 的两个解. 若 $u(-1) = e, u(0) = -1$,求 $u(x)$,并写出该微分方程的通解.